U0338265

国家"十二五"重点规划图书

装备标准化实践丛书

丛书编委会

顾　　问：　怀国模　李春田

主　　任：　杨育中

副 主 任：　李占魁　孔宪伦

主　　编：　李占魁

执行主编：　金烈元　曾繁雄

委　　员：（按姓氏笔画排序）

孔宪伦　甘茂治　叶茂芳　吕明华　任占勇　杨育中

李占魁　苗建军　金烈元　郑朔昉　孟昭川　黄策斌

梁志国　曾繁雄

计量测试标准化

梁志国　著

中国标准出版社
国防工业出版社
北京

图书在版编目（CIP）数据

计量测试标准化/梁志国著.—北京:中国标准出版社:国防工业
出版社,2017.6
ISBN 978-7-5066-8266-4

Ⅰ.①计…　Ⅱ.①梁…　Ⅲ.①计量—测试技术　Ⅳ.①TB9

中国版本图书馆 CIP 数据核字(2016)第 099007 号

内容提要

　　本书主要内容既不是标准化,也不是计量测试本身,而是两者在实践过程中的有机结合,以及结合过程中所产生的问题及处理方式。总体说来,就是如何以标准化的理念及方式去设计、规划、处理和展现工程实践中的计量测试活动。

　　本书共分八章,第一章绪论,主要对计量测试和标准化中涉及的概念进行了概述;第二章计量测试基础知识,对计量测试做了简要介绍;第三章计量测试标准,对计量测试所涉及的国内外主要标准文件以及计量量值的实物标准进行了系统阐述,特别是对涉及质量管理体系标准中的计量测试有关要求进行了分析,对计量校准实验室通用要求的标准化规定进行了介绍,应该强调的是,很多情况下,这也是对计量测试的标准化通用要求;第四章国防计量测试量值溯源体系,对我国国防军工计量管理体系进行了介绍,这里认为它属于管理标准化的一种体现和尝试;第五章军工产品计量测试标准的贯彻实施,首先分析了GJB 5109 的标准化要求内涵,并结合标准化实践中的三个实例分析,总结和归纳出计量标准化的通用要求。第六章大型军工专用系统中的计量测试标准的贯彻,主要讨论的是工业现场中一些大型试验系统的计量特点与难点,实质上属于计量测试标准化问题,并尝试寻求计量标准化解决方式;第七章 ATE/ATS 的计量测试标准化,则主要讨论国防军工行业中为数众多的 ATE/ATS 的计量校准问题和难点,它们从本质上也被归结为计量测试标准化问题;第八章主要是计量测试标准化未来发展展望。

　　本书可供计量测试有关工程技术人员以及大型专用设备、系统、设施、ATE/ATS 的设计、研发、应用技术人员参考和借鉴。

中国标准出版社
国防工业出版社　出版发行
北京市朝阳区和平里西街甲 2 号(100029)
北京市西城区三里河北街 16 号(100045)
网址:www.spc.net.cn
总编室:(010)68533533　发行中心:(010)51780238
读者服务部:(010)68523946
中国标准出版社秦皇岛印刷厂印刷
各地新华书店经销

＊

开本 787×1092　1/16　印张 22　字数 471 千字
2017 年 6 月第一版　2017 年 6 月第一次印刷

＊

定价 68.00 元

丛书序言

标准是科学、技术和经验的综合成果和结晶。国际、国内大量各级、各类标准是一个巨大的知识宝库和信息平台，它在生产者和消费者之间构建起一座桥梁。标准化是制定、实施标准并监督其实施的活动和过程。标准化推动新技术发展、促进科技转化为生产力，有利于建设资源节约型、环境友好型的和谐社会；同时对于国防现代化起到重要的保障作用。

从20世纪80年代初开始，在中央的领导和关怀下，国防科技工业系统借鉴我国工业标准化的经验，参考、吸收国外先进标准和系统工程方法，对军用标准化进行了探索和实践，使得军用标准化领域大大拓宽，水平得到提高。现在军用标准化工作已覆盖装备科研、生产和使用维修的全过程，各类装备和产品及其可靠性、维修性、环境适应性等专业工程，质量、计量管理都成为标准化的重要对象，并把装备的通用化、系列化、模块化纳入军用标准化管理的渠道。经过三十多年的不懈努力，我国军用标准化工作已经建立起行之有效的规章制度，比较完整的军用标准体系，基本配套的产品技术标准、管理标准。

近十多年来，围绕现代信息化条件下立体战争和军工制造业数字化的需要，又制定实施了大量信息化标准，促进了军队建设和军工工业由机械化逐步向机械化和信息化方向发展。

党的十七、十八大提出，要建立并进一步推动和完善军民结合、寓军于民的装备科研生产体系和保障体系，走出一条中国特色军民融合式发展的路子。在新的历史条件下，标准化将成为加强军民联系，实现军民融合、寓军于民的技术基础。加强军民标准化之间的交流，开创军民标准资源共享的新局面将成为今后标准化工作的一项重要任务。我们组织编写"装备标准化实践丛书"的目的是为了总结和提高军用标准化自身的水平；同时以此加强与民口的交流，相互了解，取长补短，也是贯彻中央提出的军民融合方针的具体体现。

本套丛书从策划到落实编写人员、编写要求都经过了认真讨论，最终确定其内容除标准制定、标准实施、综合标准化、企业标准化，还包括新产品研制和引进的标准化，装备的通用化、系列化、模块化，信息技术及数字化设计的标准化，以及可靠性、维修性、环境适应性、计量等专业工程的标准化。

编写该套丛书有较好的实践基础。所列各项都以国防科技工业系统几十年工作实践为基础，各书的主编大多是相应领域的专家或组织领导者。

本套丛书已被国家新闻出版广电总局列入《"十二五"国家重点图书、音像、电子出版物出版规划》，由中国标准出版社和国防工业出版社联合出版。

本丛书的编写既是国防科技工业广大工程技术人员实践的成果，也是编者辛勤劳动的结果。该项工作也得到有关领导的重视。原国防科学技术工业委员会副主任怀国模、原国家技术监督局政策法规司司长李春田受聘为顾问，原总装备部技术基础局李锦程局长、军用标准化研究中心主任丁树伟等领导给予大力支持。他们对丛书的撰写、出版都提出了许多宝贵的意见。

本套丛书的读者对象为：标准化专业人员（含国防工业、民用工业）；各级技术领导干部及管理人员；企事业单位和军队装备部门的论证、设计、制造、生产和使用维修人员、质量计量管理人员。对工程院校的教师、研究人员、高年级学生和研究生也有参考意义。

丛书筹划和编写过程中，中航工业综合技术研究所和中船信息中心等有关单位，丁昆、夏晓理、曹平、韩勤、陶鸿福、洪宝林、廖晓谦等同志给予大力支持，陈润为提供情报付出辛勤劳动，在此一并表示衷心感谢。

编委会

2017 年 4 月

前　言

　　自然界与社会生活中有众多重复性活动，例如太阳每天从东方升起，人们每日都要吃饭等。对重复性活动进行标准化，以标准化方式去运行和处理，可以极大提高效率，降低成本，例如一日三餐早、中、晚，日出而作，日落而息。此外，针对纷繁复杂的社会活动，人们会总结出另外一些标准化原则去面对和处理，例如抑恶扬善、勤劳节俭等，从本质上，均属于标准化实践范畴。

　　计量测试标准化，主要讨论的是在计量测试实践过程中，如何贯彻标准化的思想，如何以标准化的理念去应对重复性的计量测试问题，以及非重复性的计量测试问题。特别是在国防军工系统，计量测试所涉及的对象，以及计量测试系统本身，有很多是异常庞大复杂的，技术要求高，量值需求多，辅助条件苛刻，计量测试成本高昂，工程实现难度巨大，导致其是否进行计量标准化运作的成本和效率差异惊人，效益变化极大。因此，亟需在这些场合贯彻施行标准化理念和思维，以标准化方式进行工作，换取高效快速的计量测试效果。

　　标准化是近现代工业革命和社会分工的基础，而计量测试，则是标准化的技术基础和保障手段。通常，计量学被认为涉及四个方面的内容：(1)计量单位制；(2)复现计量单位的自然基准或实物标准；(3)测量理论及方法；(4)计量器具及使用条件。每一部分都涉及标准化问题。

　　其中，计量单位制本身，涉及计量测试的定义、概念、名词术语的统一化和标准化，以及不同单位的表述、变换关系的标准化；自然基准或实物标准的标准化涉及所复现的量值以及附加限定条件等的标准化，以便使得同一种量值不同标准的结果具有可比性和互换性；测量方法的标准化，则包含了测量方法本身、所用的测量条件、处理方法、结果呈现方式，不确定度评定方法等涉及测量操作和过程要求的各种条件保持统一化和标准化，以使测量结果的含义相同且具有可比性；计量器具及使用条件的标准化，则主要涉及对被计量对象可计量性要求的标准化，以及环境条件要求的标准化。不满足可计量性要求的系统与设备将无法进行计量测试，而计量测试环境条件不相同的结果之间不具有可比性。

　　另外，随着工业化进程的深入发展和社会活动的进步，人们对于标准化的要求得以进一步提高和扩展，将其推进到管理流程和生产实践过程之中，ISO 9000 系列质量管理体系标准和 ISO/IEC 17025《检测和校准实验室的能力的通用要求》即是这方面进展的体现。从中也无不体现着计量标准化思想。

　　本书的主要内容即是试图以标准化思想、理念、方式去展现计量测试的实践过程，并用以处理和对待计量测试中的问题。

　　作为装备标准化实践系列丛书中的一册，本书并未对标准化及计量测试进行全面阐述，但为了方便阅读和理解，仍然拿出一定篇幅介绍了标准化和计量中的一些基本概念、术语和定义。主体部分则是介绍和分析了涉及计量测试的几个标准，以及计量测试实际工作中所涉及的计量标准化问题，并尝试讨论了其标准化解决方式。对未来计量测试标准化走向进行了部分展望。其本意，是希望对人们生产生活中遇到的计量测试问题提供一种标准化解决方式。

尽管愿望是美好和善良的，由于作者的学识、水平、经验、阅历等众多限制，是否能够达到预期目标，还需要时间的检验。但是，本书的内容无疑是计量测试标准化方向的一种尝试。

本书是作者受洪宝林总师之邀而著，对于计量测试，由于有30余年的工作经历，作者略知一二，而对于标准化，则基本上是一个门外汉。特别感谢洪总能以极大的信任，将该项艰巨的任务交付给我完成，并亲自策划章节结构，设计全书主线，使得它得以顺利进行，最终与张宝珠高工两位主审本书。也特别感谢金烈元总师的信任、关怀、支持和鼓励，并提供了许多明确且具体的指导性建议，使得我对完成本书充满信心。

在本书写作期间，张秀松高工对于质量管理体系及其中的计量测试流程标准化问题，给予我许多帮助，李文斌副总师在国防军工计量标准化管理体系方面，给予我许多指导。

还有一些同志，在本书成书过程中，提供了无私的帮助和指导，在此一并致谢！

此外，本书在写作过程中，参考了大量未正式出版的各种资料和文献，由于出版自身的标准化要求，不能列在参考文献中，谨致歉意。惟对提供这些文献资料的人们，致以诚挚的谢意！

梁志国

2015 年 11 月 22 日

于北京西山

目　　录

第一章 | 绪论

第一节 概 述

物质世界中,人类社会的全部活动,可以概括为认识世界和改造世界两个方面。计量测试无疑属于人类认识世界的范畴。对于认识世界本身来说,其最重要的几个方面是定义清楚、明确,衡量尺度统一,表述准确、稳定、确切、可靠,而所有这些均是计量测试活动的基本目的和最初理由。

计量测试的全部活动都是和量值有关的活动。自然界的一切现象或物质,都是通过一定的"量"来描述和体现的。"量"是现象、物体或物质可定性区别与定量确定的一种属性。要想更好地认识世界和改造世界,必须对各种"量"进行分析和确认,既要区分量的性质,又要确定其量值。测量正是达到这种目的的重要手段,它是人们认识世界的体现,也是人们改造世界的基础。广义而言,测量是对"量"的定性分析和定量确认的过程。

计量的历史十分悠久,其发展在中国可追溯到四五千年以前的原始社会末期,黄帝创立了度、量、衡、里、数五个量,商周出现度量衡器制和计量年月日的历法,春秋战国计量发展空前繁荣。我国最早的史书——《尚书》就有记载:"协时月正日,同律度量衡",这也是计量以度量衡这个名字首次出现。

秦始皇统一中国后,建立了第一个严格统一的度量衡制度,实行了"车同轨、书同文",并制作了全国统一的度量衡标准器,满足了当时社会生产交换的需求,极大地推动了秦朝生产力的发展。至清末和民国,我国已逐步出现了时间测量、长度测量、湿度测量、温度计量、重量计量。

人们现在所熟知的近代计量学,是与以牛顿经典力学为代表的近代物理学同步发展起来的学科,近代计量学对基本的物理量值进行了统一,定下了基准及溯源方式,为欧洲当时迅速发展的工业、贸易和科学技术交流提供了重要保障,与近代物理学一起构成影响世界实力版图格局的工业革命的基石。随着科学进步、生产发展,计量的概念和内容不断变化发展,逐步形成了研究计量理论和实践的专门学科——计量学。计量学作为现代物理学的一个分支,范围已从物理量范畴扩展到工程、生物乃至生理量和心理量等。形式已突破实验室范畴,扩展到在线检测、动态参数测量和非常态量测量。

关于计量,可以按照不同的视角,做出各种解释和概括,按学科发展的观点,可分为计量研究和计量应用两方面;从政府管理角度,可分为法制计量和行业计量两个方面;按工作性质,又可分为科学计量、法制计量和工业计量三部分内容。按照专业划分,通常分为十个计量领域,它们分别是:几何量、热学、力学、电磁、无线电、时间频率、声学、光学、化学和电离辐射,即所谓"十大计量"。近年来增添的生物计量、医学计量和安全环保计量等,均处于发展之中,尚未形成完全独立成熟的计量领域。

一、测量

测量是人们定量认识客观量值的唯一手段，是人类从事科学研究活动的基础，没有测量就没有科学。

人们在进行实验时，不仅要对实验现象进行定性观察，还需要对物理量进行定量研究，因而需要针对不同物理量的测量活动。所谓测量就是以确定（被测量对象的）量值为目的的一组操作。测量是通过实验获得一个或多个量值，由此对量合理赋值的过程。

测量不适用于标称属性，测量有对量的比较和总体统计的含义，测量预示了对量的一种描述，它与测量结果的预期用途、测量程序和一个根据指定测量条件与测量程序运行的校准测量系统相对应。

"被测量对象"被称为被测量（或称为：测量量、待测物理量），由测量确定的被测量量值的估计值被称为测量结果（或称为：测量值），被测量的希望确定的实际（客观）量值被称为被测量的真值，而这个"一组操作"（或称为全部操作）可以用下面的实例来说明。

要测量一个圆柱的体积 V，在数学上，已知 d 为圆柱体的直径，h 为高。利用长度测量工具例如卡尺、千分尺测得 d 和 h 后，人们可以算出 V。在上述的体积测量过程中，d 和 h 是利用测量工具得到的，而体积 V 则是利用 d、h 和计算公式通过计算得到的，具体的操作方式虽然不同，但目的和性质却是相同的，都是测量。

通过这个例子还可以看到，虽然都是测量，但物理量 d、h 和 V 的获取方法和过程是不相同的，所以通常根据待测物理量最终测量结果的获取过程把测量分为两大类，即直接测量和间接测量。进而也就有了直接测量量和间接测量量的概念。不言而喻，在上例中，体积 V 的测量属间接测量，则 V 这个量就是间接测量量，而 d 与 h 则是直接测量量。

被测量测量采用的技术规范需要知道量的种类，带有量的现象、物体或物质的状态的描述，包括有关的成分以及化学含量的名称。测量包括测量系统和进行测量的条件，使测量得以实现。测量可能会改变现象、物体或物质，使受到测量的量可能不同于定义的被测量，在这种情况下，需要进行适当的修正。

例如，用较小内阻的电压表测量电池两端之间的电位差，开路电位差可从电池和电压表的内阻计算得到。一根钢棒在环境温度 23 ℃时测量得到的长度，与技术指标在 20 ℃时的长度是不同的，这种测量情况下必须修正。在化学中，物质或化合物在"分析"时，有时被称为"被测量"，这种用法是不正确的，因为这些词未涉及量。

二、测试

测试是对给定的产品、材料、设备、生物体、物理现象、过程或服务按规定的程序确定一种或多种特性的技术操作，也可将测试理解为测量和试验的综合。

检验是对产品的一种或多种特性进行测量、检查、试验或度量，并将其结果与规定的要求进行比较以确定是否合格的活动。

核查是按事先规定的方法，对核查标准进行经常性的重复测量，通过数据分析对测量结果进行质量控制的一种手段。两次检定或校准间隔内进行的核查称期间核查。

测试性是产品能及时、准确地确定其状态（可工作、不可工作或性能下降）并隔离其内部故障的一种设计特性。

三、计量

计量是实现单位统一、量值准确可靠的活动。计量学是关于测量及其应用的科学，它涵盖测量理论和实践的各个方面，而不论测量的不确定度如何，也不论测量是在哪个领域中进行的。为了经济而有效地满足社会对测量的需要，应从法制、技术和管理等方面开展计量工作。

1. 校准

校准，是在规定条件下，为确定计量器具示值误差的一组操作。也可以用校准因子或是曲线形式的一系列校准因子表示校准结果。

校准只做出与示值误差有关的计量特性的规定和要求，不做是否合格的结论，具有一定的灵活性。它也是我国量值传递体制的一种形式，其执行依据是一种规范性文件。本着与国际惯例接轨的原则，这类文件可以不被采用，但一旦采用，即必须遵守。

通常，校准的第一步是得到校准值，第二步是利用校准值获得修正值或修正因子，即由测量标准提供的量值就是被校仪器示值的校准值，校准值与示值之差是被校仪器示值的修正值，校准值与示值之比是被校仪器示值的修正因子。有时校准只有上述第一步。校准结果可以记录在校准证书或校准报告中，给出校准值（包括校准函数、校准图、校准曲线或校准表格），也可以给出修正值或修正因子。由于测量标准提供的量值是具有测量不确定度的，因此，校准值、修正值或修正因子也是具有不确定度的。在有的场合称校准为定度或标校。

2. 检定

检定，是查明和确认测量仪器符合法定要求的活动，它包括检查、加标记/或出具检定证书。检定具有完整性、法制性和强制性。它具有三个方面的要求：1）计量要求；2）技术要求；3）管理要求。其执行依据——检定规程是一种强制执行的法令文件。

检定另一个依据是检定系统表或量值传递体系图，它们具体规定了如何从国家最高计量标准所复现的量值通过哪些环节、手段、方法，而不间断地传递到所述计量器具上，以及该计量器具在量值传递系统中所处的位置。

检定是提供客观证据证明一个给定项目满足规定的要求。项目可以是测量系统、测量标准、检测设备或装备等。规定要求可以是满足制造厂的技术规范，也可以是满足装备的使用要求等。计量检定要依据检定规程或经审批的相关技术文件。检定结果应对给定项目做出合格或不合格的结论。检定包括将被检项目的示值与对应的测量标准所复现的量值进行比较得到示值误差，然后再将示值误差与规定的要求进行比较，做出是否合格的结论。当被检项目与测量标准的测量不确定度比满足一定要求时，合格评定时可以忽略测量不确定度的影响，此时当示值误差小于规定要求时为合格，否则要考虑测量不确定度，即根据示值误差的绝对值加测量不确定度后是否小于规定要求来判定其是否合格。检定合格的装备和检测设备发给检定证书；经检定，部分合格且满足装备和检测设备使用要求的，发给检定证书并注明限用范围；检定不合格的装备和检测设备通知送检单位。在对装备或检测设备的检定中，检定还包括对装备或检测设备的功能检查、贴检定状态标识等。检定通常是进行量值传递、保证量值准确一致的重要措施。

3. 校准和检定的主要区别

（1）校准不具有法制性，是企业自愿溯源行为；检定则具有法制性，属计量管理范畴的执法行为。

（2）校准主要确定测量仪器的示值误差；检定则是对其计量特性及技术要求的全面评定。

（3）校准的依据是校准规范、校准方法，通常应作统一规定，有时也可自行制定；检定的依据则是检定规程和检定系统表（或者量值传递系统图）。

（4）校准通常不判断测量仪器合格与否，必要时可确定其某一性能是否符合预期要求；检定则必须做出合格与否的结论。

（5）校准结果通常是出具校准证书或校准报告；检定结果则是合格的发检定证书，不合格的发不合格通知书。

4. 比对

在规定条件下，对相同准确度等级或指定不确定度范围的同种测量仪器复现的量值之间比较的过程。

比对的目的是：

（1）确定某个实验室对特定试验或测量的能力，并监控实验室的持续能力；

（2）识别实验室的问题并采取纠正措施；

（3）确定新方法和监控记录已建立方法的有效性和可比性；

（4）向实验室的顾客提供更高的可信度；

（5）鉴别实验室的差异；

（6）确定一种方法的能力特性；

（7）给标准物质赋值，并评价其适用性。

5. 量值传递

量值传递是通过对计量器具的检定或校准，将国家测量标准所复现的计量单位经各等级测量标准传递到工作计量器具，以保证被测对象量值的准确和一致。量值传递有时亦简称量传。

同一被测量，用可测量的不同的计量器具进行测量，如果其测量结果在要求的准确度范围内达到统一，称为量值准确一致。

（1）量值传递的含义

量值传递的含义包括如下几方面：

a）量值传递是通过计量器具的检定、校准和比对等方法来实现的，即量值传递要通过一组特定的操作活动实现。

b）量值传递是由国家测量标准开始，将其复现的计量单位传递到各等级测量标准，直到工作计量器具，即量值传递是逐级向下的单位量值统一工作。

c）量值传递结果是保证被测量的量值具有与国家测量标准相联系的特性，即量值传递的证据是计量器具量值准确可靠的"可追溯性"证据。

d）量值传递往往是政府部门对企业和单位提出的要求，把建立的国家测量标准复现的计量单位量值传递下去。

（2）量值传递的法定要求有以下几点：

a）量值传递必须依据国家计量检定系统表；

b）计量检定必须按照计量检定规程进行；

c）计量检定人员必须经计量考核合格并取得计量检定员证书；

d）计量标准必须经过计量考核合格，取得计量标准合格证书；

e）计量检定机构必须是政府设立或授权的法定计量技术机构。

量值传递法定要求的五个"必须"缺一不可。

6.量值溯源

量值溯源是量值传递的逆过程，是通过连续的比较链，使计量器具测得的量值能够与国家测量标准或国际测量标准联系起来。量值溯源常简称溯源。实现量值溯源的计量器具可称为"可溯源的"计量器具，不间断的比较链称为"溯源链"。

量值溯源的含义包括如下几个方面：

a）量值溯源是计量器具通过连续不间断的各等级测量标准相比较的环节来实现的，比较可能是检定、校准、比对、测量、测试等形式。即量值溯源是通过溯源链实现的。

b）量值溯源是由计量器具开始，将其测量结果自下而上地追溯到国家测量标准或国际测量标准：即量值溯源是不间断向上的计量单位量值的统一。

c）量值溯源的结果是保证计量器具的测量结果能够与参考标准，直到国家测量标准或国际测量标准联系起来：即量值溯源的证据，也是计量器具量值准确可靠的"可追溯性"证据。

d）量值溯源往往是计量器具使用、生产、经营的企业或单位自身的要求，希望获得准确的量值并被认可。

在相当长的历史时期内，计量的对象主要是物理量。在历史上，计量被称为度量衡，即指长度、容积、质量的测量，所用的器具主要是尺、斗、秤。随着科技、经济和社会的发展，计量的对象逐渐扩展到工程量、化学量、生理量，甚至心理量。与此同时，计量的内容也在不断地扩展和充实，通用计量技术可概括为五个方面，即计量单位与单位制；计量仪器装置；量值传递与溯源，包括检定、校准、测试、检验与检测；物理常量、材料与物质特性的测定；测量不确定度、数据处理与测量理论及其方法等。

人们面对的世界具有多样性和复杂性，色彩斑斓，变化多端。因而，对于如此纷繁无序的世界进行计量测试，具有极大的挑战性，难度极高。

从无序现象中抽象出有序规律，并使其规则化，以简洁表述繁复，以有序表述无序，用已知来量化未知，是计量测试活动的基本社会功能。

标准化是为了在一定范围内获得最佳秩序，对现实问题或潜在问题制定共同使用和重复使用的条款与规则的活动。"通过制定、发布和实施标准，达到统一"是标准化的实质。"获得最佳秩序和社会效益"则是标准化的目的。

社会公平和正义的需求，社会化分工与协作的需要，商业贸易的需求，人们对效率、效益的追求，工业产品互换性需求，定义统一一致、方法统一、过程统一、量值与品质国际互认的需求，是计量测试标准化的原动力，也牵引和推动了计量测试活动的标准化发展历程。

由此可见,计量所强调的统一、一致、互换、互认等方面的特性与需求,与标准化中强调秩序、重复、有序、效率等特征相得益彰、互相适宜,是一对互补互利的最佳组合。可以认为,计量活动从诞生之日起,就是一项标准化活动,在计量中持续推进标准化进程,将会促进其更快地发展。

7. 可计量性

可计量性是仪器、装置或系统能独立、方便地进行输入输出操作的一种设计特性。对于测量系统而言,物理上它要求能够进行激励量值信号的有效加载,并可以完整有效地输出其测量结果;对于信号源类的系统和装置而言,物理上要求它能够方便有效地实施操作控制,并且其输出量值和信号可以被方便有效地进行测量。

第二节　计量的范畴与特点

一、计量的范畴

前已说明,关于计量,可以按照不同的视点,做出各种解释和概括,似乎说的都是计量,并无明显不同。但是,其根本特征和侧重点,还是有着非常大的区别。

科学计量是指基础性、探索性、先行性的计量科学研究,通常要用最新的科技成果来精确地定义与实现计量单位,并为最新的科技发展提供可靠的测量基础。科学计量本身属于精确科学,通常是国家计量研究机构的主要任务,包括计量单位与单位制的研究、计量基准和标准的研制、物理常量与精密测量技术的研究、量值溯源与量值传递系统的研究、量值比对方法与测量不确定度的研究等。

工程计量是指各种工程、工业、企业中的实用计量,又称工业计量。例如,有关能源或材料的消耗、工艺流程的监控以及产品质量与性能的测试等。工程计量涉及面甚广,随着产品技术含量提高和复杂性的增大,为保证经济贸易全球化所必需的一致性和互换性,它已成为生产过程控制不可缺少的环节。工程计量测试能力实际上是一个国家工业竞争力的重要组成部分,在以高新技术为基础的经济架构中显得尤为重要。

工业计量一直是行业计量的重要组成部分,它属于计量应用部分的内容,与科学计量截然不同的是,它所关心的一直不是测得越准越好,而是被测量值是否符合预期要求。

特别指出,军事计量是工程计量中的一个分支,也是计量技术在军事领域中的应用。从量值与环境特征上各有侧重,但本质上两者并无明显不同,可以认为属于军事工程计量。

法制计量涉及对计量单位、计量器具、测量方法及测量实验室的法定要求。法制计量由政府或授权机构根据法规、技术和行政的需要进行强制管理,其目的是用法规或合同方式来规定并保证与贸易结算、安全防护、医疗卫生、环境监测、资源控制、社会管理等有关的测量工作的公正性和可靠性,因为它们涉及公众利益和国家可持续发展战略。

计量所面对的对象是整个物质世界,纷繁复杂且包罗万象。对于计量的理解,可以从以下诸方面进行：

计量是一个体系，用以表述整个世界。针对这一很难简单实现的事情，使用了标准化方法，删繁就简，以"米""千克""秒""安培""开尔文""摩尔""坎德拉"七个基本量及其导出量，表述了我们生存的整个物质世界。

计量是一个法规体系，通过法律、法规、命令、条例、规章、制度、标准、规程、规范，规定了计量活动的范畴、目的、方式和社会导向。

计量是一个思想体系，用已知衡量未知，以有限衡量无限。通过使用各种理论、技术、原理、现象，将未知世界与已知世界建立起联系，进行比较、衡量、映衬、量化和评定。

计量是一个技术体系，通过不同等级的基准、标准、工作计量器具，依据不同的理论、方法，在不同的物理机理基础上，将描述客观世界的量值定量溯源到计量基准保持的量值上，用以衡量和解释整个世界。

计量是一个过程，通过建立计量基准和标准，进行量值复现、保持、传递、溯源、比较、测量，周而复始，循环往复，达到对我们这个世界的准确而一致地定量量化和阐述。这期间，诞生了各种有关的计量法律、计量法规、计量条例、计量规章、计量管理制度，以及计量标准、检定规程、校准规范，规范着计量检定、计量校准、计量比对、计量认证、计量认可、计量考核、计量监督等全部计量活动。

计量是一种文明，有明确的社会属性。以技术方式保障社会公平、公正、公义、诚信、道德，保障社会化分工与协作。给人类社会探索未知、寻求真理辅以技术支撑。

随着科技、经济和社会的发展，现代计量的内容在不断扩充，通常将计量概括为6个方面的内容：

a）计量单位与单位制；

b）计量器具或测量仪器，包括实现或复现计量单位的计量基准、标准与工作计量器具；

c）量值传递与溯源，包括检定、校准、测试、检验与检测；

d）物理常量、材料与物质特性的测定；

e）数据处理、测量理论及其方法、测量不确定度；

f）计量管理，包括计量保证与计量监督。

其中，计量器具起着扩展和延伸人类感官和神经系统的作用，成为人们认识自然的有力工具，各类机械则替代和延伸了人类的体力、能力，成为改造自然的有力工具。改造自然以认识自然为前提，各类机械配上获取准确信息的计量器具，发挥着越来越大的作用。

二、计量的特点

现代计量科学技术的成就，保证了所用计量器具被控制在允许误差范围之内，不仅减少了商贸、医疗、安全等诸多领域的纠纷，而且维护了消费者利益，促进了社会发展，从而给国民经济带来可观的效益。科学计量既为法制计量提供技术保障，又为工程计量和高新技术发展提供测量基础。俄国科学家 D.I.门捷列夫说过："没有测量，就没有科学。"另一方面，科学计量本身又必须用最新的科技成果来发展自己，使之始终处于先行的行列，这也决定了它属于精确科学范畴。正如我国著名科学家、两院院士王大珩先生指出的：“计量学是提高物理量量化精确度的科学，是物理的基础和前沿。”因此，计量事业属于国家的基础科学事业。

现代计量涉及科学计量、工程计量和法制计量。在这方面，国际上是相同的，而在管理模式上又各不相同。其中有两点可以认为基本相似：一是政府的责任主要在法制计量方面，建立计量法律、法规体系，作为规范社会计量活动的依据；二是由国家投资建设计量科研机构，包括行政管理机构和技术机构，负责相对集中地建立计量基准和标准体系，面向社会提供校准与测量服务。负责计量法律、法规的实施和为社会提供计量服务，即构成完整的国家计量体系。

随着全球经济一体化和高新技术的迅速发展，计量的重要性日益突出。国家计量体系作为国家基础设施的组成部分，既是科学技术和经济发展的支撑条件之一，又是各行业核心竞争力的重要组成部分，也是参与构建全球计量体系以便实现计量基（标）准和校准、测量结果的国际多边互认的基础条件。

计量标准化则是人们构建计量体系的一种理念、措施和手段，它可以让计量变得更加有序、简洁、统一、协调，并进而获得更高效率。它既是计量测试过程的一个发展方向，也是不断规范、完善和优化计量过程的一种手段。

第三节　计量的十个专业领域

当前，比较成熟和普遍开展的计量领域有：几何量、热学、力学、电磁、无线电、时间频率、声学、光学、化学和电离辐射，即所谓“十大计量”。

一、几何量计量

任何一个物体都是由若干个实际表面所形成的几何实体，几何量是包含复现、测量、表征物体的大小、长短、形状和位置的几何特征量，对这些特征量的计量测试统称为几何量计量。

几何量计量表征有形物体的几何特征和质点的空间位置。涉及波长、刻线量具、光栅、感应器同步器、量块、多面体、角度等具体的测量。生活中常用的直尺、钢卷尺，在军事和交通中广泛应用的卫星定位系统等，都是长度计量的研究成果。

几何量计量，按计量标准的计量特性划分成 11 个分专业，它们是量块、线纹、角度、平直度、表面粗糙度、齿轮、工程测量、万能量具、坐标测量、经纬仪类仪器、几何量仪器。历史上曾用过“长度计量”这一概念来描述几何量计量范畴，它是一种广义的名称，并不确切。现在长度计量的范畴仅包括端度（量块）计量和线纹计量。

几何量计量是现代计量测试领域里发展最早，同时也是最重要的组成部分之一，它与国民经济、科学技术等各个领域有着广泛而密切的联系。在机械制造业中，产品的规格化、标准化对零件间的互换性提出了相当高的要求；精密仪器及机床制造业，对综合性能指标要求的不断提高，使零部件加工、装配技术难度加大；这一切都依赖于几何量计量测试手段的提高。几何量计量对于保证量值统一、确保产品加工质量有重要意义。

几何量计量对于国防工业的发展具有更加特殊的意义。在涉及航空、航天、兵器、船舶、信息电子等关系国家安全的重点工业,几何量计量的作用更为明显,要求计量的手段更新、准确度更高。因此为保障武器装备和军工产品质量,更好地为型号工程提供全方位服务,需要建立国际先进水平的几何量计量标准体系,形成一套完善的军工计量管理体系。

二、热学计量

热学计量是涉及温度、热流、湿度等相关物理量的测量科学。依据热力学定律建立热学计量标准,开展各种测量仪表的检定和校准,实现中低温、高温、光电高温、辐射温度和热流、湿度等的量值传递与溯源。

温度表示物体冷热的程度。温度决定一个物体是否与其他物体处于热平衡的宏观性质。从微观上看,温度标志着物体内部分子无规则运动的剧烈程度,温度越高就表示平均物体内部分子无规则热运动越剧烈。温度概念是与大量分子的平动动能平均值相联系的。

仅仅定义了温度的概念是不完全的,还要对它做数值的表示。温度的数值表示法叫做温标。现在人们使用的温标是 1990 年国际温标,它的表示符号为 ITS-90。国际温标是为了实用而建立起来的一种协议性温标,是经国际协商决定采用的一种国际上通用的温标。

温度的单位为开尔文(符号为 K),定义为水三相点热力学温度的 1/273.16。

热学计量的对象是在工业生产中的热工过程中常用到的温度、压力、真空、流量、物量和物位等参数。如对普通玻璃液体温度计,红外测温仪的检定、校准,直接关系到医生对病人是否发热的判断,对诊断疾病提供技术支持。

在科研和生产中,温度是一个十分重要的物理量,同时在其他物理量的计量中,例如几何量、流量、压力等,温度也是十分重要的影响量。在国际单位制七个基本单位中就包括温度。

湿度是描述空气(或其他气体)中水汽含量的参数。湿度与温度一样,是人们可以感知,广义上讲是定义水分含量的物理量。早期湿度测量主要用于气象方面,近代扩展到工业、农业和科学技术的各个领域,因而水分和湿度的测量受到关注的程度并不亚于温度的测量。

与温度不同,湿度的表示方法繁多,但其定义都是基于混合气体的概念引出的。

由于现存的湿度表示方法和单位相当繁杂,同时因为湿度这个量用实物来体现比较困难,因此,迄今为止国际上关于湿度及其单位还没有统一的定义,因而无法根据定义来复现该单位。目前各国使用的湿度计量标准不尽相同,但基本上都是通过两种并行的方法来实现量值的统一。其一是建立湿度的绝对测量方法,其二是制作能够发生已知湿度气体的装置。

三、力学计量

力学计量是涉及质量、力值、密度、容量、力矩、机械功率、压力、真空、流量以及位移、速度、加速度、转速、硬度等量的测量。

市场上的公平秤、电子计价秤、水表、燃气表、出租车计价器等准确与否都是由力学计量来保证的。

1. 质量计量

质量是力学计量里最基本的计量项目。力值、硬度、压力、容量、流量、密度、真空等计量项目均与质量计量密不可分。质量计量的目的是建立质量标准,测试物体质量。

质量单位千克(kg)是国际单位制中 7 个基本单位之一。它是"国际千克原器"所具有的质量值,质量为 1 kg。"国际千克原器"是铂铱合金制成的直径和高均为 39 mm 的圆柱体,保存在国际计量局。我国的千克原器具有相同的材料和尺寸,保存在中国计量科学研究院。

质量的量值传递通过砝码,利用天平或其他衡量仪器溯源到"国际千克"原器。

2. 力值计量

力值的最高计量标准是国家基准机所产生的力值,单位为牛顿(N)。目前国家 1 MN 以下基准是由数台静重式力基准机组成,不确定度为 2×10^{-5}。力值最高标准是由砝码来复现。

力值的传递用标准测力仪完成。标准测力仪有百分表式、电感式、电容式和电阻应变式等多种,用得最多的是百分表式和电阻应变式两种。

用负荷传感器做动负荷测量时,需利用动态特性校准装置,并预先确定其频率响应特性。

在进行力的多分量测量时,多分量传感器需在六分量校准装置上校准,目前六分量校准装置多用砝码—滑轮结构。

3. 扭矩计量

扭矩的大小用力与力臂的乘积表示,也称为力矩。准确测量力值及该力到其作用点力臂的长度,可获得力矩值。

静重式扭矩标准机及基准机即是基于该原理制成。在杠杆的一端加挂砝码,而在杠杆的另一端便获得标准扭矩。目前我国静重式扭矩基准机的杠杆采用刀口支撑,为提高力臂的准确度,杠杆可采用空气轴承支撑,这样可保证力臂始终为一常数。但空气轴承对两夹头的同轴度及机架的刚度有极高的要求。

4. 硬度计量

硬度计量是人类最早从事的测量活动之一。其特点是在被测件的表面上进行测量,它又可以通过硬度—强度换算关系查找到硬度值所对应的强度。

硬度的基准器由各组基准硬度计组成,传递标准由各种硬度块组成。

硬度试验法可分为两大类。其一为静载试验法。如布氏硬度试验法、洛氏硬度试验法。其原理是在一定的试验力作用下,将压头压入试件表面,以压痕单位面积上的力,表示试件的硬度。其二为动载试验法。如里氏硬度试验法、肖氏硬度试验法。其原理采用弹性回跳方式。通过测量压头的高度(或速度)及压头下落到试件表面后回跳的高度(或速度)的比值表示试件的硬度。

5. 压力计量

压力是指垂直作用于物体表面的力,压力计量中的压力单位实际上是单位面积上的压缩力,等效于工程技术中的压强单位。压力表示方法有三种,即大气压力、绝对压力和表压力。

在国际单位制中,压力单位是帕斯卡(Pa),其值为 $1 N/m^2$。

压力测量仪器有:活塞式压力计、液体压力计、弹簧式压力表等。近年来压力传感器发展迅速,出现了振动筒式、压阻式、压电式、电感式、电容式、电位计式和应变计式等压力传感器。

压力基准——活塞式压力计是根据帕斯卡原理和静力学平衡原理,通过测量其砝码质量和活塞面积,将量值溯源到质量和长度等基本量,并由它检定标准和工作压力测量仪器,实现压力量值传递。动态压力测量则主要从时域和频域两个方面研究压力的变化。

6. 振动计量

机械振动是指机械系统运动或位置的量值相对于某一平均值或大或小交替地随时间变化的现象。表征振动量值的参数主要有振动位移(单位:m)、速度(单位:m/s)和加速度(单位:m/s^2),每个参数可分别用峰值、平均值和有效值表示。这些参数均随时间变化,可表示为时域或频域的函数。

测振仪一般由传感器、适调器、放大器、分析处理器和指示记录仪等部分组成。测振仪的校准参数主要有:振动传感器(仪器)的灵敏度和灵敏度的幅频、相频、线性特性;传感器的横向灵敏度比及各种环境特性等。振动传感器和配套的电学仪器可分开校准,也可配套校准,在固定组合的情况下,推荐配套校准。振动校准方法分为一次和二次两种:一次校准是通过对基本量(长度、时间和电流等)的测量确定振动量值和单位的绝对校准法,目前使用较多的是使用激光干涉仪器的条纹计数法和正弦逼近法;二次校准是在标准振动台上比较传递标准和被校传感器确定振动量值和单位的比较校准法。

7. 冲击计量

机械冲击是指能激起系统瞬态扰动的力、位置、速度和加速度的突然变化,并且该变化的时间要小于系统的基本周期。表征冲击加速度的单位是米每二次方秒(m/s^2),表征冲击持续时间的单位是秒,完整地表示冲击过程要用时域或频域的函数。冲击测量仪器通常由传感器、适调器、数据分析处理器和指示记录仪等组成。冲击传感器和配套的电子仪器可分开校准,也可配套校准,在固定组合的情况下,推荐配套校准。冲击校准的方法可分三种:一是通过对时间、长度和电流等基本量的直接测量,确定冲击量值和单位的绝对校准法,这种方法将冲击量值溯源到基本量;二是对非基本量的其他量(比如力值、应变)进行测量,确定冲击量值和单位的冲击校准法;三是用标准冲击装置对冲击传递标准和被校冲击传感器进行比较的比较校准法。

8. 转速计量

转动是机械加工和机械运输中最常见的运动方式。表征转动的基本参数是转速,转速的计量单位是转每分(r/min)。测量转速的仪器称为转速表,按工作原理可分为:离心式、定时式、磁电式、频闪式和电子计数式转速表等。转速表准确度的百分数表示转速表的等级,如准确度为 0.5% 的转速表为 0.5 级。标(基)准转速装置由高稳定并可调转速的转速源和标准转速测量仪组成,通常用频闪式或计数式转速表作标准转速测量仪。这两种转速表都具有高准确度的标准频率发生器,通过它将转速量值溯源到基本量——时间(频率)。一般的转速表在标准转速装置上检定。由于很难获得高稳定的转速源,而频闪和计数式转速表的读数准确度很高,所以,对于高准确度的转速表,可采用比对的方法检定。

9. 加速度计量

加速度计量的目的是校准加速度计的计量特性。加速度计有线加速度计和角加速度计两种,其中线加速度计有伺服式、电容式和应变式几种。校准加速度的校准装置主要包括:重力场校准装置,精密离心机,温度系数校准装置,低频动态加速度再现装置和冲击加速度校准装置。角加速度计的校准是利用角加速度标准器校准其静态数学模型参数和低频动态特性。

10. 流量计量

流量计量是一个综合性较强的计量学科分支,它涉及流体的压力、温度、黏度、密度的测量,同时涉及材料的物理和化学性能等。流量的计量单位是单位时间流过的流体质量或容积,kg/s 或 m^3/s。

流量测量对象的复杂性决定了流量测量仪表的多样性和复杂性。如高温、低温、高压、高黏度下的测量,各种流体,各种油的测量等。

流量计量的一个主要内容是研究测量方法,以保证量值的准确一致。流量测量仪表的复杂性决定了流量校准装置的复杂性,不可能用几种校准装置去校准千变万化的各种流量仪表。

鉴于上述流量计量的现状,准确评定校准装置复现量值的不确定度是流量计量的关键。

11. 流速计量

流速是单位时间流体流动的距离,常用单位是米每秒(m/s)。

流速测量有三种基本方法,即压差法、热线(膜)法和激光法。前两种方法测的是流体本身流动的速度;激光法测的是随流体一起运动的微小固体颗粒的运动速度。管道内流体流动的平均速度的测量是流速测量的方法之一。

流速计量技术的发展主要有两个方面:其一是在获取流速信息的同时可获取多种其他有用信息,如流体中所含固体微粒的大小、浓度等;其二,可以促进多相流测量的研究。

12. 真空计量

真空又称疏空或负压,美国真空学会把分子密度小于 $2.5×10^{19}$ 分子数/cm^3 的空间定义为"真空"。真空与压力的计量单位基本相同,真空的法定计量单位是帕斯卡(Pa),即每平方米的面积上垂直均匀作用 1 牛顿的力(1 Pa=1 N/m^2);习惯上也用毫米汞柱(mmHg)作为真空单位,mmHg 指温度为 0℃ 时和标准重力加速度条件下,1 mm 高的汞柱(mmHg)产生的压力,1 Pa=0.750 06×10^{-2} mmHg。通过直接对长度、质量、温度和时间的测量检定(校准)一等标准麦克劳压缩真空计(1 000 Pa ～10^{-3}Pa,1‰～2‰)、一等标准膨胀法真空装置(2 000 Pa ～10^{-4} Pa,3‰)、一等标准流导法真空装置(10^{-6}Pa～10^{-2} Pa,4‰)等,将真空的量值溯源到基本物理量。再由一等真空装置传递到二等真空装置,直到工作真空计,保证真空单位统一,量值准确可靠。

13. 密度计量

密度表示物质的质量与体积的比值,密度的主单位是千克每立方米(kg/m^3)。在密度测量中,以液体密度测量最为普遍,测量方法分为静态测量法和动态测量法两种。静态测量法根据阿基米德原理,用浮力计算密度。动态测量的方法很多,主要有应用电磁原理的海水盐度仪和硫酸浓度仪等,应用光学原理的酒精或糖溶液浓度计,应用超声原理的超声密度计,应用简谐振动和电子技术相结合的振动式密度计等。密度通过静力衡量法基准装置将量值溯源到基本物理量——长度和质量,再通过基准密度计组及各等级标准密度计传递到各种工作密度计。

14. 容量计量

容量是指容器内所容纳物质(液体、气体或固体微粒)体积或质量的量,是较早开展的计量项目之一。对于可容纳物质体积的量,称为容器的体积容量,简称容器的容积。对于可容纳物质质量的量,称为容器的质量容量。容器的常用单位有立方米(m^3)、升(L)、立方分米(dm^3)、立方厘米(cm^3)、立方毫米(mm^3)和毫升(mL)等。容量器分为金属和非金属两大类,检定方法有三种:即衡量法、测量法和比较法。前两种方法是直接测量被检容量器所装物质的质量或它自身的体积,将容量量值溯源到基本量——质量和长度;后一种方法是用较高等级的容量器检定较低等级的容量器。

四、电磁计量

电磁学计量是研究、保证电磁量单位统一和量值准确可靠的计量学分支。电磁量是与电磁现象有关的物理量,分电学量和磁学量;相应地,电磁学计量分电学量计量和磁学量计量。电磁学计量在国民经济建设各领域应用广泛,国防建设和人民生活中随处可见。

电磁计量涉及的专业范围包括直流和交流的阻抗和电量、精密交直流测量仪器仪表、模数/数模转换技术、磁通量、磁性材料和磁记录材料、磁测量仪器仪表以及量子计量等。

电磁学计量基准包括电压、电流、电阻、电容(或电感)、磁感应强度、磁通和磁矩。电磁学计量内容包括:1)电磁基本量,如电压、电流、磁通、磁矩等;2)电磁测量仪器与仪表;3)比率标准与仪器;4)材料电磁特性;5)波形。此外,非电量的电测量及静电、电气和环境安全等电磁干扰参数也是电磁计量的重要内容。按工作频率,电磁学计量分直流计量和交流计量。

电学计量保存、复现、传递的量主要有直流电压、直流电流、交流电压、交流电流、直流电阻、交流电阻、电感、电容、电功率、电能、相位、频率、电荷量、损耗因数、功率因数、时间常数等。

保存、复现电学量的计量器具主要有实物量具和计量仪器两大类。作为计量基准和计量标准的主要有约瑟夫森电压自然基准、霍尔电阻自然基准、标准电池、直流标准电阻、固态电压标准、标准电感、标准电容、交流标准电阻、损耗因数标准器、直流电桥、直流电阻箱、RLC测量仪、高阻计、微欧计、直流电位差计、交流电位差计、数字多用表、多功能标准源、交直流转换仪、指针表、直流功率表、交流功率表、功率因数表、电能表、分压箱、分流器、仪用互感器、测量放大器、转换器、感应分压器、霍尔电流传感器等。

根据电学计量参数和电学计量器具的特点,电学计量分为如下计量分专业:直流电压(检定标准电池,固态电压标准)、直流电阻(检定标准电阻、直流电桥、直流电阻箱、高阻计、微欧计)、交流阻抗(检定标准电容、标准电感、交流标准电阻、RLC测量仪、损耗因数标准器)、交直流比率(检定分压箱、分流器、互感器)、交直流高压(检定交直流高压表、交直流高压源)、电功率电能(检定交直流功率表、交直流电能表、交直流功率电能标准源、功率因数表)、交直流数字仪器(检定交直流数字表、交直流标准源)、交直流转换仪(检定交直流电压转换仪、交直流电流转换仪)、交直流模拟仪器(检定三表、直流电位差计、交流电位差计)、电学工程测量仪器(检定绝缘电阻表、耐压测试仪、稳压电源等)。

电流的单位"安培"是7个国际单位制基本单位之一,用电流天平法,电动力计法和质子回旋磁比法等方法按定义复现电流的单位。电压的单位"伏特"是导出单位,用电压天平法、液体静电计等方法按定义复现电压的单位,用约瑟夫森效应建立电压自然基准,用实物计量基准——标准电池复现和保存电压量。电阻的单位"欧姆"是导出单位,用计算电容法,计算电感法按定义复现电阻单位,用克里青量子化霍尔效应建立电阻自然基准,用实物计量基准——标准电阻复现和保存电阻量。用计算电容法,计算电感法来复现和保存电容基准和电感基准,用标准电容和标准电感来保存电容量和电感量。用计算互感线圈来建立磁通基准,用核磁共振导出磁感应强度自然基准。

五、无线电计量

无线电计量是以无线电电子学中常遇到的电磁量为对象的计量测试,通常,30 kHz以上频段视为无线电计量范畴。随着电子技术的发展,无线电计量的频段的高端可至110 GHz,甚至包括毫米波与亚毫米波所用的准光学测量技术波段。而其测试频段的低端,则可达极低的频段,甚至可从直流开始,如宽带衰减器、功率计、示波器等。

无线电计量包括建立和保存无线电计量基本参数的计量标准、保证值的传递和准确一致、研究各种精密测试技术和测量方法等几个方面,通常可以用无线电计量测试的参数、各参数的测量准确度、覆盖的频带宽度、量程范围及自动化程度等来表征无线电计量的能力。

在无线电计量测试中,需要开展量值传递的参数是多种多样的,包括有关电磁能参数(如电压、电流、功率、电场强度、功率通量密度和噪声功率谱密度)的计量;有关电信号特征参量(如频率、波长、调幅系数、频偏、失真系数和波形特征参量)的计量;有关电路元件和材料特性参量(如阻抗或导纳、电阻或电导、电感和电容、Q值、复介电常数、损耗角)的计量及有关器件和系统网络特性参量(电压驻波比、反射系数、衰减、增益、相移)的计量。

无线电计量的具体内容也不是一成不变的,而是随着科学技术的发展和实际工作的需要不断发展变化的,目前它主要包括以下几个方面:

(1)信号强度的计量测试,如功率、电压、电场强度等;

(2)信号特性的计量测试,如频率、波形参数、脉冲参数、调制参数、频谱、噪声、信号噪声比等;

(3)电路参量的计量测试,如阻抗或导纳、电阻或电导、电抗或电纳、电感、电容、电阻、品质因数(Q值)等;

(4) 网络特性(包括有源和无源网络)的计量测试,如网络的反射参量(包括反射系数、驻波比等)和传输参量(包括衰减或增益、相移、群时延等);

(5) 材料参量的计量测试,如介电常数 ε_r、磁导率 μ_r、损耗角正切 $\tan\delta$ 等,包括电磁性能、屏蔽性能、吸波性能和超导特性;

(6) 电磁兼容性(EMC)计量测试;

(7) 超低频参数的计量测试,如动态测量用多通道记录仪、数字磁带记录仪、热敏记录仪的计量;

(8) 半导体微电子元器件参数计量测试等;

(9) 通信参数的计量测试。包括手机、视频、网络通信等涉及到的各种制式、各种标准的射频数字通信参数的计量测试。

六、时间频率计量

时间频率计量是研究周期运动或周期现象的特性表征、测量和评估的科学。时间是周期运动持续特性的度量,周期运动的周期累计得到时间;频率是周期运动复现特性的度量,单位时间(通常为 1 s)内周期重复次数就是频率。即时间和频率是周期运动及其属性的不同侧面的表征或描述,由时间量可以导出频率量,由频率量可以得到时间量,两者密切相关、不可分离,所以常称为时间频率或简称时频。

在当代,时间频率广泛应用于天体测量、射电天文、空间测地、深空探测、无线电通讯、广播电视、导航定位、测绘、勘探、气象研究与预报、地震研究与预报、远程科学考察与探测,以及交通管制、电力检测、环境监测、医疗卫生、安全防护等领域,甚至哲学、经济学、社会学、历史学、人口学等也都涉及和论述与时间频率有关的理论及实践问题。

时间频率计量用于测量频率值和时间间隔。主要服务领域为:通讯导航、航空航天、国防军工、信息电子、家用电器、医疗卫生、科研生产、广播电视、公共服务、计算机网络等领域。

七、声学计量

声学是研究弹性媒质中声波的产生、传播、接收、效应及其应用的科学。声学计量就是研究基本声学参量与工程评价参量的测量并保证单位统一及量值准确的科学技术。声学计量主要研究声压、声强、声频、声功率和响度、听力损失等量的测量。声学计量是声学的重要组成部分,又是声学得以应用和发展的基础。它涉及基准与标准的建立和保存、量值的传递、测量方法和技术研究等。根据声波传播媒质和频率的不同,声学计量分为空气声计量、水声计量、超声计量和听力计量等。目前在国防科技工业系统开展的声学计量项目重点是水声计量,次之是超声计量和空气声计量。

声学具有悠久的发展历史,如噪声测量,交通噪声、环境噪声、建筑声学、电声学的测量,对于科研生产、国防和国民经济的发展起到了积极作用。近代随着电子技术、传感技术和信息处理技术的发展它又获得了新的生命力。现代声学已渗入国计民生的各个领域,不但广泛应用于工业、农业、医疗卫生和人们日常生活的众多方面,而且也广泛应用于国防建设事业。在声学研究、应用和不断发展过程中生成了许多基本声学参量和工程评价参量。对这些参量的测量准确与否,直接关系到声学研究和应用的质量与水平。

八、光学计量

光学计量的主要内容包括：辐射度、光度、光谱光度、色度、激光参数、光学材料参数、光学薄膜参数、波像差、光学传递函数、光学零件及光学系统特性参数、微光像增强器和夜视仪参数、光纤特性参数、光纤器件特性参数、光电探测器参数、光电子测量仪器等。

光学计量的对象有光源、光探测器、光学介质、光学元件以及光学仪器。其中光源包括自然光源、人工光源、激光等。光学计量涉及辐射强度、辐射照度、辐射亮度等参数。如日常生活中灯具、汽车灯亮度的测量，色彩的测量等。

光学与电子学相比较，最大的特点是光学的频谱范围由 X 射线、紫外线、可见光、直到红外线波段，而光子学研究的波长比微波、无线电短得多，波束、脉宽和谱线宽度都可以压缩得很窄，因而用于探测时，空域、时域或频域的分辨力很高；用于信息传输时，传输的容量大、速度快；用于信息存储时，光存储信息容量大，可靠性强、存取速度很快、成本较低。且光波可以在真空、大气、水和光纤等不同介质中传播，其应用范围相当广泛。特别是微光和红外光，已在国防上被广泛应用，具有抗干扰性好、隐蔽性强的优点。

九、化学计量

化学是自然科学中的基础学科之一。它以揭示大千世界物质的组成、结构、性质和变化规律的神奇魅力，从古到今吸引着无数学者的关注，并广泛造福于人类社会。近年来，特别是化学学科领域中的新兴材料科学的崛起，强力推动着人类社会的进步与现代科学技术的高速发展。纵观历史，从公元 3 世纪我国古代劳动者发现火药的热化学特性，到 20 世纪末纳米材料的开发与应用成为热门，化学研究与应用始终没有停止，为社会进步和科学技术发展做出了巨大贡献。而特种材料的应用，又使化学在国防工业发展中占据了更加重要的地位。

化学计量主要针对热量、黏度、密度、电导率、浊度等物质化学特性的测量。通常，饮用水的纯净度、食品中的有害物质含量等均属化学计量范畴。

十、电离辐射计量

电离辐射计量是指 α、β、γ、X 和中子辐射的有关参数的测量。电离辐射计量涉及医疗、工业、农业、军事、环境监测等方面。如医用 X 光机、CT 机、钴-60 治疗机、γ 刀等设备、工业用 X 射线探伤机、核子皮带秤、农用大蒜辐照加工、环境监测用的水质检测以及用于海关、车站、码头的违禁物品检查仪等设备。

1. 放射性活度

产生电离辐射是某些物质的一种物理特性，对这些特性的定量测量是电离辐射计量的主要任务。电离辐射计量主要研究电离辐射计量专业所涉及的放射性活度、辐射剂量和中子计量等的基础理论、测量技术、测量器具及其检定和校准方法，放射性标准物质制备及其定值方法，测量结果的数据处理和不确定度评定等各方面基础知识。

具有特定质量数、原子序数和核能态，而且其平均寿命长到足以被观察的一类原子称为核素。某些核素能自发地放出 α、β 等带电粒子或 γ 射线，或在俘获内层轨道电子后放出 X 射线,或发生自发裂变,称这种核素为放射性核素。

放射性活度是电离辐射计量中一个基本量,它是描述放射性核素衰变率的量。现在采用的单位名称贝可(勒尔),即每秒一次衰变为一个贝可。其符号为 Bq。过去常用的单位名称居里,其符号为 Ci,1 Ci＝3.7×10^{10} Bq。

在日常生活中常用的强度,实际上是描述放射源发射射线的数目,而活度是指放射性核素的衰变率。

在电离辐射中出现的 X 射线和 γ 射线也都称作光子,但其来源不同。从原子核内核子能级跃迁发射出来的光子称作 γ 射线,而核外电子跃迁发射出来的光子则称作 X 射线。

2. 电离辐射剂量

辐射剂量是一个广义词,主要描述辐射能量的传递、转换,根据测量对象应用于不同领域有不同的名称,如:照射量、比释动能、吸收剂量和剂量当量等。

照射量是描述 X、γ 射线在空气中产生电离能力的物理量。而比释动能则是用来描述不带电的致电离辐射与物质相互作用时,在单位质量的物质中产生的带电粒子初始动能的总和的一个宏观物理量。吸收剂量是剂量学尤其辐射防护中一个重要物理量,是电离辐射给予单位质量物质的平均能量。剂量当量是加权的吸收剂量,是考虑不同类型不同能量的辐射,同样的吸收剂量,但产生的生物效应不同,因而引入品质因子 Q。这几个量既相互关联,又有区别,在满足一定条件时量值可能相同。

要测量辐射剂量首先要有辐射源,按有关规定建立的,用于校准值确定用的辐射源称作参考辐射。辐射主要有 X 射线(包括 K 荧光)、γ 射线、β 射线和中子等。γ 射线和 β 射线参考辐射主要利用放射性核素产生,X 射线用 X 射线机产生,中子用放射性核素中子源、加速器中子源和反应堆中子源产生。

目前的剂量测量主要采用电离室法,根据不同用途设计不同的电离室,测量照射量最好用自由空气电离室,而测量空气比释动能、吸收剂量则采用小空腔电离室。

在辐射防护中,往往还要对工作人员受到的照射进行监测,所以又将监测分为场所监测和个人监测。在辐射防护工作中又引入不同的剂量当量。

此外,还可以用量热法测量吸收剂量。对辐射加工中用的高剂量辐射场,还可用各种化学剂量计来测定吸收剂量,就是通过利用测定组成剂量计的化学物质受照射之后的化学变化量来确定物质的吸收剂量。

3. 中子计量

中子是组成原子核的基本单元,中子都是通过核反应产生的。由于中子不带电,它的质量近似一个原子质量单位,这决定了中子的物理特性。它不能直接使物质电离,中子的探测都是通过测定它引起核反应产生的反应产物来实现。对中子计量主要涉及测定中子数目、中子能量、中子与物质的相互作用概率和中子与物质作用过程中的能量传递等。具体测量的量则为中子源强度,即中子源每秒发射出来的总中子数。中子注量,简单可以理解成是入射到单位面积中的中子数目;还有中子能量、中子引起核反应截面和中子剂量等量。需要研究其测量方法、测量原理和建立所需要的测量装置。

研究中子测量方法,首先要有中子源,目前中子源按产生中子的方式大致可分为三类:放射性核素中子源、加速器中子源和反应堆中子源,各有其优缺点和适用范围。

中子测量工作需要相应的加速器、反应堆等设备,所以其应用受到一定限制,但放射性核素中子源现在的应用面已相当广泛,一些小型加速器、微型反应堆也在不断扩大应用范围。尤其对核武器研制、核动力堆设计与运行,离开中子的测量将根本无法实现,所以在国防建设和国民经济建设中,中子测量受到特别的重视,测量技术不断提高。

第四节　标准化引入计量的作用与价值

为在一定的范围内获得最佳秩序,对实际的或潜在的问题制定共同的和重复使用的规则的活动,称为标准化。它包括制定、发布及实施标准的过程。标准化的重要意义是改进产品、过程和服务的适用性,防止贸易壁垒,促进技术合作。

一、标准

标准是对一定范围内的重复性事物和概念所做的统一规定。它以科学、技术和实践经验的综合成果为基础,以获得最佳秩序、促进最佳社会效益为目的,经有关方面协商一致,由主管机构批准,以特定形式发布,作为共同遵守的准则和依据。

1986 年国际标准化组织发布的 ISO 第 2 号指南中提出的标准的定义是:"得到一致(绝大多数)同意,并经公认的标准化团体批准,作为工作或工作成果的衡量准则、规则或特性要求,供(有关各方)共同重复使用的文件,目的是在给定范围内达到最佳有序化程度。"

实际上,标准的定义包含以下几个方面的含义:

(1)标准的本质属性是一种"统一规定"。这种统一规定是作为有关各方"共同遵守的准则和依据"。根据《中华人民共和国标准化法》规定,我国标准分为强制性标准和推荐性标准两类。强制性标准必须严格执行,做到全国统一。推荐性标准国家鼓励企业自愿采用。但推荐性标准如经协商,并计入经济合同或企业向用户做出明示担保,有关各方则必须执行,做到统一。

(2)标准制定的对象是重复性事物和概念。这里讲的"重复性"指的是同一事物或概念反复多次出现的性质。例如批量生产的产品在生产过程中的重复投入、重复加工、重复检验等;同一类技术管理活动中反复出现同一概念的术语、符号、代号等被反复利用等等。只有当事物或概念具有重复出现的特性并处于相对稳定时才有制定标准的必要,使标准作为今后实践的依据,以最大限度地减少不必要的重复劳动,又能扩大"标准"重复利用范围。

(3)标准产生的客观基础是"科学、技术和实践经验的综合成果"。这就是说标准既是科学技术成果,又是实践经验的总结,并且这些成果和经验都是经过分析、比较、综合和验证基础上,加之规范化,只有这样制定出来的标准才能具有科学性。

(4)制定标准过程要"经有关方面协商一致",就是制定标准要发扬技术民主,与有关方面协商一致,做到"三稿定标",即征求意见稿——送审稿——报批稿。如制定产品标准不仅要有生产部门参加,还应当有用户、科研、检验等部门参加,共同讨论研究"协商一致",这样制定出来的标准才能保证具有权威性、科学性和适用性。

（5）标准文件有其自己一套特定格式和制定颁布的程序。标准的编写、印刷、幅面格式和编号、发布的统一，既可保证标准的质量，又便于资料管理，体现了标准文件的严肃性。所以，标准必须"由主管机构批准，以特定形式发布"。标准从制定到批准发布的一整套工作程序和审批制度，是使标准本身具有法规特性的表现。

二、标准化

标准化的问题由来已久。中国自秦代开始，历代王朝都有法定度量衡标准以及法定违反标准的罚则。现代标准化是近二三百年发展起来的，工业革命推进了标准化进程，标准化包括制定标准和贯彻标准，已取得国际社会的普遍重视。

我国颁发的国家标准（GB 3935.1）中规定的标准化定义是："在经济、技术、科学及管理等社会实践中，对重复性事物和概念通过制定、发布和实施标准，达到统一，以获得最佳秩序和社会效益。"

1986 年国际标准化组织发布的 ISO 第 2 号指南中提出的标准化的定义是："针对现实的或潜在的问题，为制定（供有关各方）共同重复使用的规定所进行的活动，其目的是在给定范围内达到最佳有序化程度。"

ISO 在公布这个定义的同时作了如下两点注释：

（1）特别是指制定、发布和实施标准的活动；

（2）标准化的重要作用是改善产品、生产过程和服务对于预定目标的适应性，消除贸易壁垒，以利技术协作。

上述标准化定义实际上的含义如下：

（1）"通过制定、发布和实施标准，达到统一"是标准化的实质。统一可以带来互换，统一可以带来互认，统一可以带来效率和效益，统一可以简化过程和环节。

（2）标准化的目的是"获得最佳秩序和社会效益"。最佳秩序和社会效益可以体现在多个方面，如在生产技术管理和各项管理工作中，按照 GB/T 19000 建立质量保证体系，可保证和提高产品质量，保护消费者和社会公共利益；简化设计，完善工艺，提高生产效率；扩大通用化程度，方便使用维修；消除贸易壁垒，扩大国际贸易和交流等。应该说明，定义中"最佳"是从整个国家和整个社会利益来衡量，而不是从一个部门，一个地区，一个单位，一个企业来考虑的。尤其是环境保护标准化和安全卫生标准化主要是从国计民生的长远利益来考虑。在开展标准化工作过程中可能会遇到贯彻一项具体标准对整个国家会产生巨大的经济效益或社会效益，而对某一个具体单位、具体企业在一段时间内可能会受到一定的经济损失的情况。但为了整个国家和社会的长远经济利益或社会效益，我们应该充分理解和正确对待"最佳"的要求。

（3）标准化是一项活动过程，这个过程是由 3 个关联的环节组成，即制定、发布和实施标准。标准化 3 个环节的过程已作为标准化工作的任务列入《中华人民共和国标准化法》的条文中。《标准化法》第三条规定："标准化工作的任务是制定标准、组织实施标准和对标准的实施进行监督。"这是对标准化定义内涵的全面而清晰的概括。

（4）这个活动过程在深度上是一个永无止境的循环上升过程。即制定标准，实施标准，在实施中随着科学技术进步对原标准适时进行总结、修订，再实施。每循环一周，标准就上升到一个新的水平,充实新的内容,产生新的效果。

（5）这个活动过程在广度上是一个不断扩展的过程。如过去只制定产品标准、技术标准,现在已经包括了制定管理标准、工作标准;过去标准化工作主要在工农业生产领域,现在已扩展到安全、卫生、环境保护、交通运输、行政管理、信息代码等领域。标准化正随着社会科学技术进步而不断地扩展和深化自己的工作领域。

在国民经济的各个领域中,凡具有多次重复使用和需要制定标准的具体产品、服务、过程,以及各种定额、规划、要求、方法、概念等,都可称为标准化对象。标准化对象一般可分为两大类:一类是标准化的具体对象,即需要制定标准的具体事物;另一类是标准化总体对象,即各种具体对象的总和所构成的整体,通过它可以研究各种具体对象的共同属性、本质和普遍规律。

各国标准化工作的主要任务均是制定标准、组织实施标准和对标准的实施进行监督。而国际标准化组织(ISO)的主要任务是制定国际标准、协调世界范围内的标准化工作。

（一）标准化的实质和目的

通过制定、发布和实施标准达到统一是标准化的实质。获得最佳秩序和社会效益则是标准化的目的。

（二）标准化的基本原理

标准化的基本原理通常是指统一化原理、简化原理、协调原理和最优化原理。

1. 统一化原理

统一化是指两种以上同类事物的表现形态归并为一种或限定在一定范围内的标准化形式。

统一化的实质是使对象的形式、功能(效用)或者其他技术特征具有一致性,并把这种一致性通过标准确定下来。

统一化的目的是消除由于不必要的多样化而造成的混乱,为人类的正常活动建立应共同遵循的秩序。统一化的方式有:

（1）选择统一

在需要统一的对象中选择并确定一个,以此来统一其余对象的方式。它适用于那些相互独立、相互排斥的被统一的对象。如交通规则、方向标准等。

（2）融合统一

在被统一对象中博采众长,取长补短,融合成一种新的更好的形式,以代替原来的不同形式的方式。适于融合统一的对象都具有互补性。如结构性产品手表、闹钟统一结构形式,都是采用融合统一的方法。

（3）创新统一

用完全不同于被统一对象的崭新的形式来统一的方式。适宜采用创新统一的对象:

a）在发展过程中产生质的飞跃的结果。如以集成电路统一晶体管电路。

b）在由于某种原因无法使用其他统一方式的情况。如用国际计量单位来统一各国的计量单位;用欧元统一各国的货币等。

统一原理就是为了保证事物发展所必须的秩序和效率,对事物的形成、功能或其他特性,确定适合于一定时期和一定条件的一致规范,并使这种一致规范与被取代的对象在功能上达到等效。统一原理包含以下要点:

a) 统一是为了确定一组对象的一致规范,其目的是保证事物所必须的秩序和效率;

b) 统一的原则是功能等效,从一组对象中选择确定一致规范,应能包含被取代对象所具备的必要功能;

c) 统一是相对的,确定的一致规范,只适用于一定时期和一定条件,随着时间的推移和条件的改变,旧的统一就要由新的统一所代替。

2. 简化原理

简化是标准化的形式之一。简化是一定范围内缩减对象(事物)的类型数目,使之在一定时间内足以满足一般需要的标准化形式。

简化一般是在事后进行的,是在不改变对象质的规定性,不降低对象功能的前提下,减少对象的多样性、复杂性。

(1)简化的方式

物品种类简化;

原材料简化;

工艺设备简化;

零部件简化;

结构要素简化;

流程简化。

(2)简化的客观基础

同时包含基本功能、条件功能和附加功能,可以在保留基本功能的基础上,适当删减条件功能和附加功能。

a) 基本功能,用来满足人们对该物品的共同需要的功能。

b) 条件功能,即使基本功能得以充分发挥的功能。

c) 附加功能,用来满足不同的人们对物品的特殊需要的功能。

举例:挂历——基本功能是显示日历;条件功能是挂,附加功能是装饰美化环境。必要时,后两者功能可以通过简化剔除。

(3)简化的经济效果

a) 制造领域中:

① 减少设计差错;

② 缩短设计时间;

③ 提高设计效率;

④ 便于文件管理。

b) 流通与消费领域:

① 便于包装、仓储和运输;

② 减少消耗和管理费用;

③ 降低成本和价格。

（4）简化与统一化的区别

统一化着眼于取得一致性，即从个性中提炼共性；

简化肯定某些个性同时存在，着眼于精炼，简化的目的并不是简化只有一种，而是在简化的过程中保存若干合理的种类，以少胜多。

3. 产品系列化

产品系列化是标准化的高级形式，是标准化高度发展的产物，是标准化走向成熟的标志；系列化是使某一类产品系统的结构优化、功能最佳的标准化形式。系列化通常指产品系列化，它通过对同一类产品发展规律的分析研究，经过全面的技术经济比较，将产品的主要参数、型式、尺寸、基本结构等做出合理的安排与计划，以协调同类产品和配套产品之间的关系。

系列化产品的基础件通用性好，它能根据市场的动向和消费者的特殊要求，采用发展变型产品的经济合理办法，机动灵活地发展新品种，既能及时满足市场的需要，又可保持企业生产组织的稳定，还能最大限度地节约设计力量，因此产品系列化是搞好产品设计的一项重要原则。企业应该按照产品系列化的要求进行设计，对没有系列型谱的要逐步形成系列型谱，对已有系列型谱的应严格按照系列型谱进行设计，保证新产品按系列发展。

（1）系列化工作内容

产品系列化工作的内容一般可分为以下三个方面：

a）制定基本参数系列

产品的基本参数是基本性能或基本技术特性的标志，是选择或确定产品功能范围、规格、尺寸的基本依据。产品基本参数系列化是产品系列化的首先环节，也是编制系列型谱，进行系列设计的基础。

制订基本参数系列的步骤是：

① 选择主参数的基本参数

主参数是各项参数中起主要作用的参数。主参数的数目一般只选一个，最多也只能选两个。选择的原则是：

应能反映产品的基本特性（如电动机的功率）；应是产品中稳定的参数（如车床床身上工件回转直径）；应从使用出发，优先选性能参数，其次选结构参数。

② 确定主参数和基本参数的上下限

即确定系列的最大、最小值。这个数值范围的确定，一般要经过近期和长远的需要情况、生产情况、质量水平、国内外同类产品的生产情况的分析并尽量符合优先数系列。

③ 确定参数系列

主要是确定在上下限之间的参数如何分类、分级，整个系列安排多少档，档与档之间选用怎样的公比等。常见的数值系列分级有一般数值和优先数系列。

一般数值系列主要有以下几种数列：

ⓐ 等差数列

等差数列是算术级数，而数列中任意相邻两项之差是一常数，即：$N_n - N_{n-1} = d$

式中：N_n 为数列中第 n 项的值；d 为级数公差。

等差数列是最简单的一种数值分级方法,适用于轴承、紧固件等,优点是构成简单,便于分级,但主要缺点是相邻两项的相对差不均匀。

造成数值小的参数之间相对差反而大,数值大的参数之间相对差反而小的结果。因此对许多产品来说不符合客观实际对产品参数分布规律的要求。

ⓑ 阶梯式等差数列

为了克服上述的缺点,有时可把等差数列中各段的公差分成不同,例如:

螺纹直径系列:1~1.4~2.6~3~6~12~24~48~80~300

各数值段公差:0.2　0.3　0.4　0.5　1　2　3　4　5

阶梯式等差数列可使数值大的参数之间差值增大,从而使整个系列保持适当的密度,但是阶梯式等差数列项差的变化是不连续的,分级之间出现跳跃式的剧增或剧减,不易把整个数列的变化规律控制在最佳状况。

ⓒ 几何级数(等比级数)

几何级数的特点是任意相邻二项之比为一常数。

除了一般数值系列之外,另一类是优先数列。由于各种产品的特点不同,不可能都按一个公比形成系列,客观上需要一种数列能按照十进的规律向两端延伸,这便是十进几何级数优先数列。

R5 数系:以 1、2、5 为公比形成的数系;R10 数系:以 1、2、5、10 为公比形成的数系;R20 数系:以 1、5、10、20 为公比形成的数系;R40 数系:以 1、10、20、40 为公比形成的数系;以上称为基本系列。

b)编制产品系列型谱

因为社会对产品的需要是多方面的,只对参数分档分级,有时还不能满足需要,还要求同一规格的产品有不同的型式,以满足不同的特殊要求。解决这个问题便是系列型谱的任务。系列型谱是对基本参数系列限定的产品进行型式规划,把基型产品与变型产品的关系以及品种发展的总趋势用图表反映出来,形成一个简明的品种系统表。

编制型谱是一件复杂、细致、又需要异常慎重的工作,应以大量的调查资料和科学分析预测为基础,一经确定,不宜轻易改变。

c)产品的系列设计

① 首先在系列内选择基型,基型应该是系列内最有代表性,规格适中,用量较大,生产较普遍,结构较先进,经过长期生产和使用考验,结构和性能都比较可靠,又有发展前途的型号。

② 在充分考虑系列内产品之间以及变型产品之间的通用化的基础上,对基型产品进行技术设计或施工设计。

③ 向横的方向扩展,设计全系列的各种规格,这时要充分利用结构典型化和零部件通用化等方法,扩大通用化程序或者对系列内产品的主要零部件确定几种结构型式(称为基础件),在具体设计时,从这些基础件中选择合适的。

④ 向纵的方向扩展,设计变型系列或变型产品,变型与基础要最大限度地通用,尽量做到只增加少数专用件,即可发展一个变型或变型系列。

（2）目的

产品系列化的目的,是为了简化产品品种和规格,尽可能满足多方面的需要。产品系列化,便于增加品种,扩大产量,降低成本。

（3）经济意义

实现产品系列化有重要的经济意义:

a）可以加速新产品的设计,发展新品种、提高产品质量,方便使用和维修,减少备品配件的储备量。

b）合理简化品种,扩大通用范围,增加生产批量,有利于提高专业化程度。

c）缩短产品工艺装置的设计与制造的期限和费用。

4.通用化

通用化是指在互相独立的系统中,选择和确定具有功能互换性或尺寸互换性的子系统或功能单元的标准化形式。

（1）前提

通用化是以互换性为前提的。所谓互换性,是指在不同的时间、地点制造出来的产品或零件,在装配、维修时,不必经过修整就能任意地替换使用的性能。

（2）目的

通用化的目的是最大限度地扩大同一产品（包括元器件、部件、组件、最终产品）的使用范围,从而最大限度地减少产品（或零件）在设计和制造过程中的重复劳动。

（3）效果

通用化的效果体现在简化管理程序,缩短产品设计、试制周期,扩大生产批量,提高专业化生产水平和产品质量,方便顾客和维修,最终获得各种活劳动和物化劳动的节约。

（4）对象

通用化的对象主要有两大类:

a）物

如产品及其零部件的通用化。

要使零部件成为具有互换性的通用件必须具备以下条件:

① 尺寸上具备互换性;

② 功能上具备一致性;

③ 使用上具备重复性;

④ 结构上具备先进性。

b）事

如方法、规程、技术要求等的通用化。

（5）通用化设计

通用化的实施应从产品开发设计时开始,这是通用化的一个重要指导思想。通用化设计通常有三种情况:

a）一是系列开发的通用化设计

在对产品进行系列开发时,通过分析产品系列中零部件的共性和个性,从中找出具有共性的零部件,能够通用的尽量通用,这是系列内通用,是最基本和最常用的环节。

b) 二是单独开发某一产品(非系列产品)时

在单独开发某一产品(非系列产品)时,也尽量采用已有的通用件。即使新设计的零部件,也应充分考虑使其能为以后的新产品所采用,逐步发展成为通用件。

c) 三是在老产品改造时

在老产品改造时,根据生产、使用、维修过程中暴露出来的问题,对可以实现通用互换的零部件,尽可能通用化,以降低生产成本,保证可靠性,焕发老产品的青春。

企业通常的做法是把已确定的通用件编成手册或计算机软件,供设计和生产人员选用。通用件经过多次生产和使用考验后,有的可提升为标准件。另外,以功能互换性为基础的产品通用,越来越引起广泛的重视,如集成电路和大规模集成电路的应用和互换。

产品通用化所产生的社会经济效益,是其他标准化形式所无法取代的。

5. 组合化

组合化是按照标准化的原则,设计并制造出一系列通用性较强的单元,根据需要拼合成不同用途的物品的一种标准化组合化的形式。

(1) 组合化基本介绍

组合化是受积木式玩具的启发而发展起来的,所以也有人称它为"积木化"和"模块化"。组合化的特征是通过统一化的单元组合为物体,这个物体又能重新拆装,组成新结构的物体,而统一化单元则可以多次重复利用。建筑用砖,从"组合化"角度来看是最原始的组合件,活字印刷术是组合化的典型创造。文字和数字符号也是表达语言和数量的组合单元。音乐中乐谱是选择最佳音响的组合式系统等。可见组合化很早就已经被人们用来作为生产建设和生活交往的科学手段。

(2) 理论基础

组合化是建立在系统的分解与组合的理论基础上。把一个具有某种功能的产品看作是一个系统,这个系统又是可以分解的,可以分解为若干功能单元。由于某些功能单元,不仅具备特定的功能,而且与其他系统的某些功能单元可以通用、互换,于是这类功能单元便可分离出来,以标准单元或通用单元的形式独立存在,这就是分解。为了满足一定的要求,把若干个事先准备的标准单元、通用单元和个别的专用单元按照新系统的要求有机地结合起来,组成一个具有新功能的新系统,这就是组合。组合化的过程,既包括分解也包括组合,是分解与组合的统一。

组合化又是建立在统一化成果多次重复利用的基础上。组合化的优越性和它的效益均取决于组合单元或零部件来构成物品的一种标准化形式。通过改变这些单元的联接方法和空间组合,使之适用于各种变化了的条件和要求,创造出具有新功能的物品。

(3) 主要内容

无论在产品设计,生产过程中以及产品的使用过程中都可以运用组合化的方法。但组合化的内容,主要的是特殊设计的标准单元和通用单元,这些单元又可称作"组合元"。

确定组合元的程序,大体是:先确定其应用范围,然后划分组合元,编排组合型谱

（由一定数量的组合元组成产品的各种可能形式），检验组合元是否能完成各种预定的组合，最后设计组合元件并制订相应的标准。除确定必要的结构型式和尺寸规格系列化，拼接配合的统一化和组合单元的互换性是组合化的关键。

此外，就是预先制造并储存一定数量的标准组合元，根据需要组装成不同用途的物品。例如，机械加工过程中使用的夹具，常常具有比较复杂的结构，可以看作是具有某种功能的系统，但这类系统不管它如何复杂，都是可以分解的，都是由具备某些特定功能的零部件所组成的，整个系统的功能经过分解，不外是对工件起支承、定位、导向、压缩等作用。由此，便可将夹具的元件划分为基础件、支撑件、定位件、导向件、压紧件、紧固件等类型，每一类元件根据其作用和使用范围，又可设计成几种结构型式，每种结构型式的元件又可形成不同的尺寸规格系列，并按一定的编号原则编号。这些统一化的夹具单元成批制造，分类保存，反复使用。

（4）产品设计

组合化在产品设计上的应用主要是组合设计系统，组合设计系统是在设计新产品或新零件时，不是将其全部组成部分和零件都重新设计，而是根据功能要求，尽量从贮存的标准件、通用件和其他可继承的结构和功能单元中选择。即使重新设计的零件，也要尽量选用标准的结构要素，实现原有技术和新技术的反复组合，扩大标准化成果的重复作用。这是一种把组合化的原则运用于产品设计，能够适应市场竞争，经济地生产各种类型产品的新型设计系统。

（5）基本作用

a）依据对功能结构的分解而确定的单元能以较少的种类和规格组合成较多的制品，它能有效地控制零部件（功能单元或结构单元）的多样化，从而取得生产的经济性。

b）组合化开创了适应多种组装条件的可能性，从而为实现既满足多种要求又尽量少增加新的产品型号这样理想的生产方式奠定了基础。

c）按系列化原则设计的单元以及单元的分类系统为实行成组加工打下基础，批量较大的标准单元还可组织专业化集中生产。

d）由于通过组合化能更充分地满足消费者的要求，用户能及时地更换老产品（如设备更新），同样会给消费者带来经济效益。

e）在基础件（单元）统一化、通用化的条件下，对产品的结构和性能采用组合设计，可以实现多品种小批量，产品性能多变的生产方式，既满足市场需要，又保证零部件结构相对稳定，保持一定的生产批量，不降低生产专业化水平。这就为那些单一品种大批量生产的企业向多品种小批量生产的转变找到了一条出路。

f）运用组合设计系统，还可改变过去那种产品投产后再强行统一化的传统作法，有可能引起标准化的方法和形式发生深刻变化。

6. 模块化

模块化是指解决一个复杂问题时自顶向下逐层把系统划分成若干模块的过程，有多种属性，分别反映其内部特性。模块化是一种处理复杂系统分解为更好的可管理模块的方式。

模块化用来分割、组织和打包软件或硬件。每个模块完成一个特定的子功能，所有的模块按某种方法组装起来,成为一个整体,完成整个系统所要求的功能。

模块具有以下几种基本属性:接口、功能、逻辑、状态,功能、状态与接口反映模块的外部特性,逻辑反映它的内部特性。

在系统的结构中,模块是可组合、分解和更换的单元。模块化是一种处理复杂系统分解成为更好的可管理模块的方式。它可以通过在不同组件设定不同的功能,把一个问题分解成多个小的独立、互相作用的组件,来处理复杂、大型的任务。

模块化的特点:

(1)独立的工作运行模式

各个模块可独立工作,即便单组模块出现故障也不影响整个系统工作。

(2)分级启动功能

当每组模块达到满负荷时系统会自动启动另一组模块,从而保证系统的输出始终与实际需求负荷匹配,确保每个模块组高效运行,又能节约资源,提高效率。

(三)标准化的主要作用

标准化的作用主要表现在以下十个方面:

(1)标准化为科学管理奠定了基础。所谓科学管理,就是依据生产技术的发展规律和客观经济规律对企业进行管理,而各种科学管理制度的形式,都以标准化为基础;

(2)促进经济全面发展,提高经济效益。标准化应用于科学研究,可以避免在研究上的重复劳动;应用于产品设计,可以缩短设计周期;应用于生产,可使生产在科学的和有秩序的基础上进行;应用于管理,可促进统一、协调、高效率等;

(3)标准化是科研、生产、使用三者之间的桥梁。一项科研成果,一旦纳入相应标准,就能迅速得到推广和应用。因此,标准化可使新技术和新科研成果得到推广应用,从而促进技术进步;

(4)随着科学技术的发展,生产的社会化程度越来越高,生产规模越来越大,技术要求越来越复杂,分工越来越细,生产协作越来越广泛,这就必须通过制定和使用标准来保证各生产部门的活动,在技术上保持高度的统一和协调,以使生产正常进行;所以,标准化为组织现代化生产创造了前提条件;

(5)促进对自然资源的合理利用,保持生态平衡,维护人类社会当前和长远的利益;

(6)合理发展产品品种,提高企业应变能力,以更好地满足社会需求;

(7)保证产品质量,维护消费者利益;

(8)在社会生产组成部分之间进行协调,确立共同遵循的准则,建立稳定的秩序;

(9)在消除贸易障碍,促进国际技术交流和贸易发展,提高产品在国际市场上的竞争能力方面具有重大作用;

(10)保障身体健康和生命安全,大量的环保标准、卫生标准和安全标准制定发布后,用法律形式强制执行,对保障人民的身体健康和生命财产安全具有重大作用。

三、标准级别

标准级别是指依据《中华人民共和国标准化法》将标准划分为国家标准、行业标准、地方标准和企业标准等4个层次。各层次之间有一定的依从关系和内在联系,形成一个覆盖全国、层次分明的标准体系。

国家标准。对需要在全国范围内统一的技术要求,制定国家标准。国家标准由国务院标准化行政主管部门编制计划和组织草拟,并统一审批、编号、发布。国家标准的代号为"GB",其含义是"国标"两个字汉语拼音的第一个字母"G"和"B"的组合。

行业标准。对没有国家标准又需要在全国某个行业范围内统一的技术要求,制定行业标准,作为对国家标准的补充,当相应的国家标准实施后,该行业标准应自行废止。行业标准由行业标准归口部门审批、编号、发布,实施统一管理。行业标准的归口部门及其所管理的行业标准范围,由国务院标准化行政主管部门审定,并公布该行业的行业标准代号。

地方标准。对没有国家标准和行业标准而又需要在省、自治区、直辖市范围内统一的下列要求,制定地方标准:(1)工业产品的安全、卫生要求;(2)药品、兽药、食品卫生、环境保护、节约能源、种子等法律、法规规定的要求;(3)其他法律、法规规定的要求。地方标准由省、自治区、直辖市标准化行政主管部门统一编制计划、组织制定、审批、编号、发布。

企业标准。是对企业范围内需要协调、统一的技术要求、管理要求和工作要求所制定的标准。企业标准由企业制定,由企业法人代表或法人代表授权的主管领导批准、发布。企业产品标准应在发布后 30 日内向政府备案。

此外,为适应某些领域标准快速发展和快速变化的需要,于 1998 年规定的四级标准之外,增加一种"国家标准化指导性技术文件",作为对国家标准的补充,其代号为"GB/Z"。符合下列情况之一的项目,可以制定指导性技术文件:(1)技术尚在发展中,需要有相应的文件引导其发展或具有标准化价值,尚不能制定为标准的项目;(2)采用国际标准化组织、国际电工委员会及其他国际组织(包括区域性国际组织)的技术报告的项目。指导性技术文件仅供使用者参考。

四、标准属性

依据《中华人民共和国标准化法》的规定,国家标准、行业标准均可分为强制性和推荐性两种属性的标准。保障人体健康、人身、财产安全的标准和法律、行政法规规定强制执行的标准是强制性标准,其他标准是推荐性标准。省、自治区、直辖市标准化行政主管部门制定的工业产品安全、卫生要求的地方标准,在本地区域内是强制性标准。

强制性标准是由法律规定必须遵照执行的标准。强制性标准以外的标准是推荐性标准,又叫非强制性标准。推荐性国家标准的代号为"GB/T",强制性国家标准的代号为"GB"。行业标准中的推荐性标准也是在行业标准代号后加个"T"字,如"JB/T"即机械行业推荐性标准,不加"T"字即为强制性行业标准。

五、标准种类

由于对标准进行管理的需要,对标准种类的划分主要是以下几种方式:

1. 按行业归类

目前中国按行业归类的标准已正式批准了 57 大类,行业大类的产生过程是:由国务院各有关行政主管部门提出其所管理的行业标准范围的申请报告,经国务院标准化行政主管部门(目前是国家标准化管理委员会)审查确定,同时公布该行业的标准代号。

2. 按标准的性质分类

通常按标准的专业性质,将标准划分为技术标准、管理标准和工作标准 3 大类:

(1) 技术标准

对标准化领域中需要统一的技术事项所制定的标准称技术标准。技术标准是一个大类,可进一步分为:基础技术标准、产品标准、工艺标准、检验和试验方法标准、设备标准、原材料标准、安全标准、环境保护标准、卫生标准等。其中的每一类还可进一步细分,如技术基础标准还可再分为:术语标准、图形符号标准、数系标准、公差标准、环境条件标准、技术通则性标准等。

(2) 管理标准

对标准化领域中需要协调统一的管理事项所制定的标准叫管理标准。管理标准主要是对管理目标、管理项目、管理业务、管理程序、管理方法和管理组织所作的规定。

(3) 工作标准

为实现工作(活动)过程的协调,提高工作质量和工作效率,对每个职能和岗位的工作制定的标准叫工作标准。在中国建立了企业标准体系的企业里一般都制定工作标准。按岗位制定的工作标准通常包括:岗位目标(工作内容、工作任务)、工作程序和工作方法、业务分工和业务联系(信息传递)方式、职责权限、质量要求与定额、对岗位人员的基本技术要求、检查考核办法等内容。

3. 按标准的功能分类

基于社会对标准的需求,为了对常用的量大面广的标准进行管理,通常将重点管理的标准分为:基础标准、产品标准、方法标准、安全标准、卫生标准、环保标准、管理标准。

六、标准化引入计量的作用和价值

计量的总任务和目标明确后,引入标准化理念,将有利于计量的科学、规范、健康和均衡发展。第一,有利于法制计量、科学计量与产业计量的合理规划与社会分工。既有利于推进探索未来的科学计量的发展,又能保障法制计量的公平及正义,同时,对于产业计量部分,则以社会监督促进企业的自主行为。

第二,有利于计量标准体系的规划与建立,科学合理地进行计量专业的设置与划分,均衡推进计量基准与计量标准的建设以及计量人才队伍的建设。

第三,有利于计量目标对象的通用化、系列化、模块化、标准化、专业化发展,以标准化方式降低成本和提高效率,进而影响相应的科研、生产以及量值传递与溯源也向标准化方向发展。

第四,有利于计量活动的标准化与规范化,强化统一与互认。它包括 1)定义与概念的标准化;2)涉及范畴标准化;3)计量要求及操作过程标准化;4)计量方式与方法的标准化;5)计量结果表述的标准化。

第五,有利于企业行为的标准化。它包括 1)工业设计标准化,充分考虑到设计对象的可计量性;2)工艺流程的标准化,考虑到过程计量与量值控制的可行性;3)试验规范标准化,充分考虑到设计与试验对象的溯源性,以及标准化实施。

第六,有利于计量检定规程和技术规范制定、修订的标准化,其根本原因在于,这期间,需要生产厂商、用户、研制方、计量校准部门共同参与,缺一不可。上述各个利益相关方,均对被计量对象有不同的期望,且对其技术特性掌握程度不同,由于各自的利益关系,容易坚持对各自身份有利的观点,而不能保证完全的客观与公正。他们共同讨论与协商,较易达成各个方面均能接受又切实可行的折中方案。

第七,有利于科学合理地采用国际标准、国外标准和国外公司的标准。使用标准化审定认可流程,可以做到既不盲目照搬照抄,也不固执己见固步自封,在按照标准化流程完成科学评估认定后,适时确认是否予以采用。

第八,有利于计量信息的标准化,包括 1)功能定义标准化;2)性能表述与指标描述标准化;3)输入表述标准化,同时给出允许条件和限定条件;4)输出表述标准化,明确含义、性能、限定条件;5)条件表述标准化,明确环境条件、人员要求,适用法规等。

第五节　计量中的标准化理念及待解决的问题

一、计量标准化的核心问题

计量从诞生之日起就是一种标准化行为,同时具有法制要求、管理要求和技术要求,秦始皇以诏令形式统一度量衡,其本意也是标准化和统一,并具备了早期的基准和溯源思想。在管理方面,则是以政府推进方式呈现法制计量的强制性特征。客观上以量值传递方式保证了社会的公平、公正以及标准化和统一。

计量标准化的核心是在统一的前提下确保量值的溯源性。在当今,这种统一的要求是多方面的,包括定义统一,要求统一,环境条件统一,过程统一,方法、操作步骤统一,结果表述统一等。

为了确保计量的统一和溯源性,我国颁布了计量法,以立法的形式对国家计量活动的一些基本行为准则标准化,在计量法的下面,存在地方性的计量法规、国防计量条例军事计量条例以及各个部委、军兵种及以下单位的计量规章,各个部门和企事业单位的计量管理制度。基本上形成了国家范围的计量法制要求和计量管理要求体系。其技术要求,则以国家计量检定规程、计量校准规范、部门及企事业单位计量检定规程和计量校准规范形式进行标准化要求与规范。

这是一套运行多年且行之有效的做法,但仅仅在计量行业内形成了共识,在计量行业以外,尚未能形成广泛共识。其中比较突出的问题出现在测试行业。在我国,计量与测试历来是分别开展的两类技术活动,在测试行业,尚未形成如计量行业这样完整的标准化法规体系和管理体系。其最初的行为主要是进行故障诊断和故障定位及排除,优先解决的是技术功能是否正常的问题,而非技术性能是否符合要求的问题,因而不存在法制性要求,也在多数情况下缺乏量值溯源与传递的理念。在计量测试以外的全民意识里,更加缺乏计量校准和量值溯源的观念。这也是我国长期以来属于落后的小农经济型农业国的国情所致。人们离工业化生产,尤其是现代化大工业生产尚非常遥远。一些现代化大工业生产所要求的知识与理念——如计量溯源理念等极度缺乏。

二、计量完备性问题

通常,计量是针对单个量值所进行的全部活动,这样的量值通常都是随着各种不同的环境条件变化而变化的,条件变了,将导致量值也发生变化。因而,计量中所述的量值多数是有其限定条件的,超出限定条件时,量值将不能被确保依然准确和有效。另一方面,很多仪器设备和系统以及计量器具,都不是复现的单个量值,其技术要求也是针对一个或多个较宽的量程范围或针对多个物理量值和相应的量程范围的,由此产生了计量完备性问题。只有对全部量值的所有量程均进行了计量,并确认其符合预期要求,才能确保针对计量对象的计量活动具有计量完备性。这一点在判定被计量对象是否符合预期技术要求以及判定其是否有效溯源时非常重要。任何以点代面、以偏概全或者以少数量值的狭隘条件范围的计量结果代替全部量值的宽泛范围的测量结果的做法均不具备计量完备性,并将在实际工作中带来技术隐患。

由于计量完备性方面的问题可知,单纯的量值计量不等于产品质量获得了保障,因而计量合格并不等同于产品质量合格,具备了完备性的计量合格才能作为产品质量保障的依据,才能确保产品质量合格。针对涉及需要判定产品是否合格的状况,建立计量完备性理念是必要的计量标准化思想方式,它要求人们对目标产品进行全参数、全性能、全环境条件下的计量校准,进而通过计量完备性确认,以确保目标对象的计量合格。

三、计量的中心问题

很长时间里,计量活动的中心都是单个物理量值及其准确度的问题,并通过限定环境条件等影响量确保量值的稳定可靠复现与测量,这是一个相对简单和单一的问题。但在许多情况下,人们需要通过计量判定被计量对象是否合格的问题,这些对象包括作为产品的仪器、设备和作为环境条件的设施、装置等。因此,在产业计量和法制计量的许多应用过程中,逐步发展出以被测对象为中心的计量需求。以被计量对象为中心,将带来综合化、复杂化等一系列问题,不仅仅是成本高昂、工作量巨大,还需要考虑多个物理量值之间的互扰、互动问题以及相应的计量完备性问题。这也是工业计量或产业计量活动中亟待解决的问题,针对这类问题,更加有必要从顶层进行计量标准化设计和实施,以便快速、完整、有效进行以计量对象为中心的计量活动。

四、产品全寿命周期的计量保障问题

全寿命周期的计量保障问题牵涉到许多产品和对象。除了各种计量器具以外,各种导航定位系统、检测、探测设备、生物制剂、药品、甚至食用商品等均有该方面的需求。但是,最受重视与关注的是武器装备全寿命周期的计量保障问题。这些问题的解决,客观上要求以标准化方式从武器装备的概念阶段、预研阶段、设计阶段、试验阶段、制造阶段、使用维护阶段、报废阶段全寿命过程进行计量标准化设计与实施,使得在任意阶段所提供的量值均有计量保证,均可以进行高效完整的计量溯源,具备计量完备性,使得武器装备在任何一个阶段均处于良好战备状态。

五、过程计量代替结果计量的问题

无论是量值是否达到了预期要求,还是产品经计量确认是否合格,体现的均是结果的计量呈现问题,它仅仅是一种结果展示方式,对造成结果的过程并不构成直接影响。过程计量则是从另一种理念出发,对直接造成结果的整个过程中相关量值进行计量干预和计量控制,以求用结果的生成条件控制达到获得预期结果的目的。这便是产业计

量中以过程计量加过程条件干预控制为特征的产业流程,代替单一的结果检验和计量,以达到提高效率、降低成本、保障和提高产品质量的根本目的。以过程计量代替结果计量,依然要进行标准化的计量顶层设计和实施贯彻,以便确认如何以最经济可行的方式与成本获取最大利益。包括选择与控制过程计量量值的时序与规律,明确这些量值与时序对最终产品量值的影响规律,以及这些规律的优化与改进,均属于过程计量标准化问题。

第二章 | 计量测试基础知识

第一节 概　　述

计量的发展具有悠久的历史,大体上可以分为原始、经典和现代三个阶段。

原始阶段以经验和权力为主,大多利用人、动物或自然物作为计量基准。古埃及的尺度是以人的胳膊到指尖的距离为依据的,称之为"肘尺",约 46.4 cm;英国的码是亨利一世将其手臂向前平伸,从鼻尖到指尖的距离,约 91.4 cm;英尺是查理曼大帝的脚长,约 30.5 cm;英寸是埃德加英王的手拇指关节的长度,约 2.54 cm;而英亩则是两牛同轭,一日翻耕土地的面积。

经典阶段是一个以宏观现象与人工实物为科学基础的阶段,其标志是 1875 年签订的《米制公约》。包括根据地球子午线 1/4 长度的一千万分之一建立了铂铱合金制的长度米原器;根据 1 dm³ 水在规定温度下的质量建立了铂铱合金制的质量千克原器;根据地球绕太阳公转周期确定了时间单位秒等。它们形成一种基于所谓自然不变的米制,并成为国际单位制的基础。但是这类宏观实物基准随着时间的推移或地点的变动,其量值不可避免地受物理或化学性能缓慢变化的影响而发生漂移,从而影响了复现、保存,并限制了准确度的提高。

现代阶段以量子理论为基础,由宏观实物基准过渡到微观量子基准。国际上已正式确立的量子基准有长度单位米基准、时间单位秒基准、电压单位伏特基准和电阻单位欧姆基准。从经典理论来看,物质世界在做连续、渐进的宏观运动;而在微观量子体系中,事物的发展是不连续的、跳跃的,也就是量子化的。由于原子的能级非常稳定,跃迁时辐射信号的周期自然也非常稳定。因此,跃迁所对应的量值是固定不变的。这类微观量子基准,包括 1960 年用氪-86 原子的特定能级跃迁所定义的米、1967 年用铯-133 原子特定能级跃迁所定义的秒等,提高了国际单位制基本单位实现的准确性、稳定性和可靠性。但它们仍然与某种原子的特定量子跃迁过程有关,因而尚不具备普遍适用性。显然,最好的方案莫过于用基本物理常量来定义计量单位。实际上,英国物理学家、数学家 J.C.麦克斯韦在 1870 年曾指出,长度、质量和时间的单位应当建立在原子波长、频率和原子质量中,而不是在运动着的星体或物体上。例如,1983 年将米定义为光在真空中在 1/299 792 458 s 的时间间隔内所行进的长度,即认为真空中光速作为一个定义值,恒为 299 792 458 m/s,则长度事实上变成了时间(频率)的导出量。这种定义通过不变的光速给出了空间和时间的联系,使得新定义的米只依赖于目前测量不确定度最小($10^{-16} \sim 10^{-15}$ 量级)的频率,从而具有准确性、稳定性、可靠性和普适性。1999 年以来利用飞秒(10^{-15} s)激光脉冲所产生的梳状频谱,即所谓飞秒锁相梳状激光技术,可以容易地把光学频率与微波频率联系起来,从而方便地实现长度和时间基准的比对。该技术在近几年所取得的成就,实际上已远远超过以往 30 年的成就总和,以此为基础的"光钟"已研制出来,其频率复现性可望达到 10^{-18} 量级。未来,当用光频标取代目前使用的铯原子微波频率基准时,对秒的定义将会再次发生改变。

第二节　计量的法制管理与监督

计量是国民经济的一项技术基础,也是国民经济管理的一个重要组成部分。计量管理是为提供计量保证而开展的各项管理活动。计量管理是指协调计量技术管理、计量经济管理、计量行政管理和计量法制管理之间关系的工作的总称。它是在充分了解研究当前科学技术发展特点和规律的前提下,应用科学技术和法制手段,以实现国家计量管理的政策和目标。

计量发展的历史,从计量学的创立,到米制公约的产生及其发展以及国际单位制的确立,再到基本物理常数的测定,测量结果的评定与表述,计量学基本术语的统一,发展到现在的整个过程,即是一个由粗略到精确,由简单到复杂,由不一致到一致,由随意到标准化,逐步走向进步的标准化过程,实质上就是一个计量标准化过程。

一、计量管理概述

计量管理包括计量单位的管理、量值传递的管理、计量器具的管理和计量机构的管理四个方面。

计量管理也是一门科学。它是为了科学合理地实施各种活动和解决问题而积极引用计量并充分发挥计量的作用,以达到量值准确可靠而采取的必要措施。

计量管理又可分为强制管理和非强制管理两种。

(一)强制计量管理

强制计量管理是国家对某些影响重大的计量项目,例如:

(1)法定计量标准的计量器具;

(2)用于贸易结算的计量器具;

(3)用于环境监测的计量器具;

(4)用于安全防护的计量器具;

(5)用于医药卫生的计量器具;

(6)国家特许管制的计量器具。

规定由各级人民政府计量行政管理部门或其授权的计量技术机构制定检定计划,规定检定周期,实行定点检定,进行强制管理。检定证书和检定标记,由国家计量行政管理部门制定。

(二)非强制计量管理

对于如下一些工作的计量器具,国家采取非强制管理的办法,由企业、事业组织的计量机构制定检定计划、规定检定周期,自行检定或选择计量机构送检。

(1)用于工艺控制工作的计量器具;

(2)用于质量检验工作的计量器具;

(3)用于能耗考核工作的计量器具;

(4)用于经济核算工作的计量器具;

（5）用于科学实验工作的计量器具。

（三）计量单位的管理

计量单位的管理内容是确定国家采用的计量制度和颁布国家法定计量单位。

我国的计量制度是国际单位制。我国的法定计量单位由下列各部分组成：

（1）国际单位制的基本单位；

（2）国际单位制的辅助单位；

（3）国际单位制中具有专门名称的导出单位；

（4）国家选定的非国际单位制单位；

（5）由以上单位构成的组合形式的单位；

（6）由以上单位加词头构成的十进倍数和分数单位。

（四）量值传递的管理

所谓量值传递的管理，就是国家按照就地就近、经济合理的原则，以城市为中心组织全国量值传递网。

量值传递管理主要是国家法定计量基准和各等级法定计量标准的管理、计量检定系统的管理和计量器具检定规程的管理三个部分。

（五）法定计量基、标准的管理

国家设法定计量基准和各等级法定计量标准作为统一全国量值的依据。法定计量基准代表国家参加国际比对，以保证我国的基准量值与国际基准量值相一致。法定计量基准由国家计量行政管理部门组织建立或认定，并经国家鉴定合格后批准使用。

各等级的法定计量标准，由地方各级人民政府计量行政管理部门组织建立或认定，并报上一级人民政府计量行政管理部门组织技术考核和技术认证。

企业、事业组织内部建立的各项最高计量标准，须向当地政府计量行政管理部门备案，并经法定计量基准或计量标准首次检定合格后方准投入使用。

企业、事业组织建立计量标准，其准确度高于或相当于法定计量基准的，须经国家计量行政管理部门审批。

各等级计量标准和工作计量器具必须执行周期检定，以保证其量值的准确一致。

（六）计量检定系统的管理

计量检定系统是进行量值传递的技术法规。由计量基准到各等级的计量标准直至工作计量器具的量值传递，必须按照计量检定系统规定的技术等级进行。

国家根据不同的计量项目，制定各自的计量检定系统。

（七）计量器具检定规程的管理

计量器具检定规程是进行量值传递和统一全国量值的技术法规。计量器具检定规程的管理内容包括起草制定与颁布执行两个方面。

通用计量器具的检定规程，由国家计量行政管理部门组织制定，颁布施行。

专用计量器具的检定规程由行业归口部门的计量行政管理机构组织制定，颁布施行，并向国家计量行政管理部门备案。

计量器具检定规程一般包括：规程的适用范围；被检计量器具的技术要求；检定工具和检定方法及检定结果的处理等。检定记录作为该被检计量器具的历史记载保存，并根据结果处理,对合格器具开具检定合格证书;对不合格器具在检定文件上注明不合格的项目,并禁止该计量器具使用。

(八) 计量器具的管理

计量器具的管理包括新产品的定型、投产、使用、修理和销售等。

计量器具新产品必须经定型试验合格后方准正式投入生产。

计量器具新产品的定型试验,由省、自治区、直辖市以上人民政府计量行政管理部门组织,并指定或委托有关技术机构进行试验、认证。定型试验合格证由省、自治区、直辖市以上人民政府计量行政管理部门根据技术认证结果签发。

企业、事业组织申请计量器具新产品定型试验,需提供新产品样机或样品及其有关技术文件。

负责计量器具新产品定型试验的部门,对企业、事业组织提供的技术资料负有保密的义务。

国家禁止使用的计量器具,一律不准制造和修理。制造、修理的计量器具,其计量性能必须符合计量器具检定规程的规定。

制造、修理计量器具的企业,必须认真执行计量和检验制度,进行出厂检定,保证产品质量。不合格产品不准出厂。

县级以上地方各级人民政府计量行政管理部门应对企业是否具备计量器具出厂检定条件进行考核或组织考核。考核合格的条件是:

(1) 有相应的计量检定环境;

(2) 有合格的检定人员;

(3) 有必要的计量标准设备;

(4) 有健全的计量管理制度。

凡不具备上述条件的企业,不能制造、修理计量器具。

制造、修理计量器具的企业,必须在取得出厂检定条件考核合格证书后,方可向有关部门申请办理开业或变更经营范围登记和生产许可证。

国家禁止使用的计量器具,一律不准收购、销售和进口。凡进口准确度高于或相当于法定计量基准的计量器具,需经国家计量行政管理部门审核批准。

进口的计量器具,订货部门必须经检验合格后,方准销售和使用。

企业、事业组织中,使用计量器具的人员,必须经考核合格后,方准许独立操作。

不准使用无合格印、证,超过检定周期或经检定不合格的计量器具。

使用计量器具,不得有意作弊、破坏计量器具的准确性,危害国家和消费者的利益。

(九) 计量机构的管理

国家计量行政管理部门是国务院主管全国计量工作的职能机关。其所属计量技术机构为统一国家计量制度、统一全国量值、执行计量监督管理提供技术保证和测试服务。

县级以上地方各级人民政府计量行政管理部门是同级人民政府的职能机关,主管本行政区域内的计量工作。其所属各级计量技术机构,为在本行政区域内对社会执行计量监督管理提供技术保证和测试服务。

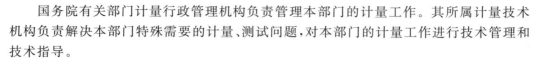

国务院有关部门计量行政管理机构负责管理本部门的计量工作。其所属计量技术机构负责解决本部门特殊需要的计量、测试问题,对本部门的计量工作进行技术管理和技术指导。

省、自治区和中小城市人民政府有关部门计量行政管理机构负责管理本部门的计量工作。

直辖市及大工业城市人民政府有关部门的计量行政管理机构负责管理本部门的计量工作,其所属计量技术机构,负责解决本部门特殊需要的计量、测试问题,对本部门的计量工作进行技术管理和技术指导。

企业、事业组织计量机构统管本单位的计量工作,并为科研、生产、经营管理提供计量保证和测试服务。

由国家计量行政管理部门授权建立的国家专业计量机构负责全国该专业的量值传递和计量监督管理工作。

中国人民解放军有关主管部门的计量行政管理机构和计量技术机构,作为全国计量监督和量值传递网的独立分支,负责管理本系统内部的计量工作。

（十）公害计量管理

公害,可定义为由于生产活动及人类其他各种活动而导致较大范围的大气污染、水质污染、土壤污染、噪声、振动、地面下沉以及产生恶臭,从而危害人的健康或生活环境的事实。

公害管理如果不引进计量,便不能科学地进行。在公害管理上,计量作用的重要性越大,就越要重视计量管理。

公害管理属于重大社会问题,因为必须公布从公害原因的发生到扩散、传输、公害结果为止的全过程和因果关系及责任、对策措施等,进行法律和政治上的处理。所以,建立在客观性、真实性、正确性等基础上的计量管理日趋重要。计量准确度及其可靠性尤为重要,因此,合理地取样、改善计量技术及计量结果的处理等均很重要。

自从公害问题受到重视以后,公害计量仪器很快发展了起来。为了适应公害测量的需要,公害计量仪器的种类繁多。这些仪器的使用特点是长时间连续地在各种条件下工作,因而仪器的可靠性和准确度特别重要。为此应加强管理,进行定期检定和调修。

公害计量管理属于国家规定的强制计量管理,即环境监测工作的计量器具的管理。

（十一）计量与产品的质量管理

计量是产品质量管理的基础。产品的检验是生产过程中计量测试工作的具体表现。

产品的全面质量管理制度认为废、次品的发生不仅存在于生产过程当中,而且还存在于原材料的质量、产品本身的设计、机器设备的使用状况以及工人操作技术水平等要素中,因而必须进行全面控制。这就是全面质量管理（即 TQC）的含义。全面质量管理的基础包括标准化工作、计量工作、质量情报工作、质量教育和建立质量责任制等。其计量检测是取得质量信息的唯一手段,因而具有重要意义。为了保证产品的质量控制,要求对生产的各个环节实施科学的计量管理,例如采用网络系统的方法,将生产过程中的物流、能流、人才流等各种流的信息通过计量检测反映出来,从而进行适时控制。

为了保证产品的质量,国家规定企业的验收项目中必须包括计量工作的验收。

二、新中国成立以来我国的计量管理发展

新中国成立初期,旧中国工业的不发达决定了其计量工作仅仅局限于度量衡的范围。新中国的计量事业,只能在这个薄弱的基础上展开。1950 年,设立度量衡处,受中央财政经济委员会技术管理局领导,负责全国度量衡管理工作。当时的地方度量衡检定所能开展的工作是检定砝码、玻璃量具以及尺子等度量衡器具。抗美援朝战争时期,由于我国还没有建立统一的长度计量基准和有效的量值传递系统,致使制造火炮工厂和炮弹工厂的量值不统一,造成炮管口径与炮弹外径不符,在战场上曾发生多次火炮炸膛和近炸等严重事故。1952 年 2 月,主管国防工业的重工业部兵工局,决定筹建精密机械加工车间和精密计量室,即北京长城计量测试技术研究所的前身,应用精确的校准样板来统一各生产厂所生产的军工产品的量值。新中国的国防军工计量工作从此开始。

1953 年初,我国历史上第一个以"计量"命名的计量机构——第一机械工业部计量检定所筹备处成立。主要开展长度、力学和热工等计量检定工作,以保证我国军工企业中量具与计量单位的量值统一、准确和正确使用,保证武器装备的质量。

随着地方、部门和企事业单位计量工作的迅速发展,成立一个统一管理全国计量工作的权威机构,尽快改变分散管理的局面被提到政府的议事日程。1954 年 11 月,第一届全国人大常委会第二次会议批准成立国家计量局。1959 年 6 月 25 日,国务院发布《关于统一计量制度的命令》,确定米制为我国的基本计量制度,在全国范围内推广使用。该命令对加强计量管理,改变我国计量制度的混乱局面起了重要作用,有力地推动了计量事业的发展。1965 年 5 月中国计量科学研究院成立,负责全国计量科研和量值传递工作,同年 9 月,中国测试技术研究院成立。可见,我国军工计量技术机构的建立及其发展是先于国家计量技术机构的。

1977 年 5 月 27 日,国务院颁发《中华人民共和国计量管理条例(试行)》。同年,我国加入米制公约组织。1980 年,我国加入亚太地区计量规划组织(APMP)。

1984 年 2 月 27 日,国务院发布《关于统一计量制度的命令》。为贯彻对外实行开放政策,对内搞活经济的方针,适应我国国民经济、文化教育事业的发展,以及推进科学技术进步和扩大国际经济、文化交流的需要,决定在采用先进的国际单位制的基础上,进一步统一我国的计量单位,提出我国的计量单位一律采用中华人民共和国法定计量单位。

1985 年 9 月 6 日,第六届全国人民代表大会常务委员会第十二次会议通过,以国家主席令第 28 号发布《中华人民共和国计量法》(以下简称《计量法》),从 1986 年 7 月 1 日起正式施行。《计量法》的颁布,是促进科技、生产和贸易发展,保护国家和消费者利益所采取的重要措施,标志着我国计量工作已从行政管理走向法制管理,在我国计量管理发展史上具有里程碑的意义。同年,我国加入国际法制计量组织(OIML)。

1987 年 4 月 15 日,国务院发布《中华人民共和国强制检定的工作计量器具检定管理办法》。

1990 年 4 月 5 日,由国务院总理和中央军委主席签发的国务院、中央军委第 54 号令,发布《国防计量监督管理条例》。管理条例是为加强对国防科技工业和中国人民解

放军的计量工作实施监督管理,保证国防科技工业和军队的量值准确一致。

国防科技工业管理体制调整后,2000 年 2 月 29 日国防科工委以第 4 号令发布《国防科技工业计量监督管理暂行规定》。

2003 年 7 月 23 日,由中央军委主席签发,发布了《中国人民解放军计量条例》。《中国人民解放军计量条例》的制定和颁布施行,充分体现了中央军委对全军计量工作的高度重视,是全军计量工作科学化、法制化、规范化管理的重要法律保障,对于建立与国家军事订货制度相适应的计量监督管理体系,科学规范军事计量工作,提高装备保障能力和部队战斗力,具有十分重要的意义。

三、计量管理的特性

计量管理的特性与计量学的特性基本一致。计量管理要适应和符合计量学的特性。归纳起来,计量管理有如下特性:

(1)统一性

统一性是计量学的最本质的特性,古今中外都是如此。它集中地反映在统一制度和统一量值两个方面,是计量管理所追求的最基本目标。这种统一性不仅在于一个国家内单位量值的统一,还涉及全世界。它已成为整个国际社会发展经济、科学研究和贸易往来的一个重要保障。

(2)准确性

计量管理的最终目的,都是为了寻求预期的某种准确度。

(3)法制性

法制性是将实现计量管理和发展计量技术的各个重要环节如计量制度的统一、基准的建立、量值传递或溯源网的形成等,以法律、法规和规章制度的形式做出相应的规定。

(4)社会性

社会性是指计量管理涉及的广泛性。它与国民经济各个部门、人民生活的各个方面,均有密切联系,对维护社会经济秩序起着重要的作用,计量管理的效益反映在整个社会和整个人类。

(5)技术性

计量本身是一项科学技术性很强的工作,要做好计量管理工作,就必须拥有先进的技术手段和雄厚的技术力量。在实施公证或仲裁等过程中,计量管理都要以准确的技术数据为依据。

(6)服务性

计量是为各行各业服务的一项技术基础工作,计量管理和服务社会是对立统一、相辅相成的。加强计量管理要与服务社会经济相结合,在管理中体现服务理念,在服务中贯穿管理原则。

(一)计量管理的基本方法

为了达到统一量值的目的,世界各国均按本国的政治制度、经济发展水平和科学技术发达程度,采用不同的方法、手段和措施,以确保量值的准确统一,并与国际上保持一致。

我国的计量管理长期以来主要以行政管理方式为主,其特点是由国家或政府运用政策等行政手段对计量活动进行制约和监督,对计量工作实行强制性管理。

《计量法》发布之后,加大了法制管理力度,建立健全计量执法机构,依法实施管理,依法执行计量监督等。我国计量管理逐步转向以法制管理为主,通过制定计量法律、法规和规章、建立计量执法机构队伍开展计量监督,对计量工作实施"法治",对各种违反计量法律、法规和规章的行为依法施以处罚,追究其法律责任,以保证计量管理的顺利进行,维护国家和广大人民群众的利益。

(二)我国现行的计量管理

1. 国家计量法规体系

计量最基本的特征是统一性和准确性。要在全国范围内实现计量单位制的统一和量值的准确可靠,必须建立具有高度权威性和强制力的计量法律制度,以及健全的计量法规体系。《计量法》把社会共同遵循的原则通过"立法"的形式固定下来,其目的是健全计量法制,使计量工作"有法可依",能沿着计量法制管理的轨道,健康、有序、高效地对各方面计量关系进行调节;确保我国计量制度的统一、量值的准确可靠,维护国家和人民的利益,以适应现代化建设的需要。计量法的颁布实施,是我国计量工作从行政管理走向法制管理的标志,在我国计量史上具有重要的意义。

(1)计量立法

我国计量遵循的是"统一立法、区别管理"的原则。在国家统一的方针政策指导下,属于社会公用的计量设施由政府计量主管部门分级规划建立;属于部门和企业事业组织内部使用的计量设施,由部门和企业、事业组织规划建立;具有特殊性的,如中国人民解放军和国防科技工业系统计量工作的监督管理,采用依据《计量法》中"第三十三条 中国人民解放军和国防科技工业系统计量工作的监督管理办法,由国务院、中央军事委员会依据本法另行制定。"

(2)《计量法》的宗旨

《计量法》的宗旨首先是加强计量监督管理,健全国家计量法制。其核心是保障计量单位制的统一和全国量值的准确可靠。要解决可能影响生产建设和经济秩序,造成损害国家和人民利益的计量问题,这是计量立法的基本点。由于单位制的统一和量值的准确可靠是保证经济发展和生产、科研、生活赖以正常进行的必要条件,所以《计量法》中的各项规定都是紧紧围绕这两个基本点进行的。事实上,世界各国都是以统一计量单位、统一全国量值作为政权建设和发展经济的重要措施,最终目的都是要获得应有的社会经济效果。

(3)《计量法》的调整范围及侧重点

《计量法》规定在中华人民共和国境内的所有国家机关、社会团体、中国人民解放军、企事业单位和个人,凡是涉及建立计量基准、计量标准,进行计量检定、制造、修理、销售、进口、使用计量器具,以及使用计量单位、开展计量认证、实施仲裁检定和调解计量纠纷,进行计量监督管理等方面所发生的各种法律关系,均须按照《计量法》的规定加以调整、依法行事。

《计量法》调整的侧重点是有关量值的统一以及影响社会经济秩序、危害国家和人民利益的计量问题,主要限定在对社会可能产生影响的范围内,并不是对计量工作中所有的问题都进行立法。例如教学示范用和家庭自用的测量器具,由于其量值准确与否对社会经济活动没有妨害,就没有列入计量立法的范围。

（4）《计量法》的特点

《计量法》具有以下特点:

a）实行"统一立法、区别管理"的原则

无论是"民生计量""工业计量"还是"军事计量",均统一纳入法制管理的轨道。但在管理方法上区别对待。有的由政府计量行政部门直接实行强制性管理,有的则由企业、事业单位及其主管部门依法进行管理,政府计量行政部门侧重负责监督检查。

b）加强工业计量的法律调整

计量保证手段作为企业生产经营发展的前提条件,其重要性日益明显,越来越被人们所认识。为此,计量立法在要求企业依法自主管理的同时,对企业计量工作中的一些重要环节,提出了更高、更严的要求,具体有:采用国际单位制、推行法定计量单位;制定具体的检定管理办法和规章制度;对制造计量器具的企业,推行新产品定型(包括定型鉴定和样机试验)并实行许可证制度;对为社会提供公正数据的产品质量检验机构进行计量认证。

c）适应改革需要,适度放权、授权

为减少和避免不必要的行政干预,在计量管理的某些环节上进行了一些重要的改革,实行适度的放权、授权,如下放建标审批权。即把建立计量标准由原先的行政审批制改为技术考核认可制;下放计量器具出厂检定权,即由原先的"国家检定",改为由制造计量器具的企业自行把关,负责出厂检定,保证产品质量。县级人民政府计量行政部门可以根据需要,在统筹规划、经济合理、就地就近、利于管理、方便生产的前提条件下,授权其他单位的计量技术机构执行强制检定和其他检定、校准、测试任务。

《计量法》是宪法的子法。它的目的是加强计量监督管理,保证国家计量制度的统一和全国量值的准确可靠,以维护国家经济秩序,保障社会生产的正常进行,促进科学技术的进步,保护消费者的利益,为国家现代化建设服务,为工农业生产、国防建设、科学实验、国内外贸易、人民生活提供计量保证。

在中华人民共和国管辖范围内,任何组织和个人的活动,凡涉及计量单位、量值传递、计量器具等,均须遵守中华人民共和国计量法。

计量法是进行计量管理和计量监督的依据。违反计量法的行为即是违法行为。对犯有违反计量法行为而尚未构成犯罪的,由政府计量行政管理部门根据计量法的规定,按情节轻重分别给予警告、罚款、没收、经济赔偿、责令停业改正、吊销证件等行政处罚,或由主管部门酌情给予行政处分;对犯有违反本法行为且构成犯罪的,由国家司法部门依法追究刑事责任。

（5）国家计量法规体系

a）《计量法》在我国法规体系中的位置

任何一个国家的法律,依据其政权性质,都有自己的表现形式。它包括宪法、法律、行政法规、部门规章和地方规章等类别,形成了一个具有不同名称、不同法律效力自上而下、严密统一的多层次法律体系。在我国法律体系中,《计量法》是居于《宪法》之下的第二层次的法律,其法律效力仅次于宪法,而在行政法规、地方法规、自治条例、单行条例、部门规章及地方规章之上。

b) 计量法规体系的层次

自 1985 年实施《计量法》以来,我国已建立了较为完整的计量法规体系,形成了以《计量法》为基本法及其配套的若干计量行政法规、规章(包括规范性文件)的计量法群。从而在整个计量领域创建了有法可依的局面,为实施计量法制管理提供了必要手段和必要条件,促进了我国计量事业的发展与繁荣。

按照法律效力的不同,计量法规体系可分为以下三个层次:第一层次是法律,即《计量法》。第二层次是法规,包括由国务院或中央军委依据计量法所制定(或批准)的计量行政法规,如:《计量法实施细则》《关于在我国统一实行法定计量单位的命令》《全面推行法定计量单位的意见》《中国人民解放军计量条例》《关于改革全国土地面积计量单位的通知》《强制检定的工作计量器具检定管理办法(含目录)》《进口计量器具监督管理办法》等,以及由省、直辖市、计划单列市人大或常委会制定的地方性计量法规,以及自治区、州、县的自治机关制定的有关实施《计量法》的条例、办法等法规。第三个层次是规章和规范,包括由国务院计量行政部门制定的各种全国性的单项计量管理办法和技术法规,如:《计量法条文解释》《计量基准管理办法》《标准物质管理办法》《计量监督员管理办法》《计量检定人员管理办法》《计量印、证管理办法》《计量器具新产品管理办法》《制造修理计量器具许可证监督管理办法》《产品质量检验机构计量认证管理办法》《仲裁检定与计量调解办法》《计量违法行为处罚细则》等和由国务院有关主管部门制定的计量管理办法、细则、计量技术规范等。如:由原国防科工委颁布的《国防科技工业计量监督管理暂行规定》《国防科技工业计量检定人员管理办法》《国防区域计量站校准实验室管理细则》《军用标准物质管理办法》《武器装备型号计量师工作规定》等法规文件。

c) 法制计量管理的内容和范围

我国法制计量管理范围大致包含建立以《计量法》为基本法的计量法规体系;为执法需要,制订并完善配套的计量法规;统一法定计量单位,确保量值统一、准确可靠;对法定计量检定机构的考核与授权,以及计量检定人员和计量监督员的考核管理;加强测量基准和各级测量标准的管理;加强强制检定工作测量器具的监督管理;做好测量器具新产品样机试验及定型管理;严格测量器具生产许可证发放管理;加强测量器具的销售和进口监督管理;开展各种认证、认可;加强以定量包装商品为重点的商品量计量监督管理;依法实施计量监督。

通过计量立法,做到有法可依,以《计量法》为基础,完善配套的计量法规、规章(包括技术规范)。到 2011 年年底,我国已颁发的计量法律 1 个,计量行政法规和规章 30 余个,国家计量检定系统表和国家计量检定规程、校准规范 1 310 个。

2. 国家计量行政体系

我国计量行政管理体系,由国家质量监督检验检疫总局、省级人民政府计量行政管理部门及所属市、县级计量行政管理部门和国务院有关部门计量行政管理机构组成。

国家质量监督检验检疫总局有关计量工作的主要职责是制定计量事业发展规划、

计划,参与计量法律、法规和规章的制修订并组织实施;负责推行国家法定计量单位;建立和监督管理国家计量基准、计量标准和标准物质,负责管理国家计量基准、计量标准和标准物质的鉴定、审查和发证工作;负责管理国家法定技术机构和全国计量授权工作,规范社会公正计量服务机构;负责国际法制计量组织(OIML)中国秘书处和国际米制公约组织、亚太法制计量论坛(APLMF)等对口业务工作。

各省、自治区、直辖市质量技术监督局,是所在省、自治区、直辖市人民政府主管计量业务的职能机构,业务上受国家质量监督检验检疫总局领导。各省级质量技术监督局内设计量处,负责本省范围内贯彻计量法律、法规,推行法定计量单位,组织建立、审批本省最高计量标准,实施计量器具强制检定,计量器具制造、修理许可证的发放,开展量值传递,查处商品计量和市场计量违法行为。

国务院有关部门为了实施《计量法》,管理本部门企事业单位的计量工作,设置本部门的计量行政管理机构。其主要职责是:负责管理本部门所属企事业单位的计量工作,在本部门贯彻执行国家计量法律、法规,制定本部门计量工作的规划,编制部门最高计量标准器具的配备和更新计划;组织本部门内的建标考核、计量人员的技术培训和考核,开展量值传递工作;组织重点计量科技项目的研究、计量新技术的开发和推广工作;接受国家质量监督检验检疫总局的业务指导。

3. 国家和省级计量技术保障体系

国家质量监督检验检疫总局设置和授权的法定计量机构有:

① 中国计量科学研究院

它是我国计量科学研究的中心,负责研究建立我国的计量基准和最高一级计量标准,开展计量技术基础研究,承担全国的量值传递工作。到 2011 年年底,该院保存的国家基准 126 项,最高计量标准为 171 项,国家一级标准物质 1 062 项。

② 中国测试技术研究院

它是中国计量测试技术研究基地,开展计量测试理论、方法和精密测试的研究。

③ 区域国家计量测试中心

我国建有 7 个区域国家计量测试中心,包括东北、华北、华东、中南、华南、西北、西南国家计量测试中心。其主要职责是负责本地域内各省、自治区、直辖市法定计量检定机构建立的最高计量标准的量值传递,承担重大的计量科研、测试任务,以及为贯彻实施《计量法》提供技术保证。

④ 国家专业计量站

目前,我国已建立了 19 个国家专业计量站和 34 个国家专业计量分站,负责研究建立专业计量项目的最高计量标准,进行量值传递,执行强制检定和法律规定的其他检定、测试任务,并承担有关计量科研测试,组织参与制定计量检定规程、检定方法、培训人员等任务。行业包括高压电、导轨衡、铁路罐车、原油大流量、大容量、蒸汽流量、水大流量、海洋、纤维、纺织、矿山安全、通讯、气象、船舶舱容积、家用电器等。

⑤ 省级质量技术监督局设置的法定计量检定机构

我国现有省级计量检定机构 31 个,其主要职责是负责研究建立省级最高计量标准和社会公用计量标准,进行量值传递,执行强制检定和法律规定的其他检定、测试任务,承担校准任务,起草技术规范,为实施计量监督提供保障,并承办有关计量监督工作。省级法定计量检定机构大部分拥有仅次于国家基准或工作基准水平的各种计量标准,并能在一些主要领域满足各地(市)计量技术机构和较大型企业计量标准的量值溯源要求。

四、计量监督

所谓计量监督,就是国家按照行政区划实行的计量法律法规执行情况的监管、检查、督促与指导,保护国家、集体和个人免受不准确或不诚实的测量所造成的危害。

地方各级人民政府计量行政管理部门领导本行政区域的计量监督工作,并监督设在本行政区域内不属于自己管理的国家机关、企业、事业组织遵守和执行计量法律、法令和政策。

企业、事业组织必须具备与其生产、科研相适应的计量、测试条件,保证测试数据准确可靠。企业、事业组织的主管部门和当地政府计量行政管理部门应督促、检查和指导企业、事业组织加强计量管理,完善计量、测试手段,并帮助培训计量技术人员。

新建、扩建企业,在设计中必须有相应的计量、测试设施,否则不得施工;其设计审查和工程验收必须有负责计量监督的机构参加。

企业、事业组织提出参加产品质量评比和申请科研成果评定、新产品技术鉴定,必须提供准确的测试数据。凡用于评比、评定、鉴定产品质量和科研成果的计量器具,必须具有法定计量标准计量的合格印、证方为有效,销售商品必须做到秤准、量足,不得将包装物计入商品的重量或容量。

生产定量包装商品的定量设备,必须准确可靠,并在包装物上注明商品的实际重量或容量。

凡因计量器具所引起的纠纷,最终应以政府计量行政管理部门所指定的法定计量基准、计量标准检定的数据作为技术仲裁的依据,并具有法律效力。

为了保证计量监督的贯彻执行,国家设立计量监督员,在规定的区域、场所进行巡回检查、执行计量监督任务,负责监督计量法律、法令、法规、政策及管理制度的执行情况;对有争议的计量问题组织技术仲裁;对违法的行为追查责任,并在规定的权限内进行现场处理。

1. 计量监督作用及特点

计量监督是计量管理一个重要组成部分,由于它是一种强制性的计量管理,故又称之为"计量法制管理",是计量管理的一种特殊形式。所有依据计量法律、法规、规章等进行的计量管理工作,大多属于计量监督的范畴。

① 计量监督的作用

任何法律、法规制定颁布后,要使之有效实施,产生应有的效力,其一,在法律执行的过程中要严格进行监督;其二,对违反法律的行为要坚决予以惩办。显然,要保证法律、法规的贯彻执行,必须加强依法监督。通过建立相应的监督制度,设置必要的执法机构来保证法律的贯彻执行。计量监督是依法监督的重要组成部分,其使命是监督计量法律、法规的执行,保证计量法律、法规正确有效地实施。其目的在于保障国家计量单位制的统一和量值的准确可靠,有利于生产、贸易和科学技术的发展,为国家现代化建设及市场经济健康发展提供计量保证,使国家、集体和个人免受不准确或不诚实的测量所造成的危害。这是计量监督独具特色的内容和作用。

②　计量监督的特点

计量监督一定要有相应的计量检测手段作为基础,以计量检定和测试所得的数据作为监督的依据。因此,从某种意义上讲,计量监督就是计量技术监督。它从根本上保证了计量监督的科学性、公正性,成为计量监督的显著特点。

2.　计量监督体系及监督体制

所谓计量监督体系,是指计量监督工作的具体组织形式,它体现了各级政府计量行政部门,各行业及其集团主管计量部门、企事业单位之间在计量监督工作中的关系。

计量监督体系的作用,在于通过建立相应的监督制度和设置比较完善的与国民经济发展相适应的计量监督执法机构来保证计量法律、法规的有效实施,更好地为国民经济建设和人民生产生活、健康安全、环境监测等提供计量保证。由于制定计量法律、法规和规章的部门不同,同时它们的强制管理的程度,管理的范围、内容和形式都不尽相同,所以我国目前的计量监督,实行按行政区域统一领导、分级负责的体制,大体分为以下三个层次的监督。

a)国家质量监督检验检疫总局作为国务院的计量行政部门负责对全国的计量工作实施统一监督,县以上各级政府计量行政部门对本行政区域内的计量工作实施监督管理。政府计量行政部门的监督是一种适用于纵向与横向的行政执法性监督,故可称之为"社会监督"。对计量违法行为,除了"公、检、法"和工商行政管理部门可根据《计量法》第二十七条规定有权进行行政处罚外,只有政府计量行政部门可按法律规定对违法者给予行政处罚,而其他国家机关,均无权按计量法进行行政处罚。

b)部门计量行政机构对所属单位的计量监督

各有关部门根据需要设置的计量行政机构负责计量法律、法规和规章在本部门的贯彻实施,监督管理所属单位的计量工作,并有权做出相应的行政处理。按照《计量法》第三十三条规定,中国人民解放军和国防科技工业系统的计量工作,由国务院和中央军委另行制定监督管理办法。

c)企业、事业单位计量机构对本单位的计量监督

企业、事业单位根据生产、科研和经营管理的需要设置的计量机构或专职计量管理人员,负责计量法律、法规和规章在本单位的贯彻实施,依法监督管理本单位的计量工作。

由于 b)、c)层面实施监督的主体不是专门行政执法机构,所以这两个层面的监督只属于行政管理性的监督,只对内部发生效力。对计量违法行为,不能实施行政处罚,但可以根据法律、法规和规章的规定做出给予行政处分的决定,行政处分适用于其所属的单位和人员。

国家、部门、企事业单位三个层面的计量监督是相辅相成的,各有侧重、相互渗透、互为补充,构成一个全面覆盖、有序的计量监督体系。

3. 计量监督的形式内容和计量监督机构职责

（1）国家计量法律、法规规定的计量监督的内容

根据我国现行的计量法律、法规的规定，计量监督管理的形式内容主要有以下几个方面。

a）对全国统一使用的法定计量单位做出规定；

b）对社会公用测量标准，部门和企事业单位的最高测量标准，实施技术考核和强制检定；对用于贸易结算、安全防护、医疗卫生、环境监测方面列入强制检定目录的工作测量器具实施强制检定；

c）对制造、修理测量器具的企事业单位和个体工商户实施考核，发放制造、修理测量器具许可证；

d）对测量器具的新产品，以及以销售为目的的进口测量器具，实行型式批准，进行定型鉴定或样机试验；

e）对为社会提供公证数据的产品质量检验机构实施计量认证制度；对法定计量技术机构实施考核授权制度；

f）对计量违法行为实施行政处罚或行政处分；

g）对计量纠纷组织仲裁检定，实施计量调解。

（2）计量监督机构职责

根据《计量法》规定，我国各省、自治区、直辖市及地、市、县设置了政府计量行政部门，这是我国计量监督管理工作的重要组织保障。这些计量监督机构的主要职责是贯彻执行计量工作方针、政策、法律、法规和规章；制定协调计量事业的发展规划，推行法定计量单位，建立测量基准和社会公用测量标准、组织量值传递；对制造、修理、进口、销售、使用测量器具实施监督；进行计量认证、组织仲裁检定、调解计量纠纷，监督计量法律、法规和规章的执行情况，对计量违法行为依法进行惩处。

（3）计量监督队伍

县级以上人民政府计量行政部门的计量管理人员是计量执法人员，负责执行计量监督任务。政府计量行政部门根据需要设置的计量监督员是具有专门职能的计量监督执法人员。所谓"专门职能"是指计量监督员可以在规定的权限内对有违反计量法律、法规行为的单位和人员进行现场处理，执行行政处罚。计量监督员的素质直接决定现场计量执法水平，事关职业形象。因此，应具有一定计量专业知识、政策水平、法律知识和组织能力，公平正直、忠于职守。

国防科技工业系统计量监督员也要求具备上述基本素质。

五、国家的量值传递和量值溯源

计量器具的量值传递及量值溯源，是计量管理的重要环节和主要计量活动，它对确保量值准确可靠起着十分重要的作用。我国现阶段的计量管理实行行政管理和法制管理相结合的管理模式。所谓计量的法制管理，就是对计量工作依法进行管理，就是按照国家和各级地方政府及其计量管理机构制定的法律法规进行的各种强制性的管理。国家对计量器具的管理也采取上述管理模式。国家对计量器具的法制管理，涉及计量器具的制造、进口、销售、修理、使用等各个环节。在各环节中都有关于保证量值准确可靠

与一致的法定要求。依据这些法制要求开展量值传递、量值溯源工作是保证计量工作质量的一个重要方面。

（一）量值传递

量值传递是通过对测量器具的检定、校准或比对，将国家测量标准所复现的计量单位经各等级测量标准传递到工作计量器具，以保证被测对象量值的准确和一致。量值传递有时亦简称量传。量值传递强调"建立起来，传递下去"。量值传递必须按计量器具检定系统表自上而下进行。我国现行的量值传递体系是依据国家行政区划和有关部委为基础的，从国家计量基准开始，逐级将量值传递到工作计量器具，最终传递到产品。

以国防科技工业系统为例，国防科技工业计量测试研究中心、专业计量站建立的国防最高计量标准，其量值接受国家计量基准的传递，上述各一级站将国防最高计量标准的量值传递到区域校准实验室的计量标准，由区域校准实验室将计量标准的量值传递到企事业单位的最高计量标准，再将其最高计量标准的量值传递到工作计量器具直到产品。

量值传递系统的各级计量技术机构应在组织管理、仪器设备、检定人员、技术文件、环境条件等方面满足量值传递的要求，具有相应的能力，保证量值准确一致。承担国防科技工业量值传递的计量技术机构必须经国防科技工业计量主管部门的授权。

① 量值传递的含义

量值传递的含义包括量值传递是通过计量器具的检定、校准和比对等方法来实现的；量值传递是由国家测量标准开始，将其复现的计量单位传递到各等级测量标准，直至工作计量器具；量值传递结果是保证被测量的量值具有与国家测量标准相联系的特性；量值传递往往是政府部门对企业和单位提出的要求，把建立的国家测量标准复现的计量单位量值能够传递下去。

② 量值传递的法定要求

量值传递的法定要求有以下几点：量值传递必须依据国家计量检定系统表；计量检定必须按照计量检定规程进行；计量检定人员必须经计量考核合格，取得计量检定员证书；计量标准必须经计量考核合格，取得计量标准合格证书；计量检定机构必须是政府设立或授权的法定计量技术机构。量值传递法定要求的五个"必须"缺一不可。

（二）量值溯源

量值溯源是量值传递的逆过程，是指通过一条具有规定不确定度的连续（不间断）的比较链，使测量结果或测量标准的量值能够与规定的参考标准（通常是国家测量标准或国际测量标准）联系起来。量值溯源是通过比较链进行的。比较链是指与基准、副基准、工作基准、标准等相比较的环节，通过检定、校准、比对等形式，将测量结果与基准的量值相联系，达到溯源的目的。

量值溯源强调从下至上寻求更高的计量标准，直至国家基准。量值溯源是用户的一种自主行为。量值溯源不按严格的等级进行，中间环节少，打破了地区或等级的界限。与量值传递相比，它给用户提供的是一种开放性、平等的量值保证状态。在我国对于非强检测量器具允许企业自行选择溯源机构。

对一个实验室而言，将本单位的最高计量标准或测量设备送到具有资格的上一级计量技术机构去检定或校准,则称为溯源;而上一级计量技术机构的计量标准又必须向高一级的标准进行溯源,直至往上追溯到国家基准。各国的国家基准,经过一段时间与国际计量局保存的国际基准进行比对,从而实现国际的量值统一。

溯源性强调的是特性,其对象是测量结果。测量结果具有"溯源性"是量值准确一致的前提,计量器具实现"量值溯源"是量值准确一致的手段。计量器具做到了量值溯源,就认为用该计量器具进行测量、赋予被测量的量值具有了溯源性。

需指出的是,被测量的量值要获得"溯源性",就要求用于测量的计量器具必须经过具有适当准确度的测量标准的检定或校准,而该测量标准又要经过准确度更高的测量标准的检定或校准,直到国家测量标准或国际测量标准。因此,溯源性的证据就是量值溯源的证据,也是量值传递的证据。

量值溯源与量值传递的区别见表2.1。

表2.1　量值溯源与量值传递的区别

	量值溯源	量值传递
目的	使测量结果保持正确,使测量器具与国家测量标准相联系	
手段	通过比较链	通过检定或校准
特点	方式多样化、灵活	方式单一、不灵活
性质	单位自愿行为	政府法制性行为
途径	自下而上	自上而下
等级要求	可越级溯源	强调逐级测量标准传递到工作器具
关注重点	数据的准确性	计量器具的准确性

（三）计量检定的法定技术文件

计量检定是实施量值传递或量值溯源中都必不可少的计量工作,并且是一项按法定要求进行操作的计量技术工作,因此需要依据法定技术文件。按照计量法规的规定,计量检定的法定技术文件主要是计量检定规程和国家计量检定系统表。

计量器具检定规程是计量检定依据的法定技术文件,是对计量器具的计量特性、检定项目、检定条件、检定方法、检定周期以及检定结果的处理等所作的具体技术规定,是计量检定人员从事计量检定工作的依据。计量器具检定规程一般简称为计量检定规程或检定规程。我国目前有效的检定规程有三种,即国家计量检定规程、部门计量检定规程和地方计量检定规程。

国家计量检定规程是由国家计量主管部门组织制定并批准颁布,在全国范围内施行,作为计量器具特性评定和法制管理的计量技术法规。在无国家计量检定规程时,由部门或地方制定并批准颁布部门计量检定规程或地方计量检定规程,在本部门或本行政地区施行作为计量检定依据,也是计量检定的法定技术文件。其中"部门"指的是国务院有关主管部门,"地方"指的是省、自治区、直辖市人民政府计量行政部门。这两种检定规程经国务院计量行政部门审核批准,也可在全国范围内推荐使用。相应的国家计量检定规程一旦批准颁布,相同类型计量器具的这两种检定规程原则上即行废止,因特殊原因需要保留继续施行的,其各项技术规定不得与国家计量检定规程相抵触,技术要求不得低于国家计量检定规程。

国家计量检定系统表也是计量检定依据的法定技术文件,是对国家测量标准到各等级的测量标准直到工作计量器具的检定主从关系所作的技术规定。国家计量检定系统表简称检定系统表或检定系统。检定系统表是为量值传递或量值溯源而制定的一种法定技术文件,由国务院计量行政部门组织制定,批准发布。检定系统表一般用图表结合文字的形式来表达,规定计量器具的类别、系列及逐级检定的次序,包括从国家计量基准和计量标准到工作计量器具的名称、测量范围、允许误差或不确定度、检定的方法等内容。检定系统表定义为一种代表等级顺序的框图,用以表明计量器具的计量特性与给定量的基准之间的关系,框图格式见图2.1。

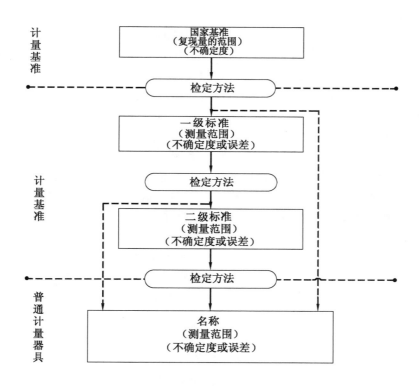

图 2.1　国家计量检定系统的框图格式

为了与国际惯例接轨,国家计量检定系统表改称"国家溯源等级图",定义为:在一个国家内,对给定量的计量器具有效的一种溯源等级图。它包括推荐(或允许)的比较方法和手段。

（四）量值传递的基本方式

虽然计量器具的种类繁多,但是实现量值传递的方式只有几种,包括用计量标准传递、用发放标准物质传递、用发播标准信号传递和共用传递标准比对等。这几种方式都是从测量标准复现量值的角度来分类的,对计量器具而言也是通过这几种方式来实现量值溯源的。除以上四种方式之外,还有一种,即测量过程质量保证方案(MAP)。从量值传递角度,这种方式可称为全面考核传递方式。

1. 计量标准传递方式

这是一种传统的、普遍采用的量值传递或溯源的方式。具体作法是用户按国家计量检定系统表所规定的技术要求将被检的计量器具送往规定或选定的有资格的计量技术机构,或是由负责检定的单位把相应的计量标准搬运到被检计量器具所在的单位,由该机构的检定员按检定规程的要求用经计量标准考核合格的计量标准进行检定(或校准)操作,并给出检测结果;做出被检计量器具是否合格的结论,出具检定证书。

2. 发放标准物质传递方式

在化学计量等专业领域,广泛地利用标准物质进行量值传递,如校准计量器具、评价测量方法或给材料赋值等。所使用的标准物质由有资格的单位进行制造,并附有经定值的有效的标准物质证书。定值所用的测量设备应溯源到国家测量标准。

在实际进行的化学计量中,大多数标准物质都要经历一定的化学变化过程并被消耗。所以,不可能像其他许多计量领域那样,使用长期不变的,反复使用的计量标准,也不可能采取一般计量的逐级检定的传统量值传递方式。利用标准物质进行量值传递,不必运送被检计量器具,层次亦较少,并且用户可根据需要随时进行检查,解决了两次检定之间的计量特性监控问题。

3. 发播标准信号传递方式

通过发播标准信号进行量值传递是最简便、迅速和经济的方式,但目前只限于时间频率计量。我国通过无线电台发播标准时间频率信号。随着广播通讯事业的发展,目前我国已具有通过中央电视台发播的标准时间频率信号,该信号溯源于国家时间频率标准.并插入在电视信号中发播,用户可直接接收并在使用现场校正时间频率计量器具。除此之外,我国还有多个通过短波或长波发播标准时间频率信号的发播台,并正在研建通过卫星发播标准时间频率信号的发播系统。利用发播标准信号传递方式具有良好的发展前景,因为时间频率计量的准确度是最高的,关键是研究其他物理量如何与时间频率量之间建立确定的联系,如此可以提高其他物理量的量值传递准确度,并可改变计量器具量值传递方式。

4. 共用传递标准传递方式

当缺少更高准确度测量标准时,为了保证测量结果的一致,可以采用共用传递标准传递,这也是一种量值传递方式。这种方式必须通过传递标准作为媒介,在规定条件下,对相同准确度等级的同类测量标准或工作计量器具进行相互比较,所以这种方式又称比对方式。

比对应具备如下几个条件:

a) 有发起者,一般是国际上的权威组织或国内的权威计量机构;

b) 确定参加者,每次比对的参加单位不宜过多;

c) 确定主持单位负责比对事宜,一般是在该领域中技术水平比较领先的单位;

d) 确定具有优良计量特性的传递标准,传递标准的计量特性不应低于被比对的计量器具;

e) 由主持单位制定比对计划,确定比对方案,并写成书面文件发给各参加单位。

比对可以集中进行,也可以分别在各地进行,此时传递标准需要寄送。比对的具体形式可以是一字式或环式。一字式是用一套传递标准在两个单位之间的比对。环式是几个单位依次用一套传递标准的比对。也可用两套传递标准，以主持单位为中心形成两个环式组合的连环式。还可用三套传递标准，以主持单位为中心形成三个环式组合的花瓣式。此外也可由多个一字式组合的星式，这种方式比对周期短，但需多套传递标准，主持单位的工作量大。比对的方式经常应用于国际比对、新研制的计量标准计量性能的验证及国内尚无国家测量标准时确定临时基准。

5. 测量过程质量保证方案（MAP）

为解决传统量值传递与溯源方式存在的问题，美国国家标准技术研究院（NIST），率先探讨了新的量值传递方式——测量过程质量保证方案（MAP）。1967 年正式发表了有关利用寄送的传递标准，实现量值传递并保证测量质量的第一篇论文。随后，又进行了一系列理论探讨和实验研究。到 20 世纪 70 年代末，已形成了比较完整可行的"测量保证方案"，并先后在质量、量块、直流电压、电容、电阻、电能、温度和激光功率与能量等参数的量值传递中开展了测量保证方案服务。

实施"测量过程质量保证方案"，除具备传统量值传递的基本条件外，还必须具备相应的"传递标准"和"核查标准"，由承担量值传递任务的单位和按受量值传递的单位共同完成。该方案的重要内容和突出特点是，接受量值传递的实验室在接受量值传递（通过对传递标准的检测）前后，以及两次量值传递之间的较长时间间隔内，必须反复地对自己的核查标准进行检测并建立起过程参数，以使所有测量过程均处于连续的统计控制之中，从而确保计量的质量。

（五）计量检定印证

计量检定印证是量值传递法制管理的内容之一。计量检定合格印证是具有权威性和法制性的一种标志和证明。法定的计量技术机构根据检定结果出具的检定合格印证，是对被检计量器具计量性能认可的最终体现，不仅是计量器具可信的标志，而且是计量器具投入使用的凭证，是调解、仲裁、审理、判决计量纠纷和案件的法律依据。目前我国已有的计量检定印证共有五种，即检定证书、检定合格印、检定合格证、检定结果通知书和注销印。

（六）计量考核

计量考核是我国依据计量法规对从事计量检定的人员，所用的计量标准以及所在的计量检定机构所进行的考核，这种考核具有法制性质。通过政府计量行政部门主持考核合格后，才取得资格和法律地位。

① 计量标准考核

根据计量法规的规定，国务院有关主管部门和省、自治区、直辖市人民政府有关主管部门建立的各项最高计量标准器具，企业、事业单位建立的各项最高计量标准器具和社会公用计量标准器具要经考核合格后方可使用。

国防科技工业的计量标准，包括国防最高计量标准、区域校准实验室的最高计量标准器具，以及计量测试研究中心、专业计量站和区域校准实验室建立的校准装置、测试系统，企、事业单位建立的最高计量标准器具，均要经考核合格后方可使用。

计量标准考核由考核管理机构受理和组织考核。国防科技工业的国防最高计量标准和区域校准实验室最高计量标准考核,由国防科技工业计量考核办公室受理和组织考核。企、事业单位的最高计量标准考核由各省、自治区、直辖市国防科技工业计量管理机构受理和组织考核。申请考核的计量技术机构填报《计量标准考核申请表》和相关申请资料,按规定程序申请考核,受理后经形式审查通过,考核管理机构派计量标准主考人进行现场考核。计量标准考核包括计量检定装置、操作人员、环境条件和规章制度等四个方面内容共 32 个考核点。主考人依据《计量标准考核评审表》逐项进行评审,评审后在评审表和申请表上分别填写考核结论并签字。计量标准现场考核合格后,由组织考核机构颁发《计量标准证书》,有效期为五年,到期后复查,在有效期内组织考核机构还要监督抽查。

② 计量检定人员考核

根据计量法规的规定,从事计量检定工作的人员需经考核合格后持证上岗。其中各计量测试研究中心、专业计量站和区域校准实验室的计量检定人员由国防科技工业计量考核办公室统一组织考核和发证;企、事业单位的计量检定人员由地区国防科工办(委)组织考核和发证。考核合格后可办理由国防科技工业计量管理机构统一印制的国防科技工业《计量检定人员证》,有效期为五年,取证后方可从事计量检定工作,到期后要重新申请资格确认。

③ 计量检定机构考核

计量检定机构的考核,是指政府计量行政部门对自己设立的计量检定机构以外的申请授权的计量检定机构的考核。经考核合格后可授权为法定计量检定机构,经授权后方可建立计量标准,执行强制检定和其他检定、测试任务,进行量值传递,承办计量监督的技术性工作。

第三节 量 与 单 位

一、量

量在计量中指现象、物体或物质的特性,其大小可用一个数和一个参照对象表示。在计量学中,往往把物理量称为"(可测量的)量"。量的特点可归纳为:

(1)量彼此相互联系,存在于某个量制之中。任何一个量都可以和某个别的量建立起定量的关系。例如,密度 ρ 和质量 m、体积 V 之间存在 $\rho = m/V$ 的关系。

(2)量的定义只与量、常量有关,而与计量单位无关。量的大小也与单位的选择无关。

(3)量是可测的,可以用计量单位表达。即一个量可以定量表达为某个指定单位的若干倍或若干分之一。

(4)量是不可数的。可以计数得出的量,在计量学中习惯称为计数量,有别于物理量。例如,绕组数 n、相数 m 和粒子数 N 等。这类计数量可以出现在相应的量方程中,在某种意义上说,它们与某些量也存在着定量的关系。因此,虽然计数量不属于量的范畴,但在有关"量和单位"的国际标准和国家标准中,也把它们的名称和符号标准化了,并称为量纲一的量。

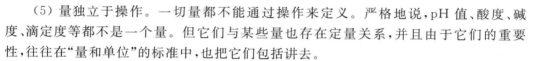

（5）量独立于操作。一切量都不能通过操作来定义。严格地说，pH值、酸度、碱度、滴定度等都不是一个量。但它们与某些量也存在定量关系，并且由于它们的重要性，往往在"量和单位"的标准中，也把它们包括讲去。

能按大小顺序排列的、彼此相关的、可以互相比较的量称为同种量。所谓可以相互比较，是指可以相加减并具有物理上的意义。例如，电能、热能、势能之间；长度、高度、宽度、直径、距离之间。同种量的SI单位相同，但SI单位相同的量不一定是同种量。例如，功的SI单位是J或N·m，力矩的SI单位也是N·m，但它们并非同种量。

某些同种量可以组合在一起成为同类量。例如，功、热、能量；厚度、周长、波长。

物理量一般具有可作数学运算的特性，可用数学公式表示。同一类物理量可以相加减，不同类物理量又可相乘除。

二、量制

物理量是通过描述自然规律的方程式或定义量的方程式而彼此相互联系的。但是，并非任意两个或若干个量之间，一定能建立相互联系的关系式。例如，如果没有速度 v 的介入，距离 l 与时间 t 彼此完全独立而不存在联系。

为制定单位制和引入量纲的概念，通常把某些量作为互相独立的量，即把它们当作基本量，并用它们来定义或用方程式表示该领域中的全部导出量。彼此间由非矛盾方程联系起来的一组量，称为量制。

在给定量制中约定选取的一组不能用其他量表示的量，称为基本量。可由基本量导出给定领域中的全部导出量。在给定量制中由基本量定义的量，称为导出量。基本量是量制的基础，一旦选定，就可形成量制。例如，在力学领域，可以选定长度、时间和质量构成一个量制；可以选定长度、时间和力构成一个量制；也可以选定长度、时间和功构成一个量制。在电学和磁学领域，由于选择不同的基本量，在历史上出现过许多种量制：实用量制、静电量制、电磁量制和高斯量制等。

本书中所包括的全部物理量，都是国际单位制采用的量制中的量。

三、量纲

给定量与量制中各基本量的一种依从关系，它用与基本量相应的因子的幂的乘积去掉所有数字因子后的部分表示，称为量纲式或量纲。

量纲与量制有关，同一种物理量在基本量不同的量制中具有不同的量纲。在选定了基本量的某量制中，基本量的量纲就是它的本身。这时，量的量纲只表示该量在这种量制中的属性。

在给出量纲时，基本量的量纲均使用正体大写字母，而量纲式的符号则用 dim。在国际单位制中，选定的七个基本量是：长度、质量、时间、电流、热力学温度、物质的量和发光强度，它们的量纲分别用 L、M、T、I、Θ、N 和 J 来表示。在国际单位制中，任何一个物理量 Q 的量纲为：$\dim Q = L^\alpha M^\beta T^\gamma I^\delta \Theta^\varepsilon N^\zeta J^\eta$。式中 α、β、γ、δ、ε、ζ、η 称为 7 个基本量的量纲指数。例如，力的量纲 $\dim F = LMT^{-2}$，电阻的量纲 $\dim R = L^2 MT^{-3} I^{-2}$，速度的量纲 $\dim v = \dim (l/t) = LT^1$，密度的量纲 $\dim \rho = \dim (m/V) = ML^{-3}$，能的量纲 $\dim E = L^2 MT^{-2}$，电位的量纲 $\dim V = L^2 MT^{-3} I^{-1}$，摩尔熵的量纲 $\dim S_m = L^2 MT^{-2} \Theta^{-1} N^{-1}$。

在量纲表达式中,其基本量量纲的全部指数均为零的量称为量纲一的量。量纲一的量的量纲指数为零,而它的量纲积或量纲为 $L^0 M^0 T^0 I^0 \Theta^0 N^0 J^0 = 1$。例如,相对密度是两个密度的比值,是量纲一的量,其量纲 $\dim d = \dim \rho / \dim \rho_0 = 1$。摩擦因数、马赫数、折射率、摩尔分数、质量分数和体积分数,都是量纲一的量。

量纲一的量的量值都是数。国家标准规定任何量纲一的量的 SI 一贯单位都是"一",国际标准和国家标准把量纲一的量的 SI 单位的符号规定为"1"。它的倍数和分数单位用 10 的幂来表示。

要注意区分量纲的概念与单位的概念,不要相互混淆。量纲用于说明定性关系;而单位用于说明定量关系。

四、计量单位

根据约定定义和采用的标量,任何其他同类量可与其比较使两个量之比用一个数表示,称为测量单位,我国又称为计量单位,可简称为单位。计量单位是人们共同约定的一个特定参考量,具有名称、符号和定义,其数值为 1。国际法制计量组织把"数值等于 1 的量"作为单位的定义。

任何一个物理量 A 的量值都可表达为:

$$A = \{A\} \cdot [A]$$

式中 $[A]$ 为某一单位的符号,而 $\{A\}$ 则是以单位 $[A]$ 表示量 A 的数值。从而可得:

$$[A] = A / \{A\}$$

从上式来看,当 $\{A\} = 1$ 时,单位 $[A]$ 等于量 A。

五、量方程式和数值方程式

在科学技术中所用的方程式有两类:一类是量方程式,用物理量符号代表量值,量值等于数值乘以单位;另一类是数值方程式。

(1)量与量之间的定量表达数学式称为量方程式。量方程式的最大优点是与所选用的单位无关。也就是说,不论量方程式中的量采用何种单位,都不影响量之间的关系。因此,通常都优先采用量方程式。

例如,作匀速运动的质点的速度 v 的量方程式为:

$$v = l / t$$

式中:l——在时间间隔 t 内所经过的距离。

又如,用 HCl 标准溶液对样品中的 NaOH 含量[质量分数 $w(\text{NaOH})$]进行滴定时,其量方程式为:

$$w(\text{NaOH}) = c(\text{HCl}) \cdot V(\text{HCl}) \cdot M(\text{NaOH}) / m$$

式中,c 为标准溶液中 HCl 的物质的量浓度;V 为所消耗的标准溶液的体积;M 为 NaOH 的摩尔质量;m 为样品的质量。

在使用量方程式进行运算时,必须将量值代入,即必须给出相应的数值和单位,不能只有数值而省略了单位。

表示单位之间的定量关系的方程式称为单位方程式。例如,

$$1\,\text{N} = 1\text{kg} \cdot \text{m/s}^2 = 1\,\text{J/m}$$

单位方程式只给出单位间的关系而不是量之间的关系。

（2）数值方程式是数值之间的关系式。由于量的数值与量所采用的单位有关，所以数值方程式的形式与其中所选用的单位有关，数值方程式只给出数值间的关系，而没有给出量之间的关系。因此，在数值方程式中，一定要指明其中所采用的单位，否则就毫无意义。

在化工领域中常使用数值方程式进行计算。由于数值方程式只给出数值的关系，只能代入数，而不能代入量（量＝数值×单位），这种方程式等号两边的量纲经常是不相等的。在数值方程式中，虽然也使用了量的符号，但它只代表这个量值在特定单位（在符号说明中指出）时的数值。例如，前面所述用盐酸标准溶液来滴定样品中 NaOH 含量的例子，数值方程式为：

$$w(\text{NaOH}) = V \cdot f \times 0.040/m = \{V\}_{\text{mL}} \cdot \{c\}_{\text{mol/L}} \times (0.040 \text{ kg/mol})/\{m\}$$

式中：$w(\text{NaOH})$——样品中 NaOH 的质量分数，单位为 1；

V　　　　——滴定时消耗盐酸标准溶液的体积，单位为 mL；

c　　　　——盐酸标准溶液的浓度，单位为 mol/L；

0.040　　——NaOH 的摩尔质量以 kg/mol 作为单位时的数值；

m　　　　——试样的质量，单位为 g。

这个数值方程式的形式与前面谈到的量方程式相似，主要是由于选用的单位恰恰使等号两边相等。在这个数值方程式中，等号左边的单位为 1；等号右边的单位为：

$$\text{mL} \times \text{mol} \cdot \text{L}^{-1} \times \text{kg} \cdot \text{mol}^{-1}/\text{g} = 1$$

如果上述数值方程式中，量 V、c、M、m 分别采用 mL、mol/L、g/mol 和 g，则数值方程式有系数 10^{-3}，改写为：

$$w(\text{NaOH}) = (V \cdot c \times 0.040/m) \times 10^{-3}$$

有些国家标准给出的计算公式中，经常使用数值方程式，应注意判别。例如，在 GB 1616—1988《工业过氧化氢》中，过氧化氢含量按下式计算

$$x = (V \cdot c \times 0.017\ 01/m) \times 100$$

式中：V　　　——滴定中消耗的高锰酸钾标准溶液的体积，单位为 mL；

c　　　　——高锰酸钾标准溶液的浓度 $c(1/5\ \text{KMnO}_4)$，单位为 mol/L；

m　　　　——过氧化氢试样的质量，单位为 g；

0.017 01——以 g/mol 作为单位时，$m(1/2\ \text{H}_2\text{O}_2)$ 的数值。

六、单位制

任何量的单位都可以独立地选择。但是，如果所有的量都独立地选择单位，会在数值方程式中出现附加的数字因数。如果只有基本单位独立地选择，而导出单位一律按基本单位通过量纲的关系得出时，这个问题就能够完满地得到解决。按一定的规则，对某种量制确定的一整套基本单位和导出单位体系，就构成了一个单位制。对于给定量制的一组基本单位、导出单位、其倍数单位和分数单位及使用这些单位的规则称为单位制。因此，单位制是指基本单位与其导出单位的总体，基本单位是一个单位制的基础，它可以独立地定义；而导出单位只能通过基本单位的函数或方程式来定义。

如果某个单位制的导出单位均按照数字因数等于 1 的关系从基本单位导出,这样构成的单位制称为一贯单位制。力学中的 CGS 制是一贯单位制;GB 3100—1993 中的国际单位制也是一贯单位制。

量制中的基本量之间是彼此独立的;但单位制中的基本单位之间并不一定是彼此独立的。例如,在 SI 中电流单位安培与米、千克、秒都有关系。也就是说,如果改变一个单位的大小,另一个单位也将因此而相应改变。但是,基本单位之间不能相互导出。

基本单位有严格的、公认的定义,许多国家常以法律、法规的形式确定它们的定义。例如,SI 的 7 个基本单位定义就是由国际计量大会通过决议确认的。基本单位的大小一经确定就不允许再变动,因为这关系到由它导出的各个导出单位的量值。

第四节　测量设备和测量仪器

一、测量仪器和测量系统

测量仪器在我国有关计量法律、法规或人们习惯上通常称为计量器具,计量器具是测量仪器的同义语,实际上一般统称为测量仪器。测量仪器在计量工作中具有相当重要的作用,全国量值的统一首先反映在测量仪器的准确和一致上,所以测量仪器是确保全国量值统一的重要手段,是计量部门加强监督管理的主要对象,也是计量部门提供计量保证的技术基础。

（一）测量仪器

测量仪器是指单独或与一个或多个辅助设备组合,用于进行测量的装置。测量仪器是用来测量并能得到被测对象确切量值的一种技术工具或装置。为了达到测量的预定要求,测量仪器必须是具有符合规范要求的计量学特性,能以规定的准确度复现、保存并传递计量单位量值。测量仪器的特点是用于测量;目的是为了确定被测对象的量值;本身是可以单独地或连同辅助设备一起工作的一种技术工具或装置。如体温计、水表、煤气表、直尺、度盘秤等均可以单独地用来完成某项测量,获得被测对象的量值;另一些测量仪器,如砝码、热电偶、标准电阻等,则需与其他测量仪器和(或)辅助设备一起使用才能完成测量,从而确定被测对象的量值。正确地理解测量仪器的概念,有利于科学合理地确定计量管理所包含的范围。任何物体和现象都可以反映其量值的大小,但并不都是测量仪器,判定主要是看其是否用于测量目的,是否能得到其被测量值的大小。如一台恒温油槽或一台烘箱,它可以反映温度的量值,但它并不是测量仪器,因为它只是一种获得一定温度场的装置,它并不用于测量目的,而在恒温油槽和烘箱上控制用的温度计才是测量仪器。又如一组砝码,一个带有刻度的量杯,某一定值的标准物质,它们都反映了确切的量值,因为它们均用于测量目的,通过测量从而获得被测对象量值的大小,所以它们均为测量仪器。

测量仪器即计量器具是一个统称。如测量仪器按其计量学用途或在统一单位量值中的作用,可分为计量基准、计量标准和工作用计量器具;按其结构和功能特点,测量仪器包括实物量具、测量用仪器仪表、标准物质和测量系统(或装置)。也可以按输出形式、测量原理和方法、特定用途、准确度等级等特性进行分类。

检验、测量、试验设备是有区别的；检验设备主要用以判定是否合格；测量设备主要用于确定其被测对象值的大小，试验设备主要用以确定某特性值或其性能如何，检验、测量设备主要是指测量仪器，而试验设备有的可能不是测量仪器，如振动试验台就是，温度环境试验装置就不是。测量装置就是测量仪器，而监控装置是指生产过程中的监视控制设备，有的属测量仪器，有的控制设备则不属测量仪器。

测量设备是为实现测量过程所必需的测量仪器、软件、测量标准、标准物质、辅助设备或其组合。可见它并不是指某台或某类设备，而是对测量所包括的硬件和软件的统称。这一定义有以下几个特点：

（1）概念的广义性。测量设备不仅包含一般的测量仪器，而且包含了各等级的测量标准，各类标准物质和实物量具，还包含和测量设备连接的各种辅助设备，以及进行测量所必须的资料和软件。从定义上看测量设备包括了检验设备和试验设备。

（2）内容的扩展性。测量设备不仅仅只指测量仪器本身，而又扩大到辅助设备，因为有关的辅助设备将直接影响测量的准确可靠性。这里主要指本身不能给出量值而没有它又不能进行测量的设备，也包括作为检验手段用的工具、工装、定位器、模具等试验硬件或软件。可见作为测量设备的辅助设备对保证测量的统一和准确十分重要。

（3）测量设备不仅包括硬件、软件，还包括"进行测量所必须的资料"。这是指设备使用说明书、作业指导书及有关测量程序文件等软件，当然也包括一些测量仪器本身所属的测量软盘，没有这些资料也不能给出准确可靠的数据，同样应视为是测量设备的组成部分。

通常把组装起来以进行特定测量的全套测量仪器和其他设备称为测量系统。这里所指的全套测量仪器包括各种测量仪器、实物量具或标准物质，其他设备包括电源、稳压器、指示仪器、开关线路及辅助设备。如测量半导体材料电导率装置、光学高温计检定装置、磁性材料磁特性测量装置。建立测量系统（或装备）的目的是为了便于操作，提高可靠性和工作效率，减少其影响量的影响和提高测量的准确度。测量系统可以组装，也可以随时拆卸，形成固定安装的测量系统则通常称为测量装备。在我国，通常对小型的测量装备称为测量装置，大型的称为测量系统。

（二）实物量具

实物量具是指具有所赋量值，使用时以固定形态复现或提供一个或多个量值的测量仪器。实物量具的主要特性是能复现或提供某个量的已知量值。这里的固定形态应理解为量具是一种实物，它应具有恒定的物理化学状态，以保证在使用时量具能确定地复现并保持已知量值，获得已知量值的方式可以是复现的，也可以是提供的，如砝码是量具，它本身的已知值就是复现了一个质量单位量值的实物，如信号发生器是一种量具，但它本身只是一种提供多个已知量值作为供给量的输出。定义中的已知值应理解为其测量单位、数值及其不确定度均为已知。可见实物量具的特点是：本身直接复现或提供了单位量值，即实物量具的示值就是单位量值的实际大小，如量块、线纹尺，它本身就复现了长度量的单位；在结构上一般没有测量机构，如砝码、标准电阻只是复现单位量值的一个实物；由于没有测量机构，在一般情况下，如不依赖其他配用的测量仪器，就不能直接测量出被测量值，如砝码要用天平，如量块要配用干涉仪、光学计等。因此实物量具往往是一种被动式测量仪器。

　　量具按其复现或提供的量值，可以分为单值量具，如量块、标准电池、砝码等不带标尺；多值量具，如线纹尺、电阻箱等带有标尺；多值量具也包含成套量具，如砝码组、量块组等。量具从工作方式可分为从属量具和独立量具，必须借助其他测量仪器才能进行测量的量具，称为从属量具，如砝码，只有借助天平或质量比较仪才能进行质量的测量；不必借助其他测量仪器即可进行测量的称为独立量具，如尺子、量器等。

　　实物量具和一般测量仪器的区别，量具本身复现或提供的是已知量值即给定量就是其量值的实际大小，而一般测量仪器所指示的量值往往是一种等效信息，如体温计所指示的温度自身并不能提供一个实际温度值，而只是一种等效信息。可见千分尺、游标卡尺、百分表，虽然社会上习惯称之为"通用量具"，但按定义它们并不是量具。标准物质即参考物质按定义均属于测量仪器中的实物量具。

　　测试设备，指用于测试中的全部测量设备和试验设备。

　　专用测试设备，指用于特殊目的的非通用测试设备。

二、测量传感器、敏感器、检测器

（一）测量传感器

　　测量传感器是指提供与输入量有确定关系的输出量的器件。测量传感器的作用就是将输入量按照确定的对应关系变换成易测量或处理的另一种量，或大小适当的同一种量再进行输出。有的量直接同它们的标准量比较是相当困难的，则可以将被测量即输入量变换成其他量，如电流、电压、电阻等易测的电学量，或大小不同的同种量，如大电流变换成小电流，从而输出得到被测量值，以得到准确的测量，这种器件就是测量传感器。一般传感器的特点是器件直接作用于被测量，即器件的输入量就是被测量值。如热电偶、电流互感器、应变计中的应变片、酸度计中的 pH 电极等，热电偶输入量值为温度，但它转变为热电动势即毫伏值，利用温度与其热电动势的对应关系，从而从温度指示仪或电子电位差计上得到被测量的温度值，热电偶就是一种测温的传感器。

（二）敏感器

　　敏感器通常称为敏感元件，它是指测量仪器或测量链中直接受被测量作用的元件。敏感元件是直接受被测量作用，能接受被测量信息的一个元件。例如热电高温计中热电偶的测量结（热端），涡轮流量计的转子，压力表的波登管，液面测量仪的浮子，光谱光度计的光电池，双金属温度计的双金属片等。其特点是，它不仅能直接受被测量作用，同时又是一个元器件，能接受其信息的大小。它是测量仪器或测量链中输入信号的直接接受者，可以是一种元件也可以是一种器件。

（三）检测器

　　检测器是指用于指示某个现象的存在而不必提供有关量值的器件或物质。

　　检测器的用途是为了指示某个现象是否存在，即反映该现象的某特定量是否存在，或者是为了确定该特定量是否达到了某一规定的阈值的测量仪器。检测器并不是与被测量值无关，其测量的信息结果是由被测量值决定的，并且具有一定的准确度，其特点是不必提供具体量值的大小。例如检测制冷装置的制冷剂是否泄漏的卤素检漏仪，在化学反应中应用的化学试纸，为了检测是否有测量讯号而使用的示波器，为了检测信号接近零值程度的零位检测器或指零仪,在电离辐射中为了确定辐射水平阈值用的给出声和光讯号的剂量计等。

（四）测量传感器、敏感器、检测器的区别

传感器是提供与输入量有确定关系的输出量的器件;敏感器是测量仪器或测量链中直接受被测量作用的元件;检测器是用于指示某个现象的存在而不必提供有关量值的器件或物质。例如热电偶是测量传感器,但它并不是敏感器,因为只有热电偶的测量结(热端)直接处于被测量温度中,测量结才是敏感器。又如电阻温度计中的工业热电阻,它是测量传感器,但实际测温中虽然把热电阻的感温元件均处于被测量温度中,此时热电阻的感温元件就是敏感器,而不是测量传感器,因为它还有导线连接,可以进行输出,所以敏感器只能说是传感器直接受被测量作用的那一部分,这二者是有区别的。另外相对于检测器而言,也具有不同的概念。检测器是用以确定被测量值阈值的测量仪器,如卤素检漏仪,当然它不是一个敏感元件。但有的检测器直接作用于被测量,又能够随着输入量而达到输出,这时就是一种测量传感器。有的检测器本身就是直接作用于被测量从而确定其阈值,如化学试纸,即这种检测器当然就属于一种敏感器了,有的敏感器,它能够直接确定其被测量阈值,则也可以称为检测器。

三、测量仪器的分类

测量仪器可以按计量学用途或其功能特点或其准确度高低进行分类,但测量仪器按结构、原理、使用特点通常可分为以下几类:

（一）显示式测量仪器（即指示式测量仪器）

这类仪器均具有显示装置,显示装置的显示可以是模拟的或数字的或半数字的,也可以单个量值进行显示,也可以多个量值进行显示。例如模拟式电压表、压力表、千分尺、数字式频率计、数字式电压表、数字式电子秤,都属于显示式测量仪器。如温度指示仪器也可以单点或多点进行测温。模拟式指示仪器大多可以连续读取示值,但有时也可以是非连续的,如带有 0 ℃ 示值标尺的测量范围为 25 ℃～50 ℃、最小分度值为 0.05 ℃的一等标准水银温度计,其示值就是不连续的。有的指示装置也可以有半数字的,即主要以数字显示,而其最小示值为了提高其读数准确度又采用模拟式指示,如单相电能表。注意不要将单纯的指示装置、指示器、显示器等与显示式测量仪器相混淆。显示式测量仪器和指示式测量仪器二者为同义语,但实质上显示仪器是广义的,而指示仪器则是其中一种形式,即通常指带有指示装置指示器来进行显示。

（二）记录式测量仪器

记录式测量仪器是提供示值记录的测量仪器。这类测量仪能将被测量值的示值记录下来。给出的记录可以是模拟的(连续或断续线条),也可以是数字的;记录也可以是一个量或多个量的值。如温度记录仪、气压记录仪、记录式光谱仪等,如温度记录仪可以单点记录也可以多点打印记录。这类测量仪器具有记录器,记录器把被测量值记录到媒质上,记录媒质可以是带状、盘状、片状或其他形状的记录物质,也可以是磁带、磁盘等存储器,有时数字式测量仪器也可通过接口配以打印机、记录仪进行记录。绝大多数记录测量仪具有显示功能,当然其主要的功能是记录。

（三）累计式测量仪器

累计式测量仪器是通过对来自一个或多个源中,同时或依次得到的被测量的部分值求和,以确定被测量值的测量仪器。它是指为了获得被测量在一段时间间隔内的累计值,即对被测量值求和的测量仪器,这是从测量仪器的使用功能上来进行分类的。有些情况下,测量的目的不是为了获得被测量的瞬时值,如需要称量在一段时间内皮带传送的散装物料的总重量,或一列货车所载货物的总重量等。通常测量仪器的示值所反映的是被测量的瞬时值,因此,为了给出累计就必须使测量仪器增加一个累计的功能,这个功能由累计器来实现,如累计式皮带秤,就是通过累计器根据称重和位移传感器提供的信息,对皮带测量段上每次称得的各分量负荷进行累加求和,并通过累计指示器将累计值显示出来。电子轨道衡就是一种累计式测量仪器。

有时,提供分量量值的被测量源不止一个,例如一个发电厂有若干台发电机在工作,电功率并联在一起输出,需要知道每时每刻输出的总功率,为此目的所使用的总和电功率表也是一种累计式测量仪器。又如水泥厂配料用的累加式皮带秤,几种矿物原料需按重量比例输送和称重,这时被测量源就不止一个,需要同时被累计或依次从不同的源得到被测量的分量量值,这种皮带秤也是一种累计式测量仪器。这类仪器的特点是增加了累计功能。

（四）积分式测量仪器

积分式测量仪器是通过一个量对另一个量积分,以确定被测量值的测量仪器。有些被测量按其定义或实际性质本来就是一个积分量,例如家庭用的电能表,就是两次付费时刻之间的一段时间内所耗用的电功率是多少,家用电能表中的积分机构能随时将所用电能的量积算出来,并通过数字指示装置加以显示。又如皮革面积的测量,将皮革摊平在平面上,实际上就是要测量其轮廓线所围的平面面积,因此也很自然是一个积分量。所以家用电能表和皮革面积测量仪都是积分式测量仪器。

（五）模拟式测量仪器

模拟式测量仪器(即模拟式指示仪器)是其输出或显示为被测量或输入信号连续函数的测量仪器。这是从测量仪器输出或显示的形式来分类。即测量仪器的输出或显示为被测量的量值或为输入信号相对应的连续函数值。通常遇到的被测量,如长度、角度、温度、质量、力、电流、电压等,均被看作是可以无限细分的连续量,因此,在一定条件下,任何两个这种量之间均可以建立起数值上的对应关系即函数关系,这就是输出量是输入量的一种模拟信号的关系。例如用热电偶测温,热电偶作为测温传感器将被测对象的温度值(非电量)变换为相应的热电动势(电量),这二者之间具有对应的函数关系,然后通过配套的动圈式显示仪表,将其输出转化为被测量连续函数的表针的偏转角度,从而指示出被测量温度的大小。又如玻璃水银温度计,其输出是作为被测量温度值连续函数的水银柱高度(长度)量值。这些都称为模拟式测量仪器。

应该注意到,模拟式测量仪器这一术语仅就输出或显示的表现形式而言,而与测量仪器的工作原理无关。模拟式测量仪器,有的可以显示或输出被测量值,有的则可以用指示器指示某一个被测量值,通常采用了模拟式测量仪器和模拟式指示仪器两个同义的名词术语。

（六）数字式测量仪器

数字式测量仪器（即数字式指示仪器）是提供数字化输出或显示的测量仪器。这是从测量仪器输出或显示的不同形式来分类的。只要其输出或显示是以十进制数字自动显示的，则就是数字式测量仪器，而它与仪器的工作原理无关。例如通常使用的数字电压表、数字电流表、数字功率表、数字频率计等，尤其是数字电压表，使用更为广泛。如一台应用称重传感器的地秤，配用的输出显示仪表是数字式电压表，则该地秤就是数字式测量仪器。数字式温度计大多也以频率、电压、电阻等为感温信号，通过模—数（A/D）转换电路，以数字形式显示测温结果。数字式测量仪器具有准确度高、灵敏度高、重复性好、测量速度快、抗干扰能力强，可同时测量多种参数，同时可以打印记录，特别是便于与计算机相联接以进行自动化测量和控制等一系列优点。数字式测量仪器可以提供数字化显示或输出，也可以用指示器进行指示，故采用了数字式测量仪器和数字式指示仪器两个名称，其实质是同义的。

四、测量设备的特性

能影响测量结果的并可测量的测量设备特性。为了确保测量仪器设备测量结果的准确可靠，测量仪器必须具备必要的基本性能，如准确度、灵敏度、重复性、稳定性、超然性、示值误差、最大允许误差等特性，这些特性反映了对测量仪器的要求，也是评定测量仪器性能的主要依据。

（一）测量仪器的准确度

测量仪器的准确度是测量值与被测量的真值之间的一致程度，即测量仪器给出接近于真值的响应的能力。是指测量仪器给出的示值接近于真值的能力，即测量仪器由于仪器本身所造成的其输出的被测量值接近被测量真值的能力。由于各种测量误差的存在，通常任何测量都是不完善的，所以实际上真值是不可知的。当然接近于真值的能力也是不确定的，因此测量仪器准确度仅反映了测量仪器示值接近真值的一种程度，该定义是一个定性的概念。

测量仪器准确度是表征测量仪器品质和特性的最主要的性能，任何测量仪器的目标都是得到准确可靠的测量结果，实质上是要求示值更接近于真值。为此虽然测量仪器准确度是一种定性的概念，但从实际应用上人们需要以定量的概念来进行表述，以确定其测量仪器的示值接近于其真值能力的大小。在实际应用中这一表述是用其他术语来定义的，如准确度等级、测量仪器的［示值］误差、〔测量仪器的〕最大允许误差或〔测量仪器的〕引用误差等。

准确度等级是指在规定工作条件下，符合规定的计量要求，使测量误差或仪器不确定度保持在规定极限内的测量仪器或测量系统的等别或级别。即按测量仪器准确度高低而划分的等别或级别。如电工测量指示仪表按仪表准确度等级分类可分为 0.1、0.2、0.5、1.0、1.5、2.5、5.0 等 7 级，具体说就是该测量仪器满量程的引用误差，如 1.0 级指示仪表，则其满量程误差为 $\pm 1.0\%$FS。如百分表准确度等级分为 0、1、2 级，则主要是以示值最大允许误差来确定。如准确度代号为 B 级的称重传感器，当载荷 m 处于 $0 \leqslant m \leqslant 5\ 000e$ 时（e 为传感器的检定分度值），则其最大允许误差为 $0.35e$。又如一等、二等标准水银温度计，就是以其示值的最大允许误差划分的。所以准确度等级实质上是以测量仪器的误差来定量表述测量仪器准确度的高低。有的测量仪器没有准确度等级指标,则测量仪器示值接近于真值的响应能力就是用测量仪器允许的示值误差来表述,因为测量仪器的示值误差就是指在规定条件下测量仪器示值与对应输入量的真值之差,这和测量仪器准确度定义的概念是完全相对应的。如长度用半径样板,就是以名义半径尺寸来规定其允许的工作尺寸偏差值来确定其准确度。因为真值是不可知的,实际上测量仪器可以用约定真值或实际值来计算其误差的大小,通过示值误差、最大允许误差、引用误差或准确度等级来定量进行表述。实际上,准确度等级也只是一种表述形式,这些等级的划分仍是以最大允许误差、引用误差等一系列的特性来定量表达的。

需要注意,从名称和定义来看,测量仪器准确度和准确度等级、测量仪器的示值误差、最大允许误差、引用误差等概念是不同的,测量仪器准确度术语是定性的概念,严格讲要定量地给出测量仪器接近于真值的响应能力,则应该指明给出量值是什么量,是示值误差、最大允许误差、引用误差或准确度等级,不能笼统地称为准确度。人们可以认为测量仪器准确度是它们这些特性概念的总称,测量仪器准确度可以用其他相应的术语来定量表述,这二者是有区别的。准确度1级应称为准确度等级为1级,准确度为0.1%称为其引用误差为0.1%FS。但有时为了制定表格或方便表述,表头也可写"准确度",表内填写准确度等级或规定的允许误差。要说明一点,测量仪器准确度是测量仪器最主要的计量性能,人们关心的就是其是否准确可靠,如何来确定这一计量性能大小,通常它只是用其他的术语来定量表述而已。

要正确区分测量仪器的准确度和准确度等级及测量仪器的准确度和测量准确度的概念。测量仪器的准确度是指测量仪器给出的示值接近于真值的能力,准确度等级是指测量仪器的示值接近真值的具体程度所划分的等别或级别,测量仪器的准确度通常可用准确度等级来具体表述,测量仪器按准确度来划分等级进行分类有利于量值传递或溯源,有利于制造和合理选用测量仪器,准确度等级是测量仪器最具概括性的特性。测量仪器的准确度是对测量仪器本身而言的,它只是确定了测量仪器本身示值的误差范围,它并不等于用该测量仪器进行测量其测量结果的准确可靠性,测量准确度是表示测量结果与被测量真值之间的一致程度,是对测量结果而言,它既包含了测量仪器的误差,也包含了测量环境条件外界因素所带来的误差,一是对测量器具而言,一是对测量结果而言,这二者是有根本区别的,当然也存在着内在的联系,但属于两个概念。

(二)测量仪器的误差

1. 测量仪器的示值误差

测量仪器的示值误差是测量仪器示值与对应输入量的真值之差。这是测量仪器的最主要的计量特性之一,其实质就是反映了测量仪器准确度的高低。示值误差大则其准确度低,示值误差小,则其准确度高。

示值误差是对真值而言的。由于真值是不能确定的,实际上使用的是约定真值或实际值。为确定测量仪器的示值误差,当其接受高等级的测量标准器检定或校准时,则标准器复现的量值即为约定真值,通常称为实际值,即满足规定准确度的用来代替真值使用的量值。所以:

指示式测量仪器的示值误差=示值-实际值

实物量具的示值误差＝标称值－实际值

例如:被检电流表的示值 I 为 40 A,用标准电流表检定,其电流实际值为 $I_0＝41$ A,则示值 40 A 的误差 Δ 为 $\Delta＝I－I_0＝40－41＝－1$ A,则该电流表的示值比其真值小 1 A。如一工作玻璃量器的容量其标称值 V 为 1 000 ml,经标准玻璃量器检定,其容量实际值 V_0 为 1 005 ml,则量器的示值误差 Δ 为: $\Delta＝V－V_0＝1\ 000－1\ 005＝－5$ ml。

即该工作量器的标称值比其真值小 5 ml。

要正确区别误差、偏差和修正值的概念。偏差是指"一个值减去其参考值",对于实物量具而言,偏差就是实物量具的实际值对于标称值偏离的程度,即偏差＝实际值－标称值。

例如有一块量块,其标称值为 10 mm,经检定其实际值为 10.1 mm,则该量块的偏差为 10.1－10＝＋0.1 mm,说明此量块相对 10 mm 标准尺寸大了 0.1 mm;则此量块的误差为示值(标称值)－实际值,即误差＝10－10.1＝－0.1 mm,说明此量块比真值小了 0.1 mm,故此在使用时应加上 0.1 mm 修正值。修正值是指为清除或减少系统误差,用代数法加到未修正测量结果上的值。从上可见这三个概念其量值的关系:误差＝－偏差;误差＝－修正值;修正值＝偏差。在日常计算和使用时要注意误差和偏差的区别,以免混淆。

测量仪器的示值误差可简称为测量仪器的误差,按照不同的示值、性质或条件,测量仪器的误差又具有专门的术语。如基值误差、零值误差、固有误差、偏移等。

2.〔测量仪器的〕基值误差

测量仪器的基值误差是在规定的测得值上测量仪器或测量系统的测量误差。为了检定或校准测量仪器,人们通常选取某些规定的示值或规定的被测量值,则在该值上测量仪器的误差称为基值误差。

例如:选用规定的示值,如对普通准确度等级的衡器,载荷点 $50e$ 和 $200e$ 是必检的(e 是衡器的检定分度值),它们在首次检定时基值误差分别不得超过 $\pm0.5e$ 和 $\pm1.0e$。如对于中准确度等级的衡器,载荷点 $500e$ 和 $2\ 000e$ 是必须检的,它们在首次检定时的基值误差分别不得超过 $\pm0.5e$ 和 $\pm1.0e$。规定被测量值,如对于标准热电偶的检定或分度,通常选用锌、锑及铜三个温度固定点进行示值检定或分度,则在此三个值上标准热电偶的误差,即为基值误差。测量仪器的基值误差可简称为基值误差。

3.〔测量仪器的〕零值误差

〔测量仪器的〕零值误差是测得值为零值时的基值测量误差。是指被测量为零值时,测量仪器示值相对于标尺零刻线之差值。也可说是测量仪器零位,即当被测量值为零时,测量仪器的直接示值与标尺零刻线之差。通常在测量仪器通电情况下,称为电气零位,在不通电的情况下称为机械零位。零位在测量仪器检定、校准及使用时十分重要,因为它无需用标准器就能准确地确定其零位值,如各种指示仪表和千分尺、度盘秤等都具有零位调节器,可以作为检定、校准或用于使用者调整,以便确保测量仪器的准确度。

通常测量仪器零值误差均作为基值误差对待,因为零值对考核测量仪器的稳定性、准确度作用十分重要。测量仪器的零值误差可简称为零值误差。

4.〔测量仪器的〕固有误差

〔测量仪器的〕固有误差是在参考条件(也称标准条件)下确定的测量仪器或测量系统的误差。固有误差通常也可称为基本误差,它是指在参考条件下所确定的测量仪器本身所具有的误差。主要来源于测量仪器自身的缺陷,如仪器的结构、原理、使用、安装、测量方法及其测量标准传递等造成的误差。固有误差的大小直接反映了测量仪器的准确度。一般固有误差都是对示值误差而言,因此固有误差是测量仪器划分准确度的重要依据。测量仪器的最大允许误差就是测量仪器在参考条件下,反映测量仪器自身存在的所允许的固有误差极限值。测量仪器的固有误差又可简称为固有误差。

固有误差是相对于附加误差而言的。附加误差就是测量仪器在非标准条件下所增加的误差。额定操作条件、极限条件等都属于非标准条件。非标准条件下工作的测量仪器的误差,必然会比参考条件下的固有误差要大一些,这个增加的部分就是附加误差。它主要是由于影响量超出参考条件规定的范围,对测量仪器带来影响的所增加的误差,即属于外界因素所造成的误差。因此测量仪器使用时与检定、校准时因环境条件不同而引起的误差,就是附加误差;测量仪器在静态条件下检定、校准,而在实际动态条件下使用,则也会带来附加误差。

5.〔测量仪器的〕偏移、抗偏移性

测量仪器的偏移是测量仪器示值的系统误差。在用测量仪器测量时,总希望得到真实的被测量值,但实际上多次测量同一个被测量时,得到的是不同的示值。由于测量仪器存在误差,而形成测量仪器示值的系统误差分量,人们称之为测量仪器的偏移,简称偏移。造成测量仪器偏移的原因很多,如仪器设计原理上的缺陷,标尺、度盘安装不正确,测量环境变化的影响,测量或安装方法的不完善,测量人员的因素以及测量标准器的传递误差等。测量仪器示值的系统误差,按其误差出现的规律,可分为定值系统误差和变值系统误差。有的系统误差分量是按线性变化、周期性变化或复杂规律变化的,为了确定测量仪器的偏移,通常用适当次数重复测量的示值误差的平均值来估计,这样可以降低测量仪器示值中随机误差分量的影响。由于存在着示值变值系统误差,因此,在确定测量仪器偏移时,应考虑不同的测量点即示值的不同范围。

测量仪器的偏移,直接影响着测量仪器的准确度,因为在大多数情况下,测量仪器的示值误差主要取决于系统误差,有时系统误差比随机误差往往会大一个数量级,为什么测量仪器要定期进行检定、校准,主要就是为了确定测量仪器示值误差的大小,并给以修正值进行修正,这就控制了测量仪器的偏移,确保了测量仪器的准确度。

测量仪器的抗偏移性是测量仪器给出不含系统误差的示值的能力。测量仪器示值的系统误差是客观存在的,由于它直接影响着测量仪器的准确度,因此应尽力设法减小它。测量仪器给出的示值不含系统误差的能力称为测量仪器的抗偏移性,可简称抗偏移性。

不含系统误差是做不到的,但可以去减小它。实际上在测量仪器设计时必须考虑这一点,同时,使用时也应考虑如何提高其抗偏移性。如从结构上保证指示器活动部分的平衡,可任意位置安装使用的仪器保证其内部零部件平衡配重,减少元器件随外界温度的影响等。有的仪器从测量方法上提高其抗偏移性,如千分尺、指示仪器的零位调

整，要求仪器水平位置安放，甚至有的仪器带有水准泡，要求正确地安放被测件，有的选择适当的测量方法，使系统误差相互抵消，如采用交换法、替代法、补偿法、对称法等。当然还有一项十分重要的方法，就是让测量仪器定期开展检定、校准，确定测量仪器示值系统误差的大小，用修正值加以修正，是提高抗偏移性的重要措施。

6. 测量仪器的最大允许误差

测量仪器的最大允许误差是对给定的测量仪器，规范、规程等所允许的误差极限值。是指在规定的参考条件下，测量仪器在技术标准、计量检定规程等技术文件上所规定的允许误差的极限值。这里规定的是误差极限值，所以实际上就是测量仪器各计量性能所要求的最大允许误差值。可简称为最大允许误差，也可称为测量仪器的允许误差限。最大允许误差可用绝对误差、相对误差或引用误差等来表述。

例如：测量范围为（0～250）mm，分度值为 0.01 mm 的千分尺，其示值的最大允许误差 0 级不得超过±0.02 mm；1 级不得超过±0.04 mm。又如测量范围为 25 ℃～50 ℃的分度值为 0.05 ℃的一等标准水银温度计，其示值的最大允许误差为±0.10 ℃。如准确度等级为 1.0 级的配热电阻测温用动圈式测温仪表，其测量范围为（0～500）℃，则其示值的最大允许误差为 500×1%＝±5 ℃，则用引用误差表述。如非连续累计自动衡器（料斗秤）在物料试验中，对自动称量误差的评定则以累计载荷质量的百分比相对误差进行计算，准确度为 0.2 级、0.5 级的则首次检定其自动称量误差不得超过累计载荷质量的±0.10%和±0.25%。最大允许误差是评定测量仪器是否合格的最主要指标之一，当然它也直接反映了测量仪器的准确度。

要区别和理解测量仪器的示值误差、测量仪器的最大允许误差和测量不确定度之间的关系。示值误差和最大允许误差均是对测量仪器本身而言，最大允许误差是指技术文件（如标准、检定规程）所规定的允许的误差极限值，是判定是否合格的一个规定要求，而示值误差是测量仪器某一示值其误差的实际大小，是通过检定、校准所得到的一个值，可以评价是否满足最大允许误差的要求，从而判断该测量仪器是否合格，或根据实际需要提供修正值，以提高测量仪器的准确度。测量不确定度是表征测量结果分散性的一个参数，它只能表述一个区间或一个范围，说明被测量结果以一定概率落于其中，它对测量结果而言，以判定测量结果的可靠性。最大允许误差、示值误差和测量不确定度具有不同的概念，前者相对测量仪器而言，后者相对测量结果而言，前者相对于真值（约定真值）之差，后者只是一个区间范围，前者可以对测量仪器的示值进行修正，后者无法对测量仪器进行修正。可见测量不确定度概念不能完全代替测量仪器的误差，因为它无法得到修正值，作为测量仪器的特性，规定最大允许误差和通过检定、校准去确定示值误差，在实用上具有十分现实的意义。

7. 〔测量仪器的〕引用误差

测量仪器的引用误差（可简称为引用误差）是测量仪器或测量系统的误差除以仪器的特定值。通常很多测量仪器是用引用误差来表示该测量仪器的允许误差限。特定值一般称为应用值，可以是测量仪器的量程也可以是标称范围的上限或测量范围等。测量仪器的引用误差就是测量仪器的示值误差与其应用值之比。

例如：一台标称范围为（0～150）V 的电压表，当在示值为 100.00 V 处，用标准电压

表检定所得到的实际值为 99.4 V,则该处的引用误差为:0.40%

上式中 100.0－99.4＝＋0.6 V 为 100.0 V 处的示值误差,而 150 为该测量仪器的标称范围的上限,所以引用误差都是相对满量程而言。

上述例子所说的引用误差必须与相对误差的概念相区别,100.0 V 处的相对误差为:0.60%

相对误差是相对于被检定点的示值而言,相对误差是随示值而变化的。

当用测量范围的上限值作为引用误差时也可称之为满量程误差,通常可在误差数字后附以 Full Scale 的缩写 FS。例如某测力传感器的满量程误差为 0.05%FS。

采用引用误差可以十分方便地表述测量仪器的准确度等级,例如指示式电工仪表分为 0.1、0.2、0.5、1.0、1.5、2.5、5.0 等 7 个准确度等级,弹簧管式一般压力表分为 1、1.5、2.5、4 等 4 个准确度等级,它们都是仪表最大允许示值误差以量程的百分数(%)来表示的,即 1 级压力表其满量程最大允许的示值误差为±1.0%FS。

8.〔测量仪器的〕重复性

测量仪器的重复性是在一组重复性测量条件下的测量精密度。就是指在相同测量条件下,重复测量同一个被测量,其测量仪器示值的一致程度。又简称为重复性。

相同的测量条件主要包括:相同的测量程序;相同的观测者;在相同条件下使用相同的测量设备;在相同地点;在短时间内重复。

测量仪器的重复性,即多次测量同一量,其示值的变化,实质上反映了测量仪器示值的随机误差分量,所以重复性可以用示值的分散性定量地表示,这也是衡量测量仪器计量性能的指标之一。

要区别测量仪器的重复性、测量结果的重复性及示值变动性的概念。测量仪器的重复性是对测量仪器的示值而言,而测量结果的重复性是针对测量结果而言,而有的长度测量仪器,经常使用"示值变动性"或"示值变化",它是指在测量条件不作任何改变的情况下,对同一被测量多次重复测量的读数,其结果的最大差异,实质上反映了测量仪器示值读数机构的重复性,一般在不改变被测量的安装位置,主要考核读数机构引起的示值变化,从概念上讲和重复性是有差异的。

9. 稳定性

稳定性是测量仪器保持其计量特性随时间恒定的能力。通常稳定性是指测量仪器的计量特性随时间不变化的能力。若稳定性不是相对时间,而是相对其他量而言,则应该明确说明。稳定性可以进行定量的表征,主要是确定计量特性随时间变化的关系。通常可以用以下两种方式:用计量特性变化某个规定的量所需经过的时间,或用计量特性经过规定的时间所发生的变化量来进行定量表示。例如:对于标准电池,对其长期稳定性(电动势的年变化幅度)和短期稳定性(3~5 天内电动势变化幅度)均有明确的要求;如量块尺寸的稳定性,以其规定的长度每年允许的最大变化量(微米/年)来进行考核,上述稳定性指标均是划分准确度等级的重要依据。

对于测量仪器,尤其是基准、测量标准或某些实物量具,稳定性是重要的计量性能之一,示值的稳定是保证量值准确的基础。测量仪器产生不稳定的因素很多,主要原因是元器件的老化、零部件的磨损、以及使用、贮存、维护工作不仔细等所致。测量仪器进行的周期检定或校准,就是对其稳定性的一种考核。稳定性也是科学合理地确定检定周期的重要依据之一。

10. 超然性

超然性是测量仪器不改变被测量的能力。是测量仪器本身从原理、结构、使用上是否存在着对被测量值影响的能力。这是测量仪器在设计和使用中应考虑的一个重要因素。最好是不影响或使其影响减小到最少。实际上,在进行测量时,测量仪器几乎不可避免地要影响着被测量,存在着超然性,因为测量仪器与被测量之间必然有能量和物质的消耗,或仪器结构、使用方法对被测量的影响。例如:电流表、电压表在使用时会有电功率的消耗;千分尺、百分表在使用时存在着测量力作用于被测对象;热电偶测温时总伴有与外界的热交换影响。有的测量仪器内部的结构、其传动或指示机构的不平衡性,以及测量方法、使用环境等都会对被测量值产生影响,这将会增大测量仪器的示值误差,影响测量仪器的准确度。当然也存在着具有超然性的测量仪器,如天平,它从仪器的结构和通过测量方法,如采用替代称量法或交换称量法则可以消除天平不等臂误差的影响,同时在同一条件下测量,可以消除其他相应的影响量带来的影响,所以这是超然性的。我们应该研究改进测量仪器的结构,或研究各种测量方法,来提高测量仪器的超然性,以减少测量仪器由于各种因素造成的对被测量值的影响。

(三) 灵敏度、鉴别力阈、〔显示装置的〕分辨力

1. 灵敏度

灵敏度是测量仪器响应的变化除以对应的激励变化。是反映测量仪器被测量(输入)变化引起仪器示值(输出)变化的程度。它用被观察变量的增量即响应(输出量)与相应被测量的增量即激励(输入量)之商来表示。如被测量变化很小,而引起的示值(输出量)改变很大,则该测量仪器的灵敏度就高。

对于线性测量仪器来说,其灵敏度 S 为:

$$S = \Delta y / \Delta x = k = 常数$$

式中,k 为传递系数,当响应 y 与激励 x 是同一种量时,又称放大系数。对于非线性的测量仪器,灵敏度宜表示为:

$$S = \Delta y / \Delta x = f'(x)$$

这时灵敏度随激励变化而变化,它是一个变量,与激励值有关。

例如:在磁电系仪表中,响应特性是线性关系,灵敏度就是个常数;而在电磁系仪表中响应特性呈平方关系,灵敏度随激励值变化。又如电动系仪表,测量功率时灵敏度是个常数,而测量电流或电压时却又随激励值变化。因此,有时在表述测量仪器的灵敏度时,往往要指明对哪个量而言。例如检流计,就要说明是指电流灵敏度还是电压灵敏度。

灵敏度是测量仪器中一个十分重要的计量特性,它是反映测量仪器性能的重要指标,但有时灵敏度并不是越高越好。为了方便读数,使示值处于稳定,还需要特意降低灵敏度值。

2. 鉴别力阈

鉴别力阈是使测量仪器产生未察觉的响应变化的最大激励变化,这种激励变化应缓慢而单调地进行。是指当测量仪器在某一示值处给以一定的输入,确定其激励值,将该激励再缓慢从同一方向逐步增加,开始为未察觉响应的变化,当测量仪器的输出开始有可觉察的响应变化时,读取此时的激励值,此输入的激励变化称为鉴别力阈。也可简称鉴别力,同样可以在反行程进行。

例如:在一台天平的指针产生未觉察位移的最大负荷变化为 10 mg,则此天平的鉴别力阈为 10 mg;如一台电子电位差计,当同一行程方向输入量缓慢改变到 0.04 mV 时,则指针开始产生可觉察的变化,则其鉴别力阈为 0.04 mV。为了准确地得到其鉴别力阈值,则激励的变化(输入量的变化)应缓慢,同时应在同一行程上进行,以消除惯性或内部传动机构的间隙和摩擦。通常一台测量仪器的鉴别力阈应在同一示值上和对应在标尺上、中、下不同示值范围正反向行程进行测定,则其鉴别力阈值是不同的,可以按其最大的激励变化来表示测量仪器鉴别力阈值。鉴别力阈有时人们也习惯称为灵敏阈、灵敏限,是同一个概念。产生鉴别力阈的原因可能与噪声(内部、外部的)摩擦、阻尼、惯性等有关,也与激励值有关。

要注意灵敏度和鉴别力阈的区别和关系。这是两个概念,灵敏度是被测量(输入量)变化引起了测量仪器示值(输出量)变化的程度,鉴别力阈是引起测量仪器示值(输出量)未觉察变化时被测量(输入量)的最大变化。但二者是相关的,灵敏度越高,其鉴别力阈越小;灵敏度越低,鉴别力阈越大。

如有两台检流计,A 台输入 1 mA,光标移动 10 格,B 台输入 1 mA,光标移动20格,则 B 台的灵敏度为 20 格/mA,比 A 台的 10 格/mA 高,若人眼睛的分辨力即可觉察的最小变化量为 0.1 格,则 A 台改变 0.1 格,将输入 0.01 mA,B 台的改变 0.1 格将输入 0.005 mA。可见 B 台的鉴别力阈为 0.005 mA,比 A 台的 0.01 mA 小,但 B 台的灵敏度比 A 台要高。

3. 显示装置的分辨力

显示装置的分辨力是显示装置能有效辨别的最小的示值差。是显示装置中对其最小示值差的辨别能力。通常模拟式显示装置的分辨力为标尺分度值的一半,即用肉眼可以分辨到一个分度值的 1/2,当然也可以采取其他工具如放大镜、读数望远镜等提高其分辨力;对于数字式显示装置的分辨力为末位数字的一个数码,对半数字式的显示装置的分辨力为末位数字的一个分度。此概念也可以适应记录式仪器。显示装置的分辨力可简称为分辨力。

要区别分辨力和鉴别力阈的概念,不要把二者相混淆。因为鉴别力阈是须在测量仪器处于工作状态时通过实验才能评估或确定数值,它说明响应的未觉察变化所需要的最大激励值,而分辨力只须观察显示装置,即使是一台不工作的测量仪器即可确定,是说明最小示值差的辨别能力。

分辨力高可以降低读数误差,从而减少由于读数误差引起的对测量结果的影响。要提高分辨力,往往有很多因素,如指示仪器可增大标尺间距,要规定刻线和指针宽度,要规定指针和度盘间的距离等,这些一般在测量仪器的标准或检定规程中都应规定,因为它直接影响着测量的准确度,有的测量仪器则改进读数装置,如广泛使用的游标卡尺,它利用游标读数原理用游标来提高对卡尺读数的分辨力,使游标量具的游标读数值达到 0.10 mm、0.05 mm 和 0.02 mm。

（四）响应特性、响应时间

1. 响应特性

响应特性是在确定条件下，激励与对应响应之间的关系。激励就是输入量或输入信号，响应就是输出量或输出讯号，而响应特性就是输入输出特性。对一个完整的测量仪器来说，激励就是被测量，而响应就是它对应地给出的示值。显然，只有准确地确定了测量仪器的响应特性，其示值才能准确地反映被测量值。因此，可以说响应特性是测量仪器最基本的特性。

在确定条件下是一种必要的限定，因为只有在明确约定的条件下，讨论响应特性才有意义。测量仪器的响应特性，在静态测量中，测量仪器的输入 x（即被测量的量值或激励）和输出 y（即示值或响应）不随时间而改变，它的输入/输出特性或静态响应特性可用下式表示：$y = f(x)$。此函数关系可以建立在理论或实验的基础上，除了上述表述外，也可以用数表或图形表示。对于具有线性标尺的测量仪器，其静态响应特性为：$y = kx$。式中 k 是测量仪器本身的一些固定参数值确定的常数。这是线性测量仪器响应特性的普遍表示式。k 值一经确定，响应特性也就完全确定。

确定了线性测量仪器的静态响应特性，就可以方便地根据它来研究测量仪器的一系列静态特性（即用于测量静态量时测量仪器所呈现的特性），如灵敏度、线性、滞后、漂移等特性及由它们引起的测量误差。

测量仪器的动态响应特性，在动态测量中，测量仪器的激励或输入按时间 t 的函数而改变，其响应或输出也是时间的函数，一般认为它们之间的关系可以用常系数微分方程来描述，用拉普拉斯积分变换来求解常系数线性微分方程十分方便，当激励按时间函数变化时，传递函数（响应的拉普拉斯变换除以激励的拉普拉斯变换）是响应特性的一种形式。

2. 响应时间

响应时间是激励产生规定突变的时刻，与响应达到并保持其最终稳定值的规定极限内的时刻，这两者之间的时间间隔。这是测量仪器动态响应特性的重要参数之一。是指对输入输出关系的响应特性中，考核随着激励的变化其响应时间反映的能力，响应时间越短越好，响应时间短则反映指示灵敏快捷，有利于进行快速测量或调节控制。

如动圈式温度指示调节仪，其性能上有一条规定，即阻尼时间，要求给仪表突然加上相当于标尺几何中心点的被测量（毫伏值或电阻值）的瞬时起至指针距最后静止位置不大于标尺弧长 $\pm10\%$ 的范围为止，这个时间间隔对张丝支撑仪表不超过 7 s，对轴承、轴尖支撑仪表不超过 10 s，这一阻尼时间就是响应时间，正是由于动圈仪表是由张丝或轴承支撑，指针在测量过程中要稳定下来需要有一定时间，其调节性能不够理想、应用范围受到一定限制。对于一阶线性测量仪器来说，响应时间就是它的时间常数。

3. 漂移

漂移是测量仪器计量特性的慢变化。这是反映在规定条件下，测量仪器计量特性随时间的慢变化，如在几分钟、几十分钟或多少小时内保持其计量特性恒定能力的一个术语。如有的测量仪器所指的零点漂移，有的线性测量仪器静态特性随时间变化的量程漂移。

如原子吸收光谱仪的一种冷原子吸收测汞仪，则规定在外接交流稳压器、输出端接

10 mV 记录仪,仪器预热 2 小时后,测定半小时内零点的最大漂移应小于 0.1 mV。又如热导式氢分析器,规定用校准气体将示值分别调到量程的 5% 和 85%,经 24 小时后,分别记下前后读数,则 5% 处的示值变化称为零点漂移,其 85% 处的示值变化减去 5% 示值的变化,称为量程漂移,所引起的误差不得超过固有误差。产生漂移的原因,往往是温度、压力、湿度等影响变化所引起,或由于仪器本身性能的不稳定。测量仪器使用时的预热、预先放置一段时间与室温等温,是减少漂移的常用措施。

4. 死区

死区是当被测量值双向变化时,相应示值不产生可检测到的变化的最大区间。有的测量仪器由于机构零件的摩擦,零部件之间的间隙,弹性材料的变形,阻尼机构的影响,或由于被测量滞后等原因,在增大输入时,没有响应输出,或者在减少输入时,也没有响应变化,这一不会引起响应变化的最大的激励变化范围称为死区。相当于不工作区或不显示区。

通常测量仪器的死区可用滞后误差或回程误差来进行定量确定。

例如:当用标准电位差计检定测温用自动电子电位差计时,以标准电位差计示值作为被测量值的输入量,增加标准电位差计示值,使电子电位差计的指针,从正行程方向达到某一规定的示值,此时读取标准电位差计的示值为 A_1,然后缓慢减小标准电位差计的输入量,使其反方向行程改变被测量,当发现电子电位差计指针有可觉察移动时,读取标准电位差计的示值为 A_2,则 $|A_1 - A_2|$ 值即为测量仪器该点的回程误差,即反映了不致引起测量仪器响应发生变化的激励双向变动的区间值。

“最大区间”是指在测量仪器的整个测量范围内其死区的最大变化值,如测定三个点,则以最大的死区判定为该测量仪器的死区区间。当然死区大小与测量过程中的速率有关,要准确地得到死区的大小则激励的双向变动要缓慢地进行。对于数字计量仪器的死区,IEC 标准解释为:引起数字输出的模拟输入信号的最小变化。但有时死区过小,反而使示值指示不稳定,稍有激励变化,响应就改变。为了提高测量仪器示值的稳定性,方便读数,有时要采取降低灵敏度或增加阻尼机构等措施来加大死区。

第五节　常用数据处理方法

数据处理的目的是通过对测量所得的一系列测量值进行适当的数学运算,以便获得合理的测量结果。对测量数据进行处理是测量的一个重要环节。数据处理的方法很多,本章仅介绍几种一般测量人员常用的测量数据处理方法和原则,不涉及各测量专业领域所用的各种专门的数据处理方法。

一、异常值的剔除

在对被测量的一系列观测值中,个别值明显地超出在规定条件下预期值的范围,称为异常值。产生异常值一般是由于疏忽、失误或突然产生的不该发生的原因造成。如读错、记错,仪器指示值突然跳动,突然震动,操作失误等。如果一系列测量值中混有异常值,必然会歪曲测量结果。因此应该将异常值剔除。但如果误把离散大的值当作异常值剔除,也会造成测量结果不符合客观的情况。因此,正确判别异常值极为重要,只有在异常值被判别并剔除后才能计算测量结果并进行测量不确定度分析。

判别异常值的方法如下。

1. 物理判别法

在测量过程中出现异常现象或发现因疏忽、失误造成的异常数据,应该当时就剔除,但要在原始数据上注明剔除的原因。没有能明确说明的客观原因时,不能凭主观随意剔除。对异常值剔除不是把数据涂掉或把该页记录撕掉,而是在记录的数据上作划改并明确标注,该数据不再计入测量结果之内。

2. 统计判别法

统计判别法有多种,基本方法是给定一个置信水平,找出相应的区间,凡在这个区间以外的数据,就判定为异常值,并予以剔除。根据多年实用的经验,这里推荐使用格拉布斯判别准则,对其他判别方法可参阅有关资料。

格拉布斯准则

对被测量 X 进行 n 次独立重复测量,得到一系列数据:$x_1,x_2,\cdots,x_d,\cdots,x_n$。

① 计算平均值:

$$\overline{x}=\frac{1}{n}\sum_{i=1}^{n}x_i$$

② 计算实验标准偏差 $s(x)$:

$$s(x)=\sqrt{\frac{1}{n-1}\sum_{i=1}^{n}(x_i-\overline{x})^2}$$

③ 找出可疑的测量值 x_d(通常将测量值从小到大排列后,以最小值或最大值为可疑值),求可疑值的残差 $v_d=x_d-\overline{x}$。

④ 若 $|v_d|>g\cdot s(x)$,

式中,g 值由格拉布斯准则表中查得。它是测量次数 n 及置信水平 p 的函数。

则 x_d 为异常值,予以剔除。

⑤ 剔除异常值后应重新计算和 $s(x)$,重新判别有无其他异常值,直到无异常值。

表 2.2　格拉布斯准则 g 值表

n	$p=95\%$	$p=99\%$	n	$p=95\%$	$p=99\%$
3	1.15	1.16	10	2.18	2.41
4	1.46	1.49	15	2.41	2.71
5	1.67	1.75	20	2.56	2.88
6	1.82	1.94	30	2.74	3.10
7	1.94	2.10	40	2.87	3.24
8	2.03	2.22	50	2.96	3.34
9	2.11	2.32	100	3.21	3.59

3. 应用举例

对某被测量进行 10 次测量,测量数据按由小到大排列,分别为:

100.47,100.54,100.60,100.65,100.73

100.77,100.82,100.90,101.01,101.40

试问 101.40 是否是异常值?

解:

1) $\overline{x} = (100.47 + 100.54 + \cdots + 101.40)/10 = 100.79$

2) $s = \sqrt{\dfrac{1}{10-1}(100.47-100.79)^2 + \cdots + (101.40-100.79)^2} = 0.27$

3) $v_d = 101.40 - 100.79 = 0.61$

4) $n = 10$,$p = 95\%$,查格拉布斯表得 g 值,$g = 2.18$

5) $g \cdot s(x) = 2.18 \times 0.27 = 0.59$

6) $v_d = 0.61 > g \cdot s(x) = 0.59$

所以,101.40 是异常值,应剔除。

二、数据修约

(一) 有效数字

(1) 人们用近似值表示一个量值时,通常规定"近似值误差限的绝对值不超过末位的单位量值的一半",则该量值的从其第一个不是零的数字起到最末一位数的全部数字称为有效数字。例如,3.141 5 意味着误差限为 $\pm 0.000\ 05$;3×10^{-6} Hz 则误差限为 $\pm 0.5 \times 10^{-6}$ Hz。应当注意的是,数字左边的 0 不是有效数字,数字中间和右边的 0 是有效数字。如 3.860 0 为五位有效数字,0.003 8 为二位有效数字,1 002 为四位有效数字。

(2) 测量结果 y 及其合成标准不确定度 $u_c(y)$ 或扩展不确定度 U 的数值不应该给出过多的位数。通常,$u_c(y)$ 和 U 只需要一位到二位有效数字,因为过多的位数已失去意义。

(3) 为了在连续计算中避免舍入引入不确定度,输入估计值 x_i 的标准不确定度 $u(x_i)$ 可以多保留几位数字。

(二) 数据修约的规则

通用的修约规则:以保留数字的末位为单位,

a) 末位后的数大于 0.5 者,末位进一;

b) 末位后的数小于 0.5 者,末位不变;

c) 末位后的数恰为 0.5 者,使末位为偶数。即当末位为奇数时,末位进一而成偶数;当末位为偶数时,末位不变。

可以简记成:"四舍六入,逢五取偶"。

例如,① $u_c = 0.568$ mV,应写成 $u_c = 0.57$ mV 或 0.6 mV

② $u_c = 0.561$ mV,取二位有效数字,应写成 $u_c = 0.56$ mV

③ $U = 10.5$ nm,取二位有效数字,应写成 $U = 10$ nm

$U = 10.500\ 1$ nm,取二位有效数字,应写成 $U = 11$ nm

④ $U = 11.5 \times 10^{-5}$,取二位有效数字,应写成 $U = 12 \times 10^{-5}$

取一位有效数字时,应写成 $U=1\times10^{-4}$

⑤ $U=1\ 235\ 687\ \mu A$,取一位有效数字,应写成 $U=1\times10^{6}\ \mu A=1\ A$

注意不可连续修约,如 $7.691\ 499$,取 4 位有效数字,应修约为 7.691。而采取 $7.691\ 499\rightarrow7.691\ 5\rightarrow7.692$ 是不对的。

d) 最终报告测量不确定度 u_c 或 U 时,除一般情况下用通用的舍入规则外,为了保险起见,也可将不确定度末位后的数都进位。

例如,$u_c(y)=10.47\ m\Omega$,报告时取二位有效数字,为保险起见,可取为 $u_c(y)=11\ m\Omega$,而不用 $u_c(y)=10\ m\Omega$。

(三) 测量结果的位数

测量结果的末位应修约到与它们的不确定度的末位相对齐。

例如,$\bar{x}=6.325\ 0\ g$,$u_c=0.25\ g$,应写成 $\bar{x}=6.32\ g$

$\bar{x}=1\ 039.56\ mV$,$U=10\ mV$,应写成 $\bar{x}=1\ 040\ mV$

$\bar{x}=1.500\ 05\ ms$,$U=10\ 015\ ns$,应写成 $\bar{x}=1\ 500\ \mu s$,$U=10\ \mu s$

在数据处理时,应使测量不确定度与测量结果的单位相同。当测量结果的末位与测量不确定度的末位对齐时,测量结果在有效数字后多取了 1~2 位安全数字。如 $y=(980.113\ 8\pm0.004\ 5)V$,其中 980.11 为有效数字,$0.003\ 8$ 为安全数字,通常称 $980.113\ 8$ 为有效安全数字。

(四) 计算过程中的有效位数

在计算过程中,为避免因舍入而引入不确定度,应多保留几位数字,运算的规则如下。

1. 加减运算

加减运算时以小数点后位数最少的那一项为参考,凡是小数点后面位数比它多的均可修约到与该项相同,然后再进行加减运算;先运算后修约时,其计算结果的有效数字中小数点后的位数应与被加(减)数中小数点后面位数最少的那一项相同。

例:$10.283\ 8+15.01+8.695\ 72=33.989\ 52$ 修约后为 33.99

先删略后计算:$10.28+15.01+8.70=33.99$

计算过程中也可先多保留一位,然后按数字修约规定处理。

2. 乘除计算

乘除运算时以有效数字位数最少的那一项为参考,凡是有效数字位数比该项多的其他项均可修约到与该项相同,然后再进行运算;先运算后修约时,其计算结果的有效数字位数应与有效位数最少的那一项相同。

例:$517.43\times0.279/4.082=35.4$

先删略后计算:$517\times0.279/4.08=35.4$

计算过程中也可先多保留一位,然后按数字修约规定处理。

3. 乘方及开方运算

乘方运算结果的有效数字应比原数据多保留一位有效数字。

例:$(25.8)^{2}=665.6$　$(4.8)^{1/2}=2.19$

$(77.7)^{2}=6\ 037$　$(39.5)^{1/2}=6.285$

4. 对数运算

对数运算结果的有效数字位数应与原数据有效数字位数相同。

例:lg 2.00＝0.301

ln 106＝4.66

三、权与加权平均

（一）什么叫权

用数值来表示对测量结果的信任程度称权。例如,对同一个量进行了很多组测量,每组测量的平均值为$\overline{x}_i$,各组的实验标准偏差分别为$u(\overline{x}_i)=s(\overline{x}_i)=s/\sqrt{n}$。显然测量次数$n$愈多的测量结果愈可信任,在取平均时应占有较大的比重。又如,在进行实验室间比对时,每个实验室给出其测量结果x_i和合成标准不确定度$u_c(x_i)$,在数据处理时显然应对标准不确定度小的测量结果给予更大的信任。

定义:设方差为u_0^2的权为1时,则方差为u^2的权w为:

$$w=u_0^2/u^2 \tag{2.1}$$

式中:u——测量结果的标准不确定度。

各测量结果的权与它们各自的方差大小成反比。

例:有三个实验室进行比对,对同一量进行测量,测量结果及其标准不确定度分别为$x_1,u_{c1};x_2,u_{c2};x_3,u_{c3}$。它们的方差分别为:$u_{c1}^2=2,u_{c2}^2=4,u_{c3}^2=8$。

令x_1的权为1,

则x_1的方差为单位权方差:$u_0^2/u_{c1}^2=1$

即$u_{c1}^2=u_0^2$,则x_1,x_2,x_3的权分别为:

$$w_1=u_0^2/u_{c1}^2=u_{c1}^2/u_{c1}^2=1$$
$$w_2=u_0^2/u_{c2}^2=u_{c1}^2/u_{c2}^2=2/4=0.5$$
$$w_3=u_0^2/u_{c3}^2=u_{c1}^2/u_{c3}^2=2/8=0.25$$

权只是相对意义上表示对测量结果的信任程度,如上例中,我们也可令x_2的权为1,则x_2的方差为单位权方差$u_{c2}^2=u_0^2$,则x_1,x_2,x_3的权分别为:

$$w_1=u_{c2}^2/u_{c1}^2=4/2=2$$
$$w_2=u_{c2}^2/u_{c2}^2=1$$
$$w_3=u_{c2}^2/u_{c3}^2=4/8=0.5$$

权的数值越大越可信任。无论取哪个方差为单位权方差,虽然权在数值上会不同,但权之间的比值不变,相对的可信任程度不变。

（二）不等权测量的数据处理

各组测量的标准偏差不等时称为不等权测量。不等权测量时应该用加权算术平均值代替算术平均值。

1）加权算术平均值$\overline{x}_w$:

$$\overline{x}_w=\frac{\sum\limits_{i=1}^{m}w_i x_i}{\sum\limits_{i=1}^{m}w_i} \tag{2.2}$$

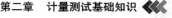

式中:x_i——对同一被测量进行多组测量时第 i 组测量结果;

   m ——测量组数;

   w_i——第 i 个测量结果 x_i 的权。

2)加权算术平均值的实验标准偏差 $s(\overline{x}_w)$:

$$s(\overline{x}_w)=\sqrt{\frac{\sum\limits_{i=1}^{m}w_i\left(x_i-\overline{x}_w\right)^2}{(m-1)\sum\limits_{i=1}^{m}w_i}} \qquad (2.3)$$

(三)应用举例

有四个计量技术机构用同一个标准电池作为传递标准进行量值比对,各计量机构给出测量结果及其方差分别为:

$$V_1=1.018\ 153\ \text{V} \qquad\qquad u_{c1}^2=10\times10^{-6}\ \text{V}$$
$$V_2=1.018\ 360\ \text{V} \qquad\qquad u_{c2}^2=10\times10^{-6}\ \text{V}$$
$$V_3=1.018\ 897\ \text{V} \qquad\qquad u_{c3}^2=29\times10^{-6}\ \text{V}$$
$$V_4=1.018\ 160\ \text{V} \qquad\qquad u_{c4}^2=7.25\times10^{-6}\ \text{V}$$

求四个计量机构测量结果的加权算术平均值及其 A 类标准不确定度。

解:

① 令 V_3 的权为 1,则:

$$w_1=u_{c3}^2/u_{c1}^2=29/10=3$$
$$w_2=u_{c3}^2/u_{c2}^2=29/10=3$$
$$w_3=u_{c3}^2/u_{c3}^2=29/29=1$$
$$w_4=u_{c3}^2/u_{c4}^2=29/7.25=4$$

② 加权算术平均值:

$$\overline{V}_w=\frac{3\times1.018\ 153+3\times1.018\ 360+1\times1.018\ 897+4\times1.018\ 160}{3+3+1+4}=1.018\ 280\ \text{V}$$

③ 加权算术平均值的实验标准偏差:

$$s(\overline{V}_w)=\sqrt{\frac{\sum\limits_{i=1}^{4}w_i\left(V_i-\overline{V}_w\right)^2}{(4-1)\sum\limits_{i=1}^{4}w_i}}=124\times10^{-6}\ \text{V}$$

④ 结果:

加权算术平均值:$\overline{V}_w=1.018\ 28\ \text{V}$

加权算术平均值的 A 类标准不确定度:$u(\overline{V}_w)=s(\overline{V}_w)=12\times10^{-5}\ \text{V}$

四、最小二乘法

最小二乘法是数据处理的常用工具,可以帮助人们从大量测量数据中找出规律、计算出最佳值及其不确定度。例如,在校准标准电池时会发现标准电池的电压值是随时间漂移的,其函数关系式为 $V=a+b(t-t_0)$。人们在不同的时刻 t_i 测量了一系列电压值 V_i,此时可以采用最小二乘法由测量数据拟合成 $V=f(t)$ 的最佳直线,并计算出漂移

率 b 和 t_0 时刻的电压值 a，由 a 和 b 就可以预测以后某一时刻的电压值 V，并可求得 a 和 b 的标准不确定度及预测值的标准不确定度。又如，有三个标准电容器需要校准，但由于标准装置量程有限，只能直接校准 $1^\#$ 号和 $2^\#$ 号两个电容器，$3^\#$ 号电容器因电容量值太小而无法校准。此时，可以采用校准 $1^\#$，$2^\#$，$1^\# + 3^\#$，$2^\# + 3^\#$ 的组合比对方法（$1^\# + 3^\#$ 即将 $1^\#$ 号电容器与 $3^\#$ 号电容器并联），再将测量的数据用最小二乘法进行处理，以求得 $1^\#$、$2^\#$ 和 $3^\#$ 三个电容器的校准值及它们的标准偏差。

（一）最小二乘法的基本原理

以"残差平方和最小"为条件求得最佳值或拟合成最佳直线、最佳曲线，故称最小二乘法。

例：某输出量 Y 随输入量 X 变化具有如下函数关系：

$$Y = a + bX$$

求 a，b 及预示值 $\hat{y}_i$；及它们的标准不确定度。

解：

设由实验得到对应于每个 x_i 值时的一系列测量值 y_i。y_i 与最佳直线上的值 $\hat{y}_i$ 之差为残差 v_i，$\hat{y}_i = a + bx_i$，a 为最佳直线的截距，b 为斜率。残差 $v_i = y_i - \hat{y}_i$。

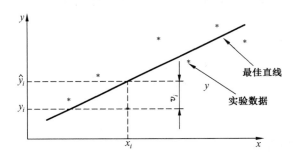

图 2.2　最小二乘示意图

a）最小二乘法原理：

设 y 是变量 $x_1, x_2, x_3, \cdots$ 的函数，含有 t 个参数 $a_1, a_2, a_3, \cdots, a_t$，即

$$y = f(a_1, a_2, \cdots, a_t, x_1, x_2, x_3, \cdots)$$

对 y 和 $x_1, x_2, x_3, \cdots$ 作 n 次测量得 $(x_{1i}, x_{2i}, x_{3i}, \cdots; y_i)(i = 1, 2, 3, \cdots, n)$，于是 y 的理论值 y^* 与测量值的差为：

$$|y_i - y^*| \qquad (i = 1, 2, 3, \cdots, n)$$

使上式的平方和 Q 为最小

$$Q = \sum_{i=1}^{n} \left[y_i - f(a_1, a_2, \cdots, a_t, x_{1i}, x_{2i}, x_{3i}, \cdots) \right]^2 = \min$$

应满足

$$\frac{\partial Q}{\partial a_i} = 0, (i = 1, 2, 3, \cdots, n)$$

进而求出 $a_1, a_2, a_3, \cdots, a_t$。

b）最小二乘法解一元线性问题

实验数据$(x_i, y_i)(i=1, 2, 3, \cdots, n)$

$$a = \frac{\sum\limits_{i=1}^{n} x_i^2 \sum\limits_{i=1}^{n} y_i - \sum\limits_{i=1}^{n} x_i \sum\limits_{i=1}^{n} x_i y_i}{n \sum\limits_{i=1}^{n} x_i^2 - (\sum\limits_{i=1}^{n} x_i)^2}$$

$$b = \frac{\sum\limits_{i=1}^{n} x_i y_i - \sum\limits_{i=1}^{n} x_i \sum\limits_{i=1}^{n} y_i}{n \sum\limits_{i=1}^{n} x_i^2 - (\sum\limits_{i=1}^{n} x_i)^2}$$

$$s = \sqrt{\frac{1}{n-2} \sum\limits_{i=1}^{n} [y_i - y(x_i)]^2}$$

$$\hat{y} = y(x) = a + bx$$

$$s(a) = \sqrt{\frac{\sum\limits_{i=1}^{n} [y_i - y(x_i)]^2 \sum\limits_{i=1}^{n} x_i^2}{n(n-2) \sum\limits_{i=1}^{n} (x_i - \overline{x})^2}} = \sqrt{\frac{s^2 \sum\limits_{i=1}^{n} x_i^2}{n \sum\limits_{i=1}^{n} (x_i - \overline{x})^2}}$$

$$s(b) = \sqrt{\frac{\sum\limits_{i=1}^{n} [y_i - y(x_i)]^2}{(n-2) \sum\limits_{i=1}^{n} (x_i - \overline{x})^2}} = \sqrt{\frac{s^2}{\sum\limits_{i=1}^{n} (x_i - \overline{x})^2}}$$

例:已知两个量的 x, y 之间的关系为 $y = a + bx$。

x	16	21	19	21	29	24
y	4 364	4 366	4 362	4 365	4 378	4 370

列出误差方程:$y_i = a + bx_i + v_i$, $i=1,2,3,4,5,6$

$$\overline{x} = \frac{1}{n} \cdot \sum\limits_{i=1}^{n} x_i = 21; \overline{y} = \frac{1}{n} \cdot \sum\limits_{i=1}^{n} y_i = 4\ 368$$

$$\sum\limits_{i=1}^{n} v_i^2 = \sum\limits_{i=1}^{n} [y_i - (a + bx_i)]^2$$

$$\frac{\partial (\sum\limits_{i=1}^{n} v_i^2)}{\partial a} = 0; \frac{\partial (\sum\limits_{i=1}^{n} v_i^2)}{\partial b} = 0$$

$$a = 4\ 341.3 \qquad\qquad b = 1.208$$

$$s = \sqrt{\frac{1}{n-2} \sum\limits_{i=1}^{n} v_i^2} = 2.374$$

$$s(a) = \sqrt{\frac{s^2 \sum\limits_{i=1}^{n} x_i^2}{n \cdot \sum\limits_{i=1}^{n} (x_i - \overline{x})^2}} = 5.251; s(b) = \sqrt{\frac{s^2}{\sum\limits_{i=1}^{n} (x_i - \overline{x})^2}} = 0.23$$

（二）应用举例

例 1　确定电阻的温度修正值

在 19 ℃、20 ℃、21 ℃、22 ℃、23 ℃各温度 T_i 上校准电阻器的电阻值,得到相应于各温度的修正值 y_i 分别为 $-1\ \text{m}\Omega$、$0\ \text{m}\Omega$、$2\ \text{m}\Omega$、$5\ \text{m}\Omega$、$7\ \text{m}\Omega$。现需要在 30 ℃温度下使用该电阻器,试求温度为 30 ℃时的电阻修正值及修正值的 A 类标准不确定度。

解:

1. 将测量数据用最小二乘法拟合成最佳线性修正曲线,其方程为:$\hat{y}_i = a + b(T_i - 20\ \text{℃})$

设 $x_i = T_i - 20\ \text{℃}$,则方程可表示为:$\hat{y}_i = a + bx_i$

式中:T_i ——温度;

$\quad\quad y_i$ ——测得的电阻修正值;

$\quad\quad \hat{y}_i$ ——修正曲线上获得的电阻修正值;

$\quad\quad a$ ——线性修正曲线的截距;

$\quad\quad b$ ——线性修正曲线的斜率。

2. 计算 30 ℃时的电阻正值

$$b = \frac{\sum\limits_{i=1}^{n}(x_i - \overline{x})(y_i - \overline{y})}{\sum\limits_{i=1}^{n}(x_i - \overline{x})^2} = 2.1\ \text{m}\Omega/\text{℃}$$

$$a = \overline{y} - b\overline{x} = 2.6 - 2.1 = 0.5\ \text{m}\Omega$$

i	1	2	3	4	5	$N=5$
$T_i/\text{℃}$	19	20	21	22	23	
x_i	-1	0	1	2	3	$\overline{x} = \dfrac{1}{n}\sum\limits_{i=1}^{n} x_i = 1$
$y_i/\text{m}\Omega$	-1	0	2	5	7	$\overline{y} = \dfrac{1}{n}\sum\limits_{i=1}^{n} y_i = 2.6$
$x_i - \overline{x}$	-2	-1	0	1	2	
$y_i - \overline{y}$	-3.6	-2.6	-0.6	2.4	4.4	
$(x_i - \overline{x})(y_i - \overline{y})$	7.2	2.6	0	2.4	8.8	$\sum\limits_{i=1}^{n}(x_i - \overline{x})(y_i - \overline{y}) = 21$
$(x_i - \overline{x})^2$	4	1	0	1	4	$\sum\limits_{i=1}^{n}(x_i - \overline{x})^2 = 10$

所以修正曲线为:

$$\hat{y}_i = 0.5 + 2.1 \times (T_i - 20\ \text{℃})\ (\text{m}\Omega)$$

温度为 30 ℃时的电阻修正值为:

$$\hat{y}_{30} = 0.5 + 2.1 \times (30 - 20) = 21.5\ \text{m}\Omega$$

3. 修正值的 A 类标准不确定度

$$u(\overline{y}_j) = \sqrt{s_a^2 + x_j^2 s_b^2 + b^2 s_x^2 + 2x_j r(a,b) s_a s_b}$$

计算：

x_i	-1	0	1	2	3	
y_i	-1	0	2	5	7	
$\overline{y}_i = 0.5 + 2.1 x_i$	-1.6	0.5	2.6	4.7	6.8	
$y_i - \overline{y}$	0.6	-0.5	-0.6	0.3	0.2	
$(y_i - \overline{y})^2$	0.36	0.25	0.36	0.09	0.04	$\sum\limits_{i=1}^{n}(y_i - \hat{y}_i)^2 = 1.1$

$$s = \sqrt{\frac{1}{n-2}\sum_{i=1}^{n}\left[\hat{y}_i - y(x_i)\right]^2} = \sqrt{\frac{1.1}{5-2}} = 0.61 \text{ m}\Omega$$

$$s(a) = \sqrt{\frac{s^2 \sum\limits_{i=1}^{n} x_i^2}{n \cdot \sum\limits_{i=1}^{n}(x_i - \overline{x})^2}} = 0.61 \times \sqrt{\frac{15}{5 \times 10}} = 0.33 \text{ m}\Omega$$

$$s(b) = \sqrt{\frac{s^2}{\sum\limits_{i=1}^{n}(x_i - \overline{x})^2}} = \sqrt{\frac{1.1}{3 \times 10}} = 0.19$$

$$r(a,b) = \frac{\sum\limits_{i=1}^{n} x_i}{\sqrt{n \cdot \sum\limits_{i=1}^{n} x_i}} = \frac{5}{\sqrt{5 \times 5}} = 1$$

$$s_x = \frac{x_{\max} - x_{\min}}{d_5} = \frac{4}{2.33} = 1.7 \text{ ℃}$$

$$x_j = 30 \text{ ℃} - 20 \text{ ℃} = 10 \text{ ℃}$$

所以 30 ℃时的修正值 $\hat{y}_i$ 的 A 类标准不确定度为：

$$u(\hat{y}_j) = \sqrt{s_a^2 + x_j^2 s_b^2 + b^2 s_x^2 + 2x_j r(a,b) s_a s_b}$$
$$= \sqrt{0.33^2 + 10^2 \times 0.19^2 + 2.1^2 \times 1.7^2 + 2 \times 10 \times 1 \times 0.33 \times 0.19} = 0.33 \text{ m}\Omega$$

4. 测量结果

电阻在 30 ℃时的修正值：$\hat{y}_i = 21.5 \text{ m}\Omega$

由于最小二乘法拟合引入的修正值的标准不确定度：$u(\hat{y}_i) = 3.8 \text{ m}\Omega$

第六节　测量不确定度的表示与评定

一、概述

人们为了认识事物,在科学技术中要进行大量的测量工作。测量的目的就是要确定被测量的量值。测量结果的质量如何,要用测量不确定度来说明。测量不确定度对测量结果的质量给出定量的说明和表述,以确定测量结果的可信程度。测量结果的可用程度或其使用价值很大程度上取决于其不确定度的大小,因此测量结果必须给出不确定度说明才有完整的意义。测量不确定度与计量科学技术密切相关,测量不确定度表示方法是随着科学技术的发展而发展的,测量不确定度定量表示是测量技术领域之中最重要的概念。

当人们对测量设备进行校准或检定后,要出具校准证书或检定证书,对某个被测量进行测量后要报告测量结果,按照 ISO/IEC 导则 98 的规定,都应给出和说明测量不确定度。当人们建立测量标准时必须评定测量标准所复现的量值的不确定度,因此了解表示与评定测量不确定度的方法是很重要的。测量不确定度表示导则的起草过程见表 2.3。

表 2.3 测量不确定度表示导则的起草过程

时间	组织/个人	过程
1927 年	海森堡	针对测不准关系,提出不确定一词
1963 年	美国 NBS 的 Eisenhart	结合仪器校准精密度和准确度,提出使用定量表示不确定度一词但含义不清
1970 年	美国 NBS	提出测量保障方法(MAP),进一步发展不确定度定量表示
1977 年 5 月	国际电离辐射咨询委员会	针对校准证书如何表示,提出几种如何表示不确定度的建议
1977 年 7 月	CCEMRI, NBS	向国际计量委员会(CIPM)成员发提案,要求解决测量不确定度表示的国际统一
1978 年	CIPM	要求国际计量局(BIPM)解决不确定度有关问题,BIPM 向 32 个国家 5 个国际组织发调查表
1979 年	BIPM	收到 21 个国家复函
1980 年	BIPM	起草建议书[INC-1(1980)],推荐不确定度表述原则
1981 年	七十届国际计量委员会	批准建议,CIPM 发布建议书 CI-1986
1986 年	CIPM 要求 ISO	在 INC-1(1980)基础上起草指南性文件,BIPM,IEC,IFCC,IUPAC,IUPAP,OIML,倡议支持
1993 年	七个国际组织名义 ISO 出版发行	测量不确定度表示导则,全世界推广应用
1995 年	NIST,WECC,EUROMET	GUM 适当修改,推广应用
2008 年	八个国际组织联合发布	ISO/IEC Guide 98,推广应用

测量不确定度适用范围：

（1）在生产过程中的质量控制与质量保证；

（2）实施法律、法规、规程、规范；

（3）科学和工程技术基础研究，应用研究与开发；

（4）检定标准、仪器、计量测试；

（5）开发、维护、国内国际计量标准比对；

（6）与测量有关的合同、协议、出版物、技术文件等；

（7）质量认证、实验室认可、计量认证、计量确认；

（8）贸易结算、医疗卫生、安全防护、环境监测。

二、测量不确定度评定的一般要求

（一）评定测量不确定度的步骤

一般包括：

（1）明确被测量的定义及其测量条件。

（2）明确测量原理、方法、被测量的测量模型，所用的测量标准、测量器具。

（3）根据被测量的测量模型给出不确定度模型，进而分析并列出对测量结果有明显影响的不确定度来源，每个来源为一个标准不确定度分量。

（4）定量评定各标准不确定度分量。

（5）计算合成标准不确定度。

（6）确定扩展不确定度。

（7）报告测量结果及其不确定度。

（二）评定时的注意事项

（1）在分析测量不确定度的来源时，应充分考虑各项不确定度分量的影响，不遗漏，不重复。

（2）标准不确定度分量的评定，可以采用 A 类评定方法，也可采用 B 类评定方法，采用何种方法根据实际情况选择。

（3）采用 A 类评定方法时，如果怀疑测量数据有异常值，应按统计判别准则判断并剔除测量数据中的异常值，然后，再评定其标准不确定度。

（4）若对测量结果进行了修正，修正值不应计在不确定度内，但应考虑由于修正不完善引入的测量不确定度。

（三）测量不确定度评定中所用的符号

a——可能值区间的半宽度；

c_i——灵敏系数，$c_i = \partial f / \partial x_i$；

k——包含因子，置信因子；

k_p——置信水平为 p 时的包含因子；

n——重复观测的次数；

N——标准不确定度分量的个数；

p——置信水平，$0 \leqslant p \leqslant 1$；

$r(x_i, x_j)$——x_i 与 x_j 的相关系数估计值；

$U(x_i, x_j)$——x_i 与 x_j 的协方差估计值；

s——实验标准偏差；

$s(x)$——独立观测值 x 的实验标准偏差；

$s(\overline{x})$——独立观测值的算术平均值的实验标准偏差；

$t_p(\nu)$——相应于给定概率 p 和自由度 ν 时由 t 分布得到的 t 因子；

u——标准不确定度；

u_i——第 i 个标准不确定度分量；

u_A——A 类标准不确定度；

u_B——B 类标准不确定度；

u_c——合成标准不确定度；

$u(x_i)$——第 i 个输入量 x_i 的标准不确定度；

$u_c(y)$——被测量 Y 的估计值 y 的合成标准不确定度；

$u_i(y)$——被测量 Y 的第 i 个标准不确定度分量；

$u_i(y) = |c_i| u(x_i)$；

U——扩展不确定度；

U_p——置信水平为 p 的扩展不确定度，U_{95} 表示置信水平 p 为 0.95 的扩展不确定度；

ν——自由度；

ν_{eff}——$u_c(y)$ 的有效自由度。

上述符号为国际通用的符号，在测量不确定度评定时应使用上述统一符号。

三、被测量的测量模型

（1）当被测量 Y 由 N 个其他量 $X_1, X_2, \cdots, X_N$ 的函数关系确定时，被测量的测量模型为：

$$Y = f(X_1, X_2, \cdots, X_N) \tag{2.4}$$

被测量的测量结果就是被测量 Y 的估计值 y，它是由各输入量的估计值或测量值 x_i 按测量模型确定的函数关系计算得到：

$$y = f(x_1, x_2, \cdots, x_N) \tag{2.5}$$

（2）当被测量 X 由直接测量得到，且各影响量的影响写不出函数关系时，一般不建立被测量与各影响量关系的测量模型。测量结果通常为 n 个测量值的算术平均值 $\overline{x}$，即对被测量进行 n 次独立重复观测，得测量值 $x_i(i=1,2,\cdots,n)$，按式（2.6）计算测量结果：

$$\overline{x} = \frac{1}{n} \sum_{i=1}^{n} x_i \tag{2.6}$$

四、不确定度的来源

不确定度来源的分析取决于对测量方法、测量设备及被测量的详细了解和认识，必须具体问题具体分析。所以计量人员必须深入研究有哪些可能的因素会影响测量结果，根据实际情况分析对测量结果有明显影响的不确定度来源。通常测量不确定度来源可以从以下因素考虑：

1. 被测量的定义不完全

例如，规定被测特定量为一根标称值是 1 m 长的钢棒的长度，要求测准到 μm 量级。被测的钢棒受温度和压力的影响已经比较明显，而这些条件在定义中没有说明。在评定测量不确定度时，应该考虑温度和压力引入的不确定度。

2. 被测量的定义值的复现不理想

如果规定测量在 25.0 ℃ 时钢棒的长度，但实际测量时的温度不可能恰好为 25.0 ℃，与定义规定的条件有差别，就引入了测量的不确定度分量；又如，在微波测量中，"衰减"量是在匹配条件下定义的，但实际测量系统不可能理想匹配，因此失配引入不确定度。

3. 被测量的样本可能不完全代表定义的被测量

例如，被测量为某种介质材料在给定频率时的相对介电常数。由于测量方法和测量设备的限制，只能取这种材料的一部分做成样本，然后对样本进行测量，如果由于材料成分和均匀性方面的不足，测量所用的样本不能完全代表定义的被测量，就会引入测量不确定度。

4. 对环境条件的影响认识不足或环境条件的测量不完善

同样，以测钢棒长度为例，如果实际上钢棒的支撑方式有明显影响，但测量时由于认识不足而没有采取措施，在评定测量结果时应把支撑方式引起的不确定度考虑进去；又如，实测环境温度为 25.0 ℃，必要时应考虑温度计不准引入的不确定度。

5. 人员对模拟式仪器的读数偏差以及自动化测试仪器中 A/D 变换的量化不确定度。

6. 测量仪器计量性能的局限性，如分辨力和鉴别阈值等引起的不确定度。

7. 测量标准包括标准装置、实物量具、标准物质等给出值的不确定度。

例如，用天平称质量时，测得值的不确定度中包括所用天平及标准砝码的不确定度。

8. 在数据处理时所引用的常数或其他参数的不确定度。

例如，测量黄铜棒的长度时，要考虑长度随温度的变化，要用到黄铜的线膨胀系数 a_t，查数据手册可以得到所需的 a_t 值，该值的不确定度也同样是测量结果不确定度的一个来源。

9. 测量方法、测量系统和测量程序引起的不确定度。

例如，被测量的表达式的近似程度，自动化测试程序的迭代程度，由于测量系统不完善引起的绝缘漏电、热电势、引线电阻上压降等引起的不确定度。

10. 在相同条件下，被测量重复观测中的随机变化。也就是说，测量的重复性也是不确定度的来源之一。

11. 修正不完善引入的不确定度。

五、标准不确定度分量的评定

对每项不确定度来源不必去区分其性质是随机的还是系统的，而是考虑一下可以用什么方法获得其标准偏差。可以通过测量得到的数据计算其实验标准偏差的为 A 类标准不确定度分量，其余的都属 B 类标准不确定度分量。

（一）标准不确定度的 A 类评定

标准不确定度的 A 类评定可按测量数据处理的任何一种统计计算方法进行,用计算得到的实验标准偏差表征。

1. 实验标准偏差的计算

（1）贝塞尔法

这是基本的评定方法,一般情况下推荐使用贝塞尔法计算实验标准偏差。

$$s(x)=\sqrt{\frac{1}{n-1}\sum_{i=1}^{n}(x_i-\overline{x})^2}$$

$$\nu=n-1 \quad （自由度）$$

$$n\geqslant 6 \tag{2.7}$$

式中:n ——独立重复测量次数;

x_i——测量值$(i=1,2,\cdots,n)$;

$\overline{x}$ ——n 次测量的算术平均值。

（2）极差法

当测量次数较少时,可使用极差法计算实验标准偏差。

$$s(x)=R/d_n \tag{2.8}$$

式中:R ——极差,是测量数据中最大值与最小值之差;

d_n——极差法的系数,可查表得到 d_n 值。

（3）较差法

当被测量随时间变化,贝塞尔法不适用时,推荐采用较差法计算实验标准偏差。

$$s(x)=\sqrt{\frac{1}{2(n-1)}\sum_{i=1}^{n-1}(x_i-x_{i+1})^2} \tag{2.9}$$

式中:x_i-x_{i+1}——相邻两个测量值之差。

（4）最小二乘法预期值的实验标准偏差

由最小二乘法拟合的最佳直线为:

$$y_j=a+bx_j$$

则预期值 y_i 的实验标准偏差为:

$$s_y=\sqrt{s_a^2+x_j^2s_b^2+b^2s_x^2+2x_jr(a,b)s_as_b} \tag{2.10}$$

式中:$r(a,b)$——a 和 b 的相关系数。

（5）测量过程的实验标准偏差

采用核查标准和控制图方法控制测量过程时,测量过程的实验标准偏差是测量过程各组内标准偏差的统计平均值,称为合并标准偏差。

$$s(x)=s_p=\sqrt{\frac{\sum_{i=1}^{m}\nu_is_i^2}{\sum_{i=1}^{m}\nu_i}} \tag{2.11}$$

式中:s_p——合并标准偏差;

s_i——第 i 次核查时的实验标准偏差;

ν_i ——第 i 次核查的自由度；

m ——核查次数。

2. 确定 A 类标准不确定度

用算术平均值作为测量结果时，测量结果的 A 类标准不确定度分量为：

$$u_A = s(\overline{x}) = s(x)/\sqrt{n} \qquad (2.12)$$

式中：n ——获得测量结果 $\overline{x}$ 时的重复观测次数。

（二）标准不确定度的 B 类评定

1. 评定方法

标准不确定度分量的 B 类评定，是借助于一切可利用的有关信息进行科学判断，得到估计的标准偏差。通常是根据有关信息或经验，判断被测量的可能值区间 $(-a, a)$，假设被测量值的概率分布，根据概率分布和要求的置信水平 p 估计包含因子 k，则 B 类标准不确定度 u_B，可由下式计算得到：

$$u_B = a/k \qquad (2.13)$$

式中：a ——被测量可能值区间的半宽度；

k ——包含因子。

2. 区间半宽度 a 的确定

区间半宽度 a 值根据有关的信息确定，一般情况下，可利用的信息包括：

a）制造厂的技术说明书；

b）校准证书、检定证书、测试报告或其他提供数据的文件；

c）引用的手册；

d）以前测量的数据；

e）经验或有关测量器具性能或材料特性的知识。

例如：

① 制造厂的说明书给出的测量器具的允许误差极限为 $\pm\Delta$，并经计量部门检定合格，则区间半宽度 a 为：

$$a = \Delta$$

② 校准证书、检定证书、测试报告或其他提供数据的文件给出了扩展不确定度 U 时，则：

$$a = U$$

③ 所用的参数值由手册查得时，应同时查出该参数的最小可能值 b_- 和最大可能值 b_+，则可对该参数加以修正，修正后的参数为 $(b_+ + b_-)/2$，具有对称区间，区间半宽度为：

$$a = (b_+ - b_-)/2$$

④ 数字显示器的分辨力为 1 个数字所代表的量值 δ，则一般取为：

$$a = \delta/2$$

如果指示器的分辨力为 $\pm\delta_0$，则：$a = \delta_0$。

⑤ 必要及可能时，用实验方法来估计可能的区间。

3. 包含因子 k 值的确定

a）已知扩展不确定度是合成标准不确定度的若干倍时，则该倍数（包含因子）即 k 值；

b）假设为正态分布时，根据要求的置信水平 p 查表 2.4 得到 k 值；

表 2.4　正态分布的包含因子 k 与概率 p 的关系

p	0.90	0.95	0.99	0.997 3
k	1.64	1.96	2.58	3

c）假设为非正态分布时，根据概率分布查表 2.5 得到 k 值。

表 2.5　几种概率分布的包含因子 k 值

概率分布	均匀	反正弦	三角	梯形
k（$p=1.00$）	$\sqrt{3}$	$\sqrt{2}$	$\sqrt{6}$	$\sqrt{6}/\sqrt{(1+\beta^2)}$

注：β 为梯形上底半宽度与下底半宽度之比，$0<\beta<1$。

4. 概率分布的假设

a）被测量受许多相互独立的随机影响量的影响，这些影响量变化的概率分布各不相同，但各个变量的影响均很小时，被测量的随机变化服从正态分布；

b）如果由证书或报告给出的不确定度不是按标准偏差的倍数给出，而是将不确定度定义为具有 0.90、0.95 或 0.99 置信水平的一个区间（即给出 U_{90}、U_{95}、U_{99}）。此时，除非另有说明，可以按正态分布来评定 B 类标准不确定度；

c）一些情况下，只可能估计被测量的可能值区间上限和下限，测量值落在该区间外的概率为零。若落在该区间内任何值的可能性相同，则可假设为均匀分布；若落在该区间的中心的可能性最大，则假设为三角分布；若落在该区间中心的可能性最小，而落在上限和下限处的可能性最大，则假设为反正弦分布；

d）对被测量的可能值落在可能值区间内的情况缺乏具体了解时，一般假设为均匀分布；

e）实际工作中，可依据同行专家的研究和经验假设概率分布。例如，无线电计量中失配引起的不确定度及几何量计量中度盘偏正引起的测角不确定度为反正弦分布，两个不确定度呈均匀分布且分布区间宽度相同的量之和或差引入的不确定度为三角分布，区间宽度不同时，合成不确定度呈梯形分布。测量仪器分辨力或最大允许误差导致的不确定度按均匀分布考虑等。

5. 标准不确定度 B 类评定的举例

例 1　校准证书上给出标称值为 1 000 g 的不锈钢标准砝码质量的校准值为 1 000.000 325 g，且校准不确定度为 24 μg（按三倍标准偏差计），求砝码的相对标准不确定度。

解：由校准证书的信息知道 $a=24$ μg，$k=3$；

则砝码标准不确定度为 $u_B(m_s)=24$ μg$/3=8$ μg；

相对标准不确定度为 $u_B(m_s)/m_s=8$ μg$/1$ 000 g$=8\times10^{-9}$。

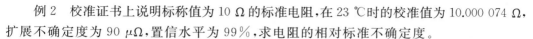

例 2　校准证书上说明标称值为 10 Ω 的标准电阻,在 23 ℃时的校准值为 10.000 074 Ω,扩展不确定度为 90 μΩ,置信水平为 99%,求电阻的相对标准不确定度。

解:由校准证书的信息知道:$a=129$ μΩ,$p=0.99=99\%$

假设为正态分布,查表 2.4 得到 $k=2.58$

则电阻的标准不确定度为:$u_B(R_s)=90$ μΩ$/2.58=35$ μΩ;

相对标准不确定度为:$u_B(R_s)/R_s=3.5\times10^{-6}$。

例 3　一个机械师在测量零件的尺寸时,估计其长度以 0.5 概率落在 10.07 mm 到 10.15 mm 范围内,并报告 $l(10.11\pm0.04)$ mm。求长度测量的标准不确定度及估计方差。

解:根据报告的测量结果:$a=0.04$ mm,$p=50\%$

假设 l 的可能值为正态分布,查表得 $k=0.676$

则长度的标准不确定度:$u(l)=0.04$ mm$/0.676=0.06$ mm

估计方差:$u^2(l)=(0.06$ mm$)^2=3.6\times10^{-3}$ mm^2

例 4　手册给出了纯铜在 20 ℃时线热膨胀系数值 $a_{20}(Cu)$ 为 $16.52\times10^{-6}℃^{-1}$,并说明此值的误差不超过 $\pm0.40\times10^{-6}℃^{-1}$,求 $a_{20}(Cu)$ 的标准不确定度。

解:根据手册,$a=0.40\times10^{-6}℃^{-1}$,依据经验假设为等概率落在区间内,即均匀分布。查表 2.5 得 $k=\sqrt{3}$。

铜的线热膨胀系数的标准不确定度为:

$$u(a_{20})=0.40\times10^{-6}℃^{-1}/\sqrt{3}$$
$$=0.23\times10^{-6}℃^{-1}$$

例 5　手册中给出黄铜在 20 ℃时线热膨胀系数 $a_{20}=16.52\times10^{-6}℃^{-1}$,并说明最小可能值是 $16.40\times10^{-6}℃^{-1}$,最大可能值是 $16.92\times10^{-6}℃^{-1}$。求线热膨胀系数的标准不确定度。

解:由手册给出的信息知道是一个不对称的区间,$a_-=16.40\times10^{-6}℃^{-1}$,$a_+=16.92\times10^{-6}℃^{-1}$,区间半宽度 $a=(a_+-a_-)/2=1/2\times(16.92-16.40)\times10^{-6}℃^{-1}=0.26\times10^{-6}℃^{-1}$,假设为均匀分布,则 $k=\sqrt{3}$。

则线热膨胀系数的标准不确定度为:

$$u(a_{20})=0.26\times10^{-6}℃^{-1}/\sqrt{3}=0.15\times10^{-6}℃^{-1}$$

六、合成标准不确定度的计算

合成标准不确定度是由各标准不确定度分量的平方及各分量间的协方差合成得到,不论各标准不确定度分量是 A 类评定还是 B 类评定得到的。当各分量独立不相关时,合成标准不确定度由各标准不确定度分量平方和的正平方根值确定。

(一)直接测量

如果被测量 X 由测量设备直接测得,经过不确定度分析,对测量结果有明显影响的不确定度来源有 N 个,即包含 N 个标准不确定度分量,且各分量间不相关,合成标准不确定度 u_c 可按式(2.14)计算。

$$u_c = \sqrt{\sum_{i=1}^{N} u_i^2} \qquad (2.14)$$

式中：u_i——第 i 个标准不确定度分量；

N——标准不确定度分量的数目。

（二）间接测量

当被测量 Y 是由 N 个其他量 $X_1, X_2, \cdots, X_N$ 的函数确定时，被测量的测量结果 y 为：

$$y = f(x_1, x_2, \cdots, x_N)$$

被测量又称输出量，x_i 为各输入量，N 为输入量的数目。输出量测量结果的合成标准不确定度 $u_c(y)$ 为：

$$u_c(y) = \sqrt{\sum_{i=1}^{n} \left(\frac{\partial f}{\partial x_i}\right)^2 u^2(x_i) + 2 \cdot \sum_{i=1}^{n-1} \sum_{j=i+1}^{n} \left(\frac{\partial f}{\partial x_i}\right) \left(\frac{\partial f}{\partial x_j}\right) r(x_i, x_j) u(x_i) u(x_j)}$$

$$(2.15)$$

此式称不确定度传播律或不确定度传递律。

式中：x_i, x_j ——输入量，$i \neq j$；

$\partial f / \partial x_i, \partial f / \partial x_j$ ——偏导数，通常称为灵敏系数；

$u(x_i)$ ——输入量 x_i 的标准不确定度；

$u(x_j)$ ——输入量 x_j 的标准不确定度；

$r(x_i, x_j)$ ——输入量 x_i 与 x_j 的相关系数估计值。

$r(x_i, x_j) u(x_i) u(x_j) = u(x_i, x_j)$ ——输入量 x_i 与 x_j 的协方差估计值。

式(2.15)为通用公式，在实际评定时常有一些特例可以使该公式简化。

（1）当各输入量之间不相关时，即 $r(x_i, x_j) = 0$ 时，$u_c(y)$ 为：

$$u_c(y) = \sqrt{\sum_{i=1}^{N} \left(\frac{\partial f}{\partial x_i}\right)^2 u^2(x_i)} \qquad (2.16)$$

式中，$\partial f / \partial x_i \cdot u(x_i)$ 为被测量 y 的标准不确定度分量 $u_i(y)$，因此，式(2.16)可表示为：

$$u_c(y) = \sqrt{\sum_{i=1}^{N} u_i^2(y)} \qquad (2.17)$$

（2）当被测量的函数形式为：$Y = A_1 X_1 + A_2 X_2 + \cdots + A_N X_N$ 时，合成标准不确定度 $u_c(y)$ 为：

$$u_c(y) = \sqrt{\sum_{i=1}^{N} A_i^2 u^2(x_i)} \qquad (2.18)$$

（3）当被测量的函数形式为：$Y = A(X_1^{P_1} \cdot X_2^{P_2} \cdots X_N^{P_N})$ 时，合成标准不确定度 $u_c(y)$ 为：

$$\frac{u_c(y)}{y} = \sqrt{\sum_{i=1}^{N} \left[P_i u(x_i) / x_i\right]^2} \qquad (2.19)$$

由式(2.19)可见，当被测量与输入量呈指数关系且幂为 1 时，被测量的相对合成标准不确定度是各输入量的相对标准不确定度的方和根值。

（4）若所有输入量都相关，且相关系数为 1 时，合成标准不确定度 $u_c(y)$ 为：

$$u_c(y) = \left| \sum_{i=1}^{N} \left| \frac{\partial f}{\partial x_i} u(x_i) \right. \right. \tag{2.20}$$

如果灵敏系数为 1，则：

$$u_c(y) = \sum_{i=1}^{N} u(x_i) \tag{2.21}$$

由此可见，当各输入量都正强相关时，合成标准不确定度由各标准不确定度分量代数和得到，也就是说不再用方和根法合成。

（三）标准不确定度分量相关时协方差的估计方法

（1）两个输入量的估计值 x_i 和 x_j 的协方差在以下情况时可取为零或忽略不计：

a）x_i 和 x_j 不相关。例如，在不同实验室用不同的测量设备，不同时测得的量或独立测量的不同的量；

b）x_i 和 x_j 中任一个量可作为常数处理；

c）认定 x_i 和 x_j 相关的信息不足。

（2）两个重复同时观测的输入量的测量结果的协方差估计值可由式（2.22）确定：

$$u(\bar{x}_i, \bar{x}_j) = \frac{1}{n(n-1)} \sum_{k=1}^{n} (x_{ik} - \bar{x}_i)(x_{jk} - \bar{x}_j) \tag{2.22}$$

式中：$\bar{x}_i, \bar{x}_j$ ——第 i 个和第 j 个输入量的测量结果（算术平均值）；

x_{ik}, x_{jk}——X_i 及 X_j 的观测值。k 为测量次数（$k = 1, 2, \cdots, n$）。

例如，某个没有温度补偿或温度补偿不好的振荡器的频率为一个输入量，而环境温度是另一个输入量，如果同时观测频率及温度，频率与温度的协方差计算结果可能不为零，显露出它们间的相关性。

（3）如果得到两个输入量的估计值 x_i, x_j 时，是使用了同一个测量标准，测量仪器，参考数据或相同的具有相当大不确定度的测量方法。它们的协方差估计方法如下：

设 $x_i = F(q)$ ； $x_j = G(q)$

式中，q 为使 x_i 与 x_j 相关的变量 Q 的估计值，F, G 分别表示两个量与 q 的函数关系。则 x_i 和 x_j 的协方差为：

$$u(x_i, x_j) = \frac{\partial F}{\partial q} \cdot \frac{\partial G}{\partial q} \cdot u^2(q) \tag{2.23}$$

如果有多个变量使 x_i, x_j 相关，则：

$$x_i = F(q_1, q_2, \cdots q_L); x_j = G(q_1, q_2, \cdots q_L)$$

$$u(x_i, x_j) = \sum_{k=1}^{L} \frac{\partial F}{\partial q_k} \cdot \frac{\partial G}{\partial q_k} u^2(q_k) \tag{2.24}$$

（4）采用适当的方法去除相关性

例如，用某一温度计来确定输入量估计值 x_i 的温度修正值，并用同一温度计来确定另一个输入量估计值 x_j 的温度修正值，这两个输入量的修正值就明显相关了。然而，在这个例子中的 x_i 和 x_j 可重新定义为不相关的量，而把温度计测得的温度值作为独立附加输入量,该附加输入量具有不相关的标准不确定度。即,由于 $x_i = f(T)$,$x_j = G(T)$,所以 $y = f(x_i, x_j)$ 中两个输入量 x_i,x_j 是相关的,如果把 T 作为独立附加输入量,则 $y = f(x_i, x_j, T)$ 中,可定义 x_i 和 x_j 不相关了。

又如,在量块校准中,校准值的标准不确定度分量中,包括标准量块的温度 θ_s 及被校量块的温度 θ 两个输入量,即 $L = f(\theta_s, \theta)$。由于两个量块处在同一实验室的测量装置上,温度 θ_s 与 θ 是相关的,但只要把被校量块与标准量块的温度差 δ_θ 与标准量块温度 θ_s 作为两个输入量时,就不相关了,即 $L = f(\theta_s, \delta_\theta)$ 中 θ_s 与 δ_θ 不相关。

特别要注意,当估计由常用的公共影响量,如环境温度、大气压力和湿度引起的输入量间的相关程度时,特别要以经验和常识为基础。在许多情况下,这种影响量的影响是较为独立的。可以假设被影响的输入量是不相关的。然而,如果不能假设为不相关时,可把公共影响量作为附加独立输入量引入,被影响的输入量本身之间的相关性就可避免了。

(四)计算合成标准不确定度的举例

例 1   一台数字电压表的技术说明书中说明:"在仪器校准后的两年内,1 V 的不确定度是读数的 14×10^{-6} 倍加量程的 2×10^{-6} 倍"。在校准后的 20 个月时,在 1 V 量程上测量电压 V,一组独立重复观测值的算术平均值为 $\overline{V} = 0.928\ 571$ V,其 A 类标准不确定度为 $u(\overline{V}) = 12\ \mu\text{V}$,求该电压表在 1 V 量程上测量电压的合成标准不确定度。

解:① A 类标准不确定度

$$u_A(\overline{V}) = 12\ \mu\text{V}$$

② B 类标准不确定度

读数:0.928 571 V

量程:1 V

$$a = 0.928\ 571\ \text{V} \times 14 \times 10^{-6} + 1\ \text{V} \times 2 \times 10^{-6} = 15\ \mu\text{V}$$

假设为均匀分布,$k = \sqrt{3}$

$$u_B(\overline{V}) = 15\ \mu\text{V} / \sqrt{3} = 8.7\ \mu\text{V}$$

③ 合成标准不确定度

$$u_c(\overline{V}) = \sqrt{u_A^2(\overline{V}) + u_B^2(\overline{V})} = \sqrt{(12\ \mu\text{V})^2 + (8.7\ \mu\text{V})^2} = 15\ \mu\text{V}$$

例 2   在测长机上测量某轴的长度,测量结果为 40.001 0 mm,经不确定度分析与评定,各项不确定度分量为:

① 读数的标准偏差,由指示仪的 7 次读数的数据求得的重复性为 0.17 μm。

② 测长机主轴不稳定性,由实验数据求得其实验标准偏差为 0.10 μm。

③ 测长机标尺不准,根据校准证书的信息,其标准不确定度为 0.05 μm。

④ 温度的影响,根据轴材料温度系数的有关信息评定,其标准不确定度为 0.05 μm。

以上各分量彼此不相关,求该轴测量结果的合成标准不确定度。

解:

测量不确定度分量综合表

序号	不确定度分量来源	类别	符号	u_i 的值	u_c
1	读数重复性	A	$u_1 = s_1$	$0.17~\mu m$	
2	测长机主轴不稳定	A	$u_2 = s_2$	$0.10~\mu m$	$0.21~\mu m$
3	测长机标尺不准	B	u_3	$0.05~\mu m$	
4	温度影响	B	u_4	$0.05~\mu m$	

给定轴长度测量结果的合成标准不确定度：

$$u_c = \sqrt{\sum_{i=1}^{4} u_i^2} = \sqrt{0.17^2 + 0.10^2 + 0.05^2 + 0.05^2} = 0.21~\mu m$$

例3　如果加在一个随温度变化的电阻两端的电压为 V，在温度 t_0 时的电阻为 R_0，电阻的温度系数为 α，在温度 t 时电阻损耗的功率 P 为被测量，被测量 P 与 V，R_0，α 和 t 的函数关系为：

$$P = \frac{V^2}{R_0[1 + \alpha(t - t_0)]}$$

求测量结果的合成标准不确定度的计算方法。

解：由于各输入量之间不相关，得 $u_c^2(P)$ 为：

$$u_c^2(P) = \left[\frac{\partial P}{\partial V}\right]^2 u^2(V) \left[\frac{\partial P}{\partial R_0}\right]^2 u^2(R_0) + \left[\frac{\partial P}{\partial \alpha}\right]^2 u^2(\alpha) + \left[\frac{\partial P}{\partial t}\right]^2 u^2(t)$$

式中：

$$\frac{\partial P}{\partial V} = \frac{2V}{R_0[1 + \alpha(t - t_0)]} = \frac{2P}{V}$$

$$\frac{\partial P}{\partial R_0} = -\frac{V^2}{R_0^2[1 + \alpha(t - t_0)]} = -\frac{P}{R_0}$$

$$\frac{\partial P}{\partial \alpha} = -\frac{V^2(t - t_0)}{R_0[1 + \alpha(t - t_0)]^2} = -\frac{P(t - t_0)}{[1 + \alpha(t - t_0)]}$$

$$\frac{\partial P}{\partial t} = -\frac{V^2 \alpha}{R_0[1 + \alpha(t - t_0)]^2} = -\frac{P\alpha}{[1 + \alpha(t - t_0)]}$$

例4　被测量 P 是输入量电流 I 和温度 t 的函数。$P = C_0 I^2(t + t_0)$，其中，C_0 和 t_0 是已知常数且不确定度可忽略。用同一个标准电阻 R_s 确定电流 I 和温度 t，电流是用一个数字电压表测量出标准电阻两端的电位差来确定的，温度是用一个电阻电桥和标准电阻测量出已校电阻的温度传感器的电阻 $R_t(t)$ 确定的，由电桥上读出 $R_t(t)/R_s = \beta(t)$。所以输入量 I 及 t 分别由以下两式得到：$I = V_s/R_s$，$t = \alpha\beta^2(t)R_s^2 - t_0$。$\alpha$ 为已知常数，其不确定度可忽略。问测量结果的合成标准不确定度的计算方法。

解：

① 测量模型：

$$P = C_0 I^2(t + t_0)$$

其中，$I = V_s/R_s$，

$$t = \alpha\beta^2(t)R_s{}^2 - t_0$$

② 求 I 与 t 的协方差：

因为 I 与 t 都与 R_s 有关，所以 I 与 t 的两个标准不确定度分量是相关的，它们的协方差为 $u(I,t)$，可根据式(2.24)求得。

$$u(I,t) = \frac{\partial I}{\partial R_s} \cdot \frac{\partial t}{\partial R_s} u^2(R_s) = -\frac{V_s}{R_s^2} \cdot 2\alpha\beta^2(t)R_s \cdot u^2(R_s) = \frac{2I(t+t_0)}{R_s^2} u^2(R_s)$$

③ 输入量 I 的标准不确定度 $u(I)$：

$$I = \frac{V_s}{R_s} ; \frac{u(I)}{I} = \sqrt{\frac{u^2(V_s)}{V_s^2} + \frac{u^2(R_s)}{R_s^2}}$$

④ 输入量 t 的标准不确定度 $u(t)$：

$$t = \alpha\beta^2(t)R_s^2 - t_0 ; \qquad u(t) = \sqrt{4(t+t_0)^2 \left[\frac{u^2(\beta)}{\beta^2} + \frac{u^2(R_s)}{R_s^2} \right]}$$

⑤ 测量结果 P 的合成标准不确定度：

$$P = C_0 I^2(t+t_0)$$

由于 $u(C_0) \approx 0, u(t_0) \approx 0$

$$u_c^2(P) = \left[\frac{\partial P}{\partial I} u(I) \right]^2 + \left[\frac{\partial P}{\partial t} u(t) \right]^2 + 2\frac{\partial P}{\partial I} \cdot \frac{\partial P}{\partial t} u(I,t)$$

由此求得：

$$\frac{u_c^2(P)}{P^2} = 4\frac{u^2(I)}{I^2} + \frac{u^2(t)}{(t+t_0)^2} - 4\frac{u(I,t)}{I(t+t_0)}$$

例 5　有 10 个电阻器，每个电阻器的标称值为 $R_i = 1 \text{ k}\Omega$，用 1 kΩ 的标准电阻 R_s 校准，比较仪的不确定度可忽略，标准电阻的不确定度由校准证书给出为 $u(R_s) = 10 \text{ m}\Omega$。将这些电阻器用导线串联起来，导线电阻可忽略不计，串联后得到标称值为 10 kΩ 的参考电阻 R_{ref}，求 R_{ref} 的合成标准不确定度。

解：

测量模型：

$$R_{ref} = f(R_i) = \sum_{i=1}^{10} R_i$$

灵敏系数：

$$\frac{\partial R_{ref}}{\partial R_i} = 1$$

每个电阻 R_i 校准值的标准不确定度 $u(R_i)$：$R_i = \alpha_i R_s$

式中 α_i 为校准得到的比值。

$$u^2(R_i) = [R_s u(\alpha_i)]^2 + [\alpha_i u(R_s)]^2$$

设 $u(\alpha_i)$ 对每个校准值近似相等，且 $u(\alpha_i) \approx 0$，并设 $\alpha_i \approx 1$，故得：

$$u^2(R_i) \approx u^2(R_s)$$

任意两个电阻的相关系数：

因为　　　　　　　　　　　　　　$R_i = \alpha_i R_s$

$$R_j = \alpha_j R_s$$

协方差：$u(R_i, R_j) = \dfrac{\partial R_i}{\partial R_s} \cdot \dfrac{\partial R_j}{\partial R_s} u^2(R_s) = \alpha^2 u^2(R_s)$

由于 $\alpha \approx 1$，所以 $u(R_i, R_j) \approx u^2(R_s)$

相关系数：

$$r(R_i, R_j) = \frac{u(R_i, R_j)}{u(R_i)u(R_j)} = \frac{u^2(R_s)}{R_s^2 u^2(\alpha) + u^2(R_s)} = \left\{ 1 + \left[\frac{u(\alpha)}{u(R_s)/R_s} \right]^2 \right\}^{-1} \approx 1$$

所以相关系数近似为 +1。为正相关。

R_{ref} 的合成标准不确定度：

$$R_{ref} = \sum_{i=1}^{10} R_i = \sum_{i=1}^{10} \alpha_i R_s$$

$$u_c^2(R_{ref}) = \sum_{i=1}^{10} \left[\frac{\partial R_{ref}}{\partial R_i} u(R_i) \right]^2 + 2\sum_{i=1}^{10} \frac{\partial R_{ref}}{\partial R_i} \frac{\partial R_{ref}}{\partial R_j} r(R_i, R_j) u(R_i) u(R_j)$$

$$= \sum_{i=1}^{10} u^2(R_i) + 2\sum_{i=1}^{10} u(R_i)u(R_j) = \left[\sum_{i=1}^{10} u^2(R_i) \right]^2$$

$$u(R_i) \approx u(R_s)$$

$$u_c(R_{ref}) = \sum_{i=1}^{10} u(R_s) = 10 \times 10 \text{ m}\Omega = 0.10 \ \Omega$$

此例中，如果得到结果 $u_c(R_{ref}) = \sqrt{\sum_{i=1}^{10} u^2(R_s)} = 0.032 \ \Omega$ 是不正确的，因为没有考虑 10 个电阻器校准值是相关的。

七、扩展不确定度的确定

扩展不确定度由合成标准不确定度乘包含因子得到：

$$U = ku_c \tag{2.25}$$

（一）包含因子 k 的选取

（1）一般，包含因子 k 的值是根据 $U = ku_c$ 所确定的区间 $y \pm U$ 需具有的置信水平来选取的，k 的典型值为 2～3 范围内。当接近正态分布时，由 $U = 2u_c$（即 $k=2$）所确定的区间具有的置信水平约为 95%，而 $U = 3u_c$（即 $k=3$）所确定的区间具有的置信水平约为 99%。在工程测量中一般取 $k=2$，当给出扩展不确定度 U 时应注明所取的 k 值。美国 NIST 和欧洲一些国家规定，一般情况下取 $k=2$，且未注明 k 值时是指 $k=2$。

（2）当要求扩展不确定度 $U_p = k_p u_c$ 所确定的区间 $y \pm U_p$ 具有接近于规定值的置信水平 p 时，根据中心极限定理，当不确定度分量很多，并且各分量对不确定度的影响都不大时，其合成的分布接近于正态分布，此时若以算术平均值作为测量结果 y，通常可假设概率分布是 t 分布，取 $k_p = t_p(\nu_{eff})$，根据 $u_c(y)$ 的有效自由度 ν_{eff} 得到 t 因子即置信水平为 p 时的 k_p 值。扩展不确定度 $U_p = k_p u_c(y)$，提供了一个具有近似置信水平为 p 的区间 $Y = y \pm U_p$。

（二）k_p 的计算步骤

a）先求得测量结果 y 及其合成标准不确定度 $u_c(y)$；

b）根据下式计算 $u_c(y)$ 的有效自由度 ν_{eff}。

$$\nu_{\text{eff}} = \frac{u_c^4(y)}{\displaystyle\sum_{i=1}^{N} \frac{c_i^4 u^4(x_i)}{\nu_i}} = \frac{u_c^2(y)}{\displaystyle\sum_{i=1}^{N} \frac{u^4(y)}{\nu_i}}$$

式中，$u_i(y) = c_i u(x_i)$，$c_i = \partial f / \partial x_i$ 为灵敏系数，$u(x_i)$ 为各输入量的标准不确定度，ν_i 为 $u(x_i)$ 的自由度。

当 $u(x_i)$ 是 A 类标准不确定度时，由 n 次观测得到的 $s(x)$ 或 $s(\bar{x})$ 表征，自由度为 $\nu_i = n-1$；若由 n 个观测数据用最小二乘法求得 m 个待求量时，每个量的标准不确定度的自由度为 $\nu_i = n-m$。

当 $u(x_i)$ 是 B 类标准不确定度时，可用下式估计自由度 ν_i。

$$\nu_i \approx \frac{1}{2} \left[\frac{\Delta u(x_i)}{u(x_i)} \right]^2 \qquad (2.26)$$

式中，$\Delta u(x_i)/u(x_i)$ 是标准不确定度 $u(x_i)$ 的相对不确定度，是所评定的 $u(x_i)$ 的不可靠程度。例如，如果根据有关信息估计 $u(x_i)$ 的相对不确定度约为 25%，则 $\nu_i = (0.25)^{-2}/2 = 8$。在实际工作中，B 类标准不确定度通常是根据区间 $(-a, a)$ 的信息来评定的，若可假设被测量值落在该区间之外的概率极小，在这种假设情况下，可认为 $u(x_i)$ 的评定是很可靠的，即 $\Delta u(x_i)/u(x_i) \to 0$，则 $u(x_i)$ 的自由度 $\nu_i \to \infty$。

c）根据要求的置信水平 p 和计算得到的有效自由度 ν_{eff}，查 t 分布的 t 值表，得到 $t_p(\nu_{\text{eff}})$ 值。如果 ν_{eff} 不是整数，可以将其直接取整数。如计算得到 $\nu_{\text{eff}} = 16.8$ 则取 ν_{eff} 为 16。

d）取 $k_p = t_p(\nu_{\text{eff}})$ 并计算 $U_p = k_p u_c(y)$。

（三）举例

若 $y = b x_1 x_2 x_3$，x_1、x_2、x_3 分别为 $n_1 = 10$、$n_2 = 5$、$n_3 = 15$ 次独立观测的算术平均值，其相对标准不确定度分别为 $u(x_1)/x_1 = 0.25\%$、$u(x_2)/x_2 = 0.57\%$、$u(x_3)/x_3 = 0.82\%$，求测量结果 y 具有 95% 置信水平的扩展不确定度。

解：

1）$y = b x_1 x_2 x_3$

$$\left[\frac{u_c(y)}{y} \right]^2 = \left[\frac{u(x_1)}{x_1} \right]^2 + \left[\frac{u(x_2)}{x_2} \right]^2 + \left[\frac{u(x_3)}{x_3} \right]^2$$

$$= (0.25\%)^2 + (0.57\%)^2 + (0.82\%)^2 = (1.03\%)^2$$

2）$\nu_{\text{eff}} = \dfrac{[u_c(y)/y]^4}{\dfrac{[u(x_1)/x_1]^4}{\nu_1} + \dfrac{[u(x_2)/x_2]^4}{\nu_2} + \dfrac{[u(x_3)/x_3]^4}{\nu_3}} = \dfrac{1.03^4}{\dfrac{0.25^4}{10-1} + \dfrac{0.57^4}{5-1} + \dfrac{0.82^4}{15-1}}$

3）根据 $p = 95\%$，$\nu_{\text{eff}} = 19$，查 t 分布值表得 $t = 2.09$。

4）$k_p = t_{0.95}(19) = 2.09$

$U/y = k_p u_c(y)/y = 2.09 \times 1.03\% = 2.2\%$

测量结果 y 的相对扩展不确定度为 2.2%（$p = 95\%$，$k = 2.09$）。

5）当要求 $U_p = k_p u_c$ 所确定的区间 $y \pm U_p$ 具有接近于规定的置信水平,而合成的概率分布为非正态分布时(例如,不确定度分量很少,且其中有一个分量起主要作用,合成分布将取决于该分量的分布,就可能为非正态分布),应根据概率分布确定 k_p 值。例如,若合成分布为均匀分布,则对 $p = 0.95$ 的 k_p 为 1.65,对 $p = 0.99$ 的 k_p 为 1.71。此时若取 $k = 2$,则置信水平远大于 0.95,但为了便于对测量结果的比较往往仍约定取 k 为 2。

八、测量结果及其测量不确定度的表示

当给出测量结果时,一般应报告其测量不确定度,关于不确定度的说明应充分详细,使人们可以正确利用该测量结果。

（一）合成标准不确定度

在报告基本常数、基本的计量学研究以及复现国际单位制单位的国际比对时,要用合成标准不确定度 u_c。

（二）扩展不确定度

除传统使用合成标准不确定度者外,通常测量结果的不确定度都用扩展不确定度表示,尤其工业、商业及涉及健康和安全方面的测量都用扩展不确定度 U。

（三）测量结果及其合成标准不确定度的表述

测量结果及其合成标准不确定度的表述,推荐以下三种方式。

例:标准砝码的质量 m_s,测量结果为 $100.021\ 479$ g,$u_c(m_s)$ 为 0.35 mg。

a）$m_s = 100.021\ 479$ g, $u_c(m_s) = 0.35$ mg;

b）$m_s = 100.021\ 47(35)$ g,括号中的数为合成标准不确定度 u_c 的值,其末位与测量结果的末位相对应;

c）$m_s = 100.021\ 47(0.000\ 35)$g,括号中的数为合成标准不确定度 u_c 值,与说明的测量结果有相同的测量单位。

测量结果及其扩展不确定度的表述,推荐以下几种方式。

a）$m_s = 100.021\ 47$ g,$U = 0.70$ mg,$k = 2$;

b）$m_s = (100.021\ 47 \pm 0.000\ 70)$g,$k = 2$;

c）$m_s = 100.021\ 47$ g,$U_{95} = 0.79$ mg,$\nu_{eff} = 9$, $k = 2.26$;

d）$m_s = (100.021\ 47 \pm 0.000\ 79)$g,其中正负号后的值为扩展不确定度 U_p,$U_p = k_p u_c$,$u_c = 0.35$ mg,$k_p = 2.26$,k_p 是根据 $p = 0.95$,$\nu_{eff} = 9$ 的 t 分布值得到的;

e）$m_s = 100.021\ 47(79)$g,括号内为 U_{95} 之值,其末位与前面结果的末位对齐,$\nu_{eff} = 9$,$k_p = 2.26$;

f）$m_s = 100.021\ 47(0.000\ 79)$g,$p = 95\%$,$\nu_{eff} = 9$。括号内为 U_{95} 之值,与测量结果有相同测量单位。

当在证书或报告中有许多测量结果数据时,用 e）或 f）方法表示测量不确定度是便利的,关于括号内的说明可以统一写在数据表格下的注内。

九、特别说明

（一）报告不确定度时应说明的内容

（1）在校准证书、测试报告上给出校准值或修正值时,应给出相应的不确定度。报

告 U 时要同时报告用于获得 U 的包含因子 k 值。

（2）对于比较重要的测量，当报告测量结果及其不确定度时，在报告中一般要包括以下信息：

① 列出所有标准不确定度分量的值，必要时说明其自由度。

② 详细说明每个标准不确定度分量是如何评定的。

③ 必要时说明有关输入量和输出量的函数关系，各输入量间的相关性。

④ 给出合成标准不确定度 u_c 的值和扩展不确定度 U 的值及所取 k 的值.当 k 不为 2 时，说明 k 是如何选取的。

（二）报告不确定度时的注意事项

（1）测量不确定度简称不确定度，是对应于每个测量结果的。

（2）当不确定度定量表示时，应说明是扩展不确定度还是合成标准不确定度，或用 U 和 u 区分。两者均为总的不确定度，为防止混淆，避免使用"总不确定度"。

（3）在单独定量给出测量不确定度时，其数值前应不加正负号。因为测量不确定度是标准偏差或标准偏差的倍数，标准偏差是没有正负号的。因此不要写成扩展不确定度为 $\pm 1\%$，应写成扩展不确定度为 1%。但当用来说明测量值所处的区间时，可用测量结果 $\pm$ 扩展不确定度表示，如 $y = (58.0 \pm 0.5)\Omega$。

（4）不确定度可以用相对形式表示。例如，$u(x_i)/|x_i|$ 则为输入量估计值的相对标准不确定度，$u_c(y)/|y|$ 则为被测量估计值 y 的相对合成标准不确定度，$U/|y|$ 为测量结果的相对扩展不确定度。相对不确定度的表示既可不用下标，如 $U = 1\%$ 或 $U = 3 \times 10^{-6}$，也可用下标"r"表明"相对"，如相对合成标准不确定度 $u_{c,r} = 0.5\%$，相对扩展不确定度 $U_r = 1\%$。

（5）最终报告时，不确定度取 $1 \sim 2$ 位有效数字，测量结果的末位与不确定度的末位相对齐。修约规则见第五节。

（6）在确定测量方案时往往需要进行不确定度预估，其不确定度分析与评定方法是相同的，预估的测量不确定度对应于某个量值或某个量值范围。通过测量不确定度预估，可论证测量方案的合理性和可行性。

（7）在我国，许多用户对合成标准不确定度与扩展不确定度这些术语还不太熟悉，必要时在技术报告或科技文章中报告测量结果及其不确定度时可加说明。例如，可写成："合成标准不确定度（标准偏差估计值）$u_c = 2\ \mu\Omega$"。可写成"扩展不确定度（二倍标准偏差估计值）$U = 4\ \mu\Omega$"。

第三章 | 计量测试标准

第一节 概　述

一、计量测试标准

与其他领域的情况有所不同,标准一词在计量行业中具有双重含义。最常用的含义是指硬件化的计量标准,又称测量标准。它通常是指其准确度低于计量基准,用于检定工作的参考标准,或工作计量器具的计量器具,或者是按国家规定的准确度等级,作为检定依据用的计量器具或标准物质。另一种含义是指通常意义上的标准文件,即对一定范围内的重复性事物和概念所做的统一规定。以科学、技术和实践经验的综合成果为基础,以获得最佳秩序、促进最佳社会效益为目的,经有关方面协商一致,由主管机构批准,以特定形式发布,作为共同遵守的准则和依据。

计量标准是量值传递和量值溯源非常重要的中间环节,起着承上启下的作用,它是将计量基准所复现的单位量值,通过计量检定而传递到工作计量器具,以保证量值的准确、可靠和统一。

二、计量有关的标准文件

在计量有关的标准文件中,又可分为计量管理类标准和计量技术类标准。其中,计量管理类标准的覆盖范围以及法律效力因其制定和发布部门的不同而不同。

由国际组织制定和发布的计量管理类标准,尽管不具有强制性含义,但是,由于其科学性及规范性,在全世界范围内被广泛认可和接受。其中,涉及计量行业,最重要的有:

校准实验室认可有关的标准文件;

ISO 9000 系列有关质量管理体系的标准文件。

质量体系中,最重要的一部分就是通过计量校准手段,以量值控制实现产品质量控制。为了增强其强制性和便于推广应用与贯彻执行,我国还将这些系列标准纷纷转化成国家标准和国家军用标准。

由国家制定和发布的有关计量管理类标准化文件,应该包括法律、条例、规章、制度、标准等各方面,其作用效力覆盖全国范围。其中的一部分具有强制性,而另外的则属于推荐性文件。由部门发布的有关计量管理类标准文件,其效力覆盖本部门所辖范围。在国家以及国防军工计量行业中,其中最重要的有:

1. 法律类

中华人民共和国计量法(1985 年 9 月 6 日第六届全国人民代表大会常务委员会第十二次会议通过,自 1986 年 7 月 1 日起实行,现行有效版本为 2015 年 4 月 24 日(修正版)。

中华人民共和国产品质量法(1993 年 2 月 22 日第七届全国人民代表大会常务委员

会第三十次会议通过,根据 2000 年 7 月 8 日第九届全国人民代表大会常务委员会第十六次会议《关于修改〈中华人民共和国产品质量法〉的决定》予以修正)。

2. 行政法规类

国务院关于在我国统一实行法定计量单位的命令(1984 年 2 月 28 日发布)

中华人民共和国计量法实施细则(1987 年 1 月 19 日国务院批准)

国防计量监督管理条例(1990 年 4 月 5 日国务院、中央军委令第 54 号发布,即日起施行)

中国人民解放军计量条例(2003 年,中央军委)

军工产品质量管理条例(1987 年,国务院、中央军委)

中华人民共和国认证认可条例(2003 年,国务院)

3. 部门规章类

国防科技工业计量监督管理暂行规定(2000 年,国防科工委)

武器装备科研生产许可实施办法(2005 年,国防科工委)

实验室和检查机构资质认定管理办法(2006 年,国家质量监督检验检疫总局)

国防计量检定规程管理办法(1992 年 10 月 28 日国防科工委发布施行)

国防科工委关于国防计量技术机构管理办法(1992 年 10 月 28 日国防科工委发布)

武器装备试验计量保证与监督管理办法(1992 年,国防科工委)

国防科技工业计量标准器具管理办法(2002 年,国防科工委)

国防科技工业计量监督实施办法(2003 年,国防科工委)

国防科技工业计量检定人员管理办法(2003 年,国防科工委)

国防科技工业专用测试设备计量管理办法(2002 年,国防科工委)

国防专用标准物质管理办法(2002 年,国防科工委)

4. 国家相关规章、规范性文件

(1) 基准与标准

计量标准考核办法(2004 年 12 月 24 日国家质量监督检验检疫总局局务会议审议通过,自 2005 年 7 月 1 日起施行)

计量基准管理办法(经 2007 年 5 月 30 日国家质量监督检验检疫总局局务会议审议通过,2007 年 7 月 10 日起施行)

标准物质管理办法(1987 年 7 月 10 日国家计量局发布)

(2) 人员

计量监督员管理办法(1987 年,国家计量局)

计量检定人员管理办法(2007 年 12 月 28 日国家质量监督检验检疫总局局务会议审议通过,自 2008 年 5 月 1 日起施行)

注册计量师制度暂行规定(2006 年,人事部、国家质量监督检验检疫总局)

(3) 机构

产品质量检验机构计量认证管理办法(1987 年 7 月 10 日国家计量局发布)

法定计量检定机构监督管理办法(2001 年,国家质量技术监督局)

JJF 1069—2012 法定计量检定机构考核规范

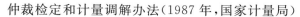

仲裁检定和计量调解办法(1987年,国家计量局)

专业计量站管理办法(1991年,国家技术监督局)

(4)检定与校准

中华人民共和国依法管理的计量器具目录(1987年7月10日国家计量局发布)

中华人民共和国强制检定的工作计量器具检定管理办法(1987年,国务院,自1987年7月1日起施行)

强制检定的工作计量器具实施检定的有关规定(1991年,国家技术监督局)

计量检定印、证管理办法(1987年7月10日,国家计量局发布)

国家计量检定规程管理办法(2002年,国家质量监督检验检疫总局)

计量比对管理办法(经国家质检总局局务会议审议通过,于2008年6月11日发布,自2008年8月1日起施行)

(5)计量器具

计量器具新产品管理办法(2005年5月20日国家质量监督检验检疫总局发布)

制造、修理计量器具许可监督管理办法(2007年12月29日国家质量监督检验检疫总局发布)

制造、修理计量器具许可证考评员培训、考核、聘任规定(国家质量技术监督局,1999年发布)

制造计量器具许可证考核规范(国家技术监督局全国制造修理计量器具许可证办公室)

5.国际标准、国际建议等规范性文件

由国际组织制定和发布的有关计量技术类标准文件,主要涉及一些计量基础类标准和具有公共性、通用性计量技术及知识的标准。其中较重要的有:

通用计量术语和定义(VIM)

ISO 1 000:1992 国际单位制及其倍数单位及一些其他单位的应用推荐(1992年发布)

ISO 31-0:1992 有关量、单位和符号的第0部分:一般原则(1992年发布)

ISO/IEC GUIDE 98-3:2008 测量不确定度 第3部分:测量不确定度表示指南

另有一些涉及具体专业、具体计量器具的国际标准,多数由ISO、IEC等国际组织制定和发布,也有一些标准,如国际法制计量组织通常是以国际建议或国际文件方式发布,供全世界参照执行。

6.国家标准、规程、规范

在我国,由国家发布的计量技术类标准文件,主要包括国家标准、国家计量检定规程、国家计量技术规范、国家计量检定系统表。

其中,国家标准主要侧重于计量器具或方法的全面阐述,包括术语、定义、范围、技术条件、原理、用途、试验方法、环境条件、限定、储存、运输、使用等各个方面的完整技术阐述。有很多标准来源于国际标准的等同采用。

国家计量技术规范主要涉及计量通用知识和通用基础性方法的计量标准文件。如:

JJF 1001　通用计量术语及定义

JJF 1002　国家计量检定规程编写规则

JJF 1071　国家计量校准规范编写规则

国家计量检定系统表制定、修订暂行规定(国家计量局1986年6月20日颁发)

JJF 1059.1　测量不确定度评定与表示

JJF 1059.2　用蒙特卡洛法评定测量不确定度

JJF 1015　计量器具型式评价通用规范

国家计量检定规程,主要涉及国家强制检定目录中的计量器具的计量检定标准文件,与国家标准相比,它更强调检定过程的规范性、完整性、一致性和可操作性。

计量法规定:社会公用计量标准器具,部门和企业、事业单位使用的最高计量标准器具,以及用于贸易结算、安全防护、医疗卫生、环境监测方面的列入强制检定目录的工作计量器具,实行强制检定。对于强制检定范畴以外的其他计量标准器具和工作计量器具,可以依具体情况进行检定、校准或测试,以实现量值的溯源和传递。

计量检定必须按照国家检定系统表进行,必须执行计量检定规程。因而,对于列入强制检定器具的计量器具,必须制定检定规程和计量检定系统表。其他计量器具,可以制定检定规程或校准规范进行计量溯源活动。

国家计量检定规程的全国统一编号为JJG ××××—××××,其中JJG是"计量、检定、规程"三个词语拼音首字母,接着的数字为检定规程的全国统一编号,最后4位是规程发布年号。

计量检定规程的结构主要包括:封面、扉页、目录、引言、范围、引用文献、术语和计量单位、概述、计量性能要求、通用技术要求、计量器具控制、附录几部分组成。其中:

检定规程的目录应列出引言、章、第一层次的条和附录的标题、编号(不包括引言)及所在页码。标题与页码之间用虚线连接。扉页部分无页码,目录与引言部分的页码使用罗马数字,自规程正文起的页码使用阿拉伯数字。

检定规程的引言是必备章节,不编号,应包括如下内容:规程编制所依据的规则;采用国际建议、国际文件或国际标准的程度或情况。如对规程进行修订,还应包括如下内容:规程代替的全部或部分其他文件的说明;给出被代替的规程或其他文件的编号和名称,列出与前一版本相比的主要技术变化;所替代规程的历次版本发布情况。

范围用来说明规程的适用范围,以明确规定规程的主题及对该计量器具控制有关的阶段要求。如本规程适用于××计量器具(量程,范围等)的定型鉴定、样机试验、首次检定、后续检定和使用中检查。

引用文件列出的应是编写的规程所必不可少的文件,如不引用,规程则无法实施。引用文件应为正式出版物。引用文件时,应给出文件的编号(引用标准时,给出标准代号、顺序号)以及完整的文件名称。凡是注日期的引用文件,仅注日期的版本适用于该规程;凡是不注日期的引用文件,应注明"其最新版本(包括所有的修改单)适用于本规程"。

引用国际文件时,应在编(年)号后给出中文译名,并在其后的圆括号中给出原文名称。

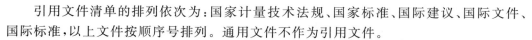

引用文件清单的排列依次为：国家计量技术法规、国家标准、国际建议、国际文件、国际标准，以上文件按顺序号排列。通用文件不作为引用文件。

术语和计量单位，当规程涉及国家尚未作出规定的术语时，应在本章给出必要的定义。

术语条目应包括以下内容：条目编码、术语、英文对应词（除专用名词外，英文对应词全部使用小写字母，名词为单数、动词为原型）、定义。

计量单位一律使用国家法定计量单位。

计量单位指规程中所描述的计量器具的主要计量特性的单位名称和符号，必要时可列出同类计量单位的换算关系。

概述，该部分主要是简述受检计量器具的原理、构造和用途（包括必要的结构示意图）。

计量性能要求，该部分规定受检计量器具在计量器具控制各阶段中计量特性（量程、范围、最大允许误差、测量不确定度、影响量、稳定性等）及各准确度等级应当满足的计量要求。在无线电计量检定规程中推荐使用最大允许误差，其次为测量不确定度。频率准确度不使用正负号。

通用技术要求，该部分应规定为满足计量要求而必须达到的技术要求，如外观结构、防止欺骗、操作的适应性和安全性以及强制性标记和说明性标记等方面的要求。范文举例：

×××的前面板或后面板上应具有制造厂、仪器名称、仪器型号、出厂序号及电源要求。仪器不应有影响其正常工作的机械损伤；控制旋钮、按键开关和输入输出端口应有明确的标识。仪器送检时要带有使用说明书，后续检定时应备有上次检定的检定证书。

计量器具控制，该部分规定对计量器具控制中有关内容的要求。计量器具控制包括定型鉴定、样机试验、首次检定、后续检定以及使用中检查。

定型鉴定或样机试验，计量器具的定型鉴定或样机试验应按照 JJF 1015 计量器具定型通用规范的要求编写。

首次检定的目的是为了确定新生产的计量器具的计量性能，是否符合其批准时所规定的要求。后续检定的目的是为了确定计量器具自上次检定，并在有效期内使用后，其计量性能是否符合所规定的要求。后续检定包括有效期内的检定、周期检定以及修理后的检定。经安装及修理后对计量器具计量性能有重大影响时，其后续检定原则上须按首次检定执行。

使用中间检查的目的是为了检查计量器具的检定标记或检定证书是否有效，保护标记是否损坏，检定后的计量器具状态是否受到明显变动，以及误差是否超过使用中的最大允许误差。

检定条件，包括检定的环境条件和检定用设备条件两部分。

环境条件推荐范文：

① 环境温度：23 ℃±5 ℃；

② 相对湿度：20%～80%；

③ 电源要求：220(1±10％)V、(50±1)Hz；

④ 周围无影响仪器正常工作的电磁干扰和机械振动。

检定用设备条件，指检定过程中所需计量器具（计量基准或计量标准）及配套设备的技术指标要求和环境条件要求等。

检定项目和检定方法，检定项目是指受检计量器具的受检部位和内容。不同类型检定的受检项目可以不同。

检定项目示例：

检定项目	定型鉴定	样机试验	首次检定	后续检定	使用中检查
凡需检定的项目用"＋"表示，不需检定的项目用"－"表示。					

检定方法是对计量器具受检项目进行检定时所规定的操作方法、步骤和数据处理。检定方法的确定要有理论根据，切实可行，并有试验验证报告。检定中所用的公式以及公式中使用的常数和系数都必须有可靠的依据。

检定结果的处理，是指检定结束后对受检计量器具合格或不合格所做的结论。

范文：按本规程要求检定合格的仪器，发给检定证书；检定不合格的仪器，发给检定结果通知书，并注明不合格项目。

检定周期，规程中给出的常规条件下的最长的检定周期。确定检定周期的原则是计量器具在使用过程中，能保持所规定的计量性能的最长时间间隔，即应根据计量器具的性能、要求、使用环境条件、使用频繁程度以及经济合理性等其他因素具体确定检定周期的长短。

范文：××××的检定周期一般不超过××××（时间）。

附录，检定规程的附录包括原始记录格式、检定证书内页格式、检定结果通知书内页格式和其他必要文档。

国家计量校准规范主要涉及上述两种文件以外的计量校准过程操作的依据性标准文件。侧重于可操作性、一致性及可执行性，多涉及具体计量器具的校准范围、技术要求、所需标准计量器具、环境条件、计量校准方法、不确定度评估、校准结果给出等方面的内容。

国家计量技术规范全国统一编号为JJF ××××—××××，其中JJF是"计量、技术、规范"三个词语拼音首字母，接着的数字为计量技术规范的全国统一编号，最后4位是规范发布年号。

计量校准的结构主要包括：封面、扉页、目录、引言、范围、引用文献、术语和计量单位、概述、计量特性、校准条件、校准项目和校准方法、校准结果表达、复校时间间隔、附录、附加说明等部分。其中：

目录应列出引言、章、第一层次的条和附录的标题、编号（不包括引言）及所在页码。标题与页码之间用虚线连接。扉页部分无页码，目录与引言部分的页码使用罗马数字，自规范正文起的页码使用阿拉伯数字。

　　引言是必备章节,不编号,应包括如下内容:规范编制所依据的规则;采用国际建议、国际文件或国际标准的程度或情况。如对规范进行修订,还应包括如下内容:规范代替的全部或部分其他文件的说明;给出被代替的规范或其他文件的编号和名称,列出与前一版本相比的主要技术变化;所替代规范的历次版本发布情况。

　　范围,主要明确规范的适用范围,以明确规定规范适用的主题,必要时可写明其不适用的范围和对象。示例:

　　本规范适用于××计量器具(量程,范围等)的校准。

　　引用文件应是编写的规范所必不可少的文件,如不引用,规范则无法实施。引用文件应为正式出版物。引用文件时,应给出文件的编号(引用标准时,给出标准代号、顺序号)以及完整的文件名称。凡是注日期的引用文件,仅注日期的版本适用于该规程;凡是不注日期的引用文件,应注明"其最新版本(包括所有的修改单)适用于本规范"。

　　引用国际文件时,应在编(年)号后给出中文译名,并在其后的圆括号中给出原文名称。

　　引用文件清单的排列依次为:国家计量技术法规、国家标准、国际建议、国际文件、国际标准,以上文件按顺序号排列。通用文件不作为引用文件。

　　术语和计量单位,当规范涉及国家尚未作出规定的术语时,应在本章给出必要的定义。

　　术语条目应包括以下内容:条目编码、术语、英文对应词(除专用名词外,英文对应词全部使用小写字母,名词为单数、动词为原型)、定义。为便于规范内容的理解,也可引用已定义的术语。

　　计量单位指规范中所描述的计量器具的主要计量特性的单位名称和符号,必要时可列出同类计量单位的换算关系。计量单位一律使用国家法定计量单位。

　　概述,该部分主要是简述被校计量器具的原理、构造和用途(包括必要的结构示意图)。

　　计量特性,该部分规定被校计量器具的所有计量特性(量程、范围、最大允许误差、测量不确定度、影响量、稳定性等)的示值或量值,通过对这些计量特性的校准,可以确定被校仪器的计量性能。

　　校准条件,是指校准过程中对测量结果有影响的环境条件。可能时,应给出确保校准活动中的测量标准和被校对象正常工作的环境条件,如温度、湿度、气压、震动、电磁干扰等。环境条件推荐范文:

　　① 环境温度:23 ℃±5 ℃;

　　② 相对湿度:20％～80％;

　　③ 电源要求:220(1±10％)V、(50±1)Hz;

　　④ 周围无影响仪器正常工作的电磁干扰和机械振动。

　　校准用设备,应描述校准过程中所需计量器具(计量基准或计量标准)及配套设备的技术指标要求和环境条件要求等。

　　校准项目和校准方法,校准项目应包括所有计量特性内容,实际校准时,可根据需要选择具体项目进行校准。

校准方法是对计量器具被校项目进行校准时所规定的操作方法、步骤和数据处理方法。校准方法的确定要有理论根据,切实可行,并有试验验证报告。所用的公式以及公式中使用的常数和系数都必须有可靠的依据。

校准结果表达:××××校准后,出具校准证书,校准证书应包括校准结果及其测量不确定度。其中,校准证书至少应包含以下信息:

标题:"校准证书";

实验室名称和地址;

进行校准的地点(如果与实验室的地址不同);

证书的唯一性标识(如编号),每页及总页数的标识;

客户的名称和地址;

被校对象的描述和明确标识;

进行校准的日期,如果与校准结果的有效性和应用有关时,应说明被校对象的接收日期;

如果与校准结果的有效性应用有关时,应对被校样品的抽样程序进行说明;

校准所依据的技术规范的标识,包括名称及代号;

本次校准所用测量标准的溯源性及有效性说明;

校准环境的描述;

校准结果及其测量不确定度的说明;

对校准规范的偏离的说明;

校准证书签发人的签名、职务或等效标识;

校准结果仅对被校对象有效的说明;

未经实验室书面批准,不得部分复制证书的声明。

复校时间间隔,规范可做出有一定科学依据的复校间隔建议供参考,并注明:由于复校时间间隔的长短是由仪器的使用情况(使用部位的重要性、环境条件、使用频率)使用者、仪器本身质量等诸多因素决定的。因此,送校单位可根据实际使用情况自主决定。示例:

复校时间间隔由用户根据使用情况自行确定,推荐为 1 年。

附录,附录包括原始记录格式、校准证书内页格式、测量不确定度评定示例和其他必要文档。

当没有国家计量检定规程和计量校准规范时,由国务院有关主管部门和省、自治区、直辖市、人民政府计量行政部门分别制定部门计量检定规程(计量校准规范)和地方计量检定规程(计量校准规范)。部门、地方计量检定规程、校准规范编号规则如表 3.1。

表 3.1　部门、地方计量检定规程、校准规范编号规则

序号	省、市、自治区和国务院有关部门、行业	部门、地方计量检定规程代号	部门、地方计量校准规范代号
1	北京市	JJG(京)××××—××××	JJF(京)××××—××××
2	天津市	JJG(津)××××—××××	JJF(津)××××—××××

表 3.1（续）

序号	省、市、自治区和国务院有关部门、行业	部门、地方计量检定规程代号	部门、地方计量校准规范代号
3	河北省	JJG(冀)××××—××××	JJF(冀)××××—××××
4	山西省	JJG(晋)××××—××××	JJF(晋)××××—××××
5	内蒙古自治区	JJG(蒙)××××—××××	JJF(蒙)××××—××××
6	辽宁省	JJG(辽)××××—××××	JJF(辽)××××—××××
7	吉林省	JJG(吉)××××—××××	JJF(吉)××××—××××
8	黑龙江省	JJG(黑)××××—××××	JJF(黑)××××—××××
9	上海市	JJG(沪)××××—××××	JJF(沪)××××—××××
10	江苏省	JJG(苏)××××—××××	JJF(苏)××××—××××
11	浙江省	JJG(浙)××××—××××	JJF(浙)××××—××××
12	安徽省	JJG(皖)××××—××××	JJF(皖)××××—××××
13	福建省	JJG(闽)××××—××××	JJF(闽)××××—××××
14	江西省	JJG(赣)××××—××××	JJF(赣)××××—××××
15	山东省	JJG(鲁)××××—××××	JJF(鲁)××××—××××
16	河南省	JJG(豫)××××—××××	JJF(豫)××××—××××
17	湖北省	JJG(鄂)××××—××××	JJF(鄂)××××—××××
18	湖南省	JJG(湘)××××—××××	JJF(湘)××××—××××
19	广东省	JJG(粤)××××—××××	JJF(粤)××××—××××
20	广西壮族自治区	JJG(桂)××××—××××	JJF(桂)××××—××××
21	四川省	JJG(川)××××—××××	JJF(川)××××—××××
22	贵州省	JJG(黔)××××—××××	JJF(黔)××××—××××
23	云南省	JJG(滇)××××—××××	JJF(滇)××××—××××
24	西藏自治区	JJG(藏)××××—××××	JJF(藏)××××—××××
25	陕西省	JJG(陕)××××—××××	JJF(陕)××××—××××
26	甘肃省	JJG(甘)××××—××××	JJF(甘)××××—××××
27	青海省	JJG(青)××××—××××	JJF(青)××××—××××
28	宁夏回族自治区	JJG(宁)××××—××××	JJF(宁)××××—××××
29	新疆维吾尔自治区	JJG(新)××××—××××	JJF(新)××××—××××
30	海南省	JJG(琼)××××—××××	JJF(琼)××××—××××
31	机械工业	JJG(机械)××××—××××	JJF(机械)××××—××××

表 3.1（续）

序号	省、市、自治区和国务院有关部门、行业	部门、地方计量检定规程代号	部门、地方计量校准规范代号
32	冶金工业	JJG(冶金)××××—××××	JJF(冶金)××××—××××
33	交通行业	JJG(交通)××××—××××	JJF(交通)××××—××××
34	铁路行业	JJG(铁道)××××—××××	JJF(铁道)××××—××××
35	石油工业	JJG(石油)××××—××××	JJF(石油)××××—××××
36	化学工业	JJG(化工)××××—××××	JJF(化工)××××—××××
37	煤炭工业	JJG(煤炭)××××—××××	JJF(煤炭)××××—××××
38	纺织工业	JJG(纺织)××××—××××	JJF(纺织)××××—××××
39	水利电力行业	JJG(水电)××××—××××	JJF(水电)××××—××××
40	邮电行业	JJG(邮电)××××—××××	JJF(邮电)××××—××××
41	轻工业	JJG(轻工)××××—××××	JJF(轻工)××××—××××
42	商业	JJG(商业)××××—××××	JJF(商业)××××—××××
43	卫生	JJG(卫生)××××—××××	JJF(卫生)××××—××××
44	核工业	JJG(核工)××××—××××	JJF(核工)××××—××××
45	航空工业	JJG(航空)××××—××××	JJF(航空)××××—××××
46	航天工业	JJG(航天)××××—××××	JJF(航天)××××—××××
47	兵器工业	JJG(兵器)××××—××××	JJF(兵器)××××—××××
48	电子工业	JJG(电子)××××—××××	JJF(电子)××××—××××
49	气象	JJG(气象)××××—××××	JJF(气象)××××—××××
50	海洋	JJG(海洋)××××—××××	JJF(海洋)××××—××××
51	公安	JJG(公安)××××—××××	JJF(公安)××××—××××
52	环境保护	JJG(环保)××××—××××	JJF(环保)××××—××××
53	地质矿产行业	JJG(地质)××××—××××	JJF(地质)××××—××××
54	地震	JJG(地震)××××—××××	JJF(地震)××××—××××
55	烟草	JJG(烟草)××××—××××	JJF(烟草)××××—××××
56	国防科工	JJG(军工)××××—××××	JJF(军工)××××—××××
…	…	…	…

由部门发布的计量技术类的标准文件,有两个最大的来源,一个是由军队有关部门负责制定并发布的国家军用标准,其中既含有以强制检定为特征的计量检定规程,也包括诸如计量检定系统表、量值传递等级图等计量技术规范以及以综合校准为特征的计

量校准规范,在军队系统内以及国防工业系统内贯彻执行。另外一个来源则是国防军工计量部门,他们也在发布自己的计量检定系统表、量值传递等级图等,并制定自己的计量检定规程、计量技术规范和计量校准规范等标准文件。在国防工业部门范围和系统内部贯彻执行。其他,如海洋、气象、电子信息、石油化工、机械、化学、纺织、邮电等行业均有自己的部门标准文件。

第二节 标准在计量测试中的作用

一、计量标准

计量标准是计量标准器具的简称,通常是指准确度低于计量基准的,用于检定其他计量标准或工作计量器具。有时也称为计量基准或测量标准。它是把计量基准所复现的单位量值逐级传递到工作计量器具以及将测量结果在允许的范围内溯源到国家计量基准的重要环节。

狭义说来,计量标准是指用以定义、实现、保持、复现单位或一个甚至多个已知量值的实物量具、测量仪器或测量系统,其目的是通过比较把该单位或量值传递到其他测量器具。广义地说,计量标准还可以包括用以保证测量结果统一和准确的标准物质、标准方法和标准条件。按照计量标准建立的要求,它应该包含技术装置、安置场所、环境条件要求、计量人员、所依据的计量检定规程或计量校准规范,能证明其已经通过计量标准考核确认和计量授权的计量标准证书,可证明其已经过计量溯源或比对并在有效期内的证明文件等。其中任何一项的缺失都将无法保证计量标准的正常工作,并将使计量标准失去原有效力。通常,有关计量标准,存在以下几种提法和含义。

国际(测量)标准,是由国际协议签约方承认的并旨在世界范围使用的测量标准。在我国又称为国际(测量)基准。

国家(测量)标准,是经国家权威机构承认,在一个国家或经济体内作为同类量的其他测量标准定值依据的测量标准。在我国又称为国家(计量)基准。

主标准,是指具有最高计量特性的,其量值的确定不必参照相同量的其他标准的,被指定的或普遍承认的标准。

副标准,是通过与相同量的主标准比对而定值的标准。

国防最高(测量)标准,是国防系统中具有最高计量特性的,并经授权在国防系统中进行量值传递的测量标准。

注:① 国防最高标准可以用于某一参数的某一量程。

② 在我国又称为国防最高(计量)标准。

参照标准,是在指定地区或组织内通常具有最高计量特性的,并在该地区或组织内进行量值传递的测量标准。在我国国防系统内即为部门、区域、企事业单位的最高测量标准。

工作标准,是用于日常校准或检定测量仪器或测量系统的测量标准。

注:① 工作标准通常用参照标准校准(检定)。

② 用以确保日常测量工作正确进行的工作标准称为核查标准。

传递标准,是用作媒介物以比较测量标准的标准。

注:当媒介物不是标准时,应该用术语"传递装置"。

核查标准,是用来控制测量过程建立数据库且被过程所测量的测量设备、产品或其他物体。

标准物质,是具有足够均匀和稳定的特定特性的物质,其特性被证实适用于测量中或标称特性检查的预期用途。

注:标准物质可以是纯的或混合的气体、液体或固体。例如,校准黏度计用的水,作量热计专用热容量校准器用的温度石,化学分析校准用的溶液。

有证标准物质,指附有由权威机构发布的文件,提供使用有效程序获得的具有不确定度和溯源性的一个或多个特性量值的标准物质。

注:① 国家公布的标准物质称为国家标准物质。

② 有证标准物质一般成批制备,其特性值是通过对代表整批物质的样品进行测量而确定,并具有给定的不确定度。

③ 标准物质装入特制的器件后,其特性可方便地和可靠地确定,这些装有标准物质的器件也可认为是有证标准物质。例如:装有已知三相点物质的三相点瓶,装有已知光密度玻璃的滤光器、尺寸均匀的球状颗粒安放在显微镜载片上。

④ 所有有证标准物质均符合测量标准的定义。

⑤ 有些标准物质和有证标准物质,因为它们与已确定的化学结构不相关或因其他原因,使其特性不能用严格规定的物理和化学测量方法确定,这类物质包括某些生物物质,如疫苗,世界卫生组织已经规定了它的国际单位。

军用标准物质,是由国防计量主管部门批准颁布的,用于国防系统内统一量值的有证标准物质。

二、计量标准分类

计量标准可按准确度、组成结构、适用范围、工作性质和工作原理进行分类。

① 按准确度等级可分为在某特定领域内具有最高计量学特性的基准和通过与基准比较来定值的副基准,或具有不同准确度的各等级标准。

② 按组成结构可分为单个的标准器,或由一组相同的标准器组成的、通过联合使用而起标准器作用的集合标准器,或由一组具有不同特定值的标准器组成的、通过单个地或组合地提供给定范围内的一系列量值的标准器组。

③ 按适用范围可分为经国际协议承认、在国际上用以对有关量的其他标准器定值的国际标准器,或经国家官方决定,承认在国内用以对有关量的其他标准器定值的国家标准器,或具有在给定地点所能得到的最高计量学特性的参考标准器。

④ 按工作性质可分为日常用以校准或检定测量器具的工作标准器,或用作中介物以比较计量标准或测量器具的传递标准器,或有时具有特殊结构、可供运输的搬运式标准器。

⑤ 按工作原理可分为由物质成分、尺寸等来确定其量值的实物标准或由物理规律确定其量值的自然标准。上述分类不是排他性的。例如,一个计量标准可以同时是基准,是单个的标准器,是国家标准器,是工作标准器,又是自然标准。

三、主要指标

计量标准的主要指标是其溯源性指标,即可以通过连续的比较链把它与国际标准器或国家标准器联系起来的性能。当然,准确度、稳定度、灵敏度、可靠性、超然性和响应特性等,也都是它的重要指标。

(一)幅值响应特性

1. 标称范围,指测量仪器的操纵器件调到特定位置时可得到的示值范围。

注:标称范围通常用它的下限和上限表明,如 100 ℃到 200 ℃。若下限为零,则标称一般只用其上限表明,如从 0 V 到 100 V 的标称范围可表示为 100 V。

2. 量程,指标称范围两极限之差的模。

例如,对从−10 V 到＋10 V 的标称范围,其量程为 20 V。在有些领域,最大值和最小值之差称为范围。

3. 标称值,是测量仪器或测量系统特征量的经化整的值或近似值,以便为适当使用提供指导。

例 1　100 Ω——标在标准电阻器上的值。

例 2　1 L——标在单刻度量杯上的值。

4. 测量范围,是使测量误差在规定极限范围内的一组测量值。同义词:工作范围。

注:按约定真值确定"误差"。

(二)频率响应特性

1. 响应特性,是在规定条件下,响应与其激励的关系。

例如,热电偶的电动势是温度的函数。

注:① 该关系可以用数学方程式、数字表格或曲线图表示。

② 当激励按时间的函数变化时,传递函数(响应的拉普拉斯变换除以激励的拉普拉斯变换)是响应特性的一种形式。

2. 灵敏度,是测量仪器的响应变化与相应的激励变化之比值。灵敏度可能与激励值有关。

3. 稳定性,是测量器具保持其计量特性持续恒定的能力。

注:①若稳定性不是对时间而是对其他量而言,则应该明确说明。

② 稳定性可用几种方式量化。例如,用计量特性变化到某个规定的量所经过的时间表示,用计量特性在规定的时间内所发生的变化表示。

③ 有时又称为稳定度。

4. 鉴别力[阈],是使测量仪器产生未察觉的响应变化的最大激励变化,这种激励变化应是较慢的和单向的。鉴别力阈可能与噪声(内部的或外部的)或摩擦有关,也与激励值有关。

5. 漂移,是测量器具计量特性的慢变化。

6.(显示装置的)分辨力,是显示装置能有效辨别的最小的示值差。

注:①对数字式显示装置而言,就是当变化一个最小有效数字时,其示值的变化。

②此概念亦适用于记录式装置。

7. 死区(定义见第二章)。

注：① 死区可能与变化的速率有关。

② 死区有时故意地加大些，以防止激励的微小变化引起响应的变化。

（三）测量设备质量特性

1. 超然性，测量仪器不改变被测量的能力。

2. 测量器具的准确度，是测量器具给出被测量接近于真值的响应能力。准确度是定性概念，除了在时间频率测量专业中，目前一般不用于定量描述仪器设备。

3. 准确度等级（定义见第二章）。

准确度等级通常按约定注以数字或符号，并称为等级指标。

4. （测量器具的）重复性（定义见第二章）。

注：① 相同测量条件包括：相同的测量程序、相同的观测者、在相同条件下使用相同的测量设备、相同地点和在短时间内进行重复测量。

② 重复性可用示值的分散性定量地表示。

5. （测量器具的）稳定性（定义见第二章）。

注：① 若稳定性不是对时间而是对其他量而言，则应该明确说明。

② 稳定性可以用几种方式量化，例如，用计量特性在规定的时间所发生的变化表示。

③ 有时又称为稳定度。

6. 测量器具的（示值）误差（定义见第二章）。

注：① 由于真值不能确定，实际上使用约定真值。

② 此概念主要应用于与参照标准相比较的仪器。

③ 就实物量具而言，示值就是赋予它的值。

7. （测量器具的）最大允许误差，指技术规范、规程中规定的测量器具的允许误差极限值。其同义词：（测量器具的）允许误差极限。

8. （测量仪器的）基值误差（定义见第二章）。

9. （测量器具的）零值误差（定义见第二章）。

10. （测量器具的）零漂，是指零值误差随时间的缓慢变化。

11. （测量器具的）固有误差（定义见第二章）。又称基本误差。

12. （测量器具的）偏移，是指测量器具示值的系统误差。测量器具的偏移通常用适当次数的重复测量的示值误差的平均值来估计。

13. （测量器具的）引用误差（定义见第二章）。其特定值一般称为引用值。例如，测量器具的量程或标称范围的上限。

14. 计量标准的保持十分重要，它保证计量标准的计量学特性维持在合适的限度内。为此，对计量标准要定期校准、妥善储藏和细心使用。

四、主要作用

计量标准的直接作用是用于复现具有已知不确定度的物理量值，或者以提供可对某种物理量值按已知不确定度进行测量赋值的手段。本质上，它相当于国家计量基准的延伸，将国家基准保存和复现的量值通过量值传递手段延伸到自身所提供的量值或测量手段上。然后，作为计量链中的一个环节，可以继续传递给其他计量器具，使得其他计量器具的量值可以有效溯源到国家计量基准所复现的量值上。

第三节　计量测试标准的技术体系

计量标准有其确定的量值作用范围,这主要由计量测试标准体系所决定。在我国,依然实行的是条块分割的计量体系布局。其中的块状分割通常指的是以行政区划分的计量标准体系布局,也称为法制计量体系布局,由高到低依次为国家计量基准和标准、省级最高计量标准、市级最高计量标准、县级最高计量标准。这里,国家计量基准和标准的作用范围覆盖全国,省级最高计量标准的作用范围覆盖本省,市级最高计量标准的作用范围覆盖本市,县级最高计量标准的作用范围覆盖本县。

条状分割的计量体系布局通常指按行业进行的计量能力布局,如气象行业、地质行业、电力行业、石油化工行业、信息电子行业、通信行业、医疗卫生行业等,其原因是每一个行业都存在其他行业所完全无法覆盖的特殊计量能力需求。特别是国防军工计量能力布局和军事计量能力布局,通常呈三级树状技术体系结构,也称为三级计量技术机构掌管三级计量技术标准。其中:

一级计量技术机构,称为计量中心或一级计量站,专业计量站,掌管部门最高计量标准;其作用范围为本部门(本行业)的全国范围,其量值直接溯源到国家或国际标准上;

二级计量技术机构,称为区域计量站,掌管本区域部门最高计量标准;其作用范围为本区域(本行业或本部门)的所辖范围,其量值直接溯源到一级计量技术机构的部门最高计量标准上;

三级计量技术机构,称为企、事业单位计量站,掌管本单位最高计量标准;其作用范围为本单位范围,其量值直接溯源到二级计量技术机构的区域最高计量标准上。

我国现行计量标准体系如图 3.1 所示。

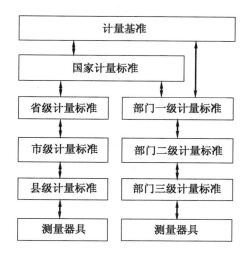

图 3.1　计量标准体系图

由图 3.1 可见,条块分割的计量技术体系中的条与块是并行的计量技术体系,分别在我国生产、生活、国民经济建设与国防建设中发挥着自己特殊的作用。

计量技术体系中的检定系统表定义为一种代表等级顺序的框图,用以表明计量器具的计量特性与给定量的基准之间的关系,框图格式见图 3.2。

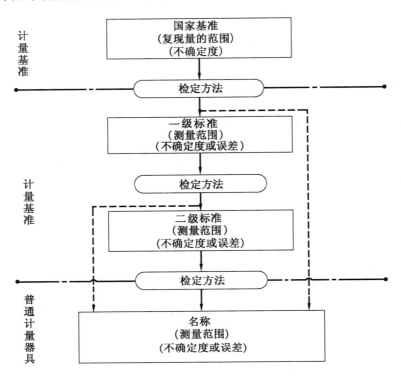

图 3.2 国家计量检定系统表的框图格式

为了与国际惯例接轨,国家计量检定系统表改称"国家溯源等级图",定义为:在一个国家内,对给定量的测量仪器有效的一种溯源等级图,包括推荐(或允许)的比较方法或手段。它包括推荐(或允许)的比较方法和手段。

第四节 计量测试标准文件的制定

由于专业与行业的涉及面非常广泛,几乎渗透到人们生产生活的各个方面,因而导致与计量测试有关的标准文件制定渠道非常复杂。由此,使得其权威性和影响力也随着其制定组织的权威性和影响力的不同而不同。若按其制定渠道分,通常可将其分为政府组织制定和非政府组织制定两大类。其中,非政府组织制定的标准文件偏重于技术类标准,而政府组织制定的标准文件侧重于管理类标准。

在非政府组织中,一些国际组织制定的国际标准文件最具有权威性。其中影响较大的几个国际组织有:1)国际标准化组织(ISO);2)国际电工委员会(IEC);3)国际计量局(BIPM);4)国际法制计量组织(OIML);5)国际理论化学与应用化学联合会

(IUPAC);6)国际理论物理与应用物理联合会(IUPAP);7)国际临床化学联合会(IF-CC)。

它们多数情况下,在自己的专业范畴和领域分别制定彼此独立的标准文件,少数情况下,也会联合制定和发布一些特别具有共性的标准文件。基本模式是以本组织内各个专业委员会下属的分委员会设立的专家工作组的形式进行专题研究和讨论制定。工作组的组成通常包括生产厂商、计量校准、独立研究机构、典型用户等几方面专家。而标准的研究、管理、发布、完善等持续性工作均由专业委员会管理完成。

标准的制定过程也通常包括:1)任务的提出;2)技术成熟性判别;3)任务批准下达;4)标准草案及征求意见,修改完善;5)批准发布;6)修订与完善。

其中,标准任务的提出,通常由行业内的厂商、计量技术机构或独立研究机构的技术专家自由申报,对于有价值和意义的申请方予以批准立项,并筹建标准编制工作组。标准的技术成熟性判别,则由技术委员会组织专家进行判定。对于尚不成熟,但又有意义和价值的标准申报项目,将在立项批复前进行技术跟踪性研究,一旦成熟,方准予立项。任务批准下达,则是由技术委员会下达给标准编制工作组;标准立项后,其制定过程中的征求意见、修改完善、意见反馈等均由分委员会负责;对于制定完毕,并经过分委员会审定的标准,以委员会的名义批准发布。而对于已经发布的标准的后续跟踪、完善、改进和修订工作,仍然由分委员会负责。实际上,分委员会负责标准由跟踪到制定和修订的全部过程,也是一个典型的标准化过程。

除了上述由多国人员联合组成的国际组织外,一些发达国家的行业学会等制定的行业标准文件也具有较高的权威性,如美国 IEEE 学会的标准、英国 IEE 学会的标准等。

在政府组织中,美国制定的美国国家标准、美国军用标准的影响力最大,也最具有权威性;其次是俄国国家标准,德国、日本等国的国家标准也具有较大的权威性。

这些具有较大权威性的标准,总体说来具备如下特点:

1)标准体系完善,覆盖范围宽广;

2)标准内容具备科学性、完整性和先进性;

3)标准制定过程规范、科学,反映问题充分,制定专家团队具备权威性和代表性;

4)标准制定的组织具有稳定性和延续性,对所制定的标准进行长期一致的跟踪完善与修订,并具备一套完整的标准化流程,是个十足的标准化过程。

在我国,计量测试技术类标准文件的制定与国际通行做法具有相同之处。例如,以国家计量检定规程和国家计量技术规范为例,我国设立了多个专业的全国计量技术专业委员会,它们分别负责制定和修订本专业的国家计量检定规程和计量技术规范。一部计量检定规程或计量技术规范的制订或修订标准化流程为:

1)项目申报;2)任务书的批复和下达;3)计量检定规程或计量技术规范的制订与修订;4)计量检定规程与计量技术规范的颁布施行;5)计量检定规程与计量技术规范的宣贯、执行。

其中,项目申报主要是根据所针对的对象的自身技术特征和技术领域,向对应专业的计量技术委员会进行申请,并列入法规制定和修订计划,由国家计量行政主管部门核准立项。

任务书的下达是由国家计量行政主管部门通过相关专业的计量技术委员会下达给申报单位;由专业计量技术委员会负责制定过程中的技术管理工作。

计量检定规程或技术规范的制定与修订,主要通过专业计量技术委员会进行过程管理、技术评审与修改完善。一般需要经过初稿、征求意见稿、讨论稿、会审稿、报批稿几个环节,征询意见的范围应覆盖生产厂家、研制单位、用户以及计量技术部门。他们分别从生产研制角度、用户使用角度以及计量校准角度,对所制定文件的科学性、合理性、先进性、实用性以及可行性和严谨性等进行审查和完善工作。最终形成所制定文件的报批稿,以及其编制说明、征求意见汇总、实验验证报告和不确定度评定报告等五份文件,上报国家计量行政主管部门审批,颁布施行。

其制定与修订的主要依据有两个:JJF 1002《国家计量检定规程编写规则》和JJF 1071《国家计量校准规范编写规则》。

计量检定规程的宣贯,主要是面向计量技术部门的从业技术人员,其目的是对规程规范进行使用前和使用中的技术培训,并进行问题研讨和相关技术交流,以推进其顺利执行,并为后续的修订工作进行技术储备。至此,完成了一个完整的计量检定规程由制定到宣贯执行的标准化流程。

有关计量测试的国家标准、国家军用标准的标准化制定流程与上述计量检定规程的制定过程相似。稍有不同的是,国家标准文件的制定是要通过相应专业的国家标准化技术委员会进行。而国家军用标准文件的制定则是通过相应专业的国家军用标准的标准化技术委员会进行。

第五节　国外重要的计量测试标准文件

如前所述,计量标准化的内涵是多方面的,包括定义统一,要求统一,环境条件统一,过程统一,方法、操作步骤统一,结果表述统一等。因而,与这些内涵相关联的标准文件均属于计量标准化的相关文件。其中,最重要的当属质量体系有关的 ISO 9000 系列标准文件以及与检测校准实验室认可相关的标准文件 ISO/IEC 17025 检测和校准实验室能力认可准则。

一、ISO 9000 系列标准

(一)ISO 9000 系列标准的内容与实质

目前,国内人们所关注的 ISO 9000 系列标准是关于产品质量的系列标准,由国际标准化组织(ISO)中专门负责质量管理和质量保证方面的"质量管理与质量保证"技术委员会(ISO/TC 176)制定。该委员会自 1979 年成立以来,经过数年努力,首先于 1986 年颁布了 ISO 8402 标准,并随后于 1987 年颁布了 ISO 9000,ISO 9001,ISO 9002,ISO 9003,ISO 9004 等五项标准,形成了一整套质量管理和质量保证的国际标准。这些标准的中文名称和英文原称如下:

1. ISO 8402:1986　质量—词汇

2. ISO 9000:1987　质量管理和质量保证标准—选择和使用指南

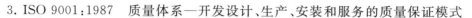

3. ISO 9001:1987　质量体系—开发设计、生产、安装和服务的质量保证模式

4. ISO 9002:1987　质量体系—生产和安装的质量保证模式

5. ISO 9003:1987　质量体系—最终检验和试验的质量保证模式

6. ISO 9004:1987　质量管理和质量体系要素指南

ISO 9001,ISO 9002,ISO 9003 是适用于合同环境下供需双方的通用外部质量保证要求,并在认证方面得到广泛的应用。ISO 9004 是适用于供方的通用质量管理指南,ISO 9000 是使用 ISO 9000 系列标准时的综合性的指南文件。

为了对质量体系的审核工作进行指导,该委员会又于 1990 年、1991 年先后颁布了如下三个国际标准:

ISO 10011-1:1990　质量体系审核指南—第一部分:审核

ISO 10011-2:1991　质量体系审核指南—第二部分:审核员的资格条件

ISO 10011-3:1991　质量体系审核指南—第三部分:审核工作的管理

上述国际标准颁布后得到了世界上很多国家的重视和广泛的应用。在应用中发现了一些不足之处,因此,在上述标准的基础上又制定了一系列指导性更强的质量和质量保证的国际标准。例如:

ISO/DIS 8402:1991　质量管理和质量保证—词汇

ISO/CD 9000-2:1991　质量管理和质量保证—第二部分:ISO 9001,ISO 9002,ISO 9003 的实施指南

ISO 9000-3:1991　质理管理和质量保证标准—第三部分:ISO 9001 在软件开发、供应和维护中的使用指南

ISO 9001:1991　修订版质量体系—开发设计、生产、安装和服务的质量保证模式

ISO 9004-2:1991　质量管理和质量体系要素—第二部分:服务指南

ISO/CD 9004-3:1991　质量管理和质量体系要素—第三部分:流程型材料指南

ISO/CD 9004-4:1991　质量管理和质量体系要素—第四部分:质量改进指南

ISO/9004-5:1991　质量保证计划指南

另外,作为 ISO 9000 系列标准的配套标准,还颁布了有关测量设备质量保证要求的国际标准,如:

ISO 10012-1:1992(E)　测量设备的质量保证要求—第一部分:测量设备的计量确认

ISO/CD 10012-2:1993　测量设备的质量保证要求—第二部分:测量过程的控制

在以上标准中,ISO 9000 系列标准是主体,而 ISO 8402 标准是应用术语的定义,ISO 10000 系列标准是质量体系的技术支撑标准。随着世界各国在质量管理思想上和方法上取得进一步的共识,这些标准一直在不断地修订和完善。

目前,世界各国的商业和企业单位都已从全球角度来开发产品和市场,以适应激烈的全球性的竞争。为此,大多数单位(包括工业的、商业和政府部门)都在力求使其生产的产品或提供的服务能满足顾客的需求和需要,并且在不断地提高质量,以获得并保持更好的经济效益。而这一切,都是由规范来体现的,如规范或产品(或服务的)设计与生产的组织系统不完善,就谈不上保证产品质量始终满足顾客的要求。上述的系列国际

标准,正是迎合了这一国际需求,综合了许多国家多年来在这方面的各种行之有效的解决方案,并进行了合理的优化之后而形成的。

在选择和建立了质量体系之后,对该质量体系的评定或认证常常是产品认证或产品符合性承诺的先决条件,这一评定或认证可以是单位内部的工作,也可以是单位外部的工作。而外部的工作,可以由第二方进行认证,也可以由第三方进行认证。ISO 9000系列标准不仅可以作为一个单位选择和建立质量体系的指南,还可以作为其质量体系认证及审核的依据。例如,欧洲共同体于1992年统一其市场后,即采用ISO/TC 176制定的国际标准作为其质量体系第三方认证及审核的要求。

从以上所述可以看出,ISO 9000系列标准的实质,可以归纳为:质量体系的建立与认可。

(二) ISO 9000 系列标准形成的背景

众所周知,一个企业能不能提供质量稳定的合格产品,除设计与生产工艺外,不仅要实施严格的检验把关,而且还要具备足够的质量保证能力。因而对企业质量体系保证能力的考查评定是必要的,特别是对那些承担复杂产品、质量要求高、风险大的企业质量保证能力的考查、评定就显得更为必要。这种需求首先是从军工产品的质量要求中体现出来的。

美国的国防部于1959年首先对武器装备的订货提出了质量保证要求的标准,并规定了两种统一的模式:MIL-Q-9858A《质量大纲要求》和 MIL-I-45208A《检验系统要求》,实施以来,有力地保证了美军装备的质量,效果很好。除了在1985年3月对 MIL-Q-9858A 和在1981年7月对 MIL-I-45208A 分别作了一些不重要的修改之外,这两个标准一直沿用至今。由于美国在使用这两套标准上的成功及其武器装备在世界上的重要地位以及遍布全世界的供应商,使这两个标准对全世界的质量保证模式标准的发展产生了重大的影响,后来世界各国的质量保证标准,均是在这两个标准的基础上演变和发展起来的。例如,到1968年,北大西洋公约组织(NATO)实质采用了 MIL-Q-9858A 的条款,以盟国质量保证出版物(Allied Quality Assurance Publication)AQAP-1 的形式出现,作为北大西洋公约组织军事订货的质量保证标准。20世纪60年代,英国国防部实质上采用了 AQAP-1,并以英国国防部标准 DEF/STAN05-21 的形式颁布。

1979年,英国标准化协会(BSI)根据 AQAP-1,发布了一套民用质量管理和质量保证标准,这就是人们熟知的 BS 5750,将质量保证标准引入到常规的民用工业范畴。其他一些工业发达的国家、地区性组织和专门的国际组织如国际电工委员会 IEC 等,也先后制定并发布了许多质量体系、质量保证方面的标准、规范,在这些标准中有的属于指导企业建立和完善质量管理体系的标准,有的则属合同环境下供需双方使用的质量保证要求标准。

这些分别由各国、地区性组织和专门的国际组织制定并发布的文件,尽管在质量管理、质量保证的思想上有共同之处,但具体到名词术语,管理方法和质量保证要求上,还是有诸多不同,不便于在国际贸易中采用,尤其是不便于国家和地区性质量体系认证的相互认可。因为,要达到质量保证能力认证的相互认可,首先必须有共同的国际标准为依据。鉴于以上要求,ISO 于1979年决定在原 ISO/CERTICO 第二工作组"质量保证"

的基础上,单独成立质量管理与质量保证委员会,即 ISO/TC 176,专门研究国际上质量管理和质量保证领域内的标准化问题,并负责制定质量体系的国际标准。经过数年的努力,ISO/TC 176 在研究分析西方工业发达国家质量管理和质量保证经验的基础上,首先在有关概念上进行了统一,于 1986 年发布了 ISO 8402:1986 质量——术语,它是以法国为主起草编制的。接着于 1987 年制定发布了 ISO 9000 系列标准,其中 ISO 9001～ISO 9003,三个质量保证模式标准的主要起草国是英国,以 BS 5750 为基础,同时吸收了加拿大、美国等有关国家标准的优点。ISO 9004 质量管理和质量体系要素指南标准主要起草国是美国,以 ANSI/ASQC z1.15(即美国标准学会与美国质量管理协会,Generic guideline for quality systems,质量体系通则)为基础,同时汲取了其他有关国家标准的长处而编制成的。ISO 9000 质量管理和质量保证标准—选择和使用指南也是以美国为主起草的。ISO 9000 系列标准形成的过程如表 3.2 所示。

表 3.2　ISO 9000 系列标准形成过程

标　　准	颁布时间
MIL-Q-9858(美)	1959 年
MIL-Q-9859A(美)	1968 年
AQAP-1(NATO)	1968 年
DEF/STAN 05～21(英国国防部)	1960 年
BS5750(英国)	1979 年
ISO 8402:1986(法)	1986 年
ISO 9000 系列	
ISO 9001～9003(英)	1987 年
ISO 9004(美)	1987 年
ISO 9000(美)	1987 年

值得一提的是,从 ISO 9000 系列标准形成的背景和过程可以看出,其根源还是来自军工产品的质量标准。当人们考虑我国国防计量工作并为我国军工产品贯彻 ISO 9000 系列标准而做出努力时,更应注意这一标准形成的来源情况,以便更好地搞好军工产品的质量保证工作。

（三）ISO 9000 系列标准的主要特点

ISO 9000 系列标准有着一系列的特点,其中,如下几点是需要着重指出的。

1. 特别重视概念与定义的统一

ISO 9000 系列国际标准是为在企业中建立和运行质量管理与质量保证体系提供指导。质量管理领域中使用的概念和术语要统一,才能有助于理解上达到一致,才能有助于相互交流。ISO/TC 176 在拟定 ISO 9000 系列标准之初,首先制定的就是术语标准,将许多概念转化成术语和定义,并给予标准化,先是 ISO 8402:1986,后又修订为 ISO/DIS 8402:1991。在 ISO 9000 系列标准(从 ISO 9000 到 ISO 9004)

和 ISO 10012 标准中,各标准的开篇,都首先明确其术语定义,而且绝大多数都来自这一术语标准。

在与质量有关的术语中,有许多与词典中的通用性定义在含意与用法上有所不同,ISO/DIS 8402:1991 标准特别予以指出。例如"质量"(quality)这个词在日常交谈中,对不同的人往往有不同的含义,在标准 ISO/DIS 8402:1991 中,把该词定义为"反映实体满足规定和潜在需要能力的特性之总和(The totality of characteristics of an entity that bear on its ability to satisfy stated and implied needs)。"在这里,"实体"(entity)这个术语包括"产品"(product),但又作了延伸,用以包括,例如:活动(activity)、过程(process)、机构(organization)和人(person)。而这中间,术语"产品",是指活动或过程的结果,可以是有形的或无形的,也可是它们的组合,一般来讲,是四种通用产品(硬件、软件、流程型材料和服务)类别的组合体。

又如,对术语"质量控制(quality control)""质量保证(quality assurance)""质量管理(quality management)"和"全面质量管理(total quality management)"也曾有过混淆,标准 ISO/DIS 8402:1991 已力求澄清了这些概念。

再如,对与质量、质量体系、手段与技术、质量体系要素、质量保证模式等有关的概念和术语,也都一一作了澄清。

2. 强调"过程"概念

在"ISO 9000 质量管理和质量保证标准选择和使用指南,第 4 章,基本概念"中,已将质量体系视为一个过程,所谓"过程",是指一组将输入转化为输出的相关联的手段和活动的整体。

一个有效的质量体系不仅仅是过程的总和,它还要使所有的过程之间具有协调性和相容性。这就要求进行策划和规定各个过程之间的优先权。通常所说的质量体系是由一些要素组成的,每个要素涉及一个职能或一组有关的职能,而这些职能需要通过过程来完成,过程存在于职能之中或跨越多个职能。一个质量体系,首先要强调的是一个完成质量职能的过程网络,然后才涉及质量体系的要素。作为一个公司或单位必须通过其人员所从事的工作过程网络来实现、改进和提供始终如一的质量(即高的价值)。所有过程应该加以分析和不断改进,最高领导自身的过程质量,如决策的质量要比该单位中任何其他过程的质量都重要。"过程"的概念在 ISO 9000 系列标准中是一个具有根本性的概念。

3. 强调因地制宜,建立和完善各企业自己的质量体系

在 ISO 9000 的绪言中指出:"一个单位的质量体系受其目标、产品或服务以及特定的实践的影响,因此,各个单位的质量体系是不同的。"在 ISO 9000 的"范围和应用领域"一章中有一个重要的注,它指出:"这一系列的国际标准(包括从 ISO 9000 至 ISO 9004)的目的,并不是要使各个单位所实施的质量体系标准化",并且指出"公司根据其面向的市场、产品性质、生产过程以及客户需要等因素,来选择本国际标准中所含的合适的要素,并决定采用和应用这些要素的范围和程度。"

ISO 9000 系列标准,除上述的三个特点外,还有一些特点,如强调预防为主;强调适度;强调坚持;强调经济利益等,这里就不再一一详举。

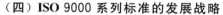

（四）ISO 9000 系列标准的发展战略

如前面所述，ISO 9000：1987 系列标准中的五个标准（除名词术语），主要是在总结欧美主要工业发达国家质量管理和质量保证的思想和方法的基础上编制成的，而且其最根本的基础是军工产品质量保证的思想和方法。这一系列标准，主要适应于工业产品，对一些诸如服务、软件、流程型材料以及工程项目等，在某些具体方法上还不能满足使用的需要。因此，在实施中，一些国家和行业，又专门制定了一些派生性标准。这些派生性标准，尤其是派生的质量保证要求标准，给国际贸易造成了不利的影响。针对这些问题，ISO/TC 176 于 1989 年成立了专门的工作组，并于 1990 年 10 月提出了一份20 世纪 90 年代 ISO/TC 176 质量标准的发展战略（"2000 年展望——90 年代在质量领域实施国际质量标准的战略"）报告，其主要思路如下。

1. 按产品类别来发展质量管理的指导性标准

未来，期望将所有的产品，从质量管理和质量保证标准化的角度出发，区分为硬件（hardware）、软件（software）、流程型材料（processed material）和服务（services）四大类别，针对这四个类别来分别制定质量管理的指导性标准。事实上，已经制定了服务质量的管理标准，如 ISO 9004-2：1991，补充制定的流程性材料的质量管理等标准，如ISO/CD 9004-3：1991。均在通过努力来提高 ISO 9000 系列标准的通用性，防止按工业经济的行业派生新的标准。

2. 把合同环境和非合同环境的区别定为标准的一个基本划分准则

从完整性的角度出发，人们已经注意到应该把合同环境与非合同环境间的区别作为标准划分的一个基本准则。而这种准则已经体现在颁布的 ISO 9000 系列标准的结构中，如，ISO 9001、ISO 9002、ISO 9003 是适应合同环境下质量保证要求的，而ISO 9004 是为生产厂家提供实施和管理质量体系的指南，即非合同环境下的质量保证要求。可以说，现在标准的结构已满足了这种划分准则，未来也将遵循这一准则。

3. 编制增补性的质量保证要求标准

三个层次的外部质量保证模式（即 ISO 9001，ISO 9002，ISO 9003）通过适当的选择（如 ISO 9000 的 8.2 节部分所述）和剪裁（如 ISO 9000，8.5.1 条目所述），可以满足一般产品企业的质量保证要求，但对承担某些专门设计的复杂产品的大型企业，则不能完全满足要求。为此，需要补充一些条款。但是，若将这些大型复杂产品要求的内容一一增加到各标准中去，势必提高对所有供方基本要求的起点，给一般中、小供方带来不便。因此，提倡分别编写增补性标准，例如：ISO/CD 9004-5：1991，就是一个例子。

4. 注意产品类别结合所带来的影响

目前，各工业或经济部门有一种跨行业发展的趋势，所提供的产品也趋于由两个或两个以上的产品类别相结合，例如现在有许多产品包含流程型材料（processed material）的生产，而这些产品随后又构成要制成的产品的零件或部件，其中还包含了计算机软件，而当供应这些产品时，还包括了销售、交付和售后服务（services）这一类别产品的内容。

5. 按四类标准形式，构成质量管理和质量管理保证的标准体系

为了支持 ISO 9000 系列标准的实施，ISO/TC 176 获得特许，把国际标准 10000～

10021 间的 20 个号保留下来专门用作质量审核,质量成本、质量手册等质量技术标准的编号、被称为"10000 系列"。

目前已颁布的有 ISO 10011《质量体系审核指南》和 ISO 10012《测量设备的质量保证》(Quality assurance requirement for measuring equipment)。根据 ISO 9000 的发展远景,ISO/TC 176 设想的质量管理和质量标准体系,如图 3.3 所示,后续将按以下四类标准的形式构成:

——质量管理指南;

——质量保证要求;

——质量技术指南;

——质量术语和定义。

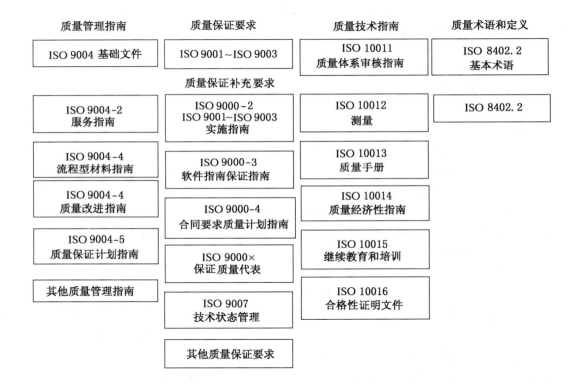

图 3.3 四类标准示意图

在 1993 年 9 月 ISO/TC 176 布达佩斯(匈牙利)会议上,对 ISO 9000 系列国际标准的后续修订做了如下的表述:

(1)将把 ISO 8402 标准、ISO 9000 系列标准和 ISO 10000 系列标准统称为"9000族标准"(family standard)。

(2)自从 1987 年,ISO 9000 系列国际标准颁布以来,ISO/TC 176 根据各国在采用该国际标准中所提出的意见,一直在对该系列标准进行着修改、完善工作。作为对该系列国际标准的修订工作的第一阶段,1993 年年底结束。在这一阶段中,基本上是小修小改，在结构上，未做大的变动。从 1994 年开始到 1996 年，作为修订、完善该系列标准的第二阶段，在这一阶段中，考虑了将 ISO 9001：1987、ISO 9002：1987 和 ISO 9003：1987 合并成一个，称为 ISO 9001 标准，而原有的 ISO 9004 标准的结构也将作相应的调整。调整后的 ISO 9001 和 ISO 9004 两个标准，在结构上是一致的。ISO/TC 176 在此次会议上，提出了 ISO 9001 和 ISO 9004 结构的讨论稿，并提出了 ISO 9001 在结构和内容设计方面的要求。

附：ISO 9001 和 ISO 9004 的结构

1　管理职责

1.1　行政管理

1.1.1　承担的义务

1.1.2　质量政策

1.1.3　目标

1.1.4　计划

1.1.5　管理评审

1.1.6　管理典型

1.2　质量体系

1.2.1　程序

1.2.2　计划（体系产品）

1.3　资源管理

1.3.1　性能

1.3.2　教育

1.3.3　培训

1.3.4　支持

2　用户关系

2.1　确立用户的需求和期望

2.2　协议的评审

2.3　接口要求

3　运行过程的管理

3.1　产品设计控制

3.2　过程设计控制

3.3　供应过程控制

3.4　采购

3.4.1　转包合同的评定

3.4.2　买方控制

3.4.3　买方提供的产品

3.5　装卸、贮存、包装、保管、分发

3.6　安装

3.7　服务

3.8　识别和跟踪

4　支持

4.1　测量

4.1.1　过程管理

4.1.2　产品测量

4.1.3　系统测量(包括在质量审核内)

4.1.4　用户测量

4.1.5　检验和测试设备

4.1.6　统计技术

4.1.7　检验和测试状态

4.2　数据管理

4.3　数据采集和处理

4.4　数据分析

4.5　不合格品的控制

4.6　纠正措施

4.7　评审过程性能

4.8　过程改进

4.9　文件控制

4.10　质量记录的控制

该部分工作已经于 2001 年完成,2008 年又推出了新的修改版。

(五) ISO 9000 系列标准中与计量有关的要求与内容

如前所述 ISO 9000 系列标准的实质就是为一个企业建立和运行自己的质量管理和质量保证体系提供指南。质量管理和质量保证体系是由若干个基本单元组成的,这些基本单元就是质量体系要素。

ISO 9004 标准中,列出了 17 个体系要素(见表 3.3),为了和三个质量保证模式(ISO 9001,ISO 9002,ISO 9003)的体系相比较,又分解成为 22 个要素。抓住了这些体系要素,就可以说抓住了 ISO 9000 系列标准的核心内容,就可以更好地了解计量工作本身在 ISO 9000 系列标准贯彻中的工作位置。在按体系要素介绍计量工作本身应介入的内容之前,对这些体系要素的一般特点先作一些初步介绍。

从体系要素表可看出,前三个要素是建立质量体系的"关键要素",具有管理职能,它提出了企业领导的职责,建立质量体系的原理以及使用的经济手段,衡量质量体系运行的有效性。从序号第 4 到第 9 个要素,再加上第 13 个要素,即营销质量、设计和规范质量、采购质量、生产质量、生产过程的控制、产品验证以及搬运和生产后的职能等七个要素,是产品质量形成过程的各个环节的质量活动。这些环节是相互联系、相互依存和相互促进的,被称为"过程要素"。从序号第 10 到第 17(序号 13 除外)等七个要素,贯穿于产品质量形成的全过程。测量和试验的设备的控制、不合格的控制、纠正措施,以及产品安全和责任、统计方法的应用等五个要素是支持七个过程要素的,使它们沿着预定的目标运转,称之为"支持要素",而质量文件和记录以及人员等两个要素,是过程要素和支持要素的基础,可称为"基础要素"。这四种要素可示意性地重新编排,如图 3.4。

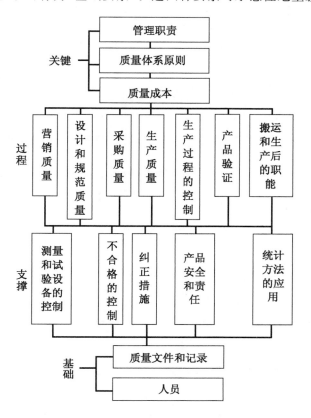

图 3.4　质量体系要素构成示意图

在表 3.3 中,我们将 ISO 9000、ISO/CD 9000-2:91、ISO 9000-3:1991、ISO 9001:1987、ISO 9001:1996、ISO 9002:1987、ISO 9003:1987、ISO 9004-2:1991、ISO/CD 9004-3:1991、ISO/CD 9004-4:1991、ISO/CD 9004-5:1991 等标准的各质量体系要素作了对照,从表中可以看出,至少有 6 个体系要素(表中带星号者)是直接涉及到计量工作的。下边按体系要素逐一加以介绍。

1. 设计和规范质量要素中需要计量工作介入的内容

在这一要素中,需要计量工作介入的地方,在 ISO 9004:1987(8.3),ISO/CD 9000-2:1991(4.4),ISO/CD 9004-3:1991(8.3) 中都有表述。

在 ISO 9004:1987(8.3)"产品的试验与测量"中明确指出,应规定设计和生产中用于评价产品和过程的测量和试验方法以及接收的准则。应包括:

① 性能目标值、公差和属性特征;

② 接收和拒收准则;

③ 测量和试验方法、设备、偏差和准确度要求以及计算机软件要求。

在 ISO/CD 9000-2:1991(4.4.2)"设计研制的计划工作"中指出,设计研制计划除其他的内容外,还应包括一项:"d.有关测试方法和验收准则的计划。"

表 3.3 质量体系要素对照表

明确计量介入的要素	序号	ISO 9004 中的章节或条号	标题	对照下列标准中的章号或条号									
				ISO 9000-2:1991	ISO 9000-3:1991	ISO 9001	ISO 9001:1996	ISO 9002	ISO 9003	ISO 9004-2:1991	ISO 9004-3:1991	ISO 9004-4:1991	ISO 9004-5:1991
	1	4	领导的职责（供方领导的责任）	4.1	4.1	4.1		4.1	4.1	5.2	4		5.3
	2	5	质量体系原理和原则	4.2	4.2	4.2		4.2	4.2	5.4	5		
		5.4	质量体系审核（内部质量审核）	4.17	4.3	4.17	4.5.2	4.16	—	5.4.4	5.4		5.19
	3	6	经济性——质量成本			—		—	—		6		
	4	7	市场调研质量（合同评审）	4.3	5.2	4.3	4.3.1.3	4.3	—		7		5.4
*	5	8	设计和规范质量（设计控制）	4.4		4.4		—	—		8(8.3)		5.5
*	6	9	采购质量（采购）	4.6	6.7	4.6		4.5	—		9		5.7
*	7	10	工艺准备（工序控制）或生产质量	4.9		4.9		4.8	—		10		
*	8	11	生产过程的控制			4.9		4.8	4.4		11		
		11.2	物资控制及其可追溯性	4.8		4.8		4.7			11.2		5.9
		11.7	验证状况的控制（检验和试验状态）	4.12		4.12		4.11	4.2				
	9	12	产品验证（检验和试验）	4.10		4.10		4.9	4.5		12		5.13
*	10	13	测量和试验设备的控制（检验、测量和试验设备）	4.11		4.11	4.3.9	4.10	4.6	6.3.6	13		5.14

表3.3（续）

明确要介入的计量要素	序号	ISO 9004 中的章节或条号	标题	对照下列标准中的章号或条号									
				ISO 9000-2: 1991	ISO 9000-3: 1991	ISO 9001	ISO 9001: 1996	ISO 9002	ISO 9003	ISO 9004-2: 1991	ISO 9004-3: 1991	ISO 9004-4: 1991	ISO 9004-5: 1991
	11	14	不合格品的控制（不合格品的控制）	4.13		4.13		4.12	4.8		14		5.17
	12	15	纠正措施	4.14	4.4	4.14		4.13		6.3.5	15		
	13	16	搬运和生产的职能（搬运、贮存、包装和交付）	4.15	5.9	4.15	4.3.6	4.14	4.9		16		5.11
		16.2	售后服务	4.19	6.2	4.19		—	—		16.2		5.15
*	14	17	质量文件和记录（文件控制）	4.5	6.3	4.5		4.4	4.3	5.4.3	16		5.6
		17.3	质量记录	4.16		4.16		4.15	4.10		17.3		5.20
	15	18	人员（培训）	4.18	6.9	4.18		4.17	4.11	5.3	18		5.18
	16	19	产品安全和责任								19		
	17	20	统计方法的应用（统计技术）	4.20	6.4	4.20	4.13	4.12	6.4.3	20			5.21
			需方提供的产品	4.7	6.8	4.7		4.6					5.8

在 ISO/CD 9004-3:1991(8.3)"产品的试验与测量"中指出,"应规定在设计和生产中用于评价产品和过程的测量和试验方法以及接收的准则",包括五条,其中第五条是"e.试验和测量准确度的要求。"

2. 采购质量要素中需要计量工作介入的内容

该要素中,需计量工作介入的内容在 ISO 9004(9),ISO/CD 9004-3:1991(9),ISO/CD 9004-5:1991(5.7)中都有表述。

在 ISO 9004(9)中指出"外购的材料,零件和部件是企业产品的组成部分,因而直接影响产品的质量。同时,也应重视设备仪器的校准和特种工艺等服务的工作质量,对外购物资的采购必须做好计划加以控制"。并指出"在采购物资到达前,应确保必要的工具、检测器具、仪器和设备全部完好并经检定合格,同时还须配备训练有素的工作人员"在 ISO/CD 9004-3:1991(9.7)中,有关内容的文字表达和 ISO 9004:1987 是相似的。

3. 工艺准备(工序控制)要素中需要计量工作介入的内容

该要素中,需计量工作介入的内容在 ISO/CD 9000-2:1991(4.9),ISO 9000(4.9),ISO 9002(4.8)中都有表述。

ISO/CD 9000-2:1991(4.9.2)"特殊工序"中,明确指出,"与普通工序相比,对产品的生产和测量设备需要有更综合性的质量保证和校准措施,……"。该条是作为对 ISO 9001(4.9.2)、ISO 9002(4.8.2)的指南提出的。

4. 生产过程控制要素需要计量工作介入的内容

该要素中,涉及计量工作的内容,在 ISO 9004:1987(11) 和 ISO/CD 9004-3:1991(11)中均有明确的表述。

在 ISO 9004:1987(11.3)"设备的控制和维护保养"中指出:所有的生产设备,包括机器、夹具、工装、工具样板、模具和计量器具等,在使用前均应验证其准确度。应特别注意工序控制中使用的计算机特别是软件的维护(见第 13.1 条)。

设备在停用期间应合理存放和维护保养,并进行定期检验和再校准,以确保其准确度。

应制定预防性维护计划,以确保持续而稳定的工序能力,对关键的产品质量特性有影响的设备性能,要特别加以注意。

对特殊工序中有四项内容强调应进行多频次的验证,如在"11.4 特殊工序"中指出:必须特别注意特殊工序,这种工序的控制对产品质量极其重要。

对不易测量或不能经济地测量的产品特性,或有关设备的操作或保养需要特殊技能,或由随后的检验和试验不能充分验证其结果的产品或工序等情况都需要予以特殊考虑。对特殊工序应进行多频次的如下验证:

a. 制造、测量以及装配和调试产品所用设备的准确度和变化;

b. 操作人员的技能、资格和知识是否满足质量要求;

c. 特殊的环境、时间、温度或其他影响质量的因素;

d. 对人员、工艺和设备必要的认可记录。

其中 a、b 两项工作,明显地需要计量工作的介入。

在 ISO/CD 9004-3:1991(11.3)"设备的控制和维护保养"中有和 ISO 9004:1987 (11.3)同样的表述,在"11.4 特殊工序"中,比 ISO 9004:1987(11.4)表达得更加清楚。

11.4　特殊工序

必须特别注意特殊工序,这种工序的控制对产品质量极其重要,对这些工序应实施多频次的验证,若验证发现存在不满足规定或期望的产品或工序特性的情况,则应采取必要的纠正措施。必要时可临时停产,直到查明原因并改进了工序控制后再恢复生产。可能还需按预定的程序更换工艺装置、调整工艺条件等。对特殊工序应进行多频次的如下验证:

a. 制造和测量设备(包括工艺装置及校准设备)的准确度和变化;

b. 操作人员技能、资格和知识是否满足质量要求;

c. 对反映物理和化学特性的压力、时间、温度、流程、环境和测量程序的验证方法;

d. 对人员、工艺和设备必要的认可记录。

5. 测量和试验设备控制要素中需要计量工作介入的内容

这一要素中需计量工作介入的内容在 ISO 9004:1987(13)、ISO9004-2:1991 (6.3.6)、ISO/CD 9000-2:1991(4.11)、ISO 9003:1987(4.6)、ISO 9000-3:1991(6.4.1)、ISO 9001:1987 (4.11)、ISO 9002:1987 (4.10)、ISO/CD 9004-3:1991 (13)、ISO/CD 9004-5:1991(5.14)、ISO 9001:1996(4.3.9.3)中都有明确表述。

在 ISO 9004:1987(13)"测量和试验设备的控制"中的五个要点都涉及需要计量工作介入的内容:

13　测量和试验设备的控制

13.1　测量控制

应该对产品的开发、制造、安装和服务中的全部测量系统进行必要的控制,以保证根据测量数据所做出的决策或活动的正确性。对计量器具、仪器、探测设备,专门的试验设备以及有关计算机软件都应进行控制。此外,对影响产品、工艺或服务特性的夹具工装、设备和工序检测仪器也应加以适当的控制(见 11.3 条)。应制定并实施监督的程序,并使测量过程(其中包括设备、程序和操作者的技能)处于统计控制状态下。应将测量误差与要求进行比较,当达不到准确度要求时应采取必要的措施。

13.2　控制要点

对测试设备及试验方法的控制应包括以下内容:

a. 保持技术规范和测试仪器的正确性,包括在规定的工作环境条件下应具备的量程、准确度、坚固性及耐用性;

b. 首次使用前应进行校准以证实其准确度是否符合规定要求,对控制自动测试设备的软件和程序也应进行验证;

c. 根据生产厂家的技术规范、上次校准的结果以及使用的方法和范围,定期对设备进行调整、修理和再校准,以保持使用中所需准确度;

d. 有关仪器标记、校准周期、校准状态以及返还、搬运和贮存、调整、修理、校准、安装和使用的程序都应纳入书面文件;

e. 应能溯源到准确度和稳定性已知的标准器具,最好是国家或国际标准。当工业部门或产品没有这种国家或国际标准时，则应溯源到为其专门制定的标准。

13.3 供方测量控制

对提供产品或服务的供方所使用的计量器具和测量设备及程序也应进行控制。

13.4 纠正措施

发现测量过程失控或测量和试验设备超过了所规定的校准周期时限时，必须采取纠正措施，对已进行的测试工作所造成的影响，以及需要返工、重新校准或完全拒收的范围进行评定。此外，为了避免问题的再次发生，必须查明原因，包括对校准方法和次数、人员培训和试验设备的适用性重新进行审查。

13.5 厂外的试验

在满足 13.2 和 13.4 条要求的前提下，可以使用厂外设备进行测量、试验或校准，以免增加费用或额外的投资。

在 ISO 9004-2:1991(6.3.6)"测量系统的控制"中，明确指出：

应制订有关监督和维护服务测量系统质量的控制程序，这种控制应包括对人员技能、测量程序和测试所用的分析模型或软件的控制。全部测量和试验，包括顾客满意程度的各种调查以及调查表，均需做确认和可靠性试验。提供服务所用的所有测试设备的使用、校准和维护均应加以控制，以确保基于测量数据进行决策或采取措施的正确性。当准确度要求达不到时，应将测得的误差与要求的误差进行比较并采取适当的措施。

注：测量设备质量的保证要求的指南可参阅 ISO 10012-1。

在这一条中还明确说明，"测量设备质量保证要求的指南可参阅 ISO 10012-1"。

在 ISO/CD 9000-2:1991 中的"4.11 检验测量和试验设备"一节，是 ISO 9001(4.11)、ISO 9002(4.10)、ISO 9003(4.6)各节的指南，并注明"有关测量设备管理的详细情况，请参阅 ISO 10012"。

在 ISO 9001(4.11)"检验、测量和试验设备"中指出：

检验、测量和试验设备，不管是本厂的、租用的、还是需方提供的，供方均应进行控制、校准和维护，以便证实产品符合规定要求。使用时应保证所有设备的测量不确定度为已知并且具备所需的测量能力。

供方应：

a. 明确测量的项目和所要求的准确度，并选择合适的检验、测量和试验设备；

b. 对影响产品质量的所有检验、测量和试验设备及仪器，按规定周期或在使用前对照与国家认可的标准有着已知的明确关系的并已鉴定合格的设备来进行检定、校准和调整。当无此标准时，应把校准依据写在文件上；

c. 制定和执行校准程序，其内容包括设备型号、编号、地点、检查频次、检查方法、验收标准，以及发现问题时应采取的措施；

d. 保证检验、测量和试验设备具有所需的准确度；

e. 检验、测量和试验设备应带有表明其校准状态的标识或识别记录；

f. 保存检验、测量和试验设备的校准记录；

g. 发现检验、测量和试验设备未处于校准状态时，应立即评定以前检验和试验结果

的有效性,并记入有关文件;

　　h. 保证环境条件适合于所进行的校准、检验、测量和试验;

　　i. 保证检验、测量和试验设备在搬运、保管和贮存期间,其准确度和适用性保持完好;

　　j. 防止检验、测量和试验设备(包括试验用硬件和软件)因调整不当而使其校准定位失效。

　　当把试验硬件(如夹具、定位器、模板、模(胎)具等)或软件用作检验手段时,使用前应加以检验,以证明其能用于验证生产和安装过程中产品的合格性,并按规定周期加以复验。供方应规定复验的内容和频次,并保存记录,以便作为控制的证据(见 4.16)。当需方或其代表要求时,供方应提供测量设计数据,以证实其功能是合适的。

　　在 ISO 9002(4.10)"检验、测量和试验设备"中也有相同的涉及计量工作的要求。

　　在 ISO 9003(4.6),对这一要求的叙述如下:

　　4.6　检验、测量和试验设备

　　供方应对检验、测量和试验设备进行校准与维护,以证实产品符合规定的要求。

　　供方用于最终检验和试验的全部检验、测量和试验设备均应对照与国家认可的标准有已知明确关系的并鉴定合格的设备进行校准和调整。供方应保存检验、测量和试验设备的校准记录(见 4.10)。

　　在 ISO 9001:1996 修订版中的(4.3.9.3)"检验、测量和试验设备"一节的内容上,明确指出"按 ISO 10012"修改该节内容。对于测量程序,(4.3.9.1)指明"供方应制定计划,并保证测量过程能满足对产品所规定的要求",并说明"具体的方法指导详见 ISO 10012"。

　　在 ISO/CD 9004-3:1991(13,13.1,13.2,13.3)也同样明确了在设备控制和维护、测量和试验设备的控制中要涉及的计量工作。

　　13　测量和试验设备的控制

　　13.1　测量控制

　　应该对产品开发、制造、安装和服务中的全部测量系统进行必要的控制,以保证根据测量数据所作出的决策或活动的正确性。对计量器具、仪器、探测设备、专门的试验设备以及有关计算机软件都应进行控制。此外,对影响产品、工艺或服务特性的工序检测仪器也应加以适当的控制(见 11.3 条)。应制定并实施监督的程序,并使测量过程(其中包括设备、程序和操作者的技能)处于统计控制状态下。将测量误差与要求的误差进行比较,当达不到准确度要求时应采取必要的措施。

　　测量系统本身就是重要的过程,应满足 ISO 10012 的有关要求。

　　在流程型工业中,测量控制显得尤其重要,因为很多原材料、工艺和产品的信息均通过测量获取,这些测量的手段包括位于或临近工艺装置的测量仪器和试验室中的试验设备。

　　在运用试验室测量结果对所加工的材料进行评价时,应对各试验室测量参考值作充分的分析,并进行综合评价。

　　13.2　控制要点

在流程型工业中,大部分试验需使用复杂的设备和程序。统计工作控制方可用于工序控制,使工序处于统计受控状态。相应的记录则用作工序受控的书面证据。

对测试设备及试验方法的控制应包括以下内容:

a. 保持技术规范和测试仪器的正确性,包括在规定的工作环境条件下应具备的量程、准确度、强度及耐用性;

b. 首次使用前应进行校准以证实其准确度是否符合规定要求,对软件和控制自动化的试验设备的程序也应进行验证;

c. 根据生产厂家的技术规范、上次校准的结果以及使用的方法和范围,定期对设备进行调整、修理和再校准,以保持使用中所需的准确度;

d. 有关仪器标记,校验周期、校准状态以及返还、搬运和贮存、调整、修理、校准,安装和使用的程序都应纳入书面文件;

e. 应能溯源到准确度已知并具有稳定性的标准,最好是国家或国际标准,当工业部门或该产品没有国家或国际标准时,则应追溯到为其专门制定的标准。考虑到校准常常难以溯源到国家或国际标准的实际情况,在流程工业中常常采用次级参考材料和统计方法来确认相应测量过程的准确性。

13.3　供方测量控制

对提供产品或服务的供方所使用的计量器具和测试设备及程序也应进行控制。

供方也应采用统计控制方法使其测量过程处于统计受控状态。

13.4　纠正措施

发现测量过程失控或测量和试验设备超过了所规定的校准周期时限时,必须采取纠正措施,对已测试材料的影响以及需要返工、重新试验、重新校准或完全拒收的范围进行评定。

通常需经常对统计控制记录进行复审,以确定所需采取的纠正措施。如果统计记录表明测量过程处于非受控状态,则有关人员应首先分析原因,而不是简单地进行再校准。

13.5　厂外试验

流程型材料的测试通常随流程同步进行,为避免增加费用或额外投资,有时需由厂外测试机构提供测试服务。在此情况下,为确保正确性,提供测试服务的厂外测试机构的测量系统也应满足 13.2 和 13.4 条的规定的要求。

在 ISO/CD 9004-5:1991(5.14)中也明确了检验、测量和试验设备中的计量工作:

5.14　检验、测量和试验设备

质量保证计划应对产品、项目或合同中所用检验、测量和试验设备(包括过程控制设备)的控制系统做出规定,规定的内容包括:

——设备的标识;

——校准方法;

——显示和记录校准状态的方法;

——有关设备使用情况的各种记录应予以保存,以便一旦发现这些设备失准时,能够确定设备失准前检验和测试结果的有效性。

如何确定基准采集数据,如何对软件进行鉴定,这对计量人员来说还是个新课题,但应加以充分注意。关于软件的测量,在 ISO 9000-3:1991(6.4.1)中有如下表述:

6.4.1　产品测量

测量值应公布并用来管理开发和交付过程。测量值应与特定的软件产品或用途相关。

目前尚无公认的软件质量测量方法,但从用户观点出发,至少应使用能表明所报告的阶段失效或缺陷的某些测量值,所选择的测量值应能被描述出来,以便结果可以比较。

软件产品的供方应收集这些软件产品质量的定量测量方法,并按照这些测量方法开展工作。这些测量方法能用于下列目的:

a. 按一定的基准采集数据并报告测量值;

b. 按每个测量值鉴别当前的性能水平;

c. 如果测量值水平恶化或超过规定的目标水平,则采取纠正措施;

d. 按测量值规定具体的改进目标。

6. 在质量记录要素中需要计量工作介入的内容

在这一要素中,需要计量工作介入的内容,在 ISO 9004:1987(17.3),ISO/CD 9004-3:1991(17.3)中,可以看到。在这些条款中,都表示要把"校准数据"作为需要控制的质量记录之一。

从上述 6 个质量体系要素中需要计量工作介入的情况的分析来看,计量工作主要是从保证量值的准确,即以保证设备受控角度出发来保证质量体系的正常运行。测量保证系统从保持量值的准确、溯源上确保了一个企业的质量管理保证体系作用的正常发挥。从系统工程的角度出发,计量工作或者说测量保证系统的工作,可以说是质量体系中的一个必不可少的支持系统和有机构成部分。

为了保证设备的量值准确,相应地就要对测量设备及其工作的质量提出保证要求,而这些要求是 ISO 10012 标准的内容。

二、ISO 10012 标准

ISO 10012 标准是 ISO 9000 系列标准的配套标准,特别是 ISO 9004 标准的细化、完善和发展,测量(包含计量)的质量是保证产品质量的重要环节。本节着重从如何保证测量的质量的角度出发,结合 ISO 10012 标准的内容与实质、形成的背景与过程、主要特点及未来的发展,来阐明 ISO 10012 标准在保证测量质量中的作用。

从前面"ISO 9000 系列标准介绍"图 3.3 中,已经知道,ISO 10012 标准是属于质量技术指南类标准,是关于测量设备质量保证要求的国际标准。该标准是由两个彼此独立而又相关的标准组成的,其第一部分,ISO 10012-1,测量设备的计量确认,于 1992 年 1 月 15 日由 ISO 正式颁布。其第二部分,ISO 10012-2,是关于测量过程的控制。这两个标准是 ISO 9000 系列标准的配套标准,特别是 ISO 9004 标准的细化、完善和发展。

(一)ISO 10012 标准的内容和实质

ISO 10012 测量设备的质量保证要求(Quality assurance requirements for measurement)的第一部分"ISO 10012-1 测量设备的计量确认"(Metrological confirmation system for measuring equipment），列出了用于供方测量设备计量确认的主要特点，并明确了为使测量工作满足预定的准确度要求，供方应达到的质量保证的规定。该标准还给出了达到这些要求的一些指南。该标准要求供方，应将为实现 ISO 10012-1 各项条款的要求而采用的各种方法制定成文件，并在文中明确哪些测量设备要符合标准中的各种要求。该标准还要求供方将这一文件作为一部分并入到其质量体系的整套文件中去，并向需方提供客观的证据，以证明其测量工作的质量实现并达到了预定的要求。

在该标准中，涉及供方的测量设备本身的要求有 3 条；涉及人员的有 1 条；涉及环境条件的有 1 条；涉及计量确认体系的要求有 5 条。

涉及供方测量设备本身的 3 条要求是：

1）测量设备（measuring equipment）

2）不合格测量设备的处理（nonconforming measuring equipment）

3）测量设备的储存与保管（storage and handling）

"测量设备"条目中规定：供方的测量设备必须具有未来使用中所要求的计量特性（例如测量设备的准确度、稳定性、量程和分辨力），并指出这些计量特性的要求是计量认可中的一项基本内容。

"不合格测量设备的处理"条目中列出了对不合格测量设备的处理规定，例如，什么叫不合格测量设备，以及停用、隔离、调修、重校、降级使用等的规定。

"储存与保管"条目中，规定了供方应建立一套制度，并形成文件来处理测量设备的接收、装卸运输、存放、调用等问题。

该标准中，涉及供方测量人员要求的有一条，即"人员"（personnel），其中规定，供方应确保所有的计量确认工作都应由训练有素、合格的人员来完成。

该标准中，涉及供方环境条件要求的有一条，即"环境条件"（environmental conditions），其中规定，供方的测量设备和计量标准器具都必须在受控的环境条件中进行校准、调整和使用，对影响测量结果的各种因素（如温、湿、振动、亮度、灰尘、电磁干扰等），供方都应进行连续的监控和记录。

该标准中，涉及供方计量确认本身的要求有 5 条，它们是：

1）计量确认体系（confirmation system）

2）计量确认体系的定期审核和评审（periodic audit and review of the confirmation system）

3）已形成文件的计量确认程序（documented confirmation procedures）

4）计量确认标记（confirmation labelling）

5）计量确认封印的完整性（sealing for integrity）

"计量确认体系"条目中规定，供方应建立和保持一种有效的并形成文件的体系来管理、确认和使用其测量设备（包括其计量标准器具），以表明其满足了规定的要求。供方所建立的这一个体系应确保所有的测量设备（包括计量标准）都能按预定的要求完成工作，而且能通过及早发现问题和实时修正来防止测量误差超过误差允限。该条目还要求供方建立的这种确认体系应充分考虑所有的有关数据（包括由供方或为供方实施的任何一种统计过程控制方法中所得到的数据）。对每一台测量设备，供方都应从其有资格的人员中指定专人并给予管理授权，以便确保确认是按该体系的要求进行的。该条目最后指出，万一供方的测量设备的确认（包括校准）中的某一种或全部工作是由其他单位代替或协助完成时，供方应确保这些单位也符合 ISO 10012-1 的要求。

"计量确认体系的定期审核和评审"条目中要求，供方应自己或安排别人对其计量确认体系进行定期的系统的质量审核，以保证其体系能持续有效地运行并符合 ISO 10012-1 的各项要求。根据审核结果和其他有关因素，例如需方的反馈意见，供方应对其确认体系加以评价，如有必要，还应加以改进。

"计量确认程序"条目中要求，供方应制定和利用成文的程序来完成各项确认工作。

"计量确认标记"条目中要求，供方应保证其所有的测量设备都已牢固地、永久地被标记、编号或给出了其标识，以指明该测量设备的确认状况。

"计量确认封印的完整性"条目中指出，在计量确认的适当步骤上应对影响测量设备性能的可调部件处进行封印或采取其他防护措施，以防未经授权的人员触动。供方的确认体系中应提供使用这种封印的说明和当封印遭到破坏时对测量设备的处置方法。

该标准中，除上述涉及供方的测量设备本身、测量设备使用的环境条件、人员和计量确认体系等方面的要求外，还有三个重要的要求：关于测量设备测量不确定度的要求、确认周期的要求和溯源性的要求。

有关测量不确定度的要求，有两条，即：

1）测量不确定度（uncertainty of measurement）

2）不确定度的累计影响（cumulative effect of uncertainties）

有关确认周期的要求，有一条，即：

确认周期（interval of confirmation）

有关溯源性的要求，有一条，即：

溯源性（traceability）

"测量不确定度"条目中要求，供方在进行测量、说明和使用测量结果时，应考虑在测量过程中所有有效的不确定度，包括测量设备（含测量标准）本身的不确定度和由于人员操作、环境条件所带来的不确定度。在评定这些不确定度时，供方应考虑所有有关的数据，包括由供方或为供方进行的任何一种统计过程控制方法中所得到的数据。

"不确定度的累计影响"条目中指出，对要确认的任一台测量标准（器具）或任一台测量设备，供方要考虑在其校准链中的每一步所产生的不确定度的累计影响，当总不确定度的大小明显地可能使测量结果超出了误差允限时，应采取措施。在记录时，不仅要记录合成不确定度的各重要分量，而且要记录合成这些分量的方法。

对确认周期的要求，"确认周期"条目中指出，供方应制定一个客观的原则，按这一原则来选定确认周期。在确定是否改变确认周期时，供方应考虑所有的有关数据，包括由供方或为供方进行的任何一种统计过程控制方法中所得到的数据。

对溯源性的要求，"溯源性"条目中指出，所有的测量设备都应利用可溯源到符合国际计量大会（CGPM）要求的国际测量标准或国家测量标准来进行校准。在计量确认体系中所使用的测量标准，供方都应具备有负责人签字和证书、报告或能注明该测量标准

（器具）的来源、日期、不确定度和获得测量结果时所需环境条件的数据表。供方还应保存证明文件，以表示溯源链中的每一步校准都已进行。

综上所述，可以看出 ISO 10012 国际标准第一部分，即 ISO 10012-1 标准的实质，可以说是：要求供方对其测量设备（包括测量标准）建立和实施计量确认体系，以确保供方利用在认可周期内的测量设备所进行的测量工作能满足规定的准确度要求。

测量设备仅仅是影响测量工作质量的诸多因素中的一个因素，利用测量设备按要求进行测量工作，实际上是一个过程性的工作。如何对测量全过程的质量进行控制，则是该标准的第二部分，即 ISO 10012-2 标准的内容。

ISO 10012-2"测量过程的控制"是该标准第一部分 ISO 10012-1 标准的补充。ISO 10012-1 中所描述的计量确认，其目的是保证用在确认周期内的测量设备所完成的测量具有足够的准确度，但是，从经验可以理解，当确认周期提供一个很高的置信度，即在确认周期结束时，任一测量设备仍能进行正确的测量时，仍不能完全防止偶然的失效或意外与潜在的危险。计量确认本身还不能完全确保测量设备的正确使用，如果使用不当，即使是很准确的测量设备也可能给出一个不正确的结果。正确地制定一个测量程序，应该说是一个防护措施，但也不可能保证人们始终正确地遵照这一程序去工作。另外，进行计量确认时，多数单位不得不将测量设备（含计量器具）从其使用地点送到一个中心计量实验室去校准、调修或重新计量确认。人们常常以为，返回来的测量设备应能正常运行，不需要进行任何调修。然而，当其被使用时，如果不是大部分的话，也有相当的次数会产生不正确的结果。ISO 10012-2 是将测量及其控制、处理和分析等都作为一个过程来对待。测量被看成是一个完整的全过程：它可以从测量标准的量值溯源、校准和必要的调整开始，通过测量设备的计量确认，直到在所要求的环境条件下测量设备测得的结果为止。测量过程控制的目的就是要发现和及时纠正带有重复性的各种问题以及用适当的外推和修正方法来补偿任何一种所检测出的偏差。测量过程控制是对周期确认的一种完善，它进一步增加了测量结果的置信度。测量过程控制方法，以前也曾称之为测量保证方法。从经济、安全、实用和其他因素来考虑，测量过程控制和测量设备的计量确认相结合是一种恰当、合理的保证测量质量的方法。

ISO 10012-2 规定了供方使用的测量过程控制方法和主要特点，涉及这一内容的条款，在标准中有 12 条，它们是：

1）测量过程（measurement processes）

2）测量过程的建立与设计（measurement，processes set up and design）

3）测量过程控制系统（measurement process control system）

4）测量过程控制数据分析（analysis of measurement process control data）

5）测量过程监督（surveillance of the measurement process）

6）监督周期（intervals of surveillance，）

7）测量过程的控制（control of the measurement process）

8）测量过程控制系统的失效（failure of the measurement process control system）

9）测量过程的验证（verification of the measurement process）

10）验证过的测量过程的标记（identification of verified measurement processes）

11）测量过程控制记录（measurement process control records）

12）测量过程控制系统的周期性审核和评审（periodic audit and review of the measurement process control system）

"测量过程"条目中指出，各测量过程（使用单台测量仪器也可以构成一个测量过程）都应具有其未来使用时所要求的性能特性（例如准确度、稳定性、量程和分辨力），各测量过程及其文件都应予以保存，以考虑为实现所要求的性能而必需的各种条件（包括环境条件）和任何一种修改。该条目还指出，供方应全面、详细地说明每一个受检的测量过程并形成文件，在该过程的整个要求中还应包括确认所有的有关测量设备、测量方法、使用条件以及影响测量可靠性的其他各种因素的要求。

"测量过程的建立与设计"条目中指出，供方应根据需方的要求确定各测量过程的准确度和性能指标，各测量过程的设计应符合这些指标要求。在设计时，为了确定一些有意义的参数以便更好地达到过程的指标，可能需要用到统计设计的某些经验。

"测量过程控制方法"条目中指出，供方应提供一种测量过程控制方法，该方法能充分保证所需要的测量过程各种准确度指标要求的实现。为了实现这些要求，该方法应能考虑任何一种已表明的失效风险。条目中还指出，根据测量过程控制所得的数据做判断时，供方应按照客观的、已形成的文件的程序来进行。

"测量过程控制数据的分析"条目中指出，对每一个受控测量过程，供方应确定适合于用测量过程控制方法进行分析的各个（测量过程）参数，对这些参数，供方还应规定合适的控制阈值，选择的各个过程控制参数及其控制阈值应符合测量过程控制所规定的指标要求，并与可能出现的失误风险情况相适应，以便保证测量过程获得所要求的测量准确度。该条目还指出，供方应估计或确定由于各种过程变量所引起的控制过程的各项阈值，这些变量包含了操作者、设备、环境条件、使用方法和测量工作本身等因素的影响。在分析测量过程控制数据时，供方应利用公认的方法并以文件（资料）形式来表述所得的测量不确定度。

"测量过程的监督"条目中指出，应对受控的测量过程按文件中规定的方法进行监督，文件中的这些方法通常采用公认的过程控制原理。该条目还指出，对受控的测量过程的监督应在被测量的量的一个或若干个值上进行，这些值应该与测量过程被应用时该值的量限相适应。该条目的指南部分还指出，为实现测量过程的监督，要利用核查标准和控制图，并且要对核查标准定期校准。

"监督周期"条目中指出，供方应通过某种程序将测量过程的核查周期制定成文件。

"测量过程的控制"条目中指出，当发现某个有关的测量过程参数超出了规定的控制值时，或者通过依次核查发现了不可接受的情况时，供方应采取调整措施，将测量过程重新置于控制之下，或确认测量过程仍处于控制之下，供方还应将采取调整措施的准则制定成文件，在该条目指南中，列出了可采取的五种措施的建议。

"测量过程控制系统的失效"条目中指出，当发现测量过程失控时，供方应采取必要的调整措施，并将所采取的措施形成文件，在该文件中应包括需方的各种通告。

"测量过程的验证"条目中指出，根据对测量过程监督检查的结果和所采取的各种调整措施，供方应坚持进行周期验证以使受控的测量过程继续符合各种要求。该条目还指出,每个测量过程的验证文件应确保测量设备的校准能在要求的不确定度指标内溯源到(各种)适应的计量标准上去。

"验证过的测量过程的标记"条目中指出已被验证过的测量过程的各部分应该给予清晰的(单个或整体的)标记,仅仅在某一特定测量过程中或在各种测量过程中获准使用的各种仪器都应清晰地贴挂标签加以说明。

"测量过程控制记录"条目中指出,为了表明达到了质量要求并已有效地采用了测量过程控制系统,供方应保存各种有价值的记录。其中包括:

1)采用的测量过程控制系统的详细报告,包括系统操作人员、专用的各种测量设备、所有的核查标准以及有关的操作条件等。

2)从测量过程控制系统中所得到的各种有关数据,包括与测量不确定度有关的各种信息。

3)为获得测量过程控制数据而采取的各种措施。

4)在供方的监督检查和验证程序中,支持各种过程控制活动的全部数据。

5)各种有关的验证标记和其他资料。

6)提供记录中各有关信息的人员的签名。

该条目还指出,有关记录的保存和保护,供方应有清晰的文件程序,各项记录要一直保存到其不再可能被查阅时为止。

"测量过程控制系统的周期性审核和评审"条目中指出,为了确保测量过程控制系统能持续有效地按本国际标准的要求实施,供方应对其进行或安排进行周期和系统的质量核查。

该条目还指出,根据上述质量核查和从其他来源(如来自需方的反馈信息)所得的结果,如有必要的话,供方应对测量过程控制方法进行评审和调整。

从上述的 ISO 10012-2 的主要内容可以看出,ISO 10012-2 的实质可以说是:如何对测量这一过程性的工作实施符合质量要求的控制,这中间包括对过程的建立、控制、监督和验证,对过程控制方法的评审和控制失效时的处理,从系统工程的角度出发,来确保测量工作的质量。

(二)ISO 10012 标准形成的背景和过程

ISO 10012 标准的形成,如同 ISO 9000 系列标准一样,最初也是来自美国军用标准的影响。

美国国防部于 1962 年 2 月 9 日颁布了美国军用标准 MIL-C-45662"校准系统要求"(calibration system requirement)用以建立一个保持测量设备准确度的校准系统。后来,该标准又于 1980 年 6 月 10 日被修订成美军标 MIL-STD-45662A,但标准的名称未变。

在颁布了 MIL-C-45662 美军标之后不久,美国国防部于 1964 年 7 月 7 日又颁布了军用标准手册 MIL-HDBK-52"承包商校准系统评定"(Evaluation of contractor's calibration system),用以评定按 MIL-C-45662 建立起来的承包商的校准系统。该标准后来又进行了数次修订,先于 1984 年 8 月 17 日被修订为 MIL-HDBK-52A,后来又于 1989 年 8 月 16 日被修订为 MIL-HDBK-52B。

美国国防部在 20 世纪 60 年代初制定的 MIL-C-45662 和 MIL-HDBK-52 两个标准,在当时起到了国际标准的作用。北大西洋公约组织以这两个美军标为基础,随后颁布了盟国质量保证出版物(AQAP-6),该出版物是从军方定货的需求出发,为严格军工产品的供货质量而编制的。上述标准,在当时已成为许多国家需方和供方订货和验收的准则。在 ISO 9000 系列标准形成的背景和过程一节中曾提到,国际标准化组织(ISO)于 1979 年成立了质量管理和质量保证委员会(TC176),并着手制定质量体系的国际标准,该委员会于 1987 年在其第三分委员会(SC3)中成立了测量设备质量保证工作组(WG1),并责成其负责 ISO 9000 系列标准配套标准——关于测量设备的质量保证要求,ISO 最初授权第 1 工作组(WG1)制定一个国际标准来代替 AQAP-6。

与此同时,美国标准学会(ANSI)与美国质量管理协会(ASQC)已经制定出 ANSI/ASQC M1-1987 标准"校准系统的美国国家标准"(American National standard for calibration systems),该标准肯定了定量表示校准不确定度和控制测量的测量保证方法,这和 MIL-C-45662 及 AQAP-6 已有原则性的区别。MII-C-45662 这二种标准在当时制定时,还没有明确这些内容。

1989 年 TC 176 SC3 WG1 工作组起草了 ISO 该标准的第一稿(ISO DP10012),1990 年经修改后,工作组提出了该标准的国际标准草案 ISO 10012(DIS),1991 年 9 月 30 日到 10 月 5 日在西班牙马德里召开 ISO TC 176"质量管理和质量保证"年会时,SC3 WG1 工作组向大会提交了 ISO 10012-1 对测量设备的质量保证要求—第一部分,测量设备的计量确认(Quality assurance requirements for measuring equipment—Part 1 metrological confirmation system for measuring equipment) 的标准文稿,并获得通过。ISO 于 1992 年 1 月 15 日正式公布了国际标准 ISO 10012-1 的第 1 版。在这个会议上,同时修改了国际标准 ISO 10012-2:第二部分,测量过程控制标准草案(part 2 measurement process control),使 ISO 10012-2 进入委员会草案(CD)阶段。

(三) ISO 10012 国际标准的主要特点

如同前述,ISO 10012-1 和 ISO 10012-2 两个密切相关的国际标准都是 ISO 9000 系列标准的配套标准,特别是 ISO 9004 标准的细化、完善和发展。在 ISO 10012 中,有一些新的概念和特色,现列举如下:

1. 强调状态控制,提出计量确认的概念

在 ISO 10012-1 中引入了一个术语——计量确认(metrological confirmation),在该标准中,计量确认定义为"为确保测量设备处于满足预期使用要求的状态所需要的一组操作"。在该定义词条中,还加了注解,在注解中指出"计量确认这一组操作通常包括校准、必要的调修和随后的再校准,以及要求进行的封印和标记。"

计量确认这一术语是 ISO 10012-1 中特有的,在由七个国际组织(BIPM、IEC、ISO、OIML、IFCC、IUPAC、IUPAP)的专家共同修订的 1993 年 1 月出版的第二版"国际通用计量学基本术语"(International Vocabulary of basic and general terms in metrology) 中没有被列入,但在该修订版出版前,1992 年 12 月的讨论会上,有的专家(例如:瑞典、古巴等国的专家)已提议应将该术语列入,他们认为,该术语的定义和 ISO IEC 25 导则 1990(E) 中的"验证"(Verification)术语十分相近,并且和法制计量词汇(OIML Vocabulary of legal Metrology，VML 1978）的 2.4 条"验证"的定义近似。为了便于理解 ISO 10012-1 中"计量确认"这一术语的含义，在这里列出这两种文献中和该词类似的词条的定义，以利比较。

在 VML 1978（2.4）"验证"词条中，是这样定义的："国家法制计量部门（或其他法定授权的机构），为确定或证实测量器具是否完全满足检定规程的要求而进行的操作"。

"验证包括检验和封印"

（All the operations carried out by an organ of the National service of legal metrology（or other legally authorized organization）having the object of ascertaining and confirming that the measuring instrument entirely satisfies the requirements of the regulation for verification）

（Verification includes both examination and Stamping）

在 ISO IEC 25 导则 1990（E）（3.8）"验证"（Verification）词条中，是这样定义的：通过校验提供证据来确认符合规定的要求。

从以上的参照比较可以看出，ISO 10012-1 中的"计量确认"这一术语所表示的概念，是更加突出了测量设备的状态控制，其应用范围比"验证"所涉及的范围更广。

在"计量确认"的概念下，该标准对供方提出了要建立和保持计量确认体系的一系列要求（如 4.3、4.4、4.7、4.10 等条目），并提出了科学的规定测量设备计量确认周期的准则：即能保证测量设备给出准确可靠的检测数据，又使维护测量设备正常运行的费用最少。

可以说，对供方测量设备进行计量确认的要求，实际上是体现了状态控制的思想，是使测量设备的计量性能的状态严格受控。

2. 强调溯源，保证量值准确

本标准要求，用于计量确认的所有测量标准都应按溯源链溯源到国际标准或国家标准，溯源链中的每一级校准的执行情况都应有文字证明，在确认各台（件）测量标准和测量设备时，要考虑各级校准中所累积的不确定度的影响，如果超出了允差范围，则应采取相应的修正措施。

3. 强调过程控制，突出测量保证思想

在国际标准 ISO 10012-1 中，一个突出的特点是测量设备的状态控制，即测量设备的计量确认，在 ISO 10012-2 中，则强调把测量作为一个过程来进行过程控制的思想。

把测量作为过程来加以控制，即测量过程控制是最近才发展起来的。它来自艾森哈特在原美国标准局（NBS）研究杂志上发表的一篇题为"关于仪器校准系统精密度和准确度的真实估计"的文章。在其文中，他提出了定量表示测量不确定度的建议。而按照质量控制的方法来对测量过程进行控制，则是由舒哈特 1931 年在谈及产品制造过程时首先提出的。1977 年，卡姆隆（NBS）确认了艾森哈特的建议和质量保证方法间的密切联系，并把这一新近出现的技术称之为"测量保证"（measurement assurance），这一技术最初仅用于最严格的计量测试和校准。然而，越来越明显的是，"测量保证"方法和过程控制方法十分相似。因此，原则上，它也能用于所有的测量和校准。与此同时，设计、处理和控制在产品的程序化生产中和提供各种服务中的各种工作，并在质量保证技术上使之更加完善的意识在不断增强。如同 ISO 9000 系列标准中所描述那样,在质量保证中,所有的工作也是通过一个过程来完成的。ISO 10012-2 中,把测量作为受控过程来对待,正是反映了当代技术发展的这一趋势。

测量过程控制的重要特点在于人们可以利用某种手段实时监控测量的质量。突发的或者渐变的质量偏差都可以被检测出来,因为这些质量偏差均可能随过程中随机误差或者系统误差的增加而显现出来。测量过程控制的其他特点是,在测量过程中进行的各个测量,人们可以得到一个满意的定量的估计。测量过程控制方法和传统的所谓用准确度比方法(例如准确度相差 5～10 倍)来建立的测量链方法不同,它能定量地表示测量链中每一步测量(包含校准)中不确定度实际降低的程度。而传统的方法,并不能让人们准确地知道每一步测量的不确定度是多少。一般情况下传统的方法还是相当不错的,但是对于人们需要知道应该相信到何种程度的特别关键的那种测量而言,除了正确地阐明其不确定度外就再没有别的办法。利用更严格的测量方法,人们就可以自动地获得所需的数据,以便对测量的准确度建立起坚定的信心。

为了进行最严格的测量过程控制,ISO 10012-2 提出了两种手段,一种为核查标准(check standards),一种是控制图(control charts)。在该标准中还指出,计量专家利用核查标准和控制图对测量过程进行控制可将测量的不确定度减至最小。

在 ISO 10012-2 标准中,核查标准被定义为"用来对测量过程控制进行数据收集的测量设备"。核查标准并不一定是一种实物,有时候,两台(件)测量标准的差值也可用作为核查标准。利用核查标准,人们就可以测得组内测量和组间测量的测值变化。从而获得对测量过程全部变化的良好估计。

控制图最初是从控制工业生产过程的质量而发展起来的,但已经有效地用于其他类型的过程。尤其是已有效地用于监控一个测量或校准过程。一个控制图可以识别出不希望出现的临时偏差或过程的变化以及长期的态势。用于控制测量过程变化的控制图有许多种,其中,使用方便和最有力的是均值(X)控制图和极差(R)控制图。

从最有效性方面来考虑,核查标准应该用一个与用其来控制的测量过程相独立的,而且最好是在准确度上比该过程要好的一个测量过程来测量或校准。但即使限于条件,不能进行这样的独立的测量或校准,核查标准依然能对测量过程的控制起到有效的作用。然而,当使用核查标准来评估由于测量过程的系统误差所带来的不确定度时,则必须对参考标准为溯源进行独立的测量或校准。

在该标准附录中专门论述了核查标准和控制图的应用及不确定度的评定,这对理解 ISO 10012-2 是非常有益的。

(四) ISO 10012 标准的发展

ISO 10012-1 与 ISO 10012-2 均已经颁布。为了更好地贯彻 ISO 10012 标准,该标准工作组(ISO TC 176 SC 3 WG 1)委托美国编写"测量保证指导手册"。为此,美国质量管理协会(ASQC)专门成立了起草小组,并拟定了该手册拟包括的主要内容。这本手册的编制对贯彻 ISO 10012 标准无疑是很有帮助的。

在 1993 年 9 月底 ISO 布达佩斯会议上,ISO/TC 176/SC 3/WG 1 认为:已按 CD 版本发出的 ISO/CD 10012-2 还应再进一步完善,将于 1994 年发表最终的 CD 版本,

1994 年 9 月加拿大的会议上予以通过,1996 年正式颁布。

在布达佩斯会议上,对 ISO/CD 10012-2 的名称有了一点改变。其原称为:Measurement process control,后改为:Control of measurement process.在中文译名中,将由"测量过程控制"变为"测量过程的控制"。

（五）实施 ISO 10012 中的有关工作

在我国,传统的计量工作是通过计量(基)标准的建立,进行逐级量值传递,来保证量值的准确一致的。而且,这一工作主要是计量部门的任务,在企业中,也只是计量室的工作,离生产一线还有一些环节,而在国外,随着工业的飞速发展和科技进步,已将保证量值的准确一致扩大到整个测量过程,从生产一线的测量设备一直追溯到国家测量标准,计量工作已有机地结合在整个测量过程之中,正如该标准所阐述的那样,利用对测量设备(包括测量器具)的状态控制,利用核查标准与控制图对测量整个过程(包括校准)的过程控制来使整个测量过程的各个环节都处于受控状态,从而更及时、更好地保证量值的准确。这一差别,将促使我国的计量工作者在认识上突出一个转变:计量工作应从计量室走向测量的全过程,并要介入供方和需方的合同、工业企业的生产设计、实验室评审和监督检查。因此,贯彻 ISO 10012 标准,首先要加强宣传,要转变观念。这是贯彻 ISO 10012 国际标准的第一项工作。

贯彻 ISO 10012 国际标准的第二项工作是要结合我国国防计量工作、国防科技工业与军兵种计量工作的实际情况,做好研究、探讨和试点工作,在技术上做好准备。根据全国和整个国防计量工作的统一部署,逐步实施、推广。使国防计量工作借助 ISO 10012 标准的科学内涵,更好地为武器装备和军工产品的质量的提高作好服务,真正地实现"计量先行"。

三、检测和校准实验室能力认可准则

检测和校准实验室能力认可准则 ISO/IEC 17025:2005"检测和校准实验室能力的通用要求",包含了检测和校准实验室为证明其按管理体系运行、具有技术能力并能提供正确的技术结果所必须满足的所有要求。同时,该准则已包含了 ISO 9001 中与实验室管理体系所覆盖的检测和校准服务有关的所有要求,因此,符合本准则的检测和校准实验室,也是依据 ISO 9001 运作的。

实验室质量管理体系符合 ISO 9001 的要求,并不证明实验室具有出具技术上有效数据和结果的能力;实验室质量管理体系符合本准则,也不意味其运作符合 ISO 9001 的所有要求。

"检测和校准实验室能力的通用要求"标准的结构如下:

前言

1 范围

2 引用标准

3 术语和定义

4 管理要求

4.1 组织

4.2 管理体系

4.3　文件控制

4.4　要求、标书和合同的评审

4.5　检测和校准的分包

4.6　服务和供应品的采购

4.7　服务客户

4.8　投诉

4.9　不符合检测和/或校准工作的控制

4.10　改进

4.11　纠正措施

4.12　预防措施

4.13　记录的控制

4.14　内部审核

4.15　管理评审

5　技术要求

5.1　总则

5.2　人员

5.3　设施和环境条件

5.4　检测和校准方法及方法的确认

5.5　设备

5.6　测量溯源性

5.7　抽样

5.8　检测和校准物品的处置

5.9　检测和校准结果质量的保证

5.10　结果报告

其中,可以认为它的管理要求与 ISO 9001 没有本质区别,是对于影响计量校准和检测活动的量值质量的全部管理活动进行了标准化的规范。有所不同的是,增加了独有的检测与校准活动的技术要求,对从事检测与校准活动的人员、设施、环境条件、设备、方法、溯源性、结果报告等均做了标准化要求。

其技术要求认为,决定实验室检测和/或校准的正确性和可靠性的因素有很多,包括:

——人员;

——设施和环境条件;

——检测和校准方法及方法确认;

——设备;

——测量的溯源性;

——抽样;

——检测和校准物品的处置。

上述因素对总的测量不确定度的影响程度,在(各类)检测之间和(各类)校准之间明显不同。实验室在制定检测和校准的方法和程序、培训和考核人员、选择和校准所用设备时,应考虑到这些因素。

（一）人员

关于人员,标准规定:实验室管理者应确保所有操作专门设备、从事检测和/或校准、评价结果、签署检测报告和校准证书的人员的能力。当使用在培员工时,应对其安排适当的监督。对从事特定工作的人员,应按要求根据相应的教育、培训、经验和/或可证明的技能进行资格确认。

注1:某些技术领域（如无损检测）可能要求从事某些工作的人员持有个人资格证书,实验室有责任满足这些指定人员持证上岗的要求。人员持证上岗的要求可能是法定的、特殊技术领域标准包含的,或是客户要求的。

注2:对检测报告所含意见和解释负责的人员,除了具备相应的资格、培训、经验以及所进行的检测方面的充分知识外,还需具有:

——用于制造被检测物品、材料、产品等的相关技术知识,已使用或拟使用方法的知识,以及在使用过程中可能出现的缺陷或降级等方面的知识;

——法规和标准中阐明的通用要求的知识;

——对物品、材料和产品等正常使用中发现的偏离所产生影响程度的了解。

实验室管理者应制订实验室人员的教育、培训和技能目标。应有确定培训需求和提供人员培训的政策和程序。培训计划应与实验室当前和预期的任务相适应。应评价这些培训活动的有效性。

实验室应使用长期雇佣人员或签约人员。在使用签约人员和其他的技术人员及关键支持人员时,实验室应确保这些人员是胜任的且受到监督,并按照实验室管理体系要求工作。

对与检测和/或校准有关的管理人员、技术人员和关键支持人员,实验室应保留其当前工作的描述。

注:工作描述可用多种方式规定。但至少应当规定以下内容:

——从事检测和/或校准工作方面的职责;

——检测和/或校准策划和结果评价方面的职责;

——提交意见和解释的职责;

——方法改进、新方法制定和确认方面的职责;

——所需的专业知识和经验;

——资格和培训计划;

——管理职责。

管理层应授权专门人员进行特定类型的抽样、检测和/或校准、签发检测报告和校准证书、提出意见和解释以及操作特定类型的设备。实验室应保留所有技术人员（包括签约人员）的相关授权、能力、教育和专业资格、培训、技能和经验的记录,并包含授权和/或能力确认的日期。这些信息应易于获取。

（二）设施和环境条件

用于检测和/或校准的实验室设施,包括但不限于能源、照明和环境条件,应有利于检测和/或校准的正确实施。

实验室应确保其环境条件不会使结果无效,或对所要求的测量质量产生不良影响。

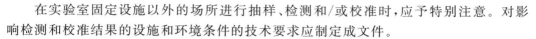

在实验室固定设施以外的场所进行抽样、检测和/或校准时,应予特别注意。对影响检测和校准结果的设施和环境条件的技术要求应制定成文件。

相关的规范、方法和程序有要求,或对结果的质量有影响时,实验室应监测、控制和记录环境条件。对诸如生物消毒、灰尘、电磁干扰、辐射、湿度、供电、温度、声级和振级等应予重视,使其适应于相关的技术活动。当环境条件危及检测和/或校准的结果时,应停止检测和校准。

应将不相容活动的相邻区域进行有效隔离。应采取措施以防止交叉污染。

应对影响检测和/或校准质量的区域的进入和使用加以控制。实验室应根据其特定情况确定控制的范围。

应采取措施确保实验室的良好内务,必要时应制定专门的程序。

（三）检测和校准方法及方法的确认

实验室应使用适合的方法和程序进行所有检测和/或校准,包括被检测和/或校准物品的抽样、处理、运输、存储和准备。适当时,还应包括测量不确定度的评定和分析检测和/或校准数据的统计技术。

如果缺少指导书可能影响检测和/或校准结果,实验室应具有所有相关设备的使用和操作指导书以及处置、准备检测和/或校准物品的指导书,或者二者兼有。所有与实验室工作有关的指导书、标准、手册和参考资料应保持现行有效并易于员工取阅。

对检测和校准方法的偏离,仅应在该偏离已被文件规定、经技术判断、授权和客户接受的情况下才允许发生。

> 注：如果国际的、区域的或国家的标准,或其他公认的规范已包含了如何进行检测和/或校准的简明和充分信息,并且这些标准是以可被实验室操作人员作为公开文件使用的方式书写时,则不需再进行补充或改写为内部程序。对方法中的可选择步骤,可能有必要制定附加细则或补充文件。

1. 方法的选择

实验室应采用满足客户需求并适用于所进行的检测和/或校准的方法,包括抽样的方法。应优先使用以国际、区域或国家标准发布的方法。实验室应确保使用标准的最新有效版本,除非该版本不适宜或不可能使用。必要时,应采用附加细则对标准加以补充,以确保应用的一致性。

当客户未指定所用方法时,实验室应从国际、区域或国家标准中发布的,或由知名的技术组织或有关科学书籍和期刊公布的,或由设备制造商指定的方法中选择合适的方法。实验室制定的或采用的方法如能满足预期用途并经过确认,也可使用。所选用的方法应通知客户。在引入检测或校准之前,实验室应证实能够正确地运用这些标准方法。

如果标准方法发生了变化,应重新进行证实。当认为客户建议的方法不适合或已过期时,实验室应通知客户。

2. 实验室制定的方法

实验室为其应用而制定检测和校准方法的过程应是有计划的活动,并应指定具有足够资源的有资格的人员进行。

计划应随方法制定的进度加以更新,并确保所有有关人员之间的有效沟通。

3. 非标准方法

当必须使用标准方法中未包含的方法时,应遵守与客户达成的协议,且应包括对客户要求的清晰说明以及检测和/或校准的目的。所制定的方法在使用前应经适当的确认。

注:对新的检测和/或校准方法,在进行检测和/或校准之前应当制定程序。程序中至少应该包含下列信息:

a)适当的标识;

b)范围;

c)被检测或校准物品类型的描述;

d)被测定的参数或量和范围;

e)仪器和设备,包括技术性能要求;

f)所需的参考标准和标准物质(参考物质);

g)要求的环境条件和所需的稳定周期;

h)程序的描述,包括:

——物品的附加识别标志、处置、运输、存储和准备;

——工作开始前所进行的检查;

——检查设备工作是否正常,需要时,在每次使用之前对设备进行校准和调整;

——观察和结果的记录方法;

——需遵循的安全措施;

i)接受(或拒绝)的准则和/或要求;

j)需记录的数据以及分析和表达的方法;

k)不确定度或评定不确定度的程序。

4. 方法的确认

确认是通过检查并提供客观证据,以证实某一特定预期用途的特定要求得到满足。

实验室应对非标准方法、实验室设计(制定)的方法、超出其预定范围使用的标准方法、扩充和修改过的标准方法进行确认,以证实该方法适用于预期的用途。确认应尽可能全面,以满足预定用途或应用领域的需要。实验室应记录所获得的结果、使用的确认程序以及该方法是否适合预期用途的声明。

注1:确认可包括对抽样、处置和运输程序的确认。

注2:用于确定某方法性能的技术应当是下列之一,或是其组合:

——使用参考标准或标准物质(参考物质)进行校准;

——与其他方法所得的结果进行比较;

——实验室间比对;

——对影响结果的因素作系统性评审;

——根据对方法的理论原理和实践经验的科学理解,对所得结果不确定度进行的评定。

注3:当对已确认的非标准方法作某些改动时,应当将这些改动的影响制定成文件,适当时应当重新进行确认。

按预期用途进行评价所确认的方法得到的值的范围和准确度,应与客户的需求紧密相关。这些值诸如:结果的不确定度、检出限、方法的选择性、线性、重复性限和/或复

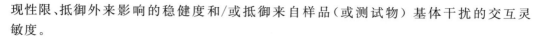

现性限、抵御外来影响的稳健度和/或抵御来自样品（或测试物）基体干扰的交互灵敏度。

> 注1：确认包括对要求的详细说明、对方法特性量的测定、对利用该方法能满足要求的核查以及对有效性的声明。
>
> 注2：在方法制定过程中，需进行定期的评审，以证实客户的需求仍能得到满足。要求中的认可变更需要对方法制定计划进行调整时，应当得到批准和授权。
>
> 注3：确认通常是成本、风险和技术可行性之间的一种平衡。许多情况下，由于缺乏信息，数值（如：准确度、检出限、选择性、线性、重复性、复现性、稳健度和交互灵敏度）的范围和不确定度只能以简化的方式给出。

5. 测量不确定度的评定

校准实验室或进行自校准的检测实验室，对所有的校准和各种校准类型都应具有并应用评定测量不确定度的程序。

检测实验室应具有并应用评定测量不确定度的程序。某些情况下，检测方法的性质会妨碍对测量不确定度进行严密的计量学和统计学上的有效计算。这种情况下，实验室至少应努力找出不确定度的所有分量且作出合理评定，并确保结果的报告方式不会对不确定度造成错觉。合理的评定应依据对方法特性的理解和测量范围，并利用诸如过去的经验和确认的数据。

> 注1：测量不确定度评定所需的严密程度取决于某些因素，诸如：
>
> ——检测方法的要求；
>
> ——客户的要求；
>
> ——据以作出满足某规范规定的窄限。
>
> 注2：某些情况下，公认的检测方法规定了测量不确定度主要来源的值的极限，并规定了计算结果的表示方式，这时，实验室只要遵守该检测方法和报告的说明，即被认为符合本款的要求。

在评定测量不确定度时，对给定情况下的所有重要不确定度分量，均应采用适当的分析方法加以考虑。

> 注1：不确定度的来源包括（但不限于）所用的参考标准和标准物质（参考物质）、方法和设备、环境条件、被检测或校准物品的性能和状态以及操作人员。
>
> 注2：在评定测量不确定度时，通常不考虑被检测和/或校准物品预计的长期性能。
>
> 注3：进一步信息参见 ISO 5725 和"测量不确定度表述指南"。

6. 数据控制

应对计算和数据转移进行系统和适当的检查。

当利用计算机或自动设备对检测或校准数据进行采集、处理、记录、报告、存储或检索时，实验室应确保：

a）由使用者开发的计算机软件应被制定成足够详细的文件，并对其适用性进行适当确认；

b）建立并实施数据保护的程序。这些程序应包括（但不限于）：数据输入或采集、数据存储、数据转移和数据处理的完整性和保密性；

c）维护计算机和自动设备以确保其功能正常，并提供保护检测和校准数据完整性所必需的环境和运行条件。

注：通用的商业现成软件（如文字处理、数据库和统计程序），在其设计的应用范围内可认为是经充分确认的，但实验室对软件进行了配置或调整，则应当按上述 a）进行确认。

（四）设备

实验室应配备正确进行检测和/或校准（包括抽样、物品制备、数据处理与分析）所要求的所有抽样、测量和检测设备。当实验室需要使用永久控制之外的设备时，应确保满足本准则的要求。

用于检测、校准和抽样的设备及其软件应达到要求的准确度，并符合检测和/或校准相应的规范要求。对结果有重要影响的仪器的关键量或值，应制定校准计划。设备（包括用于抽样的设备）在投入服务前应进行校准或核查，以证实其能够满足实验室的规范要求和相应的标准规范。设备在使用前应进行核查和/或校准。

设备应由经过授权的人员操作。设备使用和维护的最新版说明书（包括设备制造商提供的有关手册）应便于合适的实验室有关人员取用。

用于检测和校准并对结果有影响的每一设备及其软件，如可能，均应加以唯一性标识。

应保存对检测和/或校准具有重要影响的每一设备及其软件的记录。该记录至少应包括：

a）设备及其软件的识别；

b）制造商名称、型式标识、系列号或其他唯一性标识；

c）对设备是否符合规范的核查；

d）当前的位置（如果适用）；

e）制造商的说明书（如果有），或指明其地点；

f）所有校准报告和证书的日期、结果及复印件，设备调整、验收准则和下次校准的预定日期；

g）设备维护计划，以及已进行的维护（适当时）；

h）设备的任何损坏、故障、改装或修理。

实验室应具有安全处置、运输、存放、使用和有计划维护测量设备的程序，以确保其功能正常并防止污染或性能退化。

注：在实验室固定场所外使用测量设备进行检测、校准或抽样时，可能需要附加的程序。

曾经过载或处置不当、给出可疑结果，或已显示出缺陷、超出规定限度的设备，均应停止使用。这些设备应予隔离以防误用，或加贴标签、标记以清晰表明该设备已停用，直至修复并通过校准或检测表明能正常工作为止。实验室应核查这些缺陷或偏离规定极限对先前的检测和/或校准的影响，并执行"不符合工作控制"程序。

实验室控制下的需校准的所有设备，只要可行，应使用标签、编码或其他标识表明其校准状态，包括上次校准的日期、再校准或失效日期。

无论什么原因，若设备脱离了实验室的直接控制，实验室应确保该设备返回后，在使用前对其功能和校准状态进行核查并能显示满意结果。

当需要利用期间核查以保持设备校准状态的可信度时，应按照规定的程序进行。

当校准产生了一组修正因子时，实验室应有程序确保其所有备份（例如计算机软件中的备份）得到正确更新。

检测和校准设备包括硬件和软件应得到保护，以避免发生致使检测和/或校准结果失效的调整。

（五）测量溯源性

用于检测和/或校准的对检测、校准和抽样结果的准确性或有效性有显著影响的所有设备，包括辅助测量设备（例如用于测量环境条件的设备），在投入使用前应进行校准。实验室应制定设备校准的计划和程序。

注：该计划应当包含一个对测量标准、用作测量标准的标准物质（参考物质）以及用于检测和校准的测量与检测设备进行选择、使用、校准、核查、控制和维护的系统。

特定要求：

1. 校准

对于校准实验室，设备校准计划的制定和实施应确保实验室所进行的校准和测量可溯源到国际单位制（SI）。

校准实验室通过不间断的校准链或比较链与相应测量的 SI 单位基准相连接，以建立测量标准和测量仪器对 SI 的溯源性。对 SI 的链接可以通过参比国家测量标准来达到。

国家测量标准可以是基准，它们是 SI 单位的原级实现或是以基本物理常量为根据的 SI 单位约定的表达式，或是由其他国家计量院所校准的次级标准。当使用外部校准服务时，应使用能够证明资格、测量能力和溯源性的实验室的校准服务，以保证测量的溯源性。由这些实验室发布的校准证书应有包括测量不确定度和/或符合确定的计量规范声明的测量结果。

注1：满足本准则要求的校准实验室即被认为是有资格的。由依据本准则认可的校准实验室发布的带有认可机构标志的校准证书对相关校准来说，是所报告校准数据溯源性的充分证明。

注2：对测量 SI 单位的溯源可以通过参比适当的基准（见 VIM：1993.6.4），或参比一个自然常数来达到，用相对 SI 单位表示的该常数的值是已知的，并由国际计量大会（CGPM）和国际计量委员会（CIPM）推荐。

注3：持有自己的基准或基于基本物理常量的 SI 单位表达式的校准实验室，只有在将这些标准直接或间接地与国家计量院的类似标准进行比对之后，方能宣称溯源到 SI 单位制。

注4："确定的计量规范"是指在校准证书中必须清楚表明该测量已与何种规范进行过比对，这可以通过在证书中包含该规范或明确指出已参照了该规范来达到。

注5：当"国际标准"和"国家标准"与溯源性关联使用时，则是假定这些标准满足了实现 SI 单位基准的性能。

注6：对国家测量标准的溯源不要求必须使用实验室所在国的国家计量院。

注7：如果校准实验室希望或需要溯源到本国以外的其他国家计量院，应当选择直接参与或通过区域组织积极参与国际计量局（BIPM）活动的国家计量院。

注8：不间断的校准或比较链，可以通过不同的、能证明溯源性的实验室经过若干步骤来实现。

某些校准目前尚不能严格按照 SI 单位进行，这种情况下，校准应通过建立对适当测量标准的溯源来提供测量的可信度，例如：

——使用有能力的供应者提供的有证标准物质（参考物质）来对某种材料给出可靠

的物理或化学特性;

——使用规定的方法和/或被有关各方接受并且描述清晰的协议标准。

可能时,要求参加适当的实验室间比对计划。

2. 检测

对检测实验室,校准中给出的要求适用于测量设备和具有测量功能的检测设备,除非已经证实校准带来的贡献对检测结果总的不确定度几乎没有影响。这种情况下,实验室应确保所用设备能够提供所需的测量不确定度。

注:对校准要求的遵循程度应当取决于校准的不确定度对总的不确定度的相对贡献。如果校准是主导因素,则应当严格遵循该要求。

测量无法溯源到 SI 单位或与之无关时,与对校准实验室的要求一样,要求测量能够溯源到诸如有证标准物质(参考物质)、约定的方法和/或协议标准。

3. 参考标准

实验室应有校准其参考标准的计划和程序。参考标准应由校准条目中所述的能够提供溯源的机构进行校准。实验室持有的测量参考标准应仅用于校准而不用于其他目的,除非能证明作为参考标准的性能不会失效。参考标准在任何调整之前和之后均应校准。

4. 标准物质(参考物质)

可能时,标准物质(参考物质)应溯源到 SI 测量单位或有证标准物质(参考物质)。只要技术和经济条件允许,应对内部标准物质(参考物质)进行核查。

5. 期间核查

应根据规定的程序和日程对参考标准、基准、传递标准或工作标准以及标准物质(参考物质)进行核查,以保持其校准状态的置信度。

6. 运输和储存

实验室应有程序来安全处置、运输、存储和使用参考标准和标准物质(参考物质),以防止污染或损坏,确保其完整性。

注:当参考标准和标准物质(参考物质)用于实验室固定场所以外的检测、校准或抽样时,也许有必要制定附加的程序。

(六)抽样

实验室为后续检测或校准而对物质、材料或产品进行抽样时,应有用于抽样的抽样计划和程序。抽样计划和程序在抽样的地点应能够得到。只要合理,抽样计划应根据适当的统计方法制定。抽样过程应注意需要控制的因素,以确保检测和校准结果的有效性。

注 1:抽样是取出物质、材料或产品的一部分作为其整体的代表性样品进行检测或校准的一种规定程序。抽样也可能是由检测或校准该物质、材料或产品的相关规范要求的。某些情况下(如法庭科学分析),样品可能不具备代表性,而是由其可获性所决定。

注 2:抽样程序应当对取自某个物质、材料或产品的一个或多个样品的选择、抽样计划、提取和制备进行描述,以提供所需的信息。

当客户对文件规定的抽样程序有偏离、添加或删节的要求时,这些要求应与相关抽样资料一起被详细记录,并被纳入包含检测和/或校准结果的所有文件中,同时告知相关人员。

当抽样作为检测或校准工作的一部分时,实验室应有程序记录与抽样有关的资料和操作。这些记录应包括所用的抽样程序、抽样人的识别、环境条件(如果相关)、必要时有抽样位置的图示或其他等效方法,如果合适,还应包括抽样程序所依据的统计方法。

(七)检测和校准物品(样品)的处置

实验室应有用于检测和/或校准物品的运输、接收、处置、保护、存储、保留和/或清理的程序,包括为保护检测和/或校准物品的完整性以及实验室与客户利益所需的全部条款。

实验室应具有检测和/或校准物品的标识系统。物品在实验室的整个期间应保留该标识。标识系统的设计和使用应确保物品不会在实物上或在涉及的记录和其他文件中混淆。如果合适,标识系统应包含物品群组的细分和物品在实验室内外部的传递。

在接收检测或校准物品时,应记录异常情况或对检测或校准方法中所述正常(或规定)条件的偏离。当对物品是否适合于检测或校准存有疑问,或当物品不符合所提供的描述,或对所要求的检测或校准规定得不够详尽时,实验室应在开始工作之前问询客户,以得到进一步的说明,并记录下讨论的内容。

实验室应有程序和适当的设施避免检测或校准物品在存储、处置和准备过程中发生退化、丢失或损坏。应遵守随物品提供的处理说明。当物品需要被存放或在规定的环境条件下养护时,应保持、监控和记录这些条件。当一个检测或校准物品或其一部分需要安全保护时,实验室应对其存放和安全作出安排,以保护该物品或其有关部分的状态和完整性。

注1:在检测之后要重新投入使用的测试物,需特别注意确保物品的处置、检测或存储/等待过程中不被破坏或损伤。

注2:应当向负责抽样和运输样品的人员提供抽样程序,及有关样品存储和运输的信息,包括影响检测或校准结果的抽样因素的信息。

注3:维护检测或校准样品安全的缘由可能出自记录、安全或价值的原因,或是为了日后进行补充的检测和/或校准。

(八)检测和校准结果质量的保证

实验室应有质量控制程序以监控检测和校准的有效性。所得数据的记录方式应便于可发现其发展趋势,如可行,应采用统计技术对结果进行审查。这种监控应有计划并加以评审,可包括(但不限于)下列内容:

a)定期使用有证标准物质(参考物质)进行监控和/或使用次级标准物质(参考物质)开展内部质量控制;

b)参加实验室间的比对或能力验证计划;

c)使用相同或不同方法进行重复检测或校准;

d)对存留物品进行再检测或再校准;

e)分析一个物品不同特性结果的相关性。

注:选用的方法应当与所进行工作的类型和工作量相适应。

应分析质量控制的数据,当发现质量控制数据将要超出预先确定的判据时,应采取有计划的措施来纠正出现的问题,并防止报告错误的结果。

(九) 结果报告

1. 总则

实验室应准确、清晰、明确和客观地报告每一项检测、校准或一系列的检测或校准的结果,并符合检测或校准方法中规定的要求。

结果通常应以检测报告或校准证书的形式出具,并且应包括客户要求的、说明检测或校准结果所必需的和所用方法要求的全部信息。这些信息通常是下述证书或报告中要求的内容。

在为内部客户进行检测和校准或与客户有书面协议的情况下,可用简化的方式报告结果。对于证书或报告中所列却未向客户报告的信息,应能方便地从进行检测和/或校准的实验室中获得。

注1:检测报告和校准证书有时分别称为检测证书和校准报告。

注2:只要满足本准则的要求,检测报告或校准证书可用硬拷贝或电子数据传输的方式发布。

2. 检测报告和校准证书

除非实验室有充分的理由,否则每份检测报告或校准证书应至少包括下列信息:

a) 标题(例如"检测报告"或"校准证书");

b) 实验室的名称和地址,进行检测和/或校准的地点(如果与实验室的地址不同);

c) 检测报告或校准证书的唯一性标识(如系列号)和每一页上的标识,以确保能够识别该页是属于检测报告或校准证书的一部分,以及表明检测报告或校准证书结束的清晰标识;

d) 客户的名称和地址;

e) 所用方法的识别;

f) 检测或校准物品的描述、状态和明确的标识;

g) 对结果的有效性和应用至关重要的检测或校准物品的接收日期和进行检测或校准的日期;

h) 如与结果的有效性或应用相关时,实验室或其他机构所用的抽样计划和程序的说明;

i) 检测和校准的结果,适用时,带有测量单位;

j) 检测报告或校准证书批准人的姓名、职务、签字或等效的标识;

k) 相关时,结果仅与被检测或被校准物品有关的声明。

注1:检测报告和校准证书的硬拷贝应当有页码和总页数。

注2:建议实验室作出未经实验室书面批准,不得复制(全文复制除外)检测报告或校准证书的声明。

3. 检测报告

当需对检测结果作出解释时,除上述所列的要求之外,检测报告中还应包括下列内容:

a) 对检测方法的偏离、增添或删节,以及特定检测条件的信息,如环境条件;

b) 相关时,符合(或不符合)要求和/或规范的声明;

c）适用时，评定测量不确定度的声明。当不确定度与检测结果的有效性或应用有关，或客户的指令中有要求，或当不确定度影响到对规范限度的符合性时，检测报告中还需要包括有关不确定度的信息；

d）适用且需要时，提出意见和解释；

e）特定方法、客户或客户群体要求的附加信息。

当需对检测结果作解释时，对含抽样结果在内的检测报告，除了上述所列的要求之外，还应包括下列内容：

a）抽样日期；

b）抽取的物质、材料或产品的清晰标识（适当时，包括制造者的名称、标示的型号或类型和相应的系列号）；

c）抽样位置，包括任何简图、草图或照片；

d）列出所用的抽样计划和程序；

e）抽样过程中可能影响检测结果解释的环境条件的详细信息；

f）与抽样方法或程序有关的标准或规范，以及对这些规范的偏离、增添或删节。

4.校准证书

如需对校准结果进行解释时，除上述所列的要求之外，校准证书还应包含下列内容：

a）校准活动中对测量结果有影响的条件（例如环境条件）；

b）测量不确定度和/或符合确定的计量规范或条款的声明；

c）测量可溯源的证据。

校准证书应仅与量和功能性检测的结果有关。如欲作出符合某规范的声明，应指明符合或不符合该规范的哪些条款。

当符合某规范的声明中略去了测量结果和相关的不确定度时，实验室应记录并保存这些结果，以备日后查阅。

作出符合性声明时，应考虑测量不确定度。

当被校准的仪器已被调整或修理时，如果可获得，应报告调整或修理前后的校准结果。

校准证书（或校准标签）不应包含对校准时间间隔的建议，除非已与客户达成协议。该要求可能被法规取代。

5.意见和解释

当含有意见和解释时，实验室应把作出意见和解释的依据制定成文件。意见和解释应像在检测报告中的一样被清晰标注。

注1：意见和解释不应与 ISO/IEC 17020 和 ISO/IEC 指南 65 中所指的检查和产品认证相混淆。

注2：检测报告中包含的意见和解释可以包括（但不限于）下列内容：

——对结果符合（或不符合）要求的声明的意见；

——合同要求的履行；

——如何使用结果的建议；

——用于改进的指导。

注3：许多情况下，通过与客户直接对话来传达意见和解释或许更为恰当，但这些对话应当有文字记录。

6. 从分包方获得的检测和校准结果

当检测报告包含了由分包方所出具的检测结果时，这些结果应予以清晰标明。分包方应以书面或电子方式报告结果。

当校准工作被分包时，执行该工作的实验室应向分包给其工作的实验室出具校准证书。

7. 结果的电子传送

当用电话、电传、传真或其他电子或电磁方式传送检测或校准结果时，应满足上述有关要求。

8. 报告和证书的格式

报告和证书的格式应设计为适用于所进行的各种检测或校准类型，并尽量减小产生误解或误用的可能性。

注1：应当注意检测报告或校准证书的编排，尤其是检测或校准数据的表达方式，并易于读者理解。

注2：表头应当尽可能地标准化。

9. 检测报告和校准证书的修改

对已发布的检测报告或校准证书的实质性修改，应仅以追加文件或资料更换的形式，并包括如下声明：

"对检测报告（或校准证书）的补充，系列号……（或其他标识）"，或其他等效的文字形式。

这种修改应满足本准则的所有要求。

当有必要发布全新的检测报告或校准证书时，应注以唯一性标识，并注明所替代的原件。

第四章 | 国防计量测试量值溯源体系

第一节 概 述

国防军工计量是指以科学技术为依托，法律法规为保证，行政管理为手段，实现国防科技工业产品和现代化武器装备量值准确一致、测量数据可靠的全部工作和活动。国防军工计量工作，是我国计量工作的一个重要组成部分，是国防科技工业的重要技术基础，是国防现代化建设中不可缺少的组成部分，具有先行性、基础性和公益性的特点。经过半个世纪的建设和发展，已经形成了比较健全、完善的国防军工计量体系。在长期的实践中，国防军工计量积累了丰富的经验，为国防科技工业的发展，为确保军工产品的质量，发挥了重要的技术支撑和保障作用。它既具有与国家计量相同的工作特点与属性，也有其特殊性。

一、国防军工计量的地位与作用

国防军工计量是国防科技工业和武器装备发展的重要技术基础，是国防科技工作的重要组成部分。国防军工计量为促进国防科技工业进步，保证武器装备科研生产的顺利进行发挥着不可替代的技术支持与技术保障作用。国防科技工业的奠基者聂荣臻元帅在1983年就指出"科技要发展，计量须先行"。实践证明，计量对科技发展是至关重要的，计量上不去，科技走不远。长期实践和大量事例证明，国防军工计量对国防科学研究、型号工程试验、军工产品质量以及国民经济建设做出了重要贡献。

（一）支撑国防科学研究

国防科学研究是实现武器装备可持续发展和军工产品现代化水平不断提高的重要途径。国防军工计量对国防科学研究工作的顺利进行，并取得圆满成功起着重要的技术支撑作用。国防科技研究的各个领域和科研的各个阶段，都离不开国防军工计量的技术支持和技术保障。

国防科研的每一个重大型号往往都是一个庞大而复杂的系统工程，涉及很多科技领域和工业部门，需要运用多种高新技术。为支持型号科学研究，国防军工计量利用了技术水平高、参数门类多、量程频段宽、准确度高以及动态实时的多种计量技术手段。如国防军工计量研建的超导型电压标准，纳米激光偏振干涉仪，精密离心机，新型铂/金热电偶标准，低频立式硬支撑宇航动平衡机等一大批具有国际先进水平的计量标准和仪器设备，为型号研制任务的顺利进行发挥了支持和保障作用。

国防军工计量在为国防科研服务的过程中，不仅通过研建计量标准，开展方法研究来保证量值准确一致，还根据国防型号科研工作的需要，自行研制型号专用的测试设备，承担了型号专用测试设备的校准任务。

（二）保驾型号工程试验

型号工程试验是验证国防科研成果，评价型号工程技术性能或战术指标的重要方式和手段。国防军工计量为保证型号工程试验成功,发挥着重要的保驾作用。

1989 年,某试验基地紧急寻求对七种参试化学分析仪器的现场检定,化学计量站立即动员力量,奔赴服务现场,不仅出色地完成了检定、维修和调试工作,还帮助基地将尚未组装的进口仪器安装调试好,供型号试验使用。

在某试验中,为了解决相距上千公里多个雷达站的时间频率量值准确一致的问题,保证外场遥测数据可靠和导弹命中准确度,主管部门组织计量技术单位、设备研制单位、设备使用单位、试验参加单位等进行技术协调,研究、讨论、制定型号试验测控系统频标源的统一计量、时统设备统一计量、异地频标源远程校准统一计量等技术实施方案;组织计量人员参加试验队,对参试设备和中心系统、激光测量、雷达测量的时统站全部参试设备和系统的技术指标进行实测。承担了型号试验的保驾工作,保证了试验时间频率参数的准确可靠,使试验取得圆满成功。

(三)保证军工产品质量

国防军工计量在保证军工产品质量,解决生产中的测量技术问题,支持生产的有序进行等方面发挥着重要作用。

军工产品生产,尤其是复杂的武器装备,需要多单位、多部门、多地区的协作才能完成,保证军工产品各个工序、各个零部件以及生产过程各个环节的量值准确一致十分重要。在生产过程中,出现的量值纠纷,均由计量机构进行仲裁检定,或利用准确的计量器具进行现场测试,以保证军工产品生产的顺利进行。某产品总装调试合格后,交付时再用同样的方法测试却不合格,计量人员利用精密测量机复测,确定舵面不合格,并帮助分析出舵面不合格的原因是模板有质量问题,从而使问题得到圆满解决。

为某重点型号生产的主机轴系,在按工艺要求进行定位测量时,计量人员发现车间工艺设计制定的方案有严重问题,并提出改进方案,使测量仪器脱离艇体,消除振动影响,有利于测量仪器稳定的工作。计量人员的合理工艺方案保证了主机轴系定位的质量,得到了质量检验部门和工厂领导的支持与好评。

某厂生产某种产品,需对库存的几十万个钢球硬度进行 100% 的检验,若采用传统的方法检验,需要 40 名工人三班倒干一个月才能完成;计量人员急生产所急,利用自身的计量技术优势,研制出一台钢球自动分选机,提高工效 30 多倍,保证了生产任务的按时完成。

某基地的计量人员为保证发动机研制生产的质量,解决发动机质量、质心测量的难题,自行研制了"三坐标综合测量台",能够一次完成发动机全部几何参数、质量和质心的测量。不仅实现了发动机参数综合测试,而且提高了测试效率和测试准确度。

(四)服务国民经济建设

随着改革开放的深入发展,国防军工计量各技术机构在探索和研究如何坚持军民结合,开拓计量服务领域,利用军工计量技术和资源优势,努力为国民经济建设服务方面取得了显著成绩。

例如:某计量站利用自己的技术优势,从 1990 年开始,研制医用自动分析仪,研究生化检测项目的测定方法,除了解决十多种常规生化检测项目分析问题外,还开发了血清中氨和二氧化碳的检测方法,解决了当时各类进口生化分析仪缺少检测方法的难题,在医疗临床上具有重要意义。

某计量站利用建成的地面、测井模型等计量资源，不仅为地矿部门校准了大量的仪器设备，还在寻找铀矿、石油、天然气、多金属稀土矿、金矿、钾盐和地下水方面取得良好效果。

某计量站为了把计量工作推向市场，先后开发研制了活性炭装填密度测定仪、着火点测定仪、比表面积快速测定仪等计量测试仪器，行销全国 25 个省市，并打入国际市场，为推动我国活性炭工业发展和技术进步做出了重要贡献。

二、国防军工计量的特点

就其内容来讲，国防军工计量的全部工作和活动，包含在国防科技工业的武器装备和军工产品科研、生产、服务全过程中，是保证计量单位统一和量值准确一致的全部理论和实践。国防军工计量在现代测量学、法制学、管理学等的基础上，将计量科学与标准化、质量、可靠性有机结合，形成了比较完整、运行有效和持续改进的计量管理和计量技术体系。国防军工计量除了具有计量学的统一性、科学性、社会性、法制性等基本特点外，还具有自身的特点，这就是其工作法制性、技术先进性、保障基础性和服务公益性。

（一）特殊的服务对象

国防军工计量主要为现代化武器装备服务，导致其系统庞大复杂，技术性能要求高，涉及专业面宽，协作单位多，配套协调性强，新工艺新技术多，自动化程度高，质量可靠性要求高。国防军工计量的最终目的是要保证武器装备在研制、试验、生产、使用、维护全过程量值准确统一，测量数据可靠，实现武器装备的战术技术性能，确保产品的质量和可靠性，这对国防军工计量工作提出了更高的要求。首先，国防军工计量的发展应能满足高新技术武器装备发展的总体要求。现代高技术战争是立体化的战争。体系对体系的联合作战概念已扩展到信息战、电子战、战场感知、精确打击、导弹攻防、高效C4ISR（指挥、通讯、控制、计算机、情报、监视、侦察）等各个领域。要保证整个体系和各武器装备的总体战术技术指标，则要求体系信息链中各环节的量值准确一致，以确保系统性能处于最佳状态。客观上需要建立能满足高技术战争及武器装备要求的各参量的最高计量标准、量值传递系统、测试系统以及管理科学、监督有力的计量保障体系。其次，还要根据武器装备发展的需求，开展预先研究，探索解决一些前沿课题、关键问题和高难度的重大计量测试课题。

（二）高精尖的科学技术

现代化的国防科技工业涉及的科学技术领域宽广，应用的高新技术众多，工作环境特殊，协作配套地域分散。客观上要求国防军工计量建立的计量标准的参数众多、频带宽广、准确度高，所用的测试设备自动化程度高，系统综合性强。仅以卫星发射中心的试验任务而言，它承担着繁重的试验鉴定、卫星及载人航天器发射的测控任务，拥有数百套大型测控装备及数千台套门类繁多的仪器仪表、专用测试设备，涉及几何量、热学、力学、电磁学、无线电电子学、时间频率、电离辐射、光学、光电子、化学、医学等专业几百个参数需要计量测试。对通讯、跟踪、定轨、遥测等提出了更高的要求。例如宇航和深空探测，需要高准确度的自动控制和遥测系统；为了保证定位、测距、测速、测角的准确度,同时要求频率标准源短期频率稳定度和长期频率稳定度分别达到相应量级的要求,要求加大发射机的发射功率和提高接收机灵敏度,在参数上就要求测量大功率、低噪声、大衰减和小电压等量值,并提高测量准确度。

对国防科技工业而言,有些参数测量的准确度要求虽不算高,但是工作环境和工作条件要求特殊,如何实时实地进行综合自动化测试,技术难度比较大。例如卫星在运输、发射、运行、回收过程中,要经受诸如振动、冲击、高低温、强辐射等恶劣环境。因此,要求测量动态压力、动态温度、振动、冲击、超高温、超低温、强推力、弱推力等。

由此可见,为满足现代化国防科技工业研制、生产、试验的需要,国防军工计量测试技术发展的总趋势是计量标准要不断更新、频段范围要不断扩展、量限要不断延伸、准确度要不断提高、综合动态测试能力要持续增强、可靠性要不断提高。

(三)特殊的工作方式

在型号工程的大型试验中,往往试验任务重、时间紧、周期短,为了确保试验成功,需要在短期内对成千台各类通用和专用计量测试设备进行维护、校准和检定,工作量大,突击性强;其中一些复杂的专用精密测试设备,缺乏检定规程和校准方法,需要采取"应急检校"措施,确保设备的准确可靠。我国在研制某型号直升机和大飞机过程中,为保障这些大型任务的圆满成功,国防军工计量人员勇于创新、敢于实践,综合运用计量系统工程方法,与型号试验紧密结合,深入型号第一线,到现场进行计量测试,有效地实施了统一计量工作。

(四)全过程的计量保证

国防军工计量贯穿于国防科技工业科研、生产的全过程,计量测试技术水平的高低,不仅直接影响到研制周期和成本,还影响到产品的技术性能和质量可靠性。

实践证明,为了做好全过程的计量保障工作,从方案论证开始,就应根据总体要求,考虑所需计量测试的参数、量程、频段、准确度要求。按照"科技要发展、计量须先行"的指导思想,采取主动措施,跟踪高技术,加强有关计量标准、测试设备和测试方法的预先研究工作,为适时提供有效的计量保障手段做好技术储备。

如为满足频率短稳的测量要求,研制短期稳定度频率标准就花了五年多时间;而为解决发动机的计量测试要求,研究建立的压力传感器动态校准装置也用了五年时间。只有计量先行,才能不拖后腿,才能保证研制的进度和质量。这就要求国防军工计量进一步加强与科研生产的紧密结合,用系统工程的理论方法,统筹安排,抓好各阶段、各环节的计量保障工作。

(五)系统化的管理

国防军工计量是个大的系统,必须运用系统工程的理论和方法来管理国防军工计量工作,注意发挥整体优势,调动各方面的积极性。在国防军工计量管理工作中,按照集中统一、分工负责、条块结合、矩阵管理的原则,在国防科工局计量管理部门统一管理的前提下,由各省、自治区、直辖市国防科工办(委),各部门(行业)或军工集团分别负责本地区、本部门(行业、集团)的国防军工计量工作。在部门(行业、集团)和省、自治区、直辖市国防科工办(委)的关系上,部门(行业、集团)侧重于计量技术规划、行政和人财物的管理,各省、自治区、直辖市国防科工办(委)侧重于组织地区横向联合、协调与检查监督,二者各负其责,相互配合。在计量技术机构的设置上,充分利用现有条件,统筹规划,不搞重复建设;在专家队伍建设上,上下结合,广泛吸收各方面的专家为国防军工计量事业的发展服务;在建立计量标准、培训计量人员方面,技术要求统一,分级负责实施,充分发挥各级计量技术机构和专家的作用。

长期以来,由于这些行之有效的方法,充分发挥多方面的积极性,增强了国防军工计量工作的凝聚力和责任感,从而使国防军工计量在为国防现代化建设和国民经济建设服务中做出了积极的贡献。保障了国防军工计量体系的有效运行。

三、国防军工计量体系

国防军工计量体系,包括计量监督管理体系、计量技术保障体系和计量专家组织。计量监督管理体系是国防军工计量有效运行的组织保证,计量技术保障体系是国防军工计量形成有效量值传递系统及技术支撑,计量专家组织是实现国防军工计量决策科学化和民主化的桥梁,它们之间相互关联、相互支持,形成一个有机的整体。

(一)计量监督管理体系

国防军工计量要确保武器装备研制、试验和生产全过程的量值准确,测量数据可靠。必须建立一套健全有效的计量监督管理体系。国防军工计量监督管理体系是指在国防科技工业系统内,为提供计量保证开展各项管理活动,并依照计量法律、法规和制度对计量保证的有效性进行检查监督的工作体系。国防军工计量监督管理体系目前由国防科工局计量管理部门、省、自治区、直辖市国防科工办(委)计量管理机构以及军工企业集团公司计量管理机构、企业事业单位计量管理机构组成了三级计量监督管理体系。长期以来,国防军工计量十分重视计量监督管理体系的建设,国防军工计量已形成了一个比较健全的计量监督管理体系。这个体系具有统一指挥、分工负责、系统完整、关系协调的特点,在保证国防军工计量工作顺利开展方面发挥了重要作用。

(二)计量技术体系

计量技术体系,是指为武器装备和其他军工产品提供量值传递与溯源、实施计量保证和计量技术服务的保障工作体系。加强计量技术保障体系的建设,不断提升计量技术保障体系的综合水平,增强武器装备的计量保障能力,是国防军工计量工作的首要任务。

1. 计量技术保障体系的构成

国防军工计量技术保障体系,目前由计量测试研究中心、计量一级站、专业计量站、区域计量站校准实验室和部门(行业)特殊需要的计量站、军工企业事业单位计量技术机构组成,形成有机联系、工作协调、渠道畅通的国防军工计量量值传递系统。

国防军工计量经过近半个世纪的建设和发展,已建成了 2 个计量测试研究中心、10 个计量一级站、两个专业计量站,150 多个区域计量站校准实验室、部门(行业)计量站和近千个企业事业单位的计量技术机构,分布在全国 26 个省、自治区、直辖市,形成了具有国防军工特色、基本适应国防科技工业和武器装备发展需求的计量技术保障体系,为国防科技工业的进步,为武器装备的发展,发挥了不可替代的作用,为国防现代化建设和国民经济建设做出了重要的贡献。

2. 计量技术机构的职责

国防军工计量技术机构,根据其承担的任务和在技术保障体系中作用,划分为三个层面。国防军工计量测试研究中心、计量一级站和专业站,由国防科工局计量管理部门统一规划建立,各项计量工作接受国防科工局计量管理部门的监督与检查。计量测试研究中心、计量一级站和专业站是国防军工计量技术保障体系的顶层,主要任务是:1) 负责建立国防科技工业需要的最高计量标准、校准装置和测试系统;2) 承担国防科技工业的量值传递和量值溯源、测量方法和技术规范研究、仲裁检定、计量人员培训与考核、计量标准考核和技术业务指导;3) 研究关键的计量测试技术、专用测试设备及其校准手段;4) 承担型号试验中使用的测量器具与专用测试设备的计量检查和保障等工作。

国防军工区域计量站及校准实验室,由国防科工局计量管理部门根据国防科技工业的任务和布局统一规划建立,计量业务接受计量测试研究中心、计量一级站、专业计量站的指导。部门(行业)特殊需要的计量站,由其主管部门(行业)提出,经国防科工局计量管理部门审查批准后建立,计量业务接受计量测试研究中心、计量一级站、专业站指导。国防军工区域计量站校准实验室和部门(行业)特殊需要的计量站,是计量技术保障体系的中间环节,主要任务是:1) 研究建立本地区、本部门(行业)需要的最高计量标准、校准装置和测试系统;2) 承担军工企业事业单位的最高计量标准器具和其委托的工作计量器具的强制检定与校准工作;3) 承担产品质量保证中的测试任务;4) 根据委托承担企业事业单位的计量人员培训与考核、计量标准技术考核和技术业务指导等工作。

军工企事业单位计量技术机构的设置,根据所承担科研、生产和服务任务规模、工作量、技术复杂程度、配置的仪器数量、经济与社会效益的评估等因素,由军工企业事业单位自主决定。军工企业事业单位根据需要自主决定建立的计量技术机构,计量业务接受计量测试研究中心、计量一级站、专业计量站和国防军工区域计量站校准实验室的指导,并可根据需要在国防军工计量体系内自主选择量值溯源渠道。军工企事业单位计量技术机构是计量技术保障体系的基础,其主要任务是负责建立本单位需要的最高计量标准,负责本单位的强制检定、校准和产品测试工作,解决本单位科研、生产中的有关计量测试问题,确保军工产品的测量数据可靠。

3. 计量标准建设

国防军工计量紧紧围绕国防科技和武器装备的发展,坚持"型号需求牵引,技术发展推动"的指导思想,通过建设和发展,国防军工计量已建立几何量、热学、力学、无线电电子学、时间频率、电磁学、电离辐射、真空、光学、化学、水声、火炸药、微电子、光电子等14 类、上百项国防最高计量标准和校准装置和上千项国防区域或部门最高计量标准,形成了门类齐全,专业(参数)配套,水平先进的计量标准体系,为统一国防科技工业系统的量值,确保军工产品质量,提供了准确可靠的计量技术手段。

(三)计量专家组织

国防军工计量集科学技术、行政管理和法制监督于一体,国防军工计量的服务对象涉及的领域、专业、部门、地区、单位多,其计量专业(参数)广,测量范围宽,检定、校准和测量方式多样化,这都对国防军工计量事业的发展和实施计量保证的顺利进行产生重大影响。因此,加强计量专家组织的建设,充分发挥计量专家组织的骨干、桥梁和参谋作用,实现计量管理与技术决策的科学化、民主化,对发展国防军工计量事业是至关重要的。

国防科技工业计量管理部门十分重视计量专家组织的建设,从 1985 年起,先后成立了国防计量测试技术专业组、国家科技进步奖计量行业评审组、国防计量测试技术委员会、国防计量测试标准化技术委员会、国防计量考核委员会、国防校准/测试实验室认可委员会等专家组织和工作机构,聘请参加上述机构工作的各类专家达 200 多人,形成了一支形式多样、专业配套、技术精湛、作风严谨、科学公正的计量专家队伍。他们在研究国防军工计量测试技术发展战略、制定计量技术发展规划和计划、鉴定与评审国防军工计量成果、审查计量技术法规、审核型号计量保证以及参与计量标准和计量人员考核、计量技术机构考核认可等各项工作中发挥了技术咨询、技术把关和技术支持的作用。

第二节　计量法规体系

一、体系概述

为了加强国防计量管理工作,早在 1982 年国防科工委与国家经委、国家科委就联合下发《关于加强厂矿企业计量工作的通知》《关于国营工业企业全面整顿中对计量工作的要求(试行)》,1983 年 3 月国防科工委发布《国防系统计量体制的决定》,1990 年 4 月 5 日由国务院、中央军委发布了《国防计量监督管理条例》。为进一步适应新形势的要求,加强国防计量法规建设,完善国防计量法规体系,1997 年国防科工委组织开展了国防计量法规体系的专门研究,取得了丰硕成果,编写成《国防计量法规体系表》。该表科学地划分了国防计量法规体系的层次和类别。其层次按适用范围划分,类别按其性质和内容划分。国防科工委颁布的配套规章,其基础就是原国防计量法规体系。

国防计量法规体系按其适用范围不同分为四个层次:

第一层次:国防计量法规,即《国防计量监督管理条例》;它是为了加强国防系统(包括军队和国防科技工业系统)计量工作的监督管理,确保军工产品的量值统一、准确可靠,根据《中华人民共和国计量法》第三十三条的规定而专门制定的国防系统的最高计量法规;

第二层次:全国国防系统普遍适用的规章;

第三层次:分别在国防科技工业部门、中国人民解放军有关部门、省(自治区、直辖市)范围适用的规章;

第四层次:各基层单位内部适用的规章。

经过多年努力,国防系统已基本形成了以计量管理规章、计量技术标准构成的国防计量法规体系,为国防计量进一步走上法制管理的轨道,提高法制管理的水平创造了必要条件。对确保计量在国防现代化建设中发挥技术支撑作用,使国防计量工作健康有序地进行产生了深远影响。尽管国防科技工业体制已随着国家机构改革而发生重大变化,国防科工委职能做了重大调整和转变,原有的国防计量已分为国防军工计量和军事计量,但历经几十年建立起来的国防计量法规体系基础仍然发挥着巨大的作用。

二、国防军工计量法规体系建设

计量工作具有很强的法制性,其基本任务是实现计量单位的统一,确保测量数据的准确一致。要实现这个目的,除了通过技术和行政的手段之外,必须依靠法律法规来加以保证和监督。国防科技工业产品具有系统庞大、技术复杂、准确度和可靠性高,以及跨行业、跨地区等特点,计量工作依法实施监督更为重要。面对发展的新形势、新要求,国防军工计量工作任务十分繁重,要实现国防科技工业快速发展,必须健全完善计量监督管理法规体系。

国防军工计量法规体系框图如图 4.1 所示。

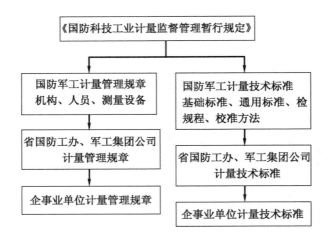

图 4.1　国防军工计量法规体系框图

国防军工计量法规体系建设的发展目标是健全完善计量监督管理法规体系,营造良好的计量法制监督管理环境,形成政府依法监督管理,企业集团和企业依法自律管理、自律监督的计量监督管理体制。

三、《国防科技工业计量监督管理暂行规定》与原《国防计量监督管理条例》的联系及区别

1990 年 4 月 5 日,国务院、中央军委发布的《国防计量监督管理条例》是国防计量几十年实践经验的科学总结,是国防科技工业计量的宝贵财富。《暂行规定》在继承《国际计量监督管理条例》行之有效的规定,保持国防科技工业计量工作与国防计量工作的连续性、相关性的同时,根据赋予国防科工委的政府职能和职责,根据建立和完善市场经济体制的要求和国防科技工业发展的需要,增加了新的内容。

《暂行规定》的发布实施是在新的历史条件下适应国防科技工业新体制的需要,是建立国防军工计量新体系、对国防科技工业计量工作依法管理的需要,是统一国防科技工业量值、保证国防科技工业产品质量的需要,是国防军工计量史上一件大事。标志着国防军工计量在法制建设方面走上了适应国防科技工业发展需要,适应社会主义市场经济体制需要和建立国防军工计量新体系需要的新阶段。《暂行规定》是《国防计量监督管理条例》的继承和发展,它是国防军工计量法规体系的顶层法规,是国防科工委依法监督管理国防军工计量工作的基本依据,是指导和规范全部国防军工计量行为和活动的基本准则,对促进国防军工计量的健康发展,确保武器装备的质量具有重要意义。

第三节　国防军工计量测试标准体系

一、概述

由于国防军工计量中量值传递与溯源的特殊性,导致一些特殊的计量校准需求,有别于国家其他行业和系统的量值及范围要求。因而,需要建立和完善自身特有的量值溯源与传递体系。

国防军工量值传递与溯源体系的有效运转,需要国防军工计量测试标准文件体系予以保证。以标准化形式,保证概念、定义的统一,技术要求的统一,环境条件要求的标准化、计量方法的统一,数据处理及结果表述的统一。本节的计量测试标准体系主要是指计量标准文件体系,而非计量标准装置体系。

国防军工行业的主体,是以研制和生产武器装备为目标的工业集团,其中所涉及的计量器具和系统,既有与其他行业相一致的通用计量器具,也有复杂特殊的专用器具。并且,由于其最终用户是军方,而军方用户对于这些计量器具与系统的计量校准,又有自身的标准、理念和要求。由此导致国防军工的计量校准要求极为复杂,既有和国家其他行业与部门相同之处,又有极为不同的部分,还有一些特征是必须适应和满足的军方用户的特殊要求。因此,我国的国防军工计量技术标准文件体系并非是一个完全独立的标准体系,而是一个融合了各方因素与资源的综合体。

二、技术标准体系

通常,国防军工的计量标准文件也包含管理标准、技术标准和工作标准三类,可以认为,面向管理事项的标准属于管理标准,面向技术事项的属于技术标准,面向具体对象、人员、岗位、职责、能力、技术、资质、要求有关的标准属于工作标准。

广义而言,各种涉及计量测试的法律、法规、规章、制度、条令、条例等,多数属于管理标准。同时面向管理和技术的标准则具有双重属性,既可按管理标准对待,也可按技术标准对待。例如,针对计量机构的技术要求,针对测量过程量值控制的环节要求等。

在国防军工系统里,涉及的管理标准,包括国家层面的法律、法令、法规、规章、制度,以及以国家标准方式出现的各种管理标准;包括军队系统的条令、条例、制度、规章和国家军用标准;包括国防工业系统以及各大军工集团颁布的部门规章、制度、行业标准。

国防军工系统里的技术标准,从数量上,占据国防军工计量标准体系的主体,为数众多、层级多样。通常,可认为其是由图 4.2 所示的 5 个层次(横向)、7 个层级(纵向)的体系结构,构成了国防军工计量的技术标准体系。

从作用范围的层次来划分,国防军工计量测试标准可分为国家标准、国家军用标准、国防军工部门标准、军工集团行业标准、企业标准五个层次。

国家标准层,包括国家标准 GB(含基础标准和通用标准)、国家计量检定规程 JJG、国家计量校准规范 JJF 和国家计量技术规范 JJF 几种标准文件,作用范围覆盖全国计量行业。

层级		层次				
		国家标准	国家军用标准	国防军工部门标准	军工集团行业标准	企事业单位标准
基础标准	公共标准	GB	GJB	—	集团公司行业标准	企业标准
通用标准	产品标准	GB	GJB	—	集团公司行业标准	企业标准
	方法标准	GB	GJB	—	集团公司行业标准	企业标准
检定规程	量值传递体系图	国家检定系统表 JJG 国家溯源等级图 JJG	计量器具等级图 GJB/J	计量器具等级图 JJG(军工) JJF(军工)	集团公司标准溯源等级图	企业溯源等级图
	检定规程	JJG	GJB/J GJB	JJG(军工)	集团公司检定规程	企业检定规程
校准方法	技术规范	JJF	GJB/J GJB	JJF(军工)	集团公司技术规范	企业技术规范
	校准规范	JJF	GJB/J GJB	JJF(军工)	集团公司校准规范	企业校准规范

图 4.2　国防军工计量技术标准体系图

国家军用标准层,包括国军标 GJB(含基础标准和通用标准)、国军标计量检定规程 GJB/J、国军标计量校准规范 GJB/J 和国军标计量技术规范 GJB/J 几种标准文件,作用范围覆盖全军和国防工业各个部门。其中,GJB/J 是 1995 年才启用的"国军标计量类"标准代号,有别于国军标通用类标准编号 GJB,充分体现了计量测试行业的特殊性与重要性。

国防军工部门标准层,包括国防军工部门所属各个军工集团发布的行业标准(含基础标准和通用标准)、国防军工计量检定规程 JJG(军工)、国防军工计量校准规范 JJF(军工)和国防军工计量技术规范 JJF(军工)几种标准文件,作用范围覆盖国防工业部门各个行业。

军工集团行业标准层,包括军工集团发布的行业标准(含基础标准和通用标准)、军工集团行业计量检定规程 JJG(××)、军工集团行业计量校准规范 JJF(××)和军工集团行业计量技术规范 JJF(××),作用范围覆盖本行业。

企业标准,包括企业自己发布的产品标准、企业计量检定规程 JJG(××)、企业计量校准规范 JJF(××),作用范围覆盖本企业及生产的产品。

三、技术标准的四个层级

我国的国防军工产品标准包括国家标准、国家军用标准、国防军工部门标准、军工集团行业标准、企业标准五个层次，其中适应性越广泛者，技术要求越低。

从标准的工作层级划分，国防军工计量测试标准可分为基础标准、通用标准、检定规程、校准方法四个层级。

基础标准，主要是指一些涉及通用性、公共性的定义、概念、方法、理论和约定的标准，脱离于某一具体的产品型号、类别、物理量值等，是行业内普遍遵循与遵守的标准约定，或在相当宽的范围内一致遵循与遵守的标准及约定。例如，术语和定义标准，不确定度评定与表示标准等。基础标准通常不涉及某一具体量值的计量校准过程与操作。

通用标准，在这里主要包括产品标准和方法标准两类。

产品标准，属于计量技术标准体系中的上层源头标准，它主要针对被计量产品对象的功能及外特性参量指标进行系统性的全面定义和赋值，并针对产品的物理机理、原理、内部结构特性、外部技术特性以及环境条件要求等进行详细阐述和予以标准化规定。为其后续的产品质量控制、计量校准等提供技术目标和技术依据。每一个产品标准，都可以融入产品测量方法而成为同时拥有产品标准和测量方法标准的复合标准，也可拥有自己独立的伴随性方法标准，它主要是和产品密切相关的方法标准。

在计量行业，通常最为关注的是方法标准，产品标准主要作为被计量对象的计量校准依据而被依赖和遵循，计量行业里的主要工作和目标并不是制定和发布产品标准。

产品标准的制定主体是生产厂商、行业协会、专业学会以及各种专业的标准化技术委员会等非政府组织。由于我国工业化程度与水平比较落后，仪器仪表行业基本被国外厂商垄断，因而通用计量器具的产品标准多数来自国外，是 ISO、IEC 等国际标准的等同采用或等效采用成为国家标准。此外，一些涉及国防、军用的计量器具产品标准，则等同采用美国军用标准或俄国标准等先进、发达国家的标准作为国家标准和国家军用标准。对于敏感的、军事及国防专用的计量器具产品，在没有国际标准和国外标准参照的情况下，制定我国自身的国防军工行业标准。企业标准，则是在满足上述标准要求的基础上，特别针对自身的生产产品特点专门制定的更具有竞争力和优势的产品标准。

方法标准的制定主体是专业学会、行业协会、各种专业标准化技术委员会和生产厂商。它是在产品标准的基础上，通过对同类数学、物理模型下的不同物理产品的再分类和再研究，总结归纳出的定义、原理、模型、方法以及结果呈现，以期达到并实现计量测试方法的统一化和标准化。

一些方法标准是与产品标准相互独立的单独标准，具有通用性和普适性。另外一些则是依赖于产品标准而存在的产品技术指标和特性的测量测试方法，既可以融入产品标准之中与其合为一体，也可以单独存在而成为一个独立的伴随标准。

检定规程，包括计量检定规程本身和量值传递体系图两种标准文件。

校准方法，主要包括计量校准规范和计量技术规范两种标准文件。

量值传递体系图、计量检定规程、计量校准规范、计量技术规范均属于过程控制类标准，也可以看作是方法标准。它们是计量测试行业特有的标准类别。在我国，它们是由各专业计量技术委员会而不是标准化技术委员会负责制定和修订。计量测试行业的绝大部分日常技术工作，都是围绕和遵循上述四种过程控制类标准而进行的，由此体现出典型的计量校准的标准化特色。

理想情况下,量值传递体系图、计量检定规程、计量校准规范、计量技术规范中所用到的方法均应来自上一层级的方法标准,但是,方法标准中往往仅提供了测量方法的原理,对于方法自身所涉及的边界条件、测量标准设备和被计量设备各自量值之间的不确定度相对关系以及测量过程中的环境条件控制等,均未做出定量要求和规范化约定,导致即使利用相同的测量方法,测量结果仍将具有不同的含义。另外,还有一些被计量测试的对象与系统,属于大型复杂专用测试系统,其本身并未标准化和规范化,也无各级产品标准和方法标准可供遵循,也需要对其进行过程量值控制与溯源。为解决这些问题,规范化和标准化计量测试过程,便诞生了四种过程控制类标准。

其中,量值传递体系图有"检定系统表""量值溯源系统图""计量器具等级图"等几种不同的称谓。它们通常规定了被计量对象参数量值的范围及不确定度,其上一级计量标准的参数量值的范围及不确定度和上一级计量标准将量值传递到本级被计量对象所用的计量方法名称。也规定了其下一级计量对象的参数量值的范围及不确定度和本级计量标准将量值传递到下一级被计量对象所用的计量方法名称。

计量检定规程是计量检定所必须依据的标准文件,属于控制和规范化计量检定过程的过程控制标准。它与量值传递体系图联合使用,构成了计量检定日常工作的主要技术依据。

计量校准规范是计量校准所依据的标准文件,也属于控制和规范化计量校准过程的过程控制标准,它是计量校准日常工作的主要技术依据。除了校准规范以外,校准也可以使用检定规程、标准文件、合同约定方法等其他文件作为技术操作依据。

计量技术规范,类似于通用方法标准,它们主要是指一些涉及系统性、通用性、共性的定义、概念、方法、理论和数据处理方式,脱离于某一具体的产品型号、类别、物理量值等,是行业内普遍遵循与遵守的标准约定,或在相当宽的范围内一致遵循与遵守的标准及约定,其结构与要求和计量校准规范基本相同。

上述标准体系图中没有列出的还应包括一种底层工作标准文件,它们是具体的计量标准装置与所依据的技术标准(检定规程、校准规范)之间起衔接作用的、充分体现技术标准精神和内涵,并融合了具体标准装置特色的作业指导书类文件,通常不被认为是标准,但确实属于最底层的工作标准文件,或称之为衔接标准文件。通过作业指导书,可以使得所依据的技术标准得到彻底贯彻,同时又降低了计量测试操作的技术难度。

四、几个重要的国防军工计量的基础标准

在国防军工系统内,比较重要的基础性计量标准文件有:

JJF(军工)1 国防军工计量检定规程编写规则

JJF(军工)2 国防军工计量校准规范编写规则

JJF(军工)3 国防军工计量标准器具技术报告编写要求

JJF(军工)4 国防军工计量标准器具等级图编写要求

JJF(军工)5 国防军工计量标准器具考核规范

在国家军用标准里,比较重要的基础性计量标准文件有:

GJB 0.1　军用标准文件编制工作导则　第 1 部分:军用标准和指导性技术文件编写规定

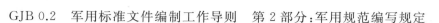

GJB 0.2　军用标准文件编制工作导则　第 2 部分：军用规范编写规定

GJB 1302　国防计量量值传递系统一般要求

GJB 1317　编写国防计量检定规程的一般规定

GJB 1317A　军用检定规程和校准规程编写通用要求

GJB 2547A　装备测试性工作通用要求

GJB 2712　测量设备的质量保证要求　计量确认体系

GJB 2715　国防计量通用术语

GJB 2725　校准实验室和测试实验室通用要求

GJB 2725A　测试实验室和校准实验室通用要求

GJB/J 2739　国防测量器具等级图编写的一般规定

GJB/J 2749　建立测量标准技术报告的编写要求

GJB 2749A　军事计量测量标准建立与保持通用要求

GJB 3756　测量不确定度的表示及评定

GJB 5109　装备计量保障通用要求　检测和校准

它们都属于国防军工里的基础标准，均需要满足、贯彻和执行。

与国家法制计量体系中计量法明确规定与限定有所不同，计量检定与校准范畴划分在国防军工计量测试行业内并不特别明确。除了计量法明确规定的企事业单位使用的最高计量标准器具，以及用于贸易结算、安全防护、医疗卫生、环境监测方面的列入强制检定目录的工作计量器具以外，其他计量器具，特别是国防军工系统内的各种专用测试系统，各种专用试验器和试验设施的计量工作，是制定检定规程进行检定，还是编制校准规范进行量值溯源，并未统一规定。即使是制定检定规程和计量器具等级图进行周期检定的，是执行强制检定，还是非强制检定，也缺乏统一的技术判据和管理要求。

通常，这些国防军工专用测试系统所保障的型号产品价格昂贵、技术要求高且复杂，一旦出现参数量值不符合要求而失效者，将给国家造成巨额损失。在这种情况下，对它们的计量要求需要有系统性和完备性，当其主要计量特性需要具有系统性和完备性条件时，理应纳入强制检定范畴，制定相应的检定规程。若仅对其性能指标中的局部参量有明确要求，而对其他特性指标并无特别要求者，可以将其要求纳入检定范畴或校准范畴，制定相应的检定规程或校准规范。

五、国防军工计量检定规程

国防军工计量检定规程是为评定计量器具特性，由国家国防科技工业局组织制定并批准发布，作为计量检定依据的技术文件。全国统一编号规则见表 3.1，它们应符合下列要求：

（1）符合国防科技工业有关法律、法规的规定，具有军工特色；

（2）适用范围应明确，在其界定的范围内力求完整；

（3）各项要求科学合理，并考虑操作的可行性及实施的经济性；

（4）文字表述应做到结构严谨、层次分明、用词准确、叙述清楚，不致产生不同的理解；

（5）所用术语、符号、代号、缩略语应统一，并始终表达同一概念；

（6）计量单位的名称与符号、量的名称与符号、误差和测量不确定度名称与符号的表述应符合国家有关规定；

（7）公式、图样、表格、数据应准确无误地按要求表述；

（8）相关规程有关内容的表述均应协调一致，不能矛盾。

规程应由以下部分构成：

（1）封面；（2）扉页；（3）目录；（4）前言；（5）范围；（6）引用文件；（7）术语和定义；（8）概述；（9）计量性能要求；（10）通用技术要求；（11）计量器具控制；（12）附录。

其中：

前言包括如下内容：规程编制所依据的规则；采用国际建议、国际文件或国际标准的程度或情况。如对规程进行修订，还应包括如下内容：规程替代的全部或部分其他文件的说明；给出被替代的规程或其他文件的编号和名称，列出与前一版本相比的主要技术变化；所替代规程的历次版本发布情况。

范围部分主要说明规程的适用范围，以明确规定规程的主题及对该计量器具控制有关阶段的要求。如：本规程适用于××××（受检计量器具）（范围、准确度等级等）的首次检定、后续检定和使用中检查。

引用文件应是所编写的规程必不可少的文件，如不引用，规程则无法实施。引用文件应为正式出版物。引用文件时，应给出文件的编号（引用标准时，给出标准代号、顺序号）以及完整的文件名称。凡是注日期的引用文件，仅注日期的版本适用于该规程；凡是不注日期的引用文件，应注明"其最新版本（包括所有的修改单）适用于本规程"。

引用国际建议、国际文件、国际标准时，应在编（年）号后给出中文译名，并在其后的圆括号中给出原文名称。

引用文件清单的排列依次为：国家计量技术法规、国防军工计量技术规范、国家标准、国家军用标准、行业标准、国际建议、国际文件、国际标准，以上文件按顺序号排列。

术语和定义，当规程涉及国家尚未作出规定的术语时，应给出必要的定义。术语条目应包括以下内容：条目编码、术语、英文对应词（除专用名词外，英文对应词全部使用小写字母，名词为单数，动词为原形）、定义。编写方式应符合 GB/T 20001.1 的要求。为了使规程更易于理解，也可引用已定义的术语。如果术语引用其他文件的，应在括号内给出此文件的编号和序号。

概述部分主要是简述受检计量器具的原理、构造、分类和用途（包括必要的结构示意图）。如受检计量器具的原理和结构比较简单，可作整体描述，不再进一步细分条。

计量性能要求，该部分规定受检计量器具在计量器具控制各阶段中计量特性（测量范围、最大允许误差、测量不确定度、影响量、稳定性等）及各准确度等级应当满足的计量要求。如受检计量器具的计量性能要求较复杂，也可用列表形式表述。

通用技术要求，该部分应规定为满足计量要求而必须达到的技术要求，如外观结构、安全性以及强制性标记和说明性标记等方面的要求。

计量器具控制可包括首次检定、后续检定以及使用中检查。首次检定是对未被检定过的计量器具进行的检定。后续检定是计量器具在首次检定后的强制周期检定和修理后检定。经安装及修理后的计量器具，其检定原则上须按首次检定进行。使用中检查是为了检查计量器具的检定标记或检定证书是否有效,保护标记是否损坏,检定后的计量器具状态是否受到明显变动,及其误差是否超过使用中的最大允许误差。

检定条件包括检定过程中所需计量器具及配套设备的技术指标要求和环境条件要求等。计量器具及配套设备一般应列出测量范围、准确度等级、允许误差极限等具体技术指标,环境条件一般应包括温度、相对湿度、供电电源、气压、振动、电磁干扰等方面的要求。

检定项目是指为了验证受检计量器具的计量性能是否符合其技术要求而进行检定的部位(或参数)和内容,应与计量性能要求及通用技术要求中提及的要求一一对应。

根据首次检定、后续检定和使用中检查目的的不同,可根据实际情况对各自的检定项目酌情增减。检定规程中在规定各种检定项目时可用"检定项目一览表"的形式列出。

检定方法是对计量器具受检项目进行检定时所规定的操作方法、步骤和数据处理。检定方法的确定要有理论根据,切实可行,并有试验验证报告。检定中所用的公式以及公式中使用的常数和系数都必须有可靠的依据。

检定结果的处理是指检定结束后对受检计量器具合格或不合格所作的结论。按照检定规程的规定和要求,检定合格的计量器具出具检定证书;检定不合格的计量器具出具检定结果通知书,并注明不合格项。

检定证书和检定结果通知书的内页应包括检定条件、检定项目、检定结果、准确度等级、最大允许误差等内容。

规程中一般应给出常规条件下的最长检定周期。确定检定周期的原则是计量器具在使用过程中,能保持所规定的计量性能的最长时间间隔。即应根据计量器具的性能、要求、使用环境条件、使用频繁程度以及经济合理等其他因素具体确定检定周期的长短。

示例:××××检定周期一般不超过××××(时间)。

附录是检定规程重要组成部分。附录可包括:需要统一和特殊要求的检定记录格式、检定证书内页格式、检定结果通知书内页格式及其他表格、推荐的检定方法、有关程序或图表以及相关的参考数据等。

六、国防军工计量校准规范

国防军工计量校准规范是由国家国防科技工业局组织制定并批准颁布,作为校准依据的技术文件。全国统一编号规则见表3.1,规范编制要求与检定规程相一致。

规范由以下部分构成:

1)扉页;2)目录;3)前言;4)范围;5)引用文件;6)术语和定义;7)概述;8)计量特性;9)校准条件;10)校准项目和校准方法;11)校准结果表达;12)复校时间间隔;13)附录;14)附加说明。

前言包括的内容要求基本上与国防计量检定规程要求相同。

范围部分主要说明规范的适用范围,以明确规定规范的主题。如:本规范适用于××××(被校对象)(量程、范围)的校准。

引用文件、术语和定义、概述、计量特性、校准环境条件、测量标准等各个部分的编写要求,与国防计量检定规程相应条目要求相同。

校准项目和校准方法,校准项目应覆盖全部计量特性。校准方法应优先采用国家计量技术法规、国防军工计量技术规范、国家标准、国家军用标准、行业标准、国际建议、国际文件、国际标准中规定的方法。必要时,应规定检查影响量的检查项目和方法。必要时,应提供校准原理示意图、公式、公式所含的常数或系数等。对带有调校器的仪器,经校准后应规定需要采取的保护措施,如封印、漆封等,以防使用不当导致数据发生变化。

校准结果应在校准证书上反映,校准证书应至少包括以下信息:

a)标题:"校准证书";

b)实验室名称和地址;

c)进行校准的地点(如果与实验室的地址不同);

d)证书的唯一性标识(如编号),每页及总页数的标识;

e)客户的名称和地址;

f)被校对象的描述和明确标识;

g)进行校准的日期,如果与校准结果的有效性和应用有关时,应说明被校对象的接收日期;

h)如果与校准结果的有效性应用有关时,应对被校样品的抽样程序进行说明;

i)校准所依据的技术规范的名称及代号;

j)本次校准所用测量标准的溯源性及有效性说明;

k)校准环境的描述;

l)校准结果及其测量不确定度的说明;

m)对校准规范的偏离的说明;

n)校准证书审核人及批准人的签名、职务;

o)校准结果仅对被校对象有效的声明;

p)未经实验室书面批准,不得部分复制证书的声明。

复校时间间隔,规范可给出有一定科学依据的复校时间间隔的建议供参考,并应注明:由于复校时间间隔的长短是由仪器的使用情况、使用者、仪器本身质量等诸因素所决定的,因此,送校单位可根据实际使用情况自主决定复校时间间隔。

附录是规范的重要组成部分。附录可包括:校准记录内容、校准证书内页内容及其他表格、推荐的校准方法、有关程序或图表以及相关的参考数据等。

在附录中应给出测量不确定度评定示例。测量不确定度评定示例应符合 JJF 1059《测量不确定度评定与表示》的要求,包括不确定度的来源及其分类、不确定度合成的公式和表示形式等。

附加说明,以"附加说明"为标题,写在规范终结线的下面,说明一些规范中需另行表述的事项。

第四节　国防军工计量量值传递体系

测量器具的量值传递、量值溯源,是计量管理的重要环节和主要计量活动。它对确保量值准确可靠起着十分重要的作用。

一、量值传递与溯源

量值传递是指通过对测量器具的检定或校准,将国家基准所复现的单位量值通过各级计量标准传递到工作计量器具,以保证被测量的量值准确和一致。

量值传递强调"建立起来,传递下去"。量值传递必须按计量器具检定系统表自上而下进行。我国现行量值传递体系是依据国家行政区划和中央有关部委为基础的,从国家计量基准开始,逐级将量值传递到工作测量器具,最终传递到产品。以国防科技工业系统为例,国防科技工业计量测试研究中心、专业计量站建立的国防最高计量标准,其量值接受国家计量基准的传递,国防科技工业计量测试研究中心、专业计量站将国防最高计量标准的量值传递到区域校准实验室的最高计量标准,由区域校准实验室将最高计量标准的量值传递到企业的最高计量标准,再将企业最高计量标准的量值传递到工作测量器具直到产品。量值传递系统的各级计量技术机构应在组织管理、仪器设备、检定人员、技术文件、环境条件等方面满足量值传递的要求,具有相应的能力,保证量值准确一致。承担国防科技工业量值传递的计量技术机构必须经国防科工局计量主管部门授权。

量值溯源是指通过一条具有规定不确定度的不间断的比较链,使测量结果或测量标准的量值能够与规定的参考标准(通常是国家基准或国际测量基准)联系起来的特性。比较链是指与基准、副基准、工作基准、标准等相比较的环节,通过检定、校准、比对等形式将测量结果与基准的量值相联系,达到溯源的目的。溯源强调从下至上寻求更高的计量标准,直至国家基准。量值溯源是用户的一种自主行为。量值溯源不按严格的等级进行,中间环节少,打破地区或等级的界限。与量值传递相比,它给用户提供的是一种开放性的、平等的量值保证状态。

在量值溯源时,必须考虑溯源链中每一级测量不确定度的影响。上一级计量标准的不确定度为被检定的测量器具允许误差极限 $1/4 \sim 1/10$ 时,其影响可以忽略不计。当计量标准的测量不确定度的累积影响不能满足量值传递要求时,可以越级溯源。

量值溯源是对测量器具的基本要求,不论测量器具如何精密,测量重复性如何好,在所进行的测量不能溯源到国家基准或国际标准时,这种测量就没有多大实用意义。因此测量器具必须通过校准或其他溯源方式确定准确的量值后,使用才会有效,即达到溯源性要求。

对一个计量技术机构而言,将本单位的最高计量标准或测量设备送到具有资格的上一级计量技术机构去检定或校准,则称溯源;而上一级计量技术机构的计量标准又必须向高一级的标准进行溯源,直至往上追溯到国家基准。各国的国家基准,经过一段时间与国际计量局保持的国际基准进行比对,从而实现全世界的量值统一。

二、测量器具溯源要求

测量器具的检定必须按国家计量检定系统表或国防测量器具等级图和计量检定规

程的规定进行;测量器具的校准可执行国家计量检定规程或校准技术规范。计量器具在无法向国家测量标准、国防最高标准溯源的情况下,可采用以下方法满足溯源性要求:

(1) 进行实验室间比对或能力测试;

(2) 溯源到本领域内国际上公认的测量标准;

(3) 用适当的标准物质;

(4) 用比例测量法或其他公认的方法;

(5) 使用有关单位经协商后多数同意,并在文件中明确规定的协议测量标准。

实验室间的比对是国际上一种比较通用的方法,它通过横向的实验室之间的比对试验来验证实验室量值溯源的可靠性。实验室之间的比对是指拥有相同精度等级计量标准的多个实验室对主导实验室提供的被检测量器具或参数进行检定或校准,将各个实验室出具的数据进行比对,考核每个实验室的数据是否在允许的误差范围之内,从而对所有实验室和每一个实验室的量值溯源状况进行验证。每一个实验室都应积极参加这一类比对活动。

三、国防科技工业计量器具等级图

根据《暂行规定》的要求,国家未制定计量检定系统表的,应制定国防科技工业计量器具等级图。

国防科技工业计量器具等级图由国防科学技术委员会组织制定颁布。它是对从国防最高测量标准到各级其他测量标准、直至工作测量器具的检定主从关系所作的技术规定。国防科技工业的计量器具等级图是国防计量器具的量值传递图。国防科技工业计量器具等级图由文字和框图构成,框图格式见图4.3。

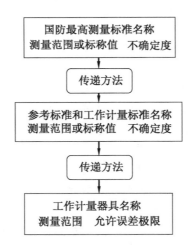

图 4.3　国防科技工业计量器具等级图基本格式

国防科技工业计量器具等级图的基本要素包括计量标准名称、计量标准主标准器名称、标称值或测量范围、不确定度或允许误差、量值传递方法名称。

国防科技工业计量器具等级图编制的原则:

（1）确定测量器具量值的传递层次和等级及测量器具的不确定度比；

（2）规定测量器具的传递方法及测量结果不确定度；

（3）界定测量器具相应的标称值或测量范围；

（4）注明测量标准的不确定度及包含因子或允许误差极限；

（5）说明使用的符号等。

第五节　计量标准器的管理

依据计量器具准确度等级和用途，计量器具分为计量基准器具、计量标准器具和工作计量器具。计量标准器具又分为最高计量标准器具和工作计量标准器具。最高计量标准器具往上向国家计量基准器具溯源，向下检定、校准工作计量标准器具和工作计量器具。因此，对最高计量标准器具依法加强管理是非常重要的。国防科技工业计量管理部门，对所属计量技术机构的计量标准器具（以下称计量标准）执行监督管理，使其受控，并处于良好的工作状态，保证量值传递的准确、可靠和统一。加强计量标准的管理，就是从计量标准的建立、考核、复查、使用、更换、暂停、撤消（废除）的全过程进行管理和监督。

一、计量标准

计量标准又称测量标准。计量标准通常是指其准确度低于计量基准，用于检定工作计量标准或工作计量器具的计量器具，或者是按国家规定的准确度等级，作为检定依据用的计量器具或标准物质。计量标准是量值传递和量值溯源非常重要的中间环节，起着承上启下的作用，它是将计量基准所复现的单位量值通过计量检定而传递到工作计量器具，以保证量值的准确、可靠和统一。这就要求对计量标准加强监督和管理。

我国自《计量法》实施以来，对计量标准实行的是强制性管理，即各单位使用的最高计量标准必须纳入计量行政管理部门的管理范畴，也是国家强制检定的测量器具。

对于计量标准的管理，各国都有各自的法规规定。政府认可的方式有两种，一是计量检定，发给标记或出具检定证书；二是校准，出具校准证书。经这样认可的计量标准可用于普遍领域、有限领域和规定领域。我国对计量标准的政府认可，除了检定、校准这样的方式外，还必须经过政府组织的考核，取得政府颁发的考核合格证书，才可在规定的领域内使用。

计量标准可按其准确度等级和使用范围分为最高计量标准和工作计量标准。国防科技工业计量技术机构的计量标准，按《暂行规定》的要求，由国防科工局计量管理部门或其授权的计量管理机构实行强制管理。强制管理是指从计量标准的建立、考核（复查）、使用、更换、暂停、撤销（废除）等全过程，必须接受国防科工局计量管理机构或授权的计量管理机构的考核、监督和检查。不符合规定的，如未经考核合格、超有效期使用或变更后未办理变更手续等不得进行量值传递。此外，计量标准还应由本单位制定完善的规章制度或工作程序，以保证计量标准量值传递的质量。工作计量标准由本单位根据实际情况依法进行管理，确保其量值准确可靠。国防科工局计量管理部门对国防最高计量标准和国防区域最高计量标准实行动态管理。

二、计量标准的建立与考核

(一)计量标准建立的原则

计量标准的建立,既要考虑社会效益,也要考虑经济效益。不能盲目追求高、精、尖或大而全。应根据实际情况,从科研、生产、服务的实际需要出发,与武器型号紧密结合,提出建立部门、行业或企事业单位计量标准的等级或技术要求。从现阶段的情况看,作为国防区域校准实验室、企事业单位计量技术机构,应从市场角度考虑,防止在建立计量标准时的盲目攀比,或低水平重复,造成资源的浪费。

(二)国防军工最高计量标准的建立

建立国防科技工业的最高计量标准,即国防最高计量标准、校准装置和测试系统,从立项、论证到研制应由国防科工局计量管理部门统一规划、统一组织。国防最高计量标准一般建立在国防科技工业计量测试研究中心、计量一级站或专业计量站。根据具体情况,有的国防最高计量标准可能建立在其他计量技术机构,授权承担相应的量值传递任务。

(三)国防区域校准实验室计量标准的建立

国防区域校准实验室是国防科技工业系统量值传递和溯源的重要环节,起着承上启下的作用。国防区域校准实验室应根据国防科工局的统一规划,依据本地区的实际需要建立区域最高计量标准,承担本地区或其他地区的量值传递任务。

(四)企事业单位计量标准的建立

企事业单位承担着国防科技工业科研、生产、试验任务,使用着大量的测量器具,这些测量器具量值的准确、可靠,是关系到国防科技工业科研、生产、试验质量的非常重要的因素。因此,企事业单位应根据本单位的实际需要建立计量标准,承担本单位量值传递任务,保证本单位使用的测量器具量值的准确、可靠、统一。

(五)计量标准的考核与复查

计量标准考核的目的是确认被考核的计量标准是否具有进行量值传递的能力和资格。也可以说是对计量标准执行计量检定、开展量值传递资格的认可。

计量标准在我国实行强制管理,强制管理的形式之一就是由计量行政管理部门对计量标准进行考核,计量标准考核的法律依据如下:

(1)《计量法》第六条,第七条,第八条。规定社会公用计量标准、部门计量标准、企事业单位计量标准经相应的人民政府计量行政部门组织考核合格后使用。

(2)《暂行规定》第十六条规定:"国防最高计量标准器具,须经国防科工委计量管理机构审查,由国务院计量行政部门组织考核合格后使用。"

(3)《暂行规定》第十七条规定:"国防科技工业区域校准实验室建立的最高计量标准器具,以及国防科技工业的计量测试研究中心、专业计量站和区域校准实验室建立的校准装置、测试系统,由国防科工委计量管理机构组织考核合格后使用,并向国务院计量行政部门备案。"

(4)《暂行规定》第十八条规定:"军工企业事业单位建立的最高计量标准器具,由国防科工委计量管理机构授权省、自治区、直辖市人民政府国防科技工业行政主管部门组织考核合格后使用,并向所在省、自治区、直辖市计量行政部门备案。"

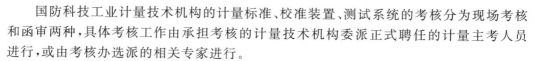

　　国防科技工业计量技术机构的计量标准、校准装置、测试系统的考核分为现场考核和函审两种，具体考核工作由承担考核的计量技术机构委派正式聘任的计量主考人员进行，或由考核办选派的相关专家进行。

　　计量标准首次考核，即新建计量标准的考核，必须在现场进行。视计量标准复杂程度由1～2名主考人进行考核。现场考核的目的是确保计量标准考核的质量，因为它可以实际考核计量标准所复现量值的准确性、可靠性和统一性（一般由主考人携带盲样进行考核），同时考核计量检定人员操作的正确性和熟练程度以及数据处理和测量不确定度评定的正确性等。

　　计量标准首次考核合格后所取得的《计量标准证书》的有效期一般为5年。有效期满后，如需继续使用，需要申请复查考核。复查考核的程序基本上与首次考核的程序相同。

三、计量标准的使用与监督

　　计量标准考核是为了确认计量标准是否具有开展量值传递的资格。计量标准量值传递的质量取决于计量标准的性能以及操作人员和环境条件等因素。因此，国家和有关部门都对计量标准的管理作了严格的规定，国家制定了《计量标准器具管理办法》，国防科工委也制定了《国防科技工业计量标准器具管理办法》。这些办法对计量标准的使用与监督都作了相应的规定。

（一）计量标准的使用

　　（1）国防科技工业建立的计量标准，必须经国防科技工业计量考核机构考核合格，并具有考核机构签发的《计量标准证书》方能使用。

　　（2）计量标准应按照计量检定系统表或国防测量器具等级图的规定以及计量检定规程、校准技术规范开展检定和校准工作。

　　（3）计量标准只限于有资格和被授权的人员使用，应指定专人负责。

　　（4）计量标准应在固定地点和环境中使用，如果因特殊情况必须在固定地点（实验室）以外的地方使用，应经主管负责人批准。

　　（5）操作人员应对计量标准定期进行检查，按计划进行检定，确保量值准确。如因某种原因对其计量性能发生疑问时应停止使用，找出原因，经重新检定合格后方能使用。

　　（6）妥善保存计量标准原始记录及档案资料，防止丢失、损坏或篡改。

　　（7）计量标准的存放、维护、运输和保存必须按一定的（认可的）程序和方法进行，保证计量标准在使用中能在规定的条件下和时间内保持良好的计量性能。

　　（8）计量标准未经批准，任何单位和个人不得随意拆卸、改装，不得自行中断量值传递工件。

（二）计量标准使用中的监督

　　建立计量标准的计量技术机构，应随时接受有关国防科技工业计量管理机构的监督检查。其目的是为了保证计量标准处于正常的工作状态。在监督检查中如发现使用中的计量标准性能下降，管理不善，计量检定证书或计量标准证书超期、服务质量不能适应客户需要，限期进行整改。对问题严重的，应注销其《计量标准证书》《校准装置证书》或《测试系统证书》。

（三）计量标准的更换

计量标准在有效期内使用，主标准器和配套设备会因各种原因造成损坏，致使计量标准技术指标下降。为了保持其在考核时的技术指标，可以在计量标准有效期内增加或更换主标准器或配套设备。主标准器及配套设备更换时，应注意两个问题，一是主标准器或配套设备变更后，不改变计量标准原考核时的准确度等级（测量不确定度）和测量范围，建立计量标准的计量技术机构，可向原主持考核的考核机构提出变更申请，并提交《计量标准更换申请表》一式两份和更换后的主标准器或配套设备有效检定证书复印件。考核机构审查同意后办理变更的相关手续，即可使用。二是主标准器或配套设备变更后，准确度等级和测量范围两者任意一项发生了改变，均应按新建计量标准考核程序重新申请考核。

（四）计量标准的撤销（暂停）

计量标准在有效期内，因其主标准器或配套设备发生问题而不能及时更换，或无工作任务，或其他原因（如搬迁）等，允许暂停使用或撤销，但需办理暂停使用或撤销（废除）手续。

四、标准物质

标准物质是具有一种或多种足够均匀和很好地确定了的特性，用以校准测量装置、评价测量方法或给材料赋值的一种物质或材料。标准物质具有量值准确性和用于计量为目的的明显特点，它可以作为计量标准并用于量值传递。按照《计量法》实施细则的规定，用于统一量值的有证标准物质属于计量器具的范畴。通常依法管理的标准物质一般是指有证标准物质，它的一种或多种特性值用建立了溯源性的程序确定，使之可溯源到准确复现的表示该特性值的测量单位，每一种出证的特性值都附有给定的不确定度。

标准物质按其特性可分为三大类，即：化学成分标准物质、物化特性标准物质、工程技术特性标准物质。标准物质是量值传递的一种重要手段，是统一量值的依据。标准物质可以作为计量标准校对测量器具、仪器；可作为比对标准考核测量器具、测试方法和操作的正确性；也可用于考核实验室之间测量结果的准确性和一致性，鉴定所测试的仪器或评价新的测量方法，以及用于仲裁检定等。

标准物质在计量工作中占有越来越重要的地位，一些工业发达的国家开展计量检定已不限于仅用计量标准器具，而是兼用标准物质等多种手段。随着生产的不断发展和科学技术包括计量校准的飞速进步，标准物质有可能变革量值传递原有的方法体系，改进现有测量方法和发展新测量方法。

第六节　测量器具的管理

测量器具是指单独地和连同辅助设备一起用以进行测量的器具。具体地说，是指用以直接或间接测出被测对象量值的装置、仪器、仪表、量具和统一量值的标准物质，包括计量基准、计量标准和工作计量器具。

测量器具是实现国家计量单位制统一,保证国防科技工业系统量值准确可靠的重要物质基础,也是计量立法的重要内容。依据《计量法》和《暂行规定》的要求,实行依法管理。

一、测量器具购置

在科研、生产、试验投入和提供用户服务前,依据需要对购入测量器具的配置进行策划。其原则如下:

(1)测量器具必须保证需要测量的参数要求得到满足,保证测量工作能及时进行。

(2)测量器具必须满足用户的技术要求和其他功能要求。

(3)在配置测量器具时应考虑准确度、稳定性、测量范围、分辨力,保证测量结果准确可靠是首要条件。同时也要考虑技术先进性,测量效率,使用条件,对人员素质要求以及经济合理性。

(4)测量器具应能实现量值传递和量值溯源要求。测量器具的检定、校准能符合现行有效的检定规程或校准技术规范的要求。

(5)测量器具应有CMC(中华人民共和国制造、修理许可证英文缩写)标志,同时要求供应商提供质量证明文件(如产品合格证、质量体系认证证明)。

(6)购置进口的测量器具应符合《中华人民共和国进出口计量器具监督管理办法》的要求,即凡进口或外商在中国境内销售《中华人民共和国进出口计量器具型式审查目录》的计量器具,必须办理型式批准手续,型式批准包括计量法制审查和定型鉴定。

二、检定与校准

在《暂行规定》中对计量检定与校准作了如下规定:"国防科技工业建立的计量标准器具、校准装置、测试系统以及用于产品性能评定、定型鉴定和保证安全的工作计量器具,必须按规定实行计量检定。其他用于产品科研、生产、服务的工作计量器具和专用测试设备,按规定实行校准。"

(一)测量器具的检定

首次检定是指对未曾检定过的新测量器具进行的一种检定,其目的是为了确定新生产的测量器具的计量性能是否符合其批准时型式所规定的要求。

首次检定主要依据国家计量检定规程进行,对没有国家计量检定规程的可依据部门计量检定规程或省级计量检定规程进行检定。国家计量检定规程不能满足国防科技工业的特殊使用要求时,计量检定按照国防计量检定规程进行。对国外进口仪器,首次检定应依据国家计量检定规程或国际有关标准(说明书),或订货合同书的技术指标进行全面检定。

后续检定是指测量器具首次检定后的任何一种检定,其目的是为确定测量器具自首次检定、投入使用后,其计量性能是否符合检定规程的要求。后续检定包括有效期内的检定、周期检定以及修理后的检定。

周期检定是法定计量检定机构的中心任务,是保证量值统一和准确的工作。周期检定必须制定周期检定计划,在检定计划中应包括送检测量器具名称、编号、检定周期、送检日期、检定单位等。周期检定统计表中应反映检定结果、受检率和合格率。正常状态下受检率应达到 100%。

（二）测量器具的校准

校准是指在规定条件下，为确定测量仪器、测量系统的示值、实物量具或标准物质所代表的值与相对应的由参考标准确定的量值之间关系的一组操作。

测量器具的校准应按校准技术规范进行。国家计量校准规范是由国务院计量行政部门组织制定并批准颁布。根据国防科技工业实际需要，国防科技工业公用的测量器具校准，按照国防科工局计量管理部门批准的校准技术规范进行；行业或部门内部使用的校准规范由相应计量管理机构批准后执行。

我国已进入国际大市场，各方面的运作正逐步与国际接轨，为了适应新形势，在实验室认可活动中，积极采用国际通用的 ISO/IEC 17025《检测和校准实验室能力的通用要求》，其对应的我国标准是 GB/T 15481 和 GJB 15481。因此，校准作为计量行为将被普遍采用。国家已发布的计量检定规程中将有大部分被校准技术规范代替。

三、测量器具的管理方法

（一）测量器具的分类管理

当测量器具比较多时，应当采取分类管理，一般采用 A、B、C 分类管理法。

1. A 类测量器具

该类测量器具在量值传递中的位置和用途非常重要。如单位的最高计量标准和用于量值传递的测量设备，列入国家强制检定目录的工作测量器具以及准确度高的重大关键测量器具。

2. B 类测量器具

该类测量器具比较多，主要是指是非强检工作测量器具。如各种测量量具、测量仪器仪表、专用测量设备等。

3. C 类测量器具

该类测量器具主要是指准确度较低，用于一些功能性或监视性的测量器具。C 类测量器具可不实行周期检定，只对其进行简单管理，如只做功能性检查。

（二）标志管理

对测量器具实施标志管理是为了表明测量器具所处的状态，是否经过确认，确认哪些项目，防止错用，便于对测量器具进行管理。对于标志管理，各部门、单位不尽相同，只要使用单位为其代表的内容和作用界定清楚即可。

（三）不合格测量器具管理

不合格测量器具是指对其正常功能产生怀疑的测量器具。出现下列情况之一者为不合格测量器具：

1）测量器具已经损坏；

2）过载或误操作；

3）显示不正常；

4）功能出现了可疑；

5）超过了规定的确认间隔；

6）标记的完整性已被损坏。

对不合格测量器具均应停止使用，并予以隔离或加以标记以防误用。根据测量器具不合格状态应进行如下处理：

1）仔细检查或修理直至恢复工作，通过检定或校准证明计量性能满足要求；

2）考虑降级使用；

3）对于多功能，多量程的仪器，可允许合格的功能和量程使用，但必须在证书或标记上给以注明；

4）对于无法恢复计量性能的测量器具必须报废，予以撤离，不得在作业现场存放。

第七节　专用测试设备的计量管理

一、概述

专用测试设备是军工产品在科研、生产和服务过程中一类特殊的测量设备。长期以来，人们对专用测试设备的界定、解释一直众说纷纭。有的解释为专门用于某一型号产品研制过程的测试设备；有的称之为非标测试设备等。这些解释都反映了专用测试设备的一个侧面，不够全面。经过人们在实践中的不断认识、理解，逐步对专用测试设备有了一个比较全面的共识：所谓专用测试设备，是指在军工产品科研、生产和服务过程中，用于质量控制、性能评定、产品验证、保证军工产品符合技术指标和性能要求，而专门研制或配置的非通用测量设备。

此处的专用测试设备有两层含义：

（1）专用测试设备是相对于日常社会活动和科研、生产中使用的通用测量设备而言的。专用测试设备与通用测量设备有很多不同之处，它不具备通用测量设备所具有的完善的量值溯源渠道，也不宜采用通用测量设备的计量管理方法。

（2）专用测试设备并不是一成不变的。某些测量设备目前是用于特殊目的，属专用测试设备，但随着军工产品的批量生产，随着其测试性能的逐步完善和通用化，随着校准装置、校准方法的逐步建立和完善，逐步过渡为通用测量设备了。

军工产品特别是型号产品是一个庞大的系统，产品本身由大量的元器件、零部件、仪器、设备、分系统或多个系统组成。军工产品在科研、生产的各个阶段为了取得定量数据和定性判据，需要进行大量的测试与试验。例如型号产品在其研制过程中，从工程研制到交付使用的各个阶段，需要在各种环境下，诸如力学环境、热真空试验环境、电磁兼容试验环境以及其他模拟环境下进行全面完整的测试，以检验产品各系统、分系统的主要性能和功能是否满足设计要求；各系统的电接口是否正确合理；协调各种软件运行的正确性，验证单机产品和系统产品的可靠性等。通过对型号产品的全面系统测试，可以充分暴露型号产品设计上和生产工艺上的缺陷，发现电子元器件的早期失效，发现软件设计上的不足等等，确保型号产品的高质量和高可靠。所以测试是各类军工产品研制过程中必不可少的重要环节。

在各种测试工作中，除了要使用各种通用测量器具外，还需要使用大量的用途各异的专用测试设备，它的质量与控制状态直接关系到军工产品的质量与可靠性。

专用测试设备种类繁多，在产品设计、研制、生产、试验、使用的不同阶段，有不同的专用测试设备,有元器件、部件、单机、分系统使用的专用测试设备,还有整个产品使用的大型综合测试系统。

按专用测试设备的用途、性能来分,一般可将专用测试设备分为两种类型,一种是指用于定量测试,有准确度要求的专用测试设备;另一种是指用于只作定性区别的一般专用测试设备。

有些部门、单位,还可根据专用测试设备的技术性能指标,将第一类的专用测试设备再区分为若干类,进行更详细的分类管理。

专用测试设备在军工产品的科研、生产、服务过程中,用于产品的质量控制、性能评定,以及产品质量保证活动。一般来说,军工产品的质量保证工作包括质量体系保证、可靠性保证、安全性保证、维修性保证、元器件、原材料、工艺控制、技术状态管理等一系列的技术工程和管理活动,其中贯穿于型号产品科研、生产、服务过程的各项技术工程都离不开对产品技术指标、性能的定量确定和定性评定,都是通过测试、试验来完成的,都离不开专用测试设备。因此,专用测试设备在军工产品尤其是现代化的武器装备的科研、生产使用中,对产品的质量控制、性能评定、技术指标验证等方面,一直发挥着重要的支持和保证作用。

二、专用测试设备的特点

专用测试设备直接参与型号产品的测试或性能评定。其测试数据的准确可靠,直接影响型号产品的质量,影响到型号试验的成功。专用测试设备与通用测量设备相比有其自身的特点。

(一)种类繁多

专用测试设备是为了研制某型号产品而特定研制的测试设备。首先,不同的型号有不同的专用测试设备。例如舰船有舰船类专用测试设备,火箭有火箭类专用测试设备,卫星有卫星类专用测试设备等。而每一类专用测试设备,例如卫星类专用测试设备,有不同的型号:高轨道通讯卫星、中轨道资源探测卫星、低轨道返回式卫星等,其专用测试设备涉及的专业、功能、技术要求都不完全相同,即使是同一类卫星,对于不同代的产品,为了满足每一颗卫星的特殊的测量技术要求,其专用测试设备都有不同的接口、硬件、软件,不能替代使用或延用。而且只要产品研制还没有发展到真正的批量生产阶段,那么其测试、试验工作就不可能完全靠通用仪器来完成。

其次,对同一产品,在其科研、生产、服务的不同阶段,其专用测试设备也是不同的。从元器件测试、部件测试、分机测试、整机测试到整个产品的系统测试,使用的绝大多数是专用测试设备,且每一种测试设备的技术性能都有差别。

(二)使用有效期短

专用测试设备的使用有效期的长短,主要依附于相应型号产品的特点和变化。一般来说,一个型号的研制和试验任务完成后,其大部分专用测试设备也就封存了,仅剩使用过程中的专用测试设备在用。如果下一个同类型号继续使用,该设备也必须根据不同的产品做很大的改动,硬件、软件、技术性能指标也都要符合下一个型号产品的需求。即使硬件、软件技术性能指标都满足要求,但由于元器件的使用寿命、电连接器件插拔寿命以及使用环境条件的变化等原因,也要做大量的验证试验或做必要的改进才能满足新的使用要求。

（三）参数众多、结构复杂

很多专用测试设备涉及多个计量专业参数，大型专用测试设备通常包括了几何量、热学、电学、无线电、时频、力学等诸多专业，覆盖的频段宽，从直流一直到微波乃至毫米波段。特别是近几年研制的专用测试系统多数是以计算机为中心的大型自动综合测试设备，系统复杂、技术含量高、难度大，与型号产品的结构性能密切相关。随着科学技术的发展和产品要求的提高，越来越多的型号产品，其分系统级专用测试设备和总控设备之间通过局域网的形式相联，组成分布式测试系统，系统中还包含了大量的专用测试软件，与硬件组成完整的测试系统，以完成型号产品的各项综合测试任务。

三、专用测试设备计量管理的内容与要求

由于上述特点，很多专用测试设备没有成型的校准装置，没有统一的校准技术规范，更没有完善的量值溯源渠道。长期以来，专用测试设备的计量管理和校准工作一直没有很好地开展，这有技术上的原因，也有管理上的原因。近几年，国防科技工业逐渐重视专用测试设备的计量管理工作，正在制定相关的管理规章，明确对专用测试设备计量管理的职责、内容和要求。

国防科技工业企事业单位的计量机构，主要职责是依法对本单位的专用测试设备实施有效的计量管理，其具体内容一般包括：

（1）组织制定本单位专用测试设备计量管理办法并实施；

（2）参与专用测试设备研制或配置方案的策划；

（3）参与专用测试设备的验收或鉴定，负责计量技术文件的审查；

（4）负责组织专用测试设备校准设备的研制，校准规范的编制；

（5）负责专用测试设备的计量管理并组织实施校准；

（6）负责大型试验专用测试设备的计量检查（复查）；

（7）负责组织专用测试设备校准人员的培训；

（8）对专用测试设备的使用实施计量监督。

设立型号计量师系统（或型号计量工作系统）的单位，还应该通过型号计量师系统对专用测试设备进行管理和监督。首先在型号工程需要引进或购置专用测试设备时，参与组织策划和方案论证，并提出需要同时配置的校准手段，落实保障条件；其次，参与专用测试设备及其校准设备的鉴定和校准规范的编制、评审。

要做好专用测试设备的计量管理工作，首先要充分认识到专用测试设备的重要性，将其摆到一个重要的位置，从研究经费、人才配备等方面给予保证。同时，还要制定一套适合本单位实际的、行之有效的计量管理方法。只有这样才能解决专用测试设备的计量管理问题。对不同的专用测试设备有必要研究和建立不同的计量管理模式。

专用测试设备从立项到投入使用，要历经设计研制、验收鉴定、使用维护三个阶段。

1. 设计研制阶段

专用测试设备设计中的可靠性要求、技术性能要求、经济性要求是构成专用测试设备合理方案的重要依据。在设计阶段，为了保证产品的固有质量和可靠性水平，应制定产品质量与可靠性设计准则和实施计划，并组织设计评审，计量部门应参与设计评审，

并根据任务书的要求,审查产品质量与可靠性设计准则、计划是否包含了保证测量准确度的要求,以及可靠性试验中测量数据的有效性等。

在专用测试设备的设计评审时,计量部门可以对设计中专用测试设备技术指标的可测试性,专用测试设备的可计量性、专用测试设备测试接口的标准性实施计量监督。

专用测试设备设计定型后,为了适时研究和提供相应的校准方法和手段,研制部门要向计量部门提供该测试设备需校准的参数及技术要求,测试系统的特殊性能、特点等资料。

在专用测试设备设计的同时,应制定与计量测试有关的技术文件或规定,作为专用测试设备技术性能测试和设计鉴定的技术规范,同时也作为使用方验收的技术规范和设备正常使用中监督管理的依据。该技术文件的内容一般应该包括:设备的用途、工作原理、性能指标、验收检测项目、检测方法、校准所需的计量标准或设备、环境条件、数据处理、不确定度分析、校准间隔以及安全操作和保管维护注意事项等,计量部门可根据实际情况组织或参加这些技术文件的制定和审查。

在专用测试设备研制过程中,为保证设计的固有质量,为验证新技术、新材料、新结构、新工艺的可行性,为检验技术指标的符合性,在研制过程的各个环节,都要对专用测试设备进行测试、试验和验证,计量部门要参与这些技术活动。

专用测试设备研制阶段的计量保证工作,主要包括三个方面的内容:

1)研制过程中所用测量仪器的要求

专用测试设备研制过程中所需的测量仪器都要经检定或校准合格,并能完成各项测试、试验任务,即满足预期的使用要求,其量值溯源合理有效。

2)专用测试设备计量保障能力分析

根据专用测试设备的技术要求,组织在研制中的专用测试设备计量保障能力的调研。调研内容包括:

- 该专用测试设备校准的技术要求,包括技术难点;
- 目前该专用测试设备校准技术的现有水平;
- 该专用测试设备校准人员的资格或能力;
- 校准实验室的规章制度、校准规范、操作规范。

分析后,要在一定范围内组织论证,并给出明确的论证结论,对目前无法校准的专用测试设备,应该在论证结论中提出建议。建议要明确提出所需的比对或能力测试、研究校准方法、研制校准装置等。对影响产品测试关键性指标的关键专用测试设备,必须立项研制其校准装置,校准装置的立项工作按科研项目管理办法中的有关规定进行,校准装置的研究计划要列入所在单位的科研生产计划,以确保专用测试设备校准装置的研制工作按计划完成。

3)编制校准技术规范

在专用测试研制过程中,应该根据其技术指标、性能要求编制校准技术规范。校准技术规范的编制要求要符合有关标准的规定。校准技术规范必须经过评审及审批。专用测试设备的校准技术规范一般要由使用部门的计量机构组织编制。对一些比较特殊的或比较复杂的专用测试系统,可以经过协商委托设备的研制单位制定,或由使用部门和研制单位共同联合制定。协商的具体条款应该在专用测试设备的研制合同中给予规定，并在专用测试设备验收时进行验收。

2. 验收鉴定阶段

专用测试设备研制（或购置）完成后，应进行验收或鉴定。专用测试设备的验收或鉴定，一般由研制单位质量或技术管理部门组织，计量部门应参加并负责验收工作计量技术文件的验收、设备的校准或功能性检查。

1）计量技术文件的验收

验收或鉴定时，除对专用测试设备的设计方案、工作原理、研制情况、技术性能和可靠性进行审查外，还应对计量技术文件特别是对测试方法、测试误差分析、测试一致性分析等进行审查。自行研制的专用测试设备验收时，研制部门应向计量部门提供下列技术文件：技术说明书、使用说明书、校准技术规范（也可以根据研制合同条款而定）、研制工作报告，已经过计量部门检定或校准的应同时提供其检定证书或校准证书。

2）验收中的校准或功能性检查

在专用测试设备的验收工作中，应按校准技术规范对专用测试设备进行校准或功能性检查。其中，前述的第一类专用测试设备在验收时必须进行校准，校准后满足预期使用要求的才能投入使用；第二类专用测试设备应进行功能性检查，经检查功能符合规定要求的方可投入使用。一般来讲，专用测试设备在验收或鉴定时所进行的校准，可以作为使用前的首次校准，并根据结果给出相应的校准状态标识。对购置的专用测试设备，如果校准人员需经专门培训方能实施验收，计量部门应派人员参加相应的培训，以解决验收中校准工作有关的计量技术问题。

3. 使用阶段

专用测试设备通过验收或鉴定投入使用后，就要将专用测试设备纳入正常的计量管理渠道，并同时完成以下各项工作：

1）建立分类管理档案

专用测试设备完成验收或鉴定后，由计量部门会同研制部门、质量部门等单位，根据专用测试设备的技术性能、用途和分类原则进行分类，实施分类管理。

对第一类专用测试设备，要严格按周期校准的要求进行管理，制定周期校准计划，并按计划定期进行周期校准，给出校准状态标识。

对第二类专用测试设备，要按照设备的功能、结构特点和使用要求，做好相应功能性检查或必要的校准工作，确保设备满足使用要求。

对确定专用测试设备的校准周期，要根据其使用频率、使用场合、服务型号（产品）的情况，适时进行调整和动态管理，确保设备的量值准确可靠。

2）建立专用测试设备计量管理规章制度

建立专用测试设备的计量管理规章制度，要注意结合本单位的实际情况，使规章制度切实可行，以保证专用测试设备的正确使用和有效使用。规章制度应至少包含以下内容：

• 计量管理人员、使用人员的素质要求及其岗位责任制；
• 专用测试设备的校准制度；

- 安全操作制度、保养维护制度、事故处理制度；
- 专用测试设备校准人员的培训制度；
- 专用测试设备进靶场的计量复查制度。

3）专用测试设备的校准周期

专用测试设备的校准周期与通用仪器一样，一般为 1 年。但如果专用测试设备随型号产品进行大型试验，应缩短校准间隔，通常的做法是每次试验前进行重新校准。另外，外借的专用测试设备在投入使用前，应进行计量确认，必要时应重新对其进行校准。封存的专用测试设备再次使用前，应重新进行校准。修理后的专用测试设备应重新进行校准。专用测试设备参加大型号试验前，必须对其校准状态和溯源性证明文件进行计量复查，必要时也可进行重新校准。

一般情况下，专用测试设备要做到定期进行校准，确有困难时，如专用测试设备在测试现场的测试线上，暂时无法撤下来进行全面系统的校准时，可以由使用部门提出书面申请，经审查批准，适当延长专用测试设备的有效期。在延长期限内，可根据使用现场的条件允许情况，进行单参数校准或系统自检，单参数校准或自检的记录应归档，以备查用。

4）专用测试设备的校准人员

专用测试设备的校准应由经过培训并考核合格的校准人员进行。根据国防科技工业计量管理有关规定，持有同类参数的检定员证书的人员可以承担相应的专用测试设备的校准工作。对大型专用测试设备也可考虑成立校准工作组，校准工作组中校准人员的情况应归档保存，校准人员应保持相对稳定。对操作复杂的专用测试设备的校准，可聘请专用测试设备的研制人员或使用人员作为兼职校准人员，计量部门应会同教育部门、人事部门对兼职校准人员进行计量基础知识、专业知识的培训，考核合格后颁发上岗证。在统一管理下实施相应的校准工作。

5）专用测试设备的校准

专用测试设备的校准必须按校准技术规范进行。其校准装置或校准用计量器具的量值，应能溯源到国防最高测量标准或国家基准。

专用测试设备中的通用计量器具，应按照正式颁布的、现行有效的检定规程进行检定。

由多参数组成的专用测试设备，有条件的应按参数进行系统检定或校准，并在校准技术规范中明确规定。对目前因为校准手段限制，不能进行系统校准的，须在校准技术规范附录或有关章节中说明其相应的校准方法。

当专用测试设备的量值无法向国防最高测量标准或国家基准溯源时，可采用以下适当方法进行：

- 同类设备进行比对或能力测试；
- 采用适当的标准物质或标准件进行检查；
- 采用经过与用户协商并在文件中明确规定的测量方法；
- 采用合适的统计方法；
- 其他公认的方法。

一般情况下，专用测试设备使用单位的计量机构对本单位的专用测试设备实施校准后,可以根据校准结果出具校准状态标识,但必须保存全部的原始记录。

委托外单位校准的专用测试设备,应要求校准单位提供校准证书,校准证书的基本内容应符合 GJB 15481《检测实验室和校准实验室能力的通用要求》的有关要求。

6）专用测试设备的监督

在专用测试设备的使用过程中,各级计量管理机构应按职责分工与权限分别对专用测试设备的计量管理实施监督检查。监督检查的主要内容为:专用测试设备计量管理办法的执行情况;专用测试设备校准人员的资格;专用测试设备校准装置的考核和控制;专用测试设备校准规范的齐全和有效;专用测试设备的量值溯源性。

四、专用测试设备计量管理的发展方向

（一）需要解决专用测试设备设计的非标准性

困扰专用测试设备计量管理和校准工作的关键,是专用测试设备的非标准性问题。这一问题不彻底解决,专用测试设备的校准溯源系统就无法建立,只能针对不同的专用测试设备研制单台的校准装置,一方面造成大量人力、物力、财力资源的浪费;另一方面也使专用测试设备的校准工作一直处于被动应付之中。所以专用测试设备的设计、研制工作要走规范化、标准化的道路。特别是专用测试设备的接口、接插件、输入输出界面等,要系列化、通用化、标准化,形成"三化"产品。只有这样,才有可能建立起通用的专用测试设备校准平台,才有可能建立起较为完善的溯源渠道,从根本上解决专用测试设备的计量保障问题。

（二）需要全面提高计量人员的综合素质

专用测试设备的计量管理和校准,都要求计量人员必须具有较高的知识水平和技术能力。计量人员要深入型号产品科研生产一线,积极参与专用测试设备的研制过程。在型号设计、研制过程中推广先进的计量测试技术,发挥计量工作的技术保障作用。同时,了解型号专用测试设备对校准技术的需求,找出差距,不断充实,以适应型号专用测试设备计量工作的需要。必要时也可以从型号产品研制队伍中抽调一定的技术人员充实到专用测试设备的计量工作队伍中,只有两者结合起来,才可能形成一支高素质的稳定的专用测试设备计量队伍,才能真正做好型号专用测试设备的计量工作,使之在型号科研生产中充分发挥作用。

（三）需要全面加强型号计量保证的各项工作

专用测试设备的计量管理工作,是型号计量保证工作中的一项具体工作,只有全面加强型号计量保证工作,才能从根本上解决专用测试设备的计量问题。型号计量保证工作是一项系统工程,专用测试设备的计量管理等工作是组成这一系统工程的不同个体,在工作中,要运用系统工程的方法去分析、区别和联系,使复杂的问题化解和排序,找出其中的共性、基础性、关键性的内容加以解决,以提高型号计量保证的整体效能。

第八节　企事业单位计量机构及管理

一、军工企事业单位计量的地位

工业计量,通常称之为"企业计量"或"产业计量"。它与科学计量、法制计量一起构

成计量学科的三大领域。在计量学科的三大领域中,惟有工业计量与经济联系最为密切,直接效益也最为明显。工业计量管理是国家整体计量管理工作中的一个重要组成部分,它是为企业的全部活动——生产管理、质量管理、经营管理、设备管理、能源管理、安全管理、环保管理和科研开发提供计量保证服务的。工业计量活动与企业科研生产经营全过程活动是紧密结合在一起的。

国防科技工业计量管理工作是国家工业计量管理工作的重要组成部分,它是国防科技工业科研、生产、经营管理的重要基础。国防科技工业企事业单位计量管理工作是整个国防科技工业计量管理工作的重要组成部分,应始终着眼于全面提高企业计量技术和计量管理的整体素质,为企业提高管理水平、科技水平、产品质量和经济效益提供可靠的计量保证。主要体现在以下几个方面:

1. 企业实现集约化生产的重要技术基础

军工企事业单位计量工作在推进"两个转变"中起着越来越重要的保证作用。转变经济增长方式,实现集约化生产,就是要求经济发展从以往依靠增加投入、铺新摊子、追求数量和速度,转移到主要依靠技术进步、提高产品质量、增加经济效益上来。为此,必须建立起与企业加强管理、有效组织社会化大生产要求相适应的、科学完善的计量检测体系。

2. 加快企业技术进步的重要保证

现代化工业生产依赖于科学技术进步和科学创新,而科学技术的进步和创新,计量是必不可少的手段。现代化企业无论是研制开发新产品,还是采用新材料、新技术、新工艺,都离不开计量。一个单位的计量设备、计量技术和管理素质如何,代表着一个单位的水平和实力,既是外界了解、考察企业最具代表性的"窗口",也是企业自身向外界展现自己实力水平的"窗口"。因此,我国不少想和外商合资开发高新技术项目的企业,洽谈时外商毫无例外地都要求了解我们有无相应的计量基(标)准、测试和管理手段,并以此作为挑选合作伙伴的前提条件之一。

3. 加强企业科学管理和提高产品质量的重要手段

国内一些企业经济效益低下,其中一个重要原因是企业管理松懈、基础工作薄弱,不适应改革和发展的需要。计量基础工作薄弱主要表现在:有的计量检测手段缺乏;有的虽有手段,但疏于管理,原材料、外购件进厂不检测,生产流程不监控、出厂产品不检验;有的企业测量器具不按规定检定/校准,准确度差;有的检测环境条件不符合要求,导致测量数据不准确,直接影响生产过程控制和产品质量,影响企业经济效益。因此,加强企业计量管理,做到以测量数据说话,就必须提供从产品的原材料、元器件检测到生产过程控制、工艺工装定位、半成品以及成品检验全过程的准确可靠的数据,以及能耗、物耗、环境与安全监测等测量数据,以此作为控制生产、指挥经营、进行科学决策的重要依据。没有先进科学的计量检测手段,就没有先进的产品质量。从质量管理发展的三个阶段来看,无论是早期的质量检验阶段,中期的统计管理阶段还是现代的全面质量管理阶段,都是以完备的计量检测手段为产品质量提供保证的。从某种意义上说,工业计量是整个工业企业素质和管理现代化最基本的条件,是代表企业效益和质量水平的重要标志,是企业参与市场竞争的首要条件。

4. 企业经济核算中的重要技术依据

企业在激烈的市场竞争环境下,要提高效益,就必须在降低消耗上下功夫,以最少的投入谋求最大的产出。与国外先进企业相比,我国企业消耗普遍偏高,有的浪费惊人。在节能降耗上,存在"挖潜"的巨大空间。"计量就是计钱",计量在为企业降低物耗、能耗,合理定额,为企业经济核算提高经济效益方面提供依据。

5. 企业安全生产和环境监测的必要保障

企业安全生产和环境保护必须符合国家的有关规定。企业必须制订一套行之有效的管理办法,在严格遵照安全操作规程和环保制度组织生产的同时,必须配备必要的测量器具,对可能危及人身安全、设备正常运行的参数和造成环境污染的因素,如有害气体、粉尘、废液、废气、废渣、放射性物质等进行定期或不定期的监测并作好信息记录。当"三废"排放超过国家规定的标准时,必须采取措施进行改造。可见,安全、环保监测计量是企业安全、环保工作的眼睛,是完善企业安全生产和保护环境的基础工作。

二、军工企事业单位计量机构的任务

随着工业现代化的快速发展,现在的工业计量,已突破了仅局限于器具管理和计量检定测试工作的狭小框框。站在现代企业的高度给计量以新的更为准确的定位,企事业单位的管理体系要有效运转,只有建立坚实的现代计量技术基础,构筑完善的计量检测体系,才能为科研、生产、经营和服务提供必需的科学数据和信息,发挥计量保证作用。

1) 科学配备各类测量器具,加强现场管理。应根据生产规范、产品特点、产品技术要求和工艺流程要求配备满足生产要求的测量器具和检测手段,为达到测量器具配置合理的目的,计量部门应根据产品工艺计算检测能力指数值,组织编制测量器具网络图,进行科学配置。对军工产品生产所需测量设备的配备率应达100%。

加强现场管理防止测量器具的错用、乱用、混用;避免损坏测量器具,影响量值的准确性,而造成生产质量事故;对高准确度测量器具和测试设备提出合理使用和分配意见,重点加强管理。

2) 建立和健全测量器具使用维护保管等责任制度,并认真履行,确保测量器具管理受控。

3) 对生产工人加强培训,重点讲解测量器具的技术性能、使用方法、操作规程,必要时作简单的原理介绍,并达到熟练操作、正确保养维护。

4) 对所有的测量器具,特别是《暂行规定》指定"用于产品设计定型、生产定型、质量评定和成果鉴定的计量器具和专用设备",无论是外购的、自制的、租用的,都必须按照本单位编制的计量检定系统表、检定规程、校准技术规范全部进行检定/校准,并在有效期内使用。

5) 负责对产品设计定型、生产定型及质量评定、成果鉴定进行计量审查并签署意见。《暂行规定》要求产品的研制和生产单位的计量机构应对产品的质量评定、成果鉴定进行计量审查,并对其测量方法的正确性和测量数据的可靠性签署意见。计量技术机构应对产品设计定型和生产定型中涉及的技术指标量值的准确度及可信性签署结论意见。

6）解决科研生产中测试技术问题,仲裁本组织内部计量纠纷。树立为科研生产服务的意识,深入了解产品科研生产情况,参加产品质量分析和生产工艺的改革,及时解决一些新提出的测试问题和新的测量要求,真正使计量工作与产品质控紧密结合,真正为科研开发、生产服务。

7）负责工艺装备和测试设备的检定/校准工作。工艺装备和测试设备是保证产品质量的重要手段,是量值最终传递到产品制件上的基本环节。工艺装备和测试设备是否准确,影响产品制件乃至最终整机的性能质量。因此也应将其纳入周期检定或定期校准,编制周期计划表,并严格执行。

8）建立能源、环保、安全计量检测网点,做好能源、环保、安全计量工作。计量部门应配合能源管理部门绘制能源计量网络图,建立能源计量检测网点,定期检定本组织所属全部能源测量器具,为指导科学用能、节能降耗提供计量保证。计量部门还应配合环保、安全部门建立环保、安全计量检测网点,做好环保、安全检测仪表的检定/校准工作,确保环保、安全检测数据准确可靠。

9）组织开展计量检测技术研究和计量协作,对委托及外来计量检测服务进行有效控制,伴随着科学技术发展和生产自动化程度不断提高,企业产品不断升级换代,要求计量技术同步发展。组织科研攻关,加强本组织科研生产急需的计量检测技术的科学研究,发挥"计量先行"的作用。

为了完成上述任务,企事业单位应根据自身的规模、特点和要求建立相应的计量机构,对本单位计量工作实施归口统一管理,提供合乎规范要求的环境条件保障。

总之,军工企事业单位计量工作,由以往政府行政管理逐步走上企事业单位依法自主管理、依法自律监督的道路,国防军工企事业单位计量机构要认真按《暂行规定》的要求履行职责,做好计量基础工作。在军工集团公司和省国防科工办计量管理机构的指导下,对其依法自主管理和自律监督的情况进行监督检查。

三、军工企事业单位计量机构的设置

1. 计量机构设置的原则

1）应与本单位生产经营管理相适应。企事业单位计量机构的设置应根据企业产品类型、生产规模与特点(包括工艺、装备和专业化、自动化程度等),企业经营发展方向及长远规划,并考虑所在地区计量机构的技术能力及周边协作条件,以取得最大的社会效益和经济效益为出发点。

2）有利统一管理本单位计量工作。计量工作实施统一管理,是一个组织整顿和完善经济责任制,改善经营管理、加强质量管理、能源管理、环保安全管理和经济核算的需要,是一项十分重要的技术基础工作;企事业单位计量工作宜在一位厂(所)级干部(如总工程师)直接领导下实行统一管理,不宜令出多门,各行其是。

3）计量机构的管理层次应和本组织行政管理层次基本相适应。

2. 计量机构设置模式选择

一个好的计量组织机构应有利于推动科研生产、确保质量、降低消耗、提高工作效率和经济效益,在保证有效地履行职能职责的前提下,计量机构的设置应做到精干高效。

设置合理的计量机构是加强企业管理基础工作的关键。计量机构设置模式,可采取单设职能科室或隶属质量管理、经营管理、设备管理等部门领导等多种形式。"因企而异",不宜搞"一刀切"。一般大中型企业应成立公司(总厂)计量处、厂(分厂)计量科(室)和车间计量站(组)。小型企业可只设计量室,隶属质量管理科或其他科室领导,应落实一名科室领导分管计量工作。

企业计量管理和计量技术机构是"合一"还是"分设",应视该组织机构设置情况而定。单独设置计量职能科室的,计量管理工作由计量管理室负责;计量技术工作由专业计量室负责。不单独成立职能科室采取与其他科室合设的,计量技术工作由计量室负责,而计量管理工作由主管科(处)负责。

3. 计量人员的配备

企事业单位计量人员配备时应充分考虑人员结构、数量和素质等因素。

应按工作的实际需要配备一定数量的计量管理人员、计量监督人员、计量技术人员、计量检定/校准人员、计量测试人员、测量器具修理人员、理化分析人员、计量体系内部审核人员等。

计量人员配备的多少应根据企事业单位具体的计量检定、校准、测试和修理、监督管理的工作量考虑。作为每项测量标准,应保证有 2 名持证人员。所配计量人员中,计量管理人员、计量技术人员、测量器具检修与测试人员比例应保持恰当,在保证工作质量的前提下,提倡一专多能,或一人多岗。

企事业单位应建立一支相对稳定的计量队伍。计量人员要求达到一定教育程度,具备相应资格、经过培训合格、有经验、有才能,法制意识强。计量人员中的技术干部(包括从事计量管理和技术工作的技术员、助工、工程师、高级工程师以及长期从事计量技术工作有较丰富经验的工人技师等)的比例,一般不低于全部计量人员总数的 20%。

计量技术人员应具有国家规定的技术员和计量技师以上的素质水平。技术员、计量技师、工程师与高级工程师应掌握相应技术职务应该具有的计量知识、所从事的专业计量技术知识,具备解决计量技术工作问题的能力,以及承担计量技术培训、指导、咨询的能力。

按计量法制管理规定,计量检定人员必须经过考试合格,包括计量基础知识和计量法律知识、计量专业知识、实践操作三项考试均合格,并取得资格证书,做到持证上岗。

4. 计量环境条件保障

1) 环境条件保障的重要性

保障测量和试验设备的环境条件是企业生产活动得以实现预期目标的重要措施,也是企业能生产出满足规定要求的产品的重要前提条件。

技术规范、测量和试验设备的性能,其前提与基础条件都限定在"规定环境"下,建立、健全、实施质量管理体系及计量检测体系也需要具体的环境条件。所以,环境条件理所当然就成了所有测量系统控制的重要内容,也是建立、健全、实施质量管理体系及计量检测体系的重要内容,是体系建设中重要的不可缺少的"硬件"。

2) 计量检测环境条件要求

除测量器具、设备本身的性能对测量结果有着直接影响之外,温度、湿度、振动、灰尘、电磁干扰、腐蚀气体等条件因素,既影响计量检定、校准与测试工作能否正常进行,也影响计量检定、校准、测试的测量结果是否准确可靠。因此,为了保证检定、校准与测试工作的顺利进行,保证测量结果的应有准确度,除正确选择、配备测量器具之外,还应提供符合规定要求的环境条件。

在量值传递中作为计量检定依据的技术规范——检定规程对计量检定的环境条件作了明确规定,这是确保量值传递中实现量值统一、准确可靠的重要条件。企业可根据自己开展的具体项目,查阅有关检定规程上的规定。

1)对温度的要求

我国目前多数计量专业仍统一规定计量室以 20 ℃为标准温度基数。计量室的环境温度对 20 ℃的允许偏差,根据测量器具种类及准确度要求不同而不同。

各专业计量室的环境温度的允许偏差、波动范围应符合相应计量检定规程和校准技术规范的要求。

为考虑与国际接轨及降低能耗,我国一些单位曾提议将测量标准温度改为 23 ℃。一些对于环境温度要求量值参数的校准工作可酌情执行。

2)对湿度的要求

湿度对计量检定、校准、测试存在明显的影响,有的甚至是致命的影响,如:湿度过高使仪器生锈发霉,影响光学仪器读数的准确性;使天平生锈、砝码表面水分层过厚导致检定测试结果不准确;湿度过大使硒光电池很快变坏,使电子仪器、电工仪表绝缘电阻降低等。

一般仪器生锈的临界相对湿度是 55%,在一定灰尘下仪器上的霉菌产生的相对湿度是 75%。因此计量室的相对湿度在 55%以下为宜。

计量检定、校准时湿度条件应满足相应计量检定规程或校准技术规范的要求。目前,我国统一规定,以 50%~60%为标准相对湿度基数。

3)对振动的要求

振动对计量检测也有影响,如振动可能使天平、干涉仪、检流计等无法正常工作;可能破坏已调整好的被检测件与仪器间的相对位置;可能破坏光学成像,可能对仪器的准确度、寿命有影响。因此,实验室应按相应的技术文件或规范的要求对振动采取相应控制措施。例如:采取必要的防震手段。

4)防尘要求

灰尘对计量检测也会造成影响,如使仪器导轨划伤、磨损;使光学成像模糊不清、烧伤光学器件;划伤镜头;降低仪器绝缘性能等。一般计量室的含尘量应小于0.2 mg/m³。

5)安全要求:应符合国家有关安全要求。氨制冷机房不应设在食堂、托儿所、幼儿园以及人员密集场所的附近,以免发生事故时造成人员的重大损失。

噪声对检测人员会产生不利影响。计量室的噪声应小于 60 dB。

照明要求:计量检测室内工作面的照度在 80 lx~100 lx 为宜;照明灯的照度应达到 200 lx~300 lx。

6)其他要求

腐蚀性气体或腐蚀物质会损坏测量仪器设备,使之锈蚀、绝缘性能降低。因此计量室空气中应避免有腐蚀气体和腐蚀物质。

电磁场干扰可能影响仪表性能,可能影响测量结果的正确性。因此,计量室应避免外磁场干扰。电磁、无线电计量室的屏蔽间对外来干扰信号的衰减能力应达到 40 dB~80 dB。

第九节　计量人员管理

国防科技工业是集高新技术为一体的知识密集型产业。国防军工计量又是保障国防科研、生产顺利发展的技术基础,是现代科学与现代技术紧密结合的产物。要使现代计量能够快速满足国防科技工业发展的需求,需要培养一大批具有高素质的人才,建设一支具有现代科学技术知识的计量人才队伍。

为了发展国防军工计量事业,必须加强计量人员的管理工作,把有计划地培养一支精通技术业务,梯次结构合理、敬业爱岗、无私奉献的计量专业队伍作为国防军工计量不断前进和实现可持续发展的根基。为此,需要研究制定计量人才激励机制,创造有利于人才成长的良好内部环境。保持计量队伍的协调与稳定,充分调动广大计量人员的积极性和创造性。

一、计量人员的分类及职责

从计量工作涵盖的内容分,计量人员大致分为 6 类,即计量管理人员、计量科研人员、计量检定(包括校准、测试)人员、计量主考人员、计量监督人员、计量维修人员。

(一)计量管理人员职责

计量技术机构计量管理人员,在不同的机构计量管理人员所履行的职责有所不同。一般来讲,可归纳为:

1)组织实施、贯彻执行国家和国防军工计量法规、方针政策及各项规章制度。

2)组织编写本专业计量技术中、长期发展计划。

3)组织实施与检查所承担的科研项目计划。

4)组织实施量值传递与溯源工作,负责计量人员培训与考核工作。

5)组织实施学术交流活动和计量标准比对工作。

(二)计量科研人员职责

计量科研人员是指从事计量标准、校准装置、测试系统、测量方法、检定规程和校准技术规范研究的专业技术人员。他们的主要职责是:

1)搜集研究国内外计量技术发展信息,掌握发展动态,提出研究课题。

2)编写立项论证报告、技术方案、实施计划、外协项目合同及技术总结资料。

3)承担科研项目研制,技术攻关和现场试验工作。

4)研究解决军工产品科研生产中的关键计量测试技术。

(三)计量检定(校准、测试)人员职责

计量检定(校准、测试)人员是指经过专业培训考试合格,从事计量检定、校准和测试工作的人员,其中从事计量检定和校准的人员必须按规定持有相应的资格证书。其职责是:

1)正确使用、维护、保养计量器具,使其保持良好的技术状态。

2)遵守计量法律法规和保密规定。

3）执行计量检定规程和其他技术规范。

4）保证计量检定数据正确,维护计量检定、校准和测试数据的完整。

5）参加或承担科研生产、定型试验和仲裁计量纠纷中的有关计量测试技术工作。

6）参与技术规范、检定规程、建标报告编写工作。

（四）计量主考人员职责

计量主考人员是指经过专门培训并考试合格,从事计量标准和计量检定人员考核的专业技术人员。他们的主要职责是:

1）宣传、贯彻国家和国防军工计量法律、法规及各项规章制度。

2）执行计量检定规程、校准技术规范和其他技术规范。

3）承担国防军工计量标准技术考核（复查）工作。

4）承担相关专业计量检定（校准、测试）人员的咨询、培训与考核工作。

（五）计量监督人员职责

计量监督人员是指计量管理机构和计量技术机构中授权按照计量法律法规、规章制度的规定与要求,对计量活动实施检查监督,保证计量工作有序进行的人员。他们的主要职责是:

1）贯彻执行计量法律法规和有关规定。

2）监督计量法律法规和有关规定的实施。

3）调解计量纠纷。

4）组织仲裁检定。

（六）计量设备维修人员职责

计量维修人员是指计量技术机构中从事测量器具维护与修理的专业人员,计量维修人员应经过专业培训做到持证上岗。这类人员的主要职责是:

1）掌握维修专业技术知识,及时完成测量设备修理任务,为科研生产提供便捷优质的修理服务。

2）按照用户要求对测量设备进行维修并认真做好维修记录。

3）记录、核查和保持维修仪器设备的量值,确保修理后的测量设备满足用户预期使用要求,以保证数据的准确可靠。

4）遵守知识产权的规定,为用户保守技术秘密。

二、计量人员的素质

国防军工计量服务的对象是现代化的武器装备,要求国防军工计量人员除了具有一般计量科学知识以外,还必须具有为武器装备提供全过程计量保证的能力。这就对国防军工计量人员的素质提出了更高的要求。对计量人员的职业道德要求热爱国防事业,热爱计量工作;团结协作,勇于开拓;忠于职守,一丝不苟;实事求是,客观公正;遵纪守法,保守机密。

三、计量人员的管理

（一）计量检定人员的管理

计量检定人员是依法执行强制检定（含其他检定）和测试任务的技术执法人员,属依法管理的范畴。检定人员技术水平和素质的高低,直接关系到测量结果的客观、公正和准确可靠。为了加强对计量检定人员的管理,提高工作质量,国防科工委发布的《暂行规定》和《国防计量检定人员管理办法》中,对计量检定人员的条件、职责、权利、考核、奖惩,以及对计量检定人员考核的申请、条件、考核内容等都作了详细的具体的规定,各计量管理机构要认真学习和贯彻执行。

1. 计量检定人员的权利

1）依法执行计量检定任务受法律保护。

2）出具的检定数据具有法律效力。

3）有权拒绝使用未经考核合格或超过有效期的计量器具进行检定工作。

4）享有进修和专业培训的权利。

5）享有按有关规定给予的劳动保护和保健。

2. 计量检定人员的考核

根据《暂行规定》的要求,国防科技工业计量技术机构的计量检定、校准人员,必须经国防科工委计量管理机构或其授权的机构考核合格,持证上岗。

考核内容包括计量基础知识,计量专业知识,实际操作技能三项,三项中有一项不及格即为考核不合格。三项考核成绩一年内有效。

计量基础知识内容包括:计量法律、法规知识;计量基本概念、法定计量单位、数据处理及测量不确定度评定等。计量专业知识内容包括:专业基础知识,专业项目知识,包括相应计量标准的构成,工作原理,使用和检定方法等。实际操作技能内容包括:按检定规程操作的正确性及熟练程度,数据处理与证书填写的正确性。

3. 计量检定人员的资格确认

计量检定人员的资格确认分为首次资格确认和重新资格确认两种方式。

当计量检定人员第一次通过专业项目考核,计量检定员证签发机构在办证注册时,需同时在《计量检定员证》“资格确认记录”栏中确认其有效期。在经资格确认的 5 年有效期内,增加新的检定专业项目,不再进行资格确认。

当计量检定人员首次资格确认期满后,计量检定员证签发机构应对该计量检定人员在此之前所通过的全部考核专业项目重新进行确认。

（二）计量主考人员的管理

计量主考人员是计量管理机构授权依法从事计量标准和计量检定人员考核的执法人员。计量主考人员的工作质量,直接决定着国防科技工业量值传递与溯源的质量。因此,加强对主考人员的管理,对提高计量工作的水平具有重要意义。

计量主考人员应具备以下条件:1)有高级工程师以上技术职称,并从事相关计量专业技术工作 8 年以上;或有工程师职称 3 年以上,并从事相关专业计量技术工作 10 年以上;有较高的计量专业技术水平和较全面的计量基础知识,实践工作经验丰富。2)具有主考项目的国防军工计量检定员证。3)熟悉国防军工计量法律、法规和计量标准考核(复查)、计量检定人员考核工作程序、方法和具体制定。4)有较强的组织管理能力和文字语言表达能力。

计量主考人员的考核内容主要包括三个方面:1)计量法律、法规、规章及计量基础知识。2)国防军工计量标准、计量检定人员考核与管理的有关知识。3)国防军工计量建标报告撰写与审核有关知识。

（三）计量监督人员的管理

计量监督是一种特殊的政府行为，计量监督的使命在于保证计量单位的统一和量值的准确可靠。为保证计量监督的法制性、公正性和有效性，必须有一支训练有素的计量监督员队伍，以保证国防军工计量工作健康有序地进行。

1.计量监督人员的任务

计量监督人员的主要任务是：

1）监督检查国防科技工业计量法律、法规及规章制度的执行情况。

2）监督检查国防科技工业计量检定和校准人员资格的有效性。

3）监督检查国防科技工业计量标准器具、校准装置和测试系统的考核情况及测量设备的控制情况。

4）监督检查国防科技工业计量技术机构、校准实验室的能力保持状况和资格的有效性。

2.计量监督人员考核内容

计量监督人员考核的内容包括三个方面：

1）计量管理有关知识。

2）有关计量专业知识。

3）计量法律、法规和规章制度。

3.计量监督人员的考核与聘用

计量监督人员必须经国防科工委计量管理机构统一培训、考核合格，取得计量监督员资格后由国防科工委计量管理机构聘任，持证上岗。

第十节　国防军工产品的计量保证

在我国，军工产品的计量保证工作随着型号工程的实施而开始，随着型号工程的发展而发展。型号工程计量保证工作在国防科技工业已经开展了许多年，在实践中积累了丰富经验。主要是：在研制产品时，从可行性论证开始，就应同步考虑相应的计量测试手段和管理问题，最终保证量值的统一和数据的准确可靠，确保产品的高质量、高水平和高效率。型号工程计量保证的核心，就是计量与型号研制紧密结合，使计量贯穿于科研生产的全过程。

一、型号计量保证

（一）计量保证及其发展历史

1.计量保证的含义

计量保证是指以国家法规为基础，采取先进的科学技术手段，通过一定组织形式，在保证量值统一的条件下，达到所要求的测量准确度，以保证产品、工艺和工程质量。简言之，就是通过技术、法制和组织手段来确保量值准确，确保产品质量，提高效率，提高水平。

构筑计量保证的基础有四个：科学基础、技术基础、法制基础和组织基础。

科学基础是指实现准确测量的各种方法和手段的理论基础。

技术基础主要由七大系统组成：国家标准器系统、量值传递系统、新型测量器具的研制和推广系统、法定国家商检系统、法定国家鉴定系统、标准物质样品系统、标准参考数据系统。

法制基础主要涉及各项国家条例、法规、标准、规程和规范等。

组织基础就是指国家计量工作机构，工业部门各计量工作机构及其技术和管理队伍。

2. 计量保证的发展历史

计量保证这个概念在原苏联就已经形成了，大体上分为三个阶段，在 20 世纪 60 年代初期，由于技术进步和国民经济的发展，为保证产品性能和质量，测量信息必须达到必要的准确度和可靠性。要做到这一点，必须从制度上保证测量的统一。因此，苏联专家提出建立国家保证测量统一制度的设想。但是 20 世纪 60 年代计量保证的适用范围还只是限于部分测量器具，到了 70 年代，特别是 1976 年 1 月，苏联实施部门计量服务工作示范条例规定了企业必须设立计量保证机构（保证准备室和保证实验室），1977 年 7 月订立了"计量保证基本条例"，从制度上使计量保证有了组织上的保证和标准规范的支持，使计量保证工作向前推进了一大步，计量保证迅速进入工业技术的整个过程。80 年代以后，苏联部长会议通过了"关于保证国家计量统一"的决议，为计量保证确定了法制基础。因此，80 年代的苏联，已经将计量保证发展到国民经济的各部门。计量保证在苏联得到迅速发展，并取得了显著经济效益。

我国国防科技工业开展计量保证工作始于 20 世纪 70 年代末和 80 年代初。首先在国家重点大型航天型号工程中，为型号研制和大型试验提供系统的计量保证工作，并在型号工程中实施称之为"统一计量"的实践经验基础上，总结提高，形成《国防计量监督管理条例》中的"计量保证与监督"及其配套规章《武器装备型号计量师工作规定》、《武器装备试验计量保证与监督管理办法》等。之后，在这些法规的指导下，在航空型号工程中建立了计量师制度，即在总设计师或总质量师系统内设置总计量师岗位。总计量师负责在业务上指导各承制厂的计量工作，监督、评审量值传递系统和校准系统，参与重要机载设备的引进论证，逐步建立和完善特殊试验设备（即专用测试设备）的校准系统，并组织编写相应的校准规程和规范，组织承制厂开展有关特殊测试、检验设备校验能力的摸底调查，提出干线飞机在校准上取得适航证所必须的技术改造计划等，对干线飞机工程实施全过程的计量保证。

在 20 世纪 80 年代末和 90 年代之间，我国国防科技工业先后在多个型号工程中开展了全面的计量保证工作。

（二）型号计量保证与传统量值传递工作的关系

型号计量保证工作的实践表明，计量保证已经突破了传统计量工作单一的、静止的量值传递概念。是一个完整的、动态的全系统的概念。

型号计量保证与传统计量工作的区别，主要有以下几个方面：

（1）传统计量工作主要是量值传递工作，而型号计量保证工作要在计量科学、技术手段、法制建设等四个方面全方位开展工作；

（2）传统计量工作其工作客体主要是计量器具，型号计量保证工作要求其工作要贯穿型号研制、试验、生产、使用全过程，对全过程的量值、数据进行控制；

（3）传统计量工作一般由计量人员完成，而型号计量保证工作不仅要求计量人员，而且要求从事型号研制、试验、生产及使用部门的人员与计量人员共同完成；

（4）传统计量工作主要是对通用计量器具的检定，而型号计量保证工作要求对所有的测量设备（包括专用测试设备）进行检定、校准、测试和评审；

（5）传统计量工作使计量部门远离型号，而型号计量保证要求计量人员不仅要了解型号，而且要参与型号的研制、试验、生产、使用全过程；

（6）传统计量解决不了现代型号工程错综复杂的系统计量问题，而型号计量保证能用系统工程的方法使这些问题得到有效的控制和解决，同时也使设计、试验和生产人员更多地了解计量使计量工作与型号紧密结合起来。因此，型号计量保证工作是传统计量工作在型号工程中的发展，是一个全新的计量概念。

（三）型号计量保证与型号计量师系统的关系

型号计量保证与型号计量师系统，是相辅相成、紧密联系的。型号计量师系统是型号工程实施计量保证工作的组织和载体，型号计量保证是型号计量师系统的工作目标和内容。

二、军工产品计量保证工作的重点

军工产品在从研制到交付用户使用整个过程中，计量保证工作的重点是：

（1）型号工程项目立项后，型号的主要技术指标就已确定，计量保证工作要对主要技术指标的量值进行溯源，并根据溯源链确定计量保证项目，按要求完成计量保证项目的立项、可行性论证及其实施；

（2）产品设计定型时，要对相关计量技术文件进行审查、验收；

（3）试验期间计量保证工作的重点是要对试验设备、专用测试设备进行计量检查，确保试验数据准确可靠，同时对试验大纲、试验计划进行计量审查，从试验方法上保证数据准确可靠；

（4）生产期间计量保证工作的重点，是按照工艺计划的要求解决工装设备、量夹具的计量问题，配备必须的计量测试手段，保证量值准确一致；对产品供货方提供的计量测试设备、手段进行验收；

（5）交付使用时计量保证工作的重点，是对向用户提供的计量测试设备以及技术文件进行计量把关，确保向用户交付的仪器设备和计量技术文件的质量满足合同规定的要求。

三、军工产品计量保证的实施

军工产品计量保证与监督，就是要根据军工产品计量保证工作的重点采取相应的有效措施，以确保量值准确、数据可靠。

（一）军工产品研制期的计量保证

（1）组建型号计量师系统。设立型号总计量师（一般由副总设计师兼任）和副总计

量师,必要时设主任计量师、主管计量师若干名。

（2）型号计量师系统根据型号总体或分系统的技术指标,提出计量测试技术要求和研制需要的计量标准器具、校准装置和专用测试设备的研究课题,并负责落实承担单位及有关条件。这里所说的"计量测试技术要求"是指为保证型号总体性能指标要求而需要计量部门解决的计量测试参数、量限、准确度要求。

（3）型号研制单位的计量技术机构,根据型号计量师系统提出的计量测试技术指标提出可行性论证方案,并负责实施。

（4）军工产品设计定型,应当对定型组织如定型委员会批准的专用测试设备的计量控制状况和计量技术文件（包括计量检定规程、校准技术规范）的有效性进行审查。

（二）军工产品试验期的计量保证

（1）型号计量师系统,应根据试验要求提出型号总体或型号分系统对计量工作的要求,由相应的国防计量管理机构和技术机构组织实施。

（2）把计量保证工作纳入军工产品试验计划中,作为整个型号试验工作的组成部分;计量保证工作应列入型号的试验大纲或试验计划中予以保证,有关参试的计量测试人员应列入参试人员序列。

（3）为保证型号试验时各种测量参数准确可靠,凡进入试验基地的测量器具和专用测试设备必须进行计量复查,经复查合格并示以明显标记后才可投入使用 。

（三）军工产品生产期的计量保证

（1）生产单位必须按照产品的技术标准、工艺规范的要求,配备相应的计量器具和检测手段,以保证产品在生产的各个环节的质量受到有效的控制。

（2）生产单位计量机构配备的、向使用单位提供的计量器具和检测手段,应对其计量性能进行把关,保证生产单位的军工产品在使用单位能得到相同的检测结果。

（3）向使用单位交付军工产品时,对需要配备的计量检测手段和相应的计量技术文件,按合同要求对配套的专用测试设备及技术文件进行计量把关。

四、军工产品关键节点的计量保证

军工产品尤其是大型型号工程,是一个系统工程,存在很多节点,要做好这类型号工程的计量保证工作,首先要抓住关键节点,做好关键节点的计量保证工作。

根据以往的型号工程的实践经验,军工产品特别是大型型号工程的关键节点主要为:设计定型、生产定型、质量评定、成果鉴定等,如果存在引进技术,还必须考虑引进技术的计量保证问题。因此,需要注意做好军工产品关键节点的计量保证工作。

在军工产品的设计定型阶段和生产定型阶段,如果涉及到产品技术指标量值的准确度,必须经有关的计量机构签署意见后,方为有效。

军工产品的质量评定、成果鉴定,必须经有关计量机构进行计量审查,在确认测量方法正确、数据准确可靠并签署意见后,其结论方有效。

用于军工产品设计定型、生产定型、质量评定和成果鉴定的计量器具、专用测试设备,必须经有关计量技术机构检定或校准,并在检定或校准证书注明的有效期内使用。

军工产品需要引进技术和进口仪器设备时,要同时考虑所引进设备的计量保证手段及其技术资料,有关的计量机构应对引进技术和仪器设备的计量保证条件进行审查。

　　总之,型号计量保证是一项新事物,对国防科技工业各个行业来讲,还一直处于不断探索、实践和总结、完善之中。随着科学技术的进步、计量管理技术与水平的提高,型号计量保证会得到广泛的推广运用,其经济效益会得到显著发挥,型号计量保证工作会向更高层次发展。

第五章 | 军工产品计量测试标准的贯彻实施

第一节 概 述

一、装备计量保障通用要求标准

国家军用标准 GJB 5109—2004《装备计量保障通用要求——检测和校准》是我国第一部专门针对检测和校准进行规范化通用要求的国家军用标准,经中国人民解放军总装备部批准,于 2004 年 3 月 10 日发布,2004 年 7 月 1 日起实施。

该标准是军队装备计量保障国家军用标准体系中的一项重要标准,它系统地规范了装备计量保障中装备、检测设备和校准设备的检测和校准的要求。无论在军队还是在国防军工及相关的产业界,均产生了巨大而深远的影响,实质上成了国防计量工作和武器装备质量保障工作的行动指南。

对于现代高新技术装备而言,检测和校准是装备计量保障的重要工作,通过定期的检测和校准来获取装备技术状态的准确信息,保障装备达到战备完好率的要求尤为重要。

该标准特别强调军方在论证、研制或采购装备时,适时提出装备需计量保障的参数和项目,以及需配套的检测设备和校准设备,以确保装备能够及时得到满足使用要求的检测和校准,确保装备的检测和校准具有溯源性和量值一致性。

该标准对有效实施计量保障,确保装备性能得到测试,保证测试结果准确可信,实时掌握装备的运行状态,使装备具备准确执行预定任务的能力等方面,都具有十分重要的作用。

二、标准制定的必要性

该标准的制定,是针对新军事变革中在装备技术保障方面的一个具体举措,其特点如下:

(1)该标准的制定是适应现代高技术战争的需要。现代高技术战争是立体化战争,海、陆、空、天诸军兵种实施联合作战,要求各军兵种武器装备的系统之间、分系统之间、设备之间的同类技术参数量值准确一致,要求各类装备及其检测设备必须进行检定、校准,使装备及检测设备具有溯源性,以保证装备的量值准确、可靠、统一。

(2)该标准的制定是贯彻、落实各项装备管理法规的需要。各种军事条例中明确规定:军事计量工作要对装备及检测设备进行检定、校准,确保装备的性能参数量值一致。军事计量主要任务是运用先进的计量测试技术手段,按照规定对装备及其配套检测设备进行检定和校准,确保装备性能参数的量值准确统一。装备和检测设备应当按照规定进行计量检定;对直接影响装备作战效能、人身与设备安全的参数或者项目,必须按照计量强制检定、校准目录实施计量强制检定、校准。有关装备的管理部门,应按照军事计量与装备同步建设的要求组织落实装备维修计量、检测设备同步建设的要求,组织落实装备维修计量、检测设备的配套工作,对装备维修计量、检测设备受检情况实施监督和管理。装备维修保障机构的计量、检测设备应当符合装备维修所需的测量、测试、检验、校准的准确度要求,并按规定进行检定。为贯彻上述精神,该标准具体规定了装备在论证研制、生产、试验、采购、使用、维修等各阶段的计量保障要求,并着重强调在装备论证时,要明确装备需要检测的项目和参数以及测试端口的要求,为部队装备使用过程中的检测、校准、维修打下坚实的基础。

(3)该标准的制定是军队现代化高科技武器装备发展的需要。在新时期打赢一场现代化局部战争方针的指导下,军队不断研制出技术含量高的新技术、新概念武器装备,装备的系统、分系统、设备的电子化、数字化、信息化程度不断提高,迫切需要迅速提高测量、监控、故障诊断的能力,制定满足准确度要求的检测方法和配备相应的检测和校准设备。该标准从装备发展的需要出发,对装备研制和使用的各个阶段的检测和校准的关键环节做出了规定。

(4)该标准的制定是新时期装备科学化管理的需要。该标准规定了装备检测和校准的要求,检测设备、校准设备及其测量准确度要求使部队的指战员不仅熟悉掌握装备的性能,而且有利于及时掌握装备的技术状态,管理、维护、使用好装备,确保装备完好率,使装备具有应急作战能力。

(5)该标准的制定是提高装备故障诊断、维修水平的需要。随着军队武器装备的发展,卫星、导弹、测绘、通信、侦察、电子对抗等武器装备的数字化、信息化的程度越来越高,要求检测的范围宽、功率大、灵敏度高、噪声低、准确度高,并涉及多种调制,多体制编码、速率快、效率高的检测设备和测量方法,对检测维修所用的设备和方法也要求越来越高。故障检测和故障定位是维修的关键要求。因此,装备管理部门和采购部门必须及时考虑为部队提供装备检测、故障诊断的手段和方法以及维修后的再检定、再校准。

(6)该标准的制定是实施军事计量保障的需要。军事计量工作的基本任务是按照有关规定对装备和检测设备进行计量检定、校准或测试,保证其量值准确可靠和计量单位的统一。该标准规定了装备计量保障通用要求中关于检测和校准的要求,进一步推动了军事计量工作面向装备的全系统、全寿命的计量管理与计量保障。

三、标准制定目的、原则和特点分析

(一)制定目的

(1)确保装备的性能测试准确、可信。

(2)确保装备参数的检测和校准具有溯源性。

(3)确保军方在设计、研制、选择采购装备时,对装备及其检测设备、校准设备能够提出配套要求。

(4)确保装备在全寿命管理中有效实施计量保障,使装备的系统、分系统和设备运行时量值准确一致。

(5)确保装备技术状态始终受控,具备随时准确执行预定任务的能力。

(二)制定原则

(1)根据军队装备建设和发展的实际情况,积极吸取外军特别是美军和俄军装备计量保障工作中开展检测和校准的实战经验,坚持国家军用标准的先进性、实用性与可操

作性。

（2）贯彻对装备实施全系统、全寿命管理的指导思想，配备与装备相适应的检测设备和校准设备。

（3）运用该标准指导军队的装备计量保障工作。

（三）特点分析

（1）国家军用标准 GJB 5109—2004《装备计量保障通用要求——检测和校准》的主要内容包括：前言、引言、范围、引用文件、术语和定义、总要求、装备检测和校准要求、检测设备要求、校准设备要求、准确度要求、装备检测和校准需求汇总要求以及附录 A《装备检测需求明细表》、附录 B《检测设备推荐表》、附录 C《校准设备推荐表》、附录 D《校准系统推荐表》、附录 E《装备检测和校准需求汇总表》。

（2）标准根据军队的实际情况，对装备检测和校准需求汇总提出了要求，并给出了《装备检测和校准需求汇总表》的格式。

《装备检测和校准需求汇总表》是该标准具体内容的综合，该表汇集了装备需要检测的性能指标要求、用于保障装备性能测试的检测设备的技术指标、用于保障检测设备测量准确性和溯源性的校准设备的技术指标等。通过汇总表可一目了然地看出装备的检测和校准是否满足准确度的要求，是否能保证装备的使用需要。

该标准中规定，军队作为订购方在进行装备论证时，应提出装备检测和校准的要求；承制方在装备设计、研制时应明确给出装备系统、分系统和设备所需要的检测项目和参数指标，并推荐检测设备和校准设备。订购方根据对推荐设备的审查确定和安排需要研制和配备的检测设备和校准设备。承制方在交付装备的同时向订购方提交《装备检测和校准需求汇总表》，它将作为军队对装备全寿命、全系统计量保障的重要依据，包括日常周期检测和校准、调整、维修后的再检测和再校准、执行任务前的检测和校准等。

（3）关于装备、装备技术保障与装备计量保障的说明。

1）装备

该标准所称的装备是指实施和保障军事行动所需的武器装备、后勤装备、科研试验装备。

需计量保障的主要是对性能指标需要测试的装备，包括系统及组成系统的分系统和设备。

2）装备技术保障

该标准所称的装备技术保障是指为保持和恢复军事装备良好技术状态而采取的技术措施和进行的相应活动。如：装备的维护、修理、改装、检查等。

3）装备计量保障

装备计量保障是现代化武器装备技术保障的基础，是为保证装备性能参数的量值准确一致，实现测量溯源性和检测过程受控，确保装备始终处于良好技术状态，具有随时准备执行预定任务的能力，而进行的一系列管理和技术活动。装备计量保障工作，涉及：

a）计量保障体系：包括计量管理体系和计量技术体系；

b）计量保障的法规：如有关条例、管理办法、管理规定等；

c）计量保障国家军用标准：如检测和校准要求、强制检定和校准目录；装备量值的溯源与传递等；

d）计量保障技术规范：如有关国家和军用检定规程、校准规程、测试方法标准等。

该标准是关于装备计量保障通用要求中实施装备全寿命管理对检测和校准方面的要求。计量保障是装备技术保障的有机组成部分，又是装备技术保障中相对独立的保障要素。检测和校准是计量保障中的主要工作，对装备性能测试的准确可信起着重要作用。

4）关于检测设备的说明

该标准使用了术语"检测设备"，主要是对应于美军标准中的"测试、测量和诊断设备"（TMDE）。美军标准所称的"测试、测量和诊断设备"较全面地反映出了装备计量保障所需的所有设备，但要转化为中文术语，有一定难度。因此在标准中使用了术语"检测设备"，将保障装备用的测试、测量和诊断设备统称为检测设备。

第二节　标准的技术要求

一、总要求

（1）订购方应按该标准规定的要求，在提出装备研制总要求和签订装备采购合同时明确提出装备的计量保障要求。

（2）订购方应要求承制方在研制装备的同时，对组成装备的各系统、分系统和设备所需检测和校准的项目或参数及其技术指标做出明确规定。

（3）订购方应要求承制方在研制的装备中对影响装备功能和性能的主要测量参数设置检测接口，满足装备测试性要求，并应具有明确的检测方法。

（4）订购方应要求承制方在装备研制阶段按照装备使用要求，编制《装备检测需求明细表》，并按测试不确定度比要求编制《检测设备推荐表》《校准设备推荐表》或《校准系统推荐表》和《装备检测和校准需求汇总表》，并经订购方确认后，在交付装备的同时，与装备的随机文件一起提交。

（5）订购方应组织军队计量技术机构参与对《检测设备推荐表》《校准设备推荐表》或《校准系统推荐表》的评审。

（6）订购方应根据确认后的《检测设备推荐表》《校准设备推荐表》或《校准系统推荐表》对需要承制方提供检测设备和校准设备的，采用合同方式向承制方提出详细要求。

（7）订购方应根据《装备检测和校准需求汇总表》，配备装备所需的检测设备和校准设备。

（8）订购方应建立装备计量保障技术信息数据库，为装备技术保障提供必要的信息。

二、装备检测和校准要求

（1）凡影响装备功能、性能的项目或参数都应进行检测或校准，以确保装备具有准确执行预定任务的能力。

（2）装备的检测应满足性能测量、状态监测和故障诊断等需求。

（3）装备的检测或校准应符合测量溯源性要求。

（4）承制方应根据装备研制总要求，论证和确定装备需要检测或校准的项目或参数。当装备是由若干分系统及设备组成的复杂系统时，应包括如下检测参数：

a）为确保系统正常运行、不出现性能下降，并能最终保证满足系统任务要求而必须检测的所有系统参数；

b）为确保分系统对接顺利、在集成到整个系统后具有可替换性并能正常运行而必须检测的分系统参数；

c）当设备作为与系统或者分系统相连接的一部分使用时，为确保其具有可替换性并能正常运行而必须检测的设备参数。

（5）对装备需校准的参数、机内测试设备及内嵌式校准设备，应编制校准方法。

（6）承制方应对需要检测的系统、分系统和设备，包括装备中需要校准的参数、机内测试设备和内嵌式校准设备制定《装备检测需求明细表》。《装备检测需求明细表》应包括以下内容：

a）表头部分

被测装备的名称，被测系统的名称，被测分系统的名称，被测设备的名称，生产单位，型号或规格，出厂编号。

b）项目或参数

装备必须检测的项目或参数。通常是装备的主要技术指标，如输入、输出或其他具有测量单位的量（如电压、电流、频率、功率、压力等）。

c）使用范围或量值

装备主要技术指标所规定的量值范围或量值。

d）使用允许误差

装备使用所允许的最大误差范围。

注："使用允许误差"是指满足使用要求的最大允许误差，而不是设计容差。

e）环境要求

装备检测所要求的环境条件。

f）备注

对直接影响装备作战效能、人身与设备安全的参数在备注栏中应明确标识。

g）附件

必要时可另加附件，说明装备检测所需的有关文件、检测中的特殊要求及需要说明的问题。

h）表尾部分

编制人、审核人和批准人的签字，编制日期，编制单位。

（7）承制方应确保装备的检测能够实现，应使用标准测试端口或接口，选择合适的检测点，尽可能缩短检测时间和减少检测次数。检测点应在相关技术文件中予以明确，在装备上也应有相应的明显标识且容易识别，并能以对装备产生影响最小的方式检测。

（8）承制方应确保装备检测符合安全性要求，减少检测人员的安全风险，降低检测期间引起检测设备故障的可能性。装备检测不应影响或者破坏装备的功能、性能和准确度。

（9）承制方应对编制的《装备检测需求明细表》进行评审并保留评审记录。评审内容主要包括：检测项目和参数是否必要、齐全；系统、分系统和设备之间技术指标是否协调、合理；检测是否能够实现等。

评审应有专家和订购方代表参加。

三、检测设备要求

（1）凡有定量要求的检测设备应按照规定的周期进行校准，并在有效期内使用。所有检测设备应经过计量确认，证明其能够满足被测装备的使用要求。

（2）检测设备的准确度应高于被测装备的准确度，其测试不确定度比应符合后续第五条准确度要求的规定。

（3）对专用检测设备应编制校准方法。

（4）承制方应根据经评审通过的《装备检测需求明细表》，选择能满足装备检测要求的检测设备，并编制《检测设备推荐表》。

（5）《检测设备推荐表》应包括以下内容：

a）被测装备名称，被测系统，被测分系统及被测设备的名称、型号（应是装备命名的型号）和生产单位；

b）检测设备名称、型号和生产单位；

c）检测设备测量的参数、测量范围和最大允许误差；

d）检测依据的技术文件编号和名称；

e）备注，应注明是"通用"设备还是"专用"设备；

f）必要时，可另加附件对有关问题进行说明；

g）编制人、审核人和批准人的签字，编制日期，编制单位。

（6）当由若干检测设备组成测试系统时，应当将整个测试系统的配置形成文件，并对该测试系统的测量不确定度进行分析和评定。

（7）当被测参数是由若干测量值导出，或者有明显的影响量时，承制方应在《检测设备推荐表》的附件中，给出被测量的导出公式、主要的影响量以及测量不确定度的评定结果。

（8）装备的检测设备应尽可能选择通用设备或平台，尽可能减少品种、数量和型号，其性能价格比应适当。研制或者生产的专用检测设备应有校准接口。

（9）当检测设备为自动测试设备时，应具有自检功能；自动测试设备与被测单元的接口应确保其具有保障装备所需的全部测量能力和激励能力。

（10）承制方应对《检测设备推荐表》进行评审。

四、校准设备要求

（1）所有用于对装备检测设备进行校准的校准设备，都应溯源到军队计量技术机构或者军方认可的计量技术机构保存的测量标准，并应提供有效期内的校准证书或检定证书，证明符合测量溯源性要求。当无上述测量标准时，可溯源到有证标准物质、约定的方法或者各有关方同意的协议标准等。

（2）自动测试设备的校准一般应由传递标准通过测试程序集的校准功能在自动测试设备主机上运行校准程序来实现。传递标准可以是外部标准器或者是自动测试设备的校准件，其溯源性证明是由具备资格的计量技术机构给出的校准证书。自动测试设备的"自校准"不能代替溯源性证明。

（3）自动测试设备使用内嵌式校准设备时，应当确定这些校准设备的全部测量能力和激励能力，并应对其定期校准。

（4）当需要由若干校准设备组成校准系统保障检测设备时，应当对整个校准系统的技术指标及其测量不确定度进行分析和评定。

（5）承制方应根据经评审通过的《检测设备推荐表》编制用于保障检测设备的《校准设备推荐表》或《校准系统推荐表》。

5.1　《校准设备推荐表》的内容一般包括：

a）被校检测设备的名称和型号；

b）校准设备名称、型号、参数、测量范围、测量不确定度（最大允许误差、准确度等级）；

c）校准依据文件的编号和名称（包括检定规程或者校准规范等）；

d）备注；

e）必要时，可另加附件对有关问题进行说明：

f）编制人、审核人和批准人的签字，编制日期，编制单位。

5.2　当由若干校准设备组成校准系统时，《校准系统推荐表》的内容应包括：

a）被校检测设备名称和型号；

b）测量标准或者校准系统名称；

c）校准设备名称和型号（包括标准器和主要配套设备的名称和型号）；

d）校准设备的校准参数、测量范围、测量不确定度（最大允许误差、准确度等级）；

e）校准依据文件的编号和名称；

f）备注；

g）必要时，可另加附件对有关问题进行说明；

h）编制人、审核人和批准人的签字，编制日期，编制单位。

（6）承制方应对《校准设备推荐表》或《校准系统推荐表》进行评审。

（7）订购方应组织军队计量技术机构根据《校准设备推荐表》或《校准系统推荐表》，分析现有校准设备资源的情况，对需要研制或者订购的校准设备，应提前安排。

（8）军队计量技术机构应配备与装备检测设备相适应的校准设备，并按规定对装备的检测设备进行校准。

（9）检测设备与校准设备的测试不确定度比应符合后续第五条准确度要求的规定要求。

五、准确度要求

（1）检测设备或校准设备应比被测装备或被校设备具有更高的准确度。

（2）检测设备和校准设备的最大允许误差或测量结果的测量不确定度应当满足被

测装备或检测设备预期的使用要求。

（3）对被测装备或被校设备进行合格判定时，被测装备与其检测设备、检测设备与其校准设备的测试不确定度比一般不得低于 4 : 1。

（4）如果测试不确定度比达不到 4 : 1，应当分析测量要求，经论证后提出一个合理的解决方案。

（5）检测设备只用于提供输入激励时，测试不确定度比可低于 4 : 1 的要求。在这种情况下，测试不确定度比的最小值为 1 : 1。

（6）给出被测装备或检测设备的校准值或修正值时，应同时给出其测量不确定度，且测量不确定度应满足使用要求。

（7）当被测装备的使用要求用"最小""最大""不大于""不小于""大于""小于"等表述，无法计算测试不确定度比时，应给出检测设备的最大允许误差或测量不确定度。

六、装备检测和校准需求汇总要求

（1）承制方应根据所研制装备的检测和校准需求，汇总《装备检测需求明细表》《检测设备推荐表》和《校准设备推荐表》或《校准系统推荐表》的内容，编制《装备检测和校准需求汇总表》，为军队提供实施计量保障的依据，以确保对装备进行必要的检测和校准，保证测量溯源性。

（2）《装备检测和校准需求汇总表》应包括以下相关的三部分内容：

第一部分：装备应给出被测装备及其系统、分系统和设备名称、被测项目或参数、使用范围或量值、使用允许误差；

第二部分：检测设备应给出所用检测设备的名称和型号、参数和测量范围、最大允许误差或准确度等级、检测依据的技术文件；

第三部分：校准设备应给出所用校准设备的名称和型号、参数、测量范围、测量不确定度（或者最大允许误差、准确度等级）、校准依据的技术文件。

（3）《装备检测和校准需求汇总表》应是对装备系统、分系统、设备及其检测设备和校准设备的检测和校准需求的技术总结，检测设备和校准设备的参数和测量范围应覆盖被测装备相应参数和使用范围。各参数之间的测试不确定度比关系应符合上述第五条的规定要求。

第三节　标准的贯彻与实施

一、装备建设和管理中的标准贯彻

（一）装备计量保障的必要性和现状

装备计量保障工作的对象是军事装备及其检测设备和校准设备。随着军队信息化建设的深入发展，现代化装备使军事计量保障呈现出专业类别多、技术要求高、测试领域宽等特点。现代武器装备的高准确度、高灵敏度、抗电磁干扰、隐身等要求对其战术技术指标的检测设备有极宽的测量范围和相当小的测量不确定度，还涉及诸如时间同步、频率捷变、通信跳频、单次脉冲、电磁兼容性等装备技术中新的具有军事特点的参数的计量保障技术。为适应军队的作战和训练要求，装备计量保障还必须具有机动遂行、综合测试、快速应变以及环境适应性等特点。

　　军队的计量工作是随着武器装备技术的发展而逐渐发展起来的。面对世界新军事变革的挑战，我国的军事战略方针从应付一般条件下的局部战争转到打赢现代技术特别是高技术条件下的局部战争上来，武器装备进入了跨越式发展阶段。例如，新型号导弹武器的研制与应用，新型飞机、舰艇的引进和研制，如何尽快形成战斗力，对技术保障特别对计量保障提出了新的要求。

　　武器装备发展的新形势要求对装备实施全寿命的计量保障，在装备的论证、研制、试验、使用阶段都要明确计量保障要求以全面、快速、准确地掌握装备技术状态信息。军事计量保障滞后于装备的发展，将影响战斗力的迅速生成。电子化、信息化装备、自动检测设备和系统已在现代武器装备研制、生产和使用中处于重要地位，如何确保它们始终处于良好的技术状态，如何进行检测与校准，以实现溯源性等计量保障问题亟待解决。当前最紧迫的是要紧跟武器装备发展新形势，提前介入和主动参与新型号武器装备的保障性研究论证，掌握新装备计量工作需求，针对新装备特点制定可行的计量保障模式和方案，寻求计量保障方法，确保新装备一旦配发部队，就能立即开展计量保障工作，为迅速形成战斗力提供有力保证。

　　（二）装备计量保障应贯穿于装备的全寿命周期

　　装备计量保障工作应坚持归口管理，统筹规划，分工负责、共同建设、同步发展的管理原则和发展战略。其中同步发展就是密切关注武器装备发展的总趋势，强化军事计量保障及其监督管理，直接为军事装备的全寿命、全系统管理和维修使用提供技术保障。

　　军事装备的全寿命周期通常包括：预先研究、型号研制、装备订购、使用维护等阶段。在这些阶段中，各装备管理部门在计量保障工作方面有首要的监督管理责任。

　　1. 负责装备论证的部门或单位在装备立项和研制总要求论证时，应当根据标准的要求提出装备性能指标的可测性要求和检测与校准等计量保障要求。

　　2. 负责装备采购的部门或单位在装备采购时，应当根据标准的要求，在采购合同的有关条款中对必需的检测设备、测量标准及其《装备检测和校准需求汇总表》等相关的技术文件提出明确的要求，并对装备承制单位生产制造过程中的计量保障工作进行监督检查；在装备验收时，用于装备验收的所有检测设备必须经过计量检定或校准，对装备及其配套设备的主要技术指标进行验收测试，符合合同要求后方能接收，以保证装备达到预定的战术技术性能指标。为此，驻承制单位的军方代表应对承制单位的计量保障工作负有监督管理责任。

　　3. 负责装备试验的部门或单位在组织装备试验、鉴定时，应当保证参试的所有设备经过计量检定、校准或测试。

　　4. 使用装备和负责装备维护、修理的单位，应当按照规定，组织对所属装备和检测设备进行计量检定、校准和测试。在平时和战备期间，通过日常维护和其他规定的时机和场合的测试、校准，保证军事装备始终处于良好战备状态；在装备使用期间，通过遂行计量保障，使装备功能正常且量值准确；在作战或实战演习期间通过实时的计量保障，保持武器系统仪器仪表的正常工作，且主要的战技指标满足要求，使装备能充分发挥其应有的战斗力。修理后的装备和检测设备应当重新再计量检定、校准或测试。装备延寿或改装,如涉及测量方法和测量结果的有效性,应经过军队计量技术机构确认。

（三）其他问题

1. 标准的宣贯

该标准是一项有关装备保障的全局性标准,涉及军队的装备论证部门、采购部门、试验部门、管理部门以及使用部队和军队计量机构等,还涉及各种军事装备的研制生产单位。因此广泛地宣贯该标准是贯彻该标准的关键,尤其是要使相关的人员和领导能系统了解标准的要求和贯彻该标准的重要性。

2. 加大对新型号装备的贯标力度

要扭转计量保障工作滞后于装备发展的被动局面,必须严格依照该标准的要求,加强在新型号装备的论证、研制、生产、引进等环节上向装备的承制方或供应方提出计量要求,并加强监督。装备计量主管部门应加强与科研、订货部门的协调,订货部门应组织总体论证单位向工业部门提出明确要求,使装备的测试性和可计量性在设计时就得到重视,使装备需校准的参数和技术指标需求在研制时就明确。订货部门还应统筹考虑专用检测设备的购置计划,使装备交付部队时能够同步配套,确保计量保障工作顺利进行。军队计量技术机构要提高自身素质,适应新装备的需求;积极参与新装备研制过程中有关检测及校准需求等技术文件的评审工作;明确新型号装备的保障需求,提出合理的意见和建议,研究检定方法。

3. 关于装备的"自校准"能否代替溯源性校准的问题

相当一部分单位认为可以用装备自身的自校准功能来代替对其检定或校准,或者认为只要购买一台更高级的设备就可以完成对其检定或校准,这两种想法都是与该标准相违背的。以上两种所谓的"校准",是不具备溯源性的,前者只能作为对装备自身的功能检查,而后者只能作为对装备的性能核查。当前,装备的日常维护和管理已经不再是以往简单的加电检查;"战备完好率"也不仅仅是保持装备的整洁和进行功能检查,更强调的是数据的准确可靠和量值的一致,因此必须强调由军队计量技术机构实施或管理下的具有溯源性的装备周期检测与校准,这对于武器装备的精确打击,特别是联合作战中发挥武器作战效能具有十分重要的意义。

4. 检测设备和校准设备的选取问题

检测设备和校准设备的选取,并不是技术指标越高越好。盲目地配备高指标的检测设备和校准设备,不但花费了大量财力,而且会造成其溯源困难等问题。应该根据武器装备计量保障实际需求,选取和配置实用、管用、性能价格比适中、满足准确度要求的检测设备和校准设备。特别是要充分利用现有设备。

5. 装备立项、设计阶段即要重视可计量性问题

目前配备部队的大部分装备由于在设计阶段没有考虑计量的问题,没有预留计量测试接口,需要通过拆卸才能完成对其计量检定、校准或测试。例如某些电子设备中的晶振,没有提供校准的接口,则晶振的频率及其频率稳定度就无法检测。又如装在舰艇上的深度表,设计时就没有预留计量测试接口且设计成密闭加固,不能拆卸,导致使用过程无法实施计量保障。因此,在装备的立项、设计阶段就应考虑装备的可测性和计量

保障问题,在研制合同中要提出具体要求,计量人员应作为计量技术支撑参与其评审。在生产阶段,计量管理与计量技术人员尽可能跟踪了解,缩短计量保障能力的形成周期。这样做的目的是使系统和分系统的计量可以减少装备的拆卸,减少装备的损坏几率;在装备计量保障过程中还可及时发现问题,有利于故障诊断和维修,使有故障装备尽快恢复战斗力。

6. 关于该标准中各类表格的使用问题

武器装备被检对象技术含量高、专用设备多、系统性强、保障方法复杂,各单位可根据实际情况对该标准中规定的各类表格作适当调整,可简可繁。使用表格的最终目的是对装备的计量保障列出明细表,便于科学化管理,提高对装备的计量保障能力,确保装备使用过程中作战效能的正常发挥。

二、标准实施中的问题及处理

1. 装备计量保障的目的

(1) 保证装备性能参数的量值准确一致;

(2) 实现测量溯源性,提升装备保障水平,证明测量过程受控,确保数据和结果可靠;

(3) 确保装备处于良好的技术状态;

(4) 使装备具备随时可准确执行预定任务的能力。

2. 装备计量保障的基本要求

(1) 装备中凡影响其功能和性能的项目或参数都应进行检测或校准;

(2) 凡有定量要求的检测设备应按规定的间隔时间进行校准;

(3) 凡用于对装备或检测设备进行校准的校准设备都应溯源到经军队认可的计量技术机构的相应测量标准,以保证测量溯源性。

保障关系简图如图 5.1 所示。

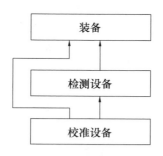

图 5.1　装备保障关系简图

检测设备在美军标中称为 TMDE,即测试、测量、诊断设备,是装备的保障设备,用于检测装备的功能是否正常和装备的性能参数是否准确并满足要求。

校准设备在实际工作中又称测量标准,用于对上述检测设备进行校准或检定,也可直接用于对装备进行校准或检定。当用于对检测设备进行校准或检定时,它是装备"保障设备"的"保障设备"。这些校准设备必须溯源到经军队认可的计量技术机构,检测设备只有经过这种校准设备的校准才能确保其溯源性,确保量值的准确和一致。

3. 装备检测包括的内容

(1) 状态监测:对装备的状态或功能进行检查,给出是否正常的结论;

(2) 性能测量:对装备性能参数的量值进行测量,并对其是否满足战技指标要求给出结论,当测量结果在规定的允许误差范围内时结论为合格;

(3) 量值校准:对需要准确值的参数进行校准,给出校准值或修正值、校准曲线或修正曲线;

(4) 故障诊断:通过检查来确定装备的故障部位,隔离已有的或可能发生的故障。

被测件又称被测单元,包括需要检测的装备的系统、分系统、设备、机组、部件等。

4. 装备检测参数的范围

装备必须检测的参数通常是装备的主要技术指标,如输入输出或其他具有测量单位的量(如电压、频率、功率、压力等)。

除装备自身的参数外,还应该包括装备中需要校准的参数,如机内测试的参数、机内测试设备和内嵌式校准设备的参数。

当装备是由若干分系统及设备组成复杂系统时,检测参数应包括:

(1) 系统参数:为确保系统正常运行、不出现性能下降,并能最终保证满足系统任务要求而必须检测的所有参数;

(2) 分系统参数:为确保分系统对接顺利、在集成到整个系统后具有可替换性(即互换性)并能正常运行而必须检测的分系统参数;

(3) 设备参数:当设备作为与系统或分系统相连接的一部分使用时,为确保其具有可替换性(即互换性)并能正常运行而必须检测的设备参数。

5. 装备检测的时机

在装备全寿命管理的各个阶段都要进行检测。

在不同阶段,需要检测的项目或参数可能不同,例如:

(1) 在装备研制尤其是在交付验收时必须详细检测;

(2) 靶场试验前主要检测影响打靶成功的关键项目和参数;

(3) 在装备投入使用后要对影响装备发挥战斗力的关键参数及强检目录中的项目和参数进行周期性的检测;

(4) 战时更应以最少的检测量和最方便的检测方法来保障装备的战斗力。

6. 装备计量保障的实施

(1) 列出清单。装备管理部门应根据承制方的推荐和自身的实际情况把装备日常保障和战时保障的项目或参数列出清单;

(2) 组织实施。装备管理部门应组织有计量管理职能的机构及军队计量技术机构按照清单实施计量保障;

(3) 突出重点。应把直接影响装备作战效能、人身与设备安全的项目或参数列入强制检定目录,加以重点管理和保障。

7. 装备的检测的要求

装备的检测应具有满足被测装备性能测量、状态监测、故障诊断所需要的:

（1）经培训的检测人员；

（2）经检定合格的检测设备（在有效期内）；包括通用测试设备和专用测试设备，必要时，还要使用测量标准对机内测试设备或内嵌式校准设备进行校准；

（3）经审批的检测方法；

（4）适当的环境条件。

检测时尤其要考虑装备的使用条件。例如，在室温条件下的检测，应满足装备要求中规定的在严冬的野外工作条件，必要时需给出修正曲线或修正公式，以便对检测结果进行修正。

8. 装备研制时的计量保障要求

军方代表应要求承制方：

（1）编制《装备检测需求明细表》

要求承制方根据装备研制总要求，论证和确定装备需要检测和校准的项目和参数，包括对组成装备的各系统、分系统和设备所需检测的项目或参数。

（2）留出测试接口

在装备设计和研制时，对需要检测的项目或参数要设置检测接口，对装备中的机内测试设备及内嵌式校准设备要设置校准用的接口，确保其可达和可测。

（3）明确检测方法和校准方法

对需要检测的项目或参数要确定或编制检测方法，对装备中的机内测试设备及内嵌式校准设备要确定或编制校准方法。

（4）编制《检测设备推荐表》和《校准设备推荐表》

按测试不确定度比的要求，推荐装备的检测设备以及推荐用于校准检测设备的校准设备（即测量标准装置）。

（5）制定和提交《装备检测和校准需求汇总表》

在上述工作的基础上，制定汇总表，经订购方确认后，在交付装备的同时，与装备的随机文件一起提交。

9. 装备采购时的计量保障要求

订购方代表应要求供货方：

（1）在提供装备的同时，提供检测的项目或参数及其技术指标；

（2）推荐检测设备及其校准设备；

（3）提供检测方法和校准方法等技术文件；

（4）必要时，可要求提供检测设备及校准设备。

10. 承制方在装备论证、设计、研制、生产、交付时计量保障方面的工作要求

承制方应根据该标准要求完成以下工作：

（1）编制和评审《装备检测需求明细表》

在论证和设计阶段，承制方应论证和确定装备需要检测或校准的项目或参数，包括装备的系统、分系统和设备以及机内测试设备和内嵌式校准设备，制定《装备检测需求明细表》。承制方应对该表进行评审，并保留评审记录。

（2）设计应满足可测试性和可校准性要求

在设计装备时,对影响装备功能和性能的需要检测的项目或参数要设置检测接口(包括检测点),对装备中的机内测试设备及内嵌式校准设备要设置校准用的接口。检测点或检测接口的位置应在装备上以及相应的文件或图纸中标明,必要时文件中还应给予说明。

（3）确保装备的检测安全性

承制方应确保装备检测符合安全性要求,减少检测人员的安全风险,降低检测期间引起检测设备故障的可能性,并且不影响或破坏装备的功能、性能和准确度。

（4）确定检测方法和校准方法

对需要检测的项目或参数要明确指定或重新制定检测方法,对装备中的机内测试设备及内嵌式校准设备要明确指定或重新制定校准方法。所制定的方法应经过评审和批准。

（5）编制《检测设备推荐表》和《校准设备推荐表》

按照装备使用要求和该标准规定的测试不确定度比的要求,推荐装备的检测设备,并推荐用于校准检测设备的校准设备(即测量标准装置)。

（6）制定和提交《装备检测和校准需求汇总表》

在汇总上述各表的基础上,编制《装备检测和校准需求汇总表》。由承制方组织进行评审,经订购方确认后,在交付装备的同时,与装备的随机文件一起提交给订购方。

11. 军方在合同验收时的计量验收要求

（1）装备验收大纲中应包括验收检测工作,应列出装备验收时必须检测的项目或参数及其技术要求,在验收时应该对这些项目或参数进行验收检测;

（2）验收检测应该尽可能使用《检测设备推荐表》推荐的检测设备或其同类设备;

（3）验收时所用的检测设备应经计量检定或校准证明符合使用要求和具有溯源性,并在有效期内;

（4）验收后交付的技术资料中应包含该标准要求的四张表:《装备检测需求明细表》《检测设备推荐表》《校准设备推荐表》《装备检测和校准需求汇总表》,还应包括各表的说明以及评审意见等资料。

12. 标准对军队订购方的要求

（1）订购方应参与并组织军队计量技术机构对《装备检测需求明细表》《检测设备推荐表》《校准设备推荐表》的评审;

（2）订购方应根据认可的《检测设备推荐表》和《校准设备推荐表》,并根据军队实际情况,对需要承制方提供的检测设备和校准设备采用合同的方式向承制方提出详细要求;

（3）订购方应根据《装备检测和校准需求汇总表》和军队实际情况,制定装备需配备的检测设备和校准设备一览表,并根据此表配备装备所需的检测设备和校准设备;

（4）订购方应将《装备检测和校准需求汇总表》和《装备需配备的检测设备和校准设备一览表》及其实际执行情况纳入装备计量保障技术信息数据库,为装备技术保障提供必要的信息;

（5）军队订购方在上述各项工作中应充分发挥军队计量技术机构的作用。

13. 编制《装备检测需求明细表》的原因

（1）确保装备的计量保障有效

有效的计量保障必须以切合实际的装备检测需求为基础。如果需求不明确，即使配备了检测设备也可能不能满足要求，有些设备可能达不到要求，有些昂贵的精密仪器却可能不实用而闲置。

（2）检测需求分析从源头开始

在装备论证时，就根据装备的战术技术指标和装备的功能和性能正常运行的要求，由承制方进行检测需求分析，从源头开始这项工作，避免事后发生难于弥补的遗憾；

能够合理提出需要检测的参数及其准确度要求，如果提出的要求经评审是不可能实现的，应及时进行重新设计和合理分配指标；

能在设计时就考虑保证装备具有测试性。既考虑如何以最少的检测量来保障装备的状态和性能正常，并在设计时就对需要检测的部位留出检测端口或接口，考虑了需检测的项目和参数是有方法和仪器可以测出的，还考虑到检测过程不会破坏装备的状态和影响装备的性能。

（3）确保检测参数合理与协调

承制方在研制装备的同时，在需求分析的基础上，对组成装备的系统、分系统和设备所需的检测项目和参数及其技术指标做出明确的规定。使需检测的项目或参数齐全完整，使系统级、分系统级和设备级的检测能协调一致，保证对接的成功和系统指标的实现。

（4）合理配置检测设备有依据

《装备检测需求明细表》是配置检测设备的依据。只有明确需求，才能依据需求合理配置检测设备，才能确定需要购置或研制哪些检测设备，才能正确制定平时和战时装备检测与校准的计量保障方案。

14.《装备检测需求明细表》的内容

《装备检测需求明细表》包括表头部分、项目或参数、使用范围或量值、环境要求及备注等各部分。

（1）表头部分：包括"被测装备的名称""生产单位""型号或规格""出厂编号"。

如果被测的是某个复杂系统中的某个设备，则还要填写相应的系统的名称和分系统的名称。例如，被测装备名称为××型号导弹；被测系统名称为导弹武器系统；被测分系统名称为雷达；被测设备名称为接收设备。如果表中是分系统的检测要求，就不必填被测设备名称。如果装备比较简单，没有系统、分系统和设备之分，只需要填写装备的名称。如被测装备名称为短波通信设备；

（2）项目或参数：指为满足装备使用要求而必须检测的项目或参数；

检测的项目：如开关的通断功能、状态的监测指示灯等。检测的参数：如频率、输出电压、温度、压力、开关隔离度等。

（3）使用范围或量值：指相应于上述参数的装备使用的量值或量值范围。例如，使用电压为 $10\mathrm{V}$ 或使用电压在$(1\sim100)\mathrm{V}$ 范围内；

（4）使用允许误差：指装备的某参数能满足使用要求所允许的最大误差范围，又称最大允许误差或允许误差限,其表示方式如:± 0.01 V;$\pm 1\%$;$\pm(2\%R+0.1$ V)。它通常不是设计容差或加工允差;

(5)环境要求:指装备检测所要求的环境条件,如温湿度范围等。对特殊要求应该加以说明,如有些装备只能在外场检测等;

(6)备注:对直接影响装备作战效能、人身与设备安全的参数,即准备要列入强制检定和重点管理目录的参数,应在备注栏内标明。一般可用打√的方式标明;

(7)附件:附件是在必要时另加的。主要是装备检测所需的有关文件、检测中的特殊要求等说明,以及其他需要说明的问题;

(8)表尾部分:包括表的编制人、审核人和批准人的签字,编制日期,编制单位。编制单位应加盖公章。

15.《装备检测需求明细表》的评审要求

(1)检测项目是否必要、齐全;

(2)系统、分系统和设备之间技术指标是否协调、合理;

(3)检测能否实现。

评审应由编制表格的承制方组织,并应有专家和订购方代表参加;评审记录应予以保存。

16. 选择检测设备的原则

(1)应根据评审通过的《装备检测需求明细表》选择能满足需求的检测设备;

(2)检测设备与被测装备的测试不确定度比应满足该标准的要求。对被测装备进行合格判定时,被测装备与其检测设备的测试不确定度比一般应不低于4:1;

(3)装备的检测设备应尽可能选择通用设备或通用测试平台,尽可能减少品种、数量和型号,其性能价格比应适当;

(4)专用检测设备应有校准接口;

(5)自动测试设备应具有自检功能,自动测试设备与被测装备的接口应能确保具有保障装备所需的全部测量能力和激励能力。

17. 检测设备的计量保障要求

(1)所有检测设备都应经过计量确认,证明其能够满足被测装备的检测要求;

(2)凡有定量要求的检测设备应按照规定的周期进行校准或检定,并在有效期内使用;

(3)所有的检测设备均应有相应的操作规程和为装备检测所用的检测方法;

(4)对专用检测设备应编制校准规程或检定规程。规程一般应由承担校准的计量技术机构进行编制。

18.《检测设备推荐表》包含的内容

承制方根据装备的检测需求向军方推荐检测设备,推荐表内容包括:

(1)被测装备的名称(装备为复杂系统时包括:被测系统、被测分系统、被测设备的名称),型号和生产单位。型号应该是该装备正式命名的型号;

(2)检测设备名称、型号和生产厂家;

(3)检测设备测量的参数、测量范围、最大允许误差;

（4）检测方法依据的文件编号和名称；

（5）备注。应注明该设备是通用检测设备还是专用检测设备；

（6）必要时可另加附件对有关问题进行说明：

当被测参数由若干测量值导出时，或有明显的影响量时，承制方应在附件中给出被测量的导出公式、主要影响量以及测量不确定度的分析与评定；

当由若干检测设备组成测试系统时，应当将整个系统的配置以及对该系统进行的测量不确定度分析与评定形成文件，并在附件中给出；

（7）表尾部分。应有编制单位的名称（加盖公章），编制日期以及编制人、审核人和批准人的签字。

19.《检测设备推荐表》的评审要求

（1）应由装备的承制方组织评审，订购方及有关专家参加；

（2）应评审推荐的检测设备的适宜性、合理性和可行性；

评审检测设备是否满足装备的检测需求；

评审是否符合测试不确定度比要求；

评审推荐的检测设备性能价格比是否合理、是否能采购得到。

20．对校准设备的要求

（1）检测设备与其校准设备（测量标准）间的测试不确定度比应满足该标准的要求，在进行合格评定时，一般不低于 4∶1；

（2）所有用于计量检定和校准的校准设备都应溯源到军队计量技术机构或军队认可的计量技术机构。要有有效期内的检定证书或校准证书，并给出校准设备（即测量标准）的溯源等级图，以证明符合测量溯源性要求；

（3）当需要由若干校准设备组成校准系统时，应对整个校准系统的技术指标及其测量不确定度进行分析和评定；

（4）自动测试设备使用内嵌式校准设备时，应当确定这些设备的全部测量能力和激励能力；并应对其进行校准。

21．自动测试设备如何进行溯源性校准

自动测试设备的校准一般由传递标准通过测试程序集的校准功能，在自动测试设备主机上运行校准程序来实现。

传递标准可以是外部标准器，也可以是自动测试设备附有的校准件或标准件。这些传递标准必须由具备资格的计量技术机构进行校准，出具的校准证书为其溯源性证明。

自动测试设备的"自校准"不能代替溯源性校准。

22.《校准设备推荐表》和《校准系统推荐表》包含内容

承制方根据经评审的《检测设备推荐表》，编制对这些检测设备进行检定或校准的《校准设备推荐表》，若由若干校准设备组成校准系统时应编制《校准系统推荐表》。

《校准设备推荐表》的内容包括：

（1）被校检测设备名称和型号；

（2）校准设备名称、型号、参数、测量范围、测量不确定度（或设备的最大允许误差、准确度等级）；

（3）校准依据的文件（检定规程或校准规程）；

（4）备注；

（5）必要时,可另加附件对有关问题进行说明；

（6）编制单位名称（加盖公章）,编制日期,编制人、审核人和批准人签字。

《校准系统推荐表》的内容包括：

（1）被校检测设备名称和型号；

（2）测量标准装置或校准系统名称,及其测量范围和测量不确定度；

（3）校准系统中的校准设备名称和型号（包括标准器和主要配套设备）；

（4）各台校准设备的参数、测量范围、测量不确定度（或设备的最大允许误差、准确度等级）；

（5）校准依据文件的编号和名称；

（6）备注；

（7）必要时,可另加附件对有关问题进行说明；

（8）编制人,审核人和批准人签字,编制日期,编制单位。

23. 军队计量技术机构在执行该标准方面需做哪些工作

（1）军队计量技术机构应在订购方和装备管理部门的领导下开展有关工作；

（2）军队计量技术机构根据《校准设备推荐表》或《校准系统推荐表》,分析现有校准设备资源情况,对需要研制或订购的校准设备提出意见或建议；

（3）军队计量技术机构应配备与装备检测设备相适应的校准设备,并按规定对装备实施技术保障的检测设备进行校准和实施计量保障工作。

24. 测量器具的准确度

测量器具的准确度定义为测量器具给出被测量接近于真值的响应能力。由于真值是不知道的,因此按照现在新的规定,测量器具的准确度是一个定性的概念。也就是在定性说明时可以用准确度高或低描述,一般在定量描述测量器具指标时不再使用准确度这个术语。

测量器具的准确度要求用技术指标描述时,通常用最大允许误差（又称允许误差限）或准确度等级表示。例如,某仪器的最大允许误差为 $\pm 1\%$ 或该量具为 1 等量具。

25. 测试不确定度比

测试不确定度比是指在合格评定时被测设备与其测试设备之间准确度要求的比例关系。根据实际需要可以有以下各种情况：

（1）被测单元的允许误差与检测设备的最大允许误差之比；

（2）被测单元使用要求的测量不确定度与所用检测设备的最大允许误差之比；

（3）被测单元使用要求的测量不确定度与所用测试系统的扩展不确定度之比；

（4）被校的检测设备（或装备）的最大允许误差与其校准设备的最大允许误差之比；

（5）被校的检测设备（或装备）的最大允许误差与其校准设备（测量标准装置）的扩展不确定度之比；

（6）被校测量系统或测量标准的测量不确定度与其校准设备（高一级测量标准装置）的测量不确定度之比等。

因此,测试不确定度比不一定是测量不确定度比。

被测设备与测试设备可以有以下几种情况:

(1) 被测装备与检测设备;

(2) 被校的检测设备与校准设备;

(3) 被检定的校准设备与高一级测量标准。

26. 标准对准确度要求的总原则

(1) 检测设备应比被测装备具有更高的准确度,校准设备应比被校设备具有更高的准确度;

(2) 检测设备的最大允许误差或测量不确定度应以满足被测装备的检测需求为原则,校准设备的最大允许误差或测量不确定度应以满足被校检测设备的使用要求为原则;

(3) 对准确度的要求具体来说就是要满足测试不确定度比的要求。

27. 标准对测试不确定度比的要求

(1) 检测设备(或校准设备)的最大允许误差或测量结果的测量不确定度应满足被测装备(或被校检测设备)的使用要求;

(2) 对被测装备(或被校设备)进行合格判定时,被测装备与其检测设备(或检测设备与其校准设备)的测试不确定度比一般不得低于 4:1;

(3) 如果测试不确定度比(TUR)达不到 4:1,应当分析测量要求,经论证后提出一个合理的解决方案。虽然 TUR 达不到 4:1,但符合合格或不合格判据的要求时,仍然可以判合格或不合格。在待定区内时,要分析误判风险对装备战斗力的影响程度,确定是否可以接受和使用;

(4) 检测设备只用于提供输入激励时,测试不确定度比可低于 4:1 的要求。在这种情况下,测试不确定度比的最小值为 1:1。例如,当检测设备只用于对装备加一个压力输入或一个电信号激励时,检测设备的准确度指标只要与装备要求输入或激励的准确度指标一样就满足要求了;

(5) 给出被测装备或检测设备的校准值或修正值时,应同时给出校准值或修正值的测量不确定度,且测量不确定度应满足使用要求;

(6) 当被测装备的使用要求用"最小""最大""不大于""大于""小于"等表述时,无法计算测试不确定度比,应给出检测设备的最大允许误差或测量不确定度。

28. 规定用测试不确定度比的原因

(1) 测试不确定度比(TUR)是一种实用的确定被测件与检测设备(或校准设备)之间比例关系的方法,被美军标采用;

(2) 测试不确定度比不一定是测量不确定度比。实际上,有时进行不确定度分析是很麻烦和困难的,因此,从实用的角度考虑,尽可能使用已获得的信息选择检测设备(或校准设备);

(3) 测试不确定度比(TUR)在合格评定时使用。即要判定合格或不合格时,需要考虑测试不确定度比(TUR)。其比值大小与做出合格或不合格的误判概率有关。比值越大,则误判概率越小。当满足 4:1 要求时,一般来说误判概率小于 5%,对工程实用而言可以忽略不计。当达不到此要求时,要考虑误判的风险;

（4）测试不确定度比的要求是选择检测设备和校准设备的重要依据；

（5）为保证装备的准确度，必须选择准确度指标足够高的保障设备，但同时也要防止选择指标过高的仪器设备，以致提出太昂贵的保障需求和投入不必要的费用。

29. 合格判据

（1）设：$|\Delta|$ 为被检设备的示值误差的绝对值，是由检测结果得到的实际值与标准值之差的绝对值；MPEV 为被检设备的最大允许误差的绝对值，即被检设备的技术指标；$U_{0.95}$ 为检测设备（或校准设备）给出的标准量值的测量不确定度，其置信概率为 95%（即 $p=0.95$），即 $k=2$ 时的扩展不确定度。

则被检设备的合格判据为：

$|\Delta| \leqslant \text{MPEV} - U_{0.95}$ 为合格

$|\Delta| \geqslant \text{MPEV} + U_{0.95}$ 为不合格

$\text{MPEV} - U_{0.95} < |\Delta| < \text{MPEV} + U_{0.95}$ 为待定

在实际工作中，常常遇到当被检设备与检测设备的测试不确定度比达不到 4：1 要求的情况，此时，只要按照该判据进行合格判定，就是考虑了检测设备的测量不确定度后的合格判定。在该判据中，有可能出现数据落在待定区，即不能判为合格还是不合格，出现这种情况时，计量检定人员应如实反映，有关的责任人员应根据被测参数的重要程度、误判可能导致的风险及其严重程度和数据的实际偏离程度等，做出是否允许使用的结论。并应把情况和结论记录在案；

（2）若用 TUR 表示测试不确定度比，则 $\text{MPEV}/U_{0.95} = \text{TUR}$；

当校准设备的测量不确定度 $U_{0.95}$ 小到为被检设备的最大允许误差 MPEV 的 1/4 时，$U_{0.95}$ 的影响可以忽略不计，此时，合格判据为：

$|\Delta| \leqslant \text{MPEV}$ 为合格

$|\Delta| \geqslant \text{MPEV}$ 为不合格

（3）实际使用时，常常知道的是检测设备或校准设备的最大允许误差 MPEV_s，此时可用 MPEV_s 代替 $U_{0.95}$ 获得合格或不合格判据。此时，$\text{TUR} = \text{MPEV}/\text{MPEV}_s$。所以，在满足测试不确定度比不低于 4：1 时，判定合格或不合格时可以忽略校准设备的测量不确定度。如果不满足 $\text{TUR} \geqslant 4$ 时，必须在考虑校准设备的测量不确定度后才能给出是否合格的结论；有些情况下，不能下合格或不合格的结论，要由有关各方根据实际情况，判定是否允许使用。

30. 《装备检测和校准需求汇总表》的编制目的和内容

该表是《装备检测需求明细表》《检测设备推荐表》和《校准设备推荐表》三个表内容的汇总。

汇总表的编制目的是：

（1）为军队提供实施计量保障的依据；除了对装备的保障外，还包括对保障设备的保障。便于装备管理部门开展科学化管理；

（2）确保对装备进行必要的检测和校准；使检测参数齐全、合理；并且在系统、分系统和设备之间协调；

（3）保证了装备的检测具有测量溯源性，可确保量值的准确以及装备各系统间和各

武器装备间的量值一致性;

汇总表的内容分三个部分。

(1) 第 1 部分:装备。应分别给出被测装备及其系统、分系统和设备名称、被测项目或参数、使用范围或量值、使用允许误差;

(2) 第 2 部分:检测设备。应给出所用检测设备的名称和型号、参数和测量范围、最大允许误差、检测依据的技术文件;

(3) 第 3 部分:校准设备。应给出所用校准设备的名称和型号、参数、测量范围、测量不确定度(或最大允许误差、准确度等级)、校准依据的文件(检定规程或校准规程文件号)。

对汇总表的评审要求:

(1) 内容正确无误;

(2) 检测设备和校准设备的参数及测量范围应覆盖被测装备相应参数和使用范围;

(3) 各参数之间的测试不确定度比关系应符合该标准的要求。

第四节　工业部门的标准化计量保障实例

一、引言

评价一个单位的表现(技术水平,服务能力,经济效益)的主要因素或其标志是它生产的产品和服务的质量。随着科学技术的发展和人们物质生活条件的改善,世界范围的趋势是用户对于产品和服务质量的期望越来越大,要求越来越严格。伴随着这种趋势,人们日益认识到,采取措施建立有效的质量管理和质量保证体系,持续不断地改进质量,以最少的投入取得和保持优良的经济表现和服务能力,是非常必要的,对企业的生存、发展有着重要的作用。

在各种质量保证模式中,与计量保证有关的内容归纳起来主要有下列要求,它们集中体现了计量标准化的一种思想和理念。

(1) 要有领导负责计量工作,组织建立相适应的计量保证系统,并坚持有效地执行;

(2) 要确定计量工作为达到所要求的质量可能需要的控制方法、测量设备(包括新开发的仪器设备),确定所有的测量要求,包括确定超出已知现代技术水平,在一个相当长的时间内仍需要开发的测量能力;

(3) 要制定并坚持与计量工作有关的文件、资料控制程序,文件在发布、修改或撤销前,应由授权人员进行审查和批准,保证文件的有效运行;

(4) 采购测量器具和仪器设备要有计划文件,说明订购物品的规范、要求和验收规程,物品购进后要按规定的书面程序验收;

(5) 对用于检验、测量(包括检定、校准、测试)和试验设备,不管是自有的、租借的或者是买方提供的,均应进行控制,以便证实产品符合规定要求;

(6) 明确产品的全部测量项目和所需的准确度,选用合适的检验、测量和试验设备,保证必需的准确度;

(7) 对所有的检验、测量和试验设备,要按规定的周期进行检定或校准,用于检定或校准的标准设备应具有溯源性和必要的准确度；当使用不具备溯源性的标准时，应有文件明确规定；

（8）进行检定（校准）要制定检定（校准）规程，写成文件加以坚持，当其结果不能令人满意时应采取措施；

（9）用于检验、测量和试验的设备，均应带有表明其检定（校准）状态的合适标志或批准的鉴别记录，防止因擅自调整设备而造成其校准定位的失效，当发现设备处于非正常状态时，要评估先前的检验、测量和试验结果；

（10）用于检验手段的工装、模具或软件，使用前应检查其证明它的能验证产品的可接收性，并按规定期进行再检查；

（11）要保证环境条件适合于所进行的检定（校准）、测量和试验；

（12）要编制并坚持全部测量（检定、校准、测试）的原始记录的鉴别、收集、编目、归档、保存及处理的程序，所有的记录应字迹清楚，检索方便，必要时能在约定的期限内提供给买方或其他代表进行评估；

（13）要制定并坚持计量人员的培训和考核要求的程序，对计量检定（校准）人员应做到持证上岗，相应的培训、考核、计划和成绩要予以保存；

（14）应实施内部的计量质量审核或检查制度，以验证其是否符合有关计划安排和控制程序要求，保证计量体系的有效性。

以上是一个企业在从事产品开发/设计、生产、安装和服务过程中建立质量体系与计量保证有关系的 14 个方面，它在产品的质量体系中占有重要的位置。

二、上海飞机制造厂的标准化计量保证模式实例

上海飞机制造厂是与美国麦道公司合作生产 MD-82 民用飞机的总装厂。美国联邦航空局（FAA）对民用飞机生产厂的质量保证体系提出了严格的要求，并把能否建立与保持符合其要求的质量保证体系作为批准生产飞机的先决条件。上海飞机制造厂在生产 MD-82 飞机过程中，需要建立与麦道公司相同或等效的生产管理程序和系统，以保证生产的飞机能够通过 FAA 的严格检查，取得生产许可证和适航证。因而上海飞机制造厂的质量保证体系是按照麦道公司民用飞机的质量保证体系建立的，主要依据是美国航空局条例 FAR21 部 G 部分的要求，并结合了麦道公司多年生产民用飞机质量控制的经验，其主要内容和要求，与 ISO 9000 系列标准基本一致，个别地方根据我国的实际情况作了适当修改，并征得了美方的认可。

上海飞机制造厂质量体系中计量保证模式的基本情况如下。

1. 独立的质量体系机构

质量体系的组织机构设置，要求不能从属于制造部门，能够直接向高层领导汇报工作，能独立确认和评判质量问题并行使职权。上海飞机制造厂的质量保证组织机构，计量机构占有重要的位置，是质量保证体系的五大组成部分之一（见图 5.2）。

2. 完善而严格的计量保证要求

上海飞机制造厂的计量保证要求是完善而严格的，其主要任务是做好工量具及仪器设备（包括专用仪器设备，下同）的校准和控制工作。

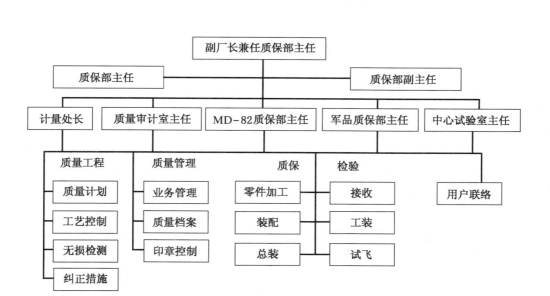

图 5.2　上海飞机制造厂质量保证组织机构图

工量具及仪器设备的校准和控制是质量保证体系中的一个重要环节,是确保产品质量的基础。该项工作按照系统工程的要求,严格控制各个环节。主要内容及要求是:具有完整的计量工作程序、具有适合于生产要求的计量标准和仪器、具有符合要求的计量环境、具有严格的量值溯源和传递渠道、具有控制仪器设备复检的可靠办法、具有明显的仪器设备检定状态标志、具有现行的检定(校准)规程、具有测量校准记录档案、能够做到闭环跟踪控制。该厂把满足上述要求建立起来的系统称之为检定控制系统。该系统的具体技术要求以标准工作法 PSP10.024 做出规定;该系统的管理要求以校准工作法 PSP10.019 做出规定。

3. 检定(校准)控制系统内容

(1) 受控设备范围

主要有两个方面,一是属于受控设备清册中的项目;二是用以验证或保证产品符合性的项目。他们将受控设备的清单分为十大类,并按分类给以检定类别号。

0001～0599 质保计量使用的电气/电子设备

0600～0999 质保计量使用的物理/机械设备

1000～2999 尺寸测量设备

3000～3999 质保计量使用的尺寸测量设备

4000～4999 定期检查的工装

5000～6999 电气/电子设备及测试设备

7000～8899 受控制造设备

8900～8999 生产中负载和易污染设备

9000～9499 通用测试设备

9500～9510 个人所有的工具

每台(件)受控的设备都有各自的检定(校准)编号,互不重复。

(2) 计量标准的适宜性

用于检定、校准所有测量设备和制造工艺设备的计量标准,要求有溯源性和必要的准确度及稳定性。一般要求所用计量标准设备的准确度至少比被校设备的高4倍(符合美军标要求)。

(3) 环境控制

为保证测量要求的准确度,对测量环境的温度、湿度、振动、清洁度以及照明、电压稳定性等在校准程序中提出了明确要求,对不同类型的测量室分别提出不同级别的要求(共分为8个级别,A_1、A_2、B_1、B_2、C_1、C_2、D_1、E),必要时对校准结果进行修正。

校准环境要始终予以保持,温湿度要自动记录,随时观察波动情况。每天的温湿度记录归档保存两年备查。严禁在环境超差时操作,并在记录上注明未进行任何校准和测量工作。

校准环境每半年要全面测量记录一次,并对结果予以认可,发给合格证书。

(4) 校准周期

根据设备的能力、稳定性、用途、准确度、使用情况和校准规程来确定初次校准周期。而后根据前两次校准结果适当调整校准周期加以延长或缩短。基本原则是:如连续两个校准周期都符合要求,可延长原周期的25%,最长为104周;反之,则将原周期缩短20%,但不少于4周;由于不可预计情况需要超过规定校准周期使用,应向计量机构提出请求,经计量主管人员审查批准,其延长期不得超过规定校准周期的10%。

(5) 校准规程

校准规程是计量人员进行操作的技术规范。该厂使用的校准规程,除了麦道公司成文的校准规程外,还有国家或工业部门的规程以及设备制造使用说明书。其内容包括所用设备和计量标准,计量标准所要求的参数、范围和准确度,被校准设备特征的容差,详细的操作方法等。

(6) 校准溯源

用于校准的计量标准(仪器)要经过国家或部门、地方政府的计量机构检定、校准(量值传递),即量值溯源到国家基准。除此以外的校准机构要经过麦道公司质量保证部门的审查批准并备案,正式列入批准的校准机构清册。

(7) 校准记录

麦道公司对检定记录的管理是严格的,不仅规定了检定记录所包括的内容,而且规定了检定记录的保存期限,一般的检定记录保管不少于两年,计量标准的检定记录则要求随计量标准一同保存至其全寿命再加两年。

(8) 超差情况的处理

当设备超过额定准确度的4倍或量值超过单向容差之半时,即为严重超差,当计量人员认为影响产品质量时,则要通知使用部门及其检验人员采取措施,直至追回由于设备超差所涉及的产品进行复测。

(9) 校准状态

被校准过的设备上,应贴有明显的校准过的标签。麦道公司共有10余种不同状态的标签。已校准合格的为橙色、超差停用的为红色、调校的设备为防止私自拆动的防窜标签为紫色、校准用的原始标准为蓝色、校准用的计量标准为绿色等,一目了然。

（10）计量系统的适应性

为保证校准质量,要定期组织对整个计量系统进行质量审核,以确认是否符合有关文件的各项要求。

（11）其他规定

包括对使用部门添置、移装、搬运、贮存和改装测量设备等控制要求,对供应商计量保证系统的控制要求等。

总之,上海飞机制造厂的计量保证系统均以成文的程序规定下来,内容多,涉及面广,其目的是保证全部计量工作的正确与完整。

4. 测量仪器设备复检数据系统（简称设备复检数据系统——ERDS）

麦道公司建立的 ERDS 系统是用计算机控制的设备（包括受控工装）定期校准系统。该系统实行动态管理,随时反映出各受控设备（计量器具）的检定状态。计算机输入内容包括:设备名称、型号规格、制造厂商、检定编号、使用部门、所在位置、复检周期、复检内容、计量标准、复检日期、校准状态等。

采用 3 种最基本的表格,一是记录计量标准的数据信息;二是记录被校设备数据信息（绿卡）;三是设备复检通知（黄卡）。

各使用部门设有 ERDS 联络员,负责本部门的设备定期送检。

ERDS 系统通过计算机管理把计量机构与各使用部门的 ERDS 联络员联系起来,形成网络,对设备实行有效控制。

5. 专用测量设备的校准

除了对常规通用性的测量仪器设备的量值进行检定（校准）外,麦道公司为确保生产产品的质量,对产品专用的生产测试设备（PTE）的准确性,专门成立校准设备（Calibration Equipment CE）室,配备相应的校准设备对 PTE 进行校准,其控制范围涉及产品的各个环节,从零件、部件到整机均在其列。

专用测试设备校准的量值传递线如图 5.3。

图 5.3 专用测试设备校准量值传递线

对专用测试设备的校准,对确保产品的性能和质量起到了直接的控制作用。这是上海飞机制造厂计量保证的最重要内容和特点所在。

6. 印章与合格证控制

为确保操作人员和检验人员素质,落实和追踪产品质量责任,麦道公司采用了培训上岗,持"印"操作的做法。规定凡是直接参加生产的工人、检验（试验）、计量人员和工艺计划人员,都必须经过严格的专业培训和考试,取得相应的证书,并有一枚有效印章。培训、考试的情况均建立完整的档案和保持制度。培训、考试不是一劳永逸的。培训的老师亦要取得资格。考试合格者的情况（如考试结果、发证日期、有效日期等）输入计算机,质保部据此对所有资格证进行控制。该厂对计量人员的管理是严格的,一切信息都在受控之中。

7. 计量质量审核

质量审核是对质量活动进行系统独立的检查,以确定其是否符合计划安排,从而确定计划是否得到有效执行,是否与预定的目的相适应。

上海飞机制造厂在质量审核工作中,有关对计量保证系统质量的审核占有重要位置,每次都是审核的重点对象。因此,计量部门规定了经常自查的制度,以保证系统的有效性。

据统计,在上海飞机制造厂生产民用飞机的二、三年内,经过工艺评审、质保体系考核、国外认可等各种检查达 13 次,平均每年 5 次。此外,工厂审计室每日还有不定期的抽查。在每次检查中,计量为先,其主要内容集中在溯源系统、精测设备、人员环境、资料(校准程序)等方面。

上海飞机制造厂质量保证体系的检查,其特点有二:一是要求体系完整,保持运转,做到程序化、规范化、制度化,严格按程序办事,定了的一定要做到。二是检查工作随机、动态、跟踪,不听汇报、不让陪同、不吃请、一切自费,做到客观公正。

上海飞机制造厂的质量体系对 MD-82 飞机的生产起到了重要作用。该厂认为,没有他们的质量体系,就没有 MD-82。

三、某研究所的计量保证模式实例

某研究所于 1984 年开始引进机载电子产品,1990 年 4 月完成了执行合同阶段的全部任务,使我国的机载电子产品上了一个台阶。工程在执行合同阶段,该研究所计量机构作为质量保证体系的一个重要环节,积极履行计量保证工作,为合同的顺利完成起到了促进作用。

该研究所的质量体系是通过质量保证手册(QAM-1000)来实现的。

质量保证手册是由引进工程卖方提供的质量保证专门技术。它叙述了卖方制订和使用的质量保证方针和程序,供买方在合同所涉及的所有工厂内执行,以形成一个有效的质量保证系统。

该研究所的质量保证手册(QAM-1000)是以卖方工厂内形成和实施的程序为基础,并从美国军用规范、标准和要求派生出来的,其引证文件是卖方的质量保证手册(QAM)和美军标 MIL-Q-9858A。为便于卖方按合同条款的规定进行活动,该手册已对卖方原来的程序作了少量的调整。手册(QAM-1000)的主要内容是:

1. 质量保证管理的目标和方针中明确规定了计量要求

该研究所的质量保证管理目标和方针一共有 9 条,其根本目的是从采购到贮存、制造和最终用户交付的所有生产阶段内,建立一个质量保证组织,对与生产过程有关的所有职能和活动进行监督以达到和保持所要求的产品质量。其中第 5 条和第 6 条明确规定,"为产品的技术和物理特性(技术状态)规定追踪和记录方法";"建立一个反馈系统,以收集产品在其整个寿命期内的数据。为消除故障,采取纠正和改进措施,应评定这些数据。"明确赋予了计量在质量保证管理目标和方针中的地位和作用。

2. 质量保证组织机构

　　该研究所的质量保证组织机构如图 5.4 所示,其主要任务是负责完成为确保制成品的质量所必需的各项工作。校准实验室是质量保证组织机构(见图 5.4)的组成部分。

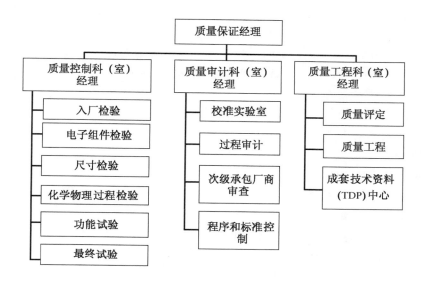

图 5.4　某研究所质量保证组织机构图

　　该研究所的质量保证组织机构由质量经理负责全部工作。按质量保证职能,质量保证组织包括三个科(室):

　　a) 质量工程(QE)科(室)

　　b) 质量审计科(室)

　　c) 质量控制(QC)科(室)

　　其中质量审计科(室)负责下列与计量、校准和监督其他活动有关的所有质量保证活动:

　　a) 校准控制组

　　负责管理"尺寸校准实验室"(DCL);

　　负责管理"物理校准实验室"(PCL);

　　负责执行"校准控制程序"(QPR-40)。

　　b) 过程审计组

　　c) 供应厂商/次承包厂商审查组

　　d) 程序和标准控制组

　　该组要定期审查与质量有关的程序和工作细则,以便确认其与工厂任务和方针的适应性和相容性。

　　3. 质量教育

　　a) 首先应为工作人员编制并贯彻一套广泛而有效的教育大纲。

　　b) 质量培训的对象不只限于质量保证人员,应包括从管理部门到车间的各级编制人员。

c）对要求专门技能的工艺和操作人员，必须按工艺规范要求的水平授权。

d）对培训大纲的受训人员，当完成相应培训科目，即应予以认可并发给培训证书。

e）质量审计科（室）应确保只有已授权的人员才能被指派从事相应的工作。

4. 质量保证程序

机载电子系统是由多种复杂的产品组成。为了确保所要求的高质量，实行全面、系统的质量保证程序。该研究所执行下列的质量保证程序：

QPR-10 技术状态控制程序

QPR-20 工程更改程序

QPR-25 文件控制程序

QPR-30 故障报告程序

QPR-35 MRB 工作程序

QPR-40 校准控制程序

QPR-50 质量控制程序

QPR-60 贮存、包装和交付控制程序

QPR-65 器材追踪程序

QPR-70 随行文件归档（ADF）程序

增补：

QPR-100 授证程序

QPR-110 授权程序

在该研究所的质量保证手册中明确规定"应十分重视和严格遵守上述程序"。

该研究所的质量保证程序树枝图如图 5.5 所示。

5. 校准控制程序（QPR-40）

该研究所校准控制程序（QPR-40）的政策依据是 MIL-STD-45662《校准系统要求》，该《要求》为全部测量和试验设备初始的和定期的校准提供了准则。校准控制程序（QPR-40）的主要控制要素如下：

a）范围

用于确定产品是否符合规定要求的所有测量和试验设备、仪器以及装置都必须定期地进行检查和校准。

用于整个工程的测量和试验设备、工具和量具都应当进行校准，以便保证优质生产必要的准确度。

用于设备校准的各种标准应当可追溯到国家计量标准。

该程序叙述了校准控制的措施，适用于由各个校准操作规范所规定的活动。

该程序由质量审计部门执行。

b）应用

该程序适用于下列实验室：

• 物理校准实验室（PCL）。该实验室通过对温度、湿度、压力与真空度、力矩、重量和力的物理测量设备进行校准来保障生产活动。

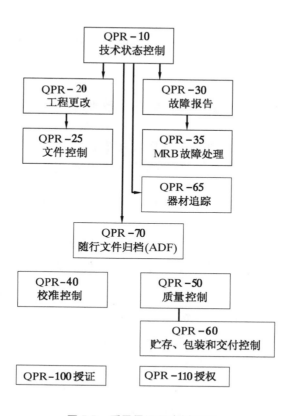

图 5.5　质量保证程序树枝图

• 尺寸校准实验室(DCL)。该实验室通过对长度测量、角度和水准测量及平面度测量领域内各种工具、量具的校准和精密的尺寸测量来保障生产活动。

• 专用设备校准实验室(CML)。该实验室通过对生产线上所使用的专用设备进行校准来保障生产活动。

c) 校准原则和方法

所有的测量设备均按工作计量标准或计量传递标准校准,而这些工作计量标准或计量传递标准又应依次按计量参考基准校准。计量参考基准则应由相当于国家的实验室进行校准并颁发证书。

应当保存各种记录,以便识别每台测量设备和计量标准,同时又便于列出每台设备的校准日期、测量和调整的情况。

记录应表明校准工作的溯源性。

每台测量和试验设备以及计量标准均应贴上校准标签,表明最近一次校准的日期、校准者的签署和下次校准日期。

使用测量和试验设备的部门负责监视预定的校准日期,并按时送回仪器和装置供校准。

测量、试验设备的仪器和装置不应由已超过有效期的计量标准来校准。

为有关实验室(PCL、DCL、CML)编写的校准操作规范应为用于校准的唯一有效文件。

校准操作应在可控制的环境中进行,以消除由温度、湿度、洁净度和振动引起的所有不良影响。

d) 校准周期

测量设备和计量标准应当定期进行校准,其校准周期根据用途和使用的繁重程度确定。

就校准间隔时间而言,确定了下列使用繁重程度:

频繁使用——经常使用并可能暴露在有害物质中的测量设备。绝大多数生产测试设备属于这一类。

一般使用——在正常条件下,例如在检验室使用或间断使用的测量设备。

很少使用——极少使用或经防护免于损坏的测量设备。

贮存——在校准周期内测量设备从未使用,并且存贮在被认可和监视的条件下。

除非在专用的工艺规范(PS)文件中另有要求,测量设备的校准间隔按使用的繁重程度规定如表 5.1 所示。

表 5.1　校准间隔控制表

设备类型	校准周期（月）			
	使用繁重程度			
	频繁	一般	很少	贮存
专用试验设备	6	9	12	24
专用试验设备的校准仪	6	9	12	24
标准电子测量设备	6	9	12	24
尺寸测量设备	6	9	12	使用前进行校准
物理测量设备	6	9	12	

在规定的间隔内,认为测量设备是可使用的。

设备的预定重校日期必须清楚地印在校准标签上,指明该设备的预定重校的年、月。例如:10/1986。

校准周期从完成校准之日算起,书面校准报告必须立即发出。

已被校准的设备应尽可能迅速地返回到有关的使用部门。

e) 记录

保持精确的校准记录能追踪设备的历史情况,能指出已超差或超过预定重校日期的仪器和设备,并为建立一个适应的预约送检制度和为今后购买设备收集资料提供依据。

记录应当提供关于遵守校准日期安排和保持设备或标准的准确度的客观证据。

记录还提供设备稳定度的历史情况。评价和利用这些历史情况,可为调整校准周期提供依据。

应对每台测量和试验设备以及每台计量标准提供并保存记录。

每个实验室应保存一份"实验室记录本",其格式见表5.2。

表5.2　实验室记录本

序号	实验室记录本							页号					
	设备接收时							校准后					
	接收日期	设备说明	制造厂商	标识号	量程	部门	存在故障	状　态			附注	发放日期	部门代表签名
								可使用	拒绝使用	限制使用			

每台测量或试验设备应有自己的仪器卡,其格式见表5.3。

表5.3　仪器卡

分类号:	设备名称:			制造厂商:			
顺序号:	测量范围或尺寸:		分辨力:	型号:			
部门:	规范号:			成套设备号:			
				校准周期:			
校准日期	接收时发现的故障	结　　果		状　　态			校准者姓名
		剩余误差（校准以后)		可使用	拒绝使用	限制	

f）校准报告

凡校准一台设备时,应填写新的校准报告。校准报告的标题部分应包括下列信息:校准日期、下次校准日期、检验类型(入厂验收,定期校准)、类型和型号、分类号、制造厂商、测量范围或规格、分辨力或精度、负责部门、有关的操作规范号。

校准报告应按有关校准操作规范的规定编写。

完成的校准报告应归档,供今后参考。

在每个校准操作规范的结尾都可以找到校准报告的举例。

g）仪器档案

仪器档案包括为该仪器编写的仪器卡和所有的校准报告。此档案将用作校准的历史记录。

h）校准状态标签

校准程序完成之后,应将下列标签之一贴在测量仪器表面或机壳上(无法贴在仪器表面时)。计量标签信息图见图5.6。

最近一次校准日期：
下次校准日期：

小标签

可使用
校准日期：
校准者：
下次校准日期：

“可使用”标签
正常标签

拒绝使用
校准者：
拒绝日期：

“拒绝使用”标签

限制使用
见所附偏差报告
校准日期：
校准者：
下次校准日期：

限制使用标签

图 5.6　计量标签信息图

• 可使用——黄色标签，表示仪器在规定的误差之内。

标签应包括校准日期、校准者签名、下次送检日期。

注意：当没有足够的部位可贴正常标签时，才使用小标签。

• 拒绝使用——鲜红色标签，表示仪器不满足技术指标要求，标签应包括仪器被拒绝的日期和校准者签名。

• 限制使用——白色标签，当一台仪器的量程，除较小的部分外，都处在误差范围之内，且没有可供代替的仪器时才可使用。

标签应包括校准日期、校准者签名并附一份表明偏差或限制的报告。

i）校准类型

• 入厂检验与初始校准：

工厂接收到的全部测量设备应按照相应的校准操作规范进行校准检验。

• 定期校准：

校准周期结束时，设备应当送回相应的校准实验室，按照有关的校准操作规范进行重新校准。

• 特别申请的校准：

除上述的定期校准之外，校准实验室有时也进行一些特别申请的校准。

这样做的目的是在怀疑、误用或有可疑的系统误差的情况下确保测量仪器的准确度。

j）预约送检制度

预约送检制度使校准实验室能按预定的日程表通知使用者，他们的测量设备何时进行重校。每个有效的校准实验室都必须建立这样一个预约送检制度，以便对工厂的测量设备的校准保持适当的控制。

预约送检制度要求在每次校准以后不断地修正仪器卡上的信息。

通常，预约送检制度要求将校准期已满足的每台仪器按月给有关使用部门发出通知。

主管测量或试验设备的部门,在收到校准实验室的预约送检通知后,负责把设备送到实验室校准。预约送检通知书的格式见表 5.4。

表 5.4　预约送检通知书

发往单位: 期满日期:				
序号	标识号和分类号	设备名称	制造厂商	仪器量程

实验室内应使用一本活页薄,用分隔板标出一年的 12 个月,每次校准以后,预约送检通知应归入相应的月份隔层中。

校准期满前一个月应通知负责部门,调回设备重校。

通知的副本应存入校准实验室,以便检查是否所有被调仪器确实送回重校。

k) 溯源性

实验室应能证实一台特定的仪器无论是已被国家标准在认可的周期内校准的,还是已按校准链中另一标准校准的,最终都得到由国家标准实验室进行校准的结果,具备了溯源性。

根据上述校准控制程序的规定,1991 年 8 月,该研究所按照 MIL-STD-45662 及其校准系统评定要求,结合我国的情况制订了"研究所计量质量保证要求",代替(Q/58616,3-1991),作为全所标准贯彻执行。该"要求"适用于产品研制、生产、安装全过程的计量保证工作。

6. 非标准测量设备的管理

该研究所生产全过程的非标准测量设备做到了全部受控,具体操作是:

非标准测量设备的表头,由相应的计量部门管理(包括检定、校准);组成系统后,由使用、设计、计量三个部门共同进行综合检定(校准),检定(校准)工作按设计、使用部门编写的规范执行,该规范由编写部门的主管批准,计量部门审核;检定(校准)合格的非标测量设备,由计量部门发合格证,贴标签。

7. 项目引进工作中的计量保证

在整个项目引进工作中,做到了必要的计量标准及测量设备同时引进,保证了生产全过程的需要。该研究所计量机构的技术人员从项目引进一开始就参加了仪器设备采购清单的审查,根据执行合同项目的需要,认真做好引进计量标准和测量设备的配套性、适宜性、先进性、溯源性和经济性的审查工作;设备到货后,按照技术规范要求,把住验收质量关。

四、HR 集团公司的计量保证模式实例

HR 集团公司(HRGC)是中德技术合作企业,专业生产德国开发和本公司自行设计

的电器产品。HRGC 的质量体系是根据德国公司《制造过程质量保证大纲》和 ISO 9001 质量体系——开发/设计、生产、安装和服务的质量保证模式的标准来确定的。其体系要素的要求规定在 HRGC 的质量保证手册中。

HRGC 质量保证手册对 20 条体系要素的要求所作的描述，均体现了对体系要素控制的程度，它要求把每一项与质量有关的活动按预先确定的程序来进行，以预防不利于质量的因素的发生，即使是存在着缺陷，也能及早发现，查明原因，以预防它的再发生，保证提供给用户的产品和服务达到确认的质量水平。

HRGC 质量保证手册是贯彻该公司质量方针、达到质量目标和履行质量义务的基本体系文件。是该公司家用电冰箱生产范围的质量大纲的最低限度要求。

（一）HRGC 的组织机构图（见图 5.7）

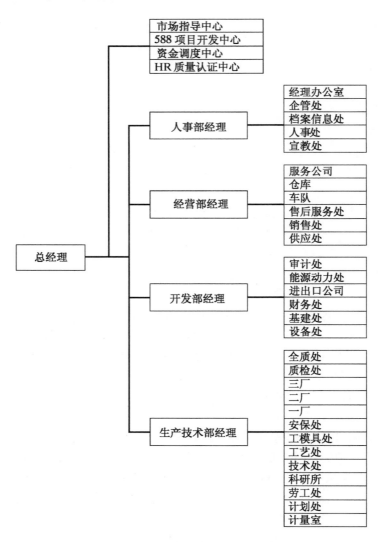

图 5.7　HRGC 的组织机构图

（二）质量体系的建立和运行

HRGC 的质量体系是通过质量保证手册来实现的,它要求适用于从产品开发、物质采购、生产制造、销售和售后服务的各个环节。质量体系要求各个业务部门的负责人采取各种措施履行质量保证手册所规定的要求,其中包括:

编写实施质量目标、活动的规程和细则的体系文件;

配备可以胜任的合格人员;

提供的设备,应包括合适的受控条件;

对从事与质量有影响的工作人员提供相应的培训和教育的书面材料。

为达到规定的质量水平,提供特殊控制、特殊工艺、试验、设备、工具和专用夹具(设备);

为质量的验证提供统计质量控制、检验、考核和试验的手段。

部门负责人每年要审核其组织机构和工作规定,以保证他们负责的机构和工作规程符合相应的质量保证手册要素的要求等。

（三）检验、测量和试验设备控制

a）HRGC 计量部门负责测量和试验设备,包括用于产品和部件质量接收认可手段的工具、样板、夹具的控制,以证明产品符合规定的要求。应建立符合以下要求的规程:

• 保证质量验证使用的所有器具,有合适的型号和准确度,以确保有效的质量控制。

• 对影响产品质量的所有检验、测量和试验设备以及器具,要使用规定的时间间隔或周期的设备进行确认、校准或调整。

• 设备的校准必须用与国家认可的标准有溯源关系的设备来实施。

• 无认可的标准时,应把校准用的依据写在文件上。

b）规定和执行的校准规程,它包括以下内容:设备型号、编号、场所、校准周期、方法、接收标准、计量员标记、保存校准记录。

c）为调整维护和校准周期,必须提供足以评价的记录。

d）当发现用于项目、材料、产品或元件的测量和试验设备超差时,要把此情况报告各有关负责人,并对以前的检验和试验结果的有效性进行审核,并加以记录。

e）检验、测量和试验设备,应带有合适的指示标记,以显示正常状态。

f）保证设备的校准有合适的环境条件。

g）保护检验、测量和试验设备,包括试验硬件和软件,防止因调整不正确而使校准定位失效。

h）当把试验硬件(如定位器、夹具、模板、模型)或试验软件作为合适的检验手段时,使用前应加以鉴定,以证明其能用于验证生产和安装过程中产品的可接收性。同样,它们必须符合校准撤销的制度。

i）保证检验、测量和试验设备在搬运、保养和贮存期间,其准确度和适用性保持完好。

j）保存检验、测量和试验设备的校准记录。

（四）计量质量记录

计量部门负责人应负责建立和执行有关计量工作的记录的标识、收集、编目、归档、存贮、保管和处理的规程;保存好各种计量质量记录,以证明达到质量要求及质量体系的有效运行。HRGC 的计量工作记录是多种的,除了检定、校准、维修记录外,还有开工前的自检记录、巡检记录和日日清工作记录等。

（五）内部质量审核

质量管理部门负责建立全面的书面审核制度,以验证开展的各种质量活动是否符合质量保证大纲的要求,以确定质量体系的有效性。

审核由具备资格的审核员独立进行,由审核小组长对小组的审核结果进行复审。审核小组长由公司质量经理签发资格证书。

审核工作应按书面程序、检查表或计划进行。

审核报告应包括审核中所发现的问题和采取的纠正措施。

审核报告要主送被审核部门负责人和各部门负责人,以便按纠正措施的要求实施整改。

（六）培训

计量部门负责人有责任制订和执行培训制度,明确责任要求。培训大纲应保证在所确定的岗位上获得最新的知识和技术,以保证这些人员符合所规定的要求。

培训内容和参加培训的人员由部门负责人提交宣教处,培训结束,应给予书面评价或必要的考核。

培训部门应对上述培训内容进行汇总,提出年度计划表和配备必要的资源,以书面形式向公司最高层领导申请批准。

培训记录应加以保存,并易于审核人员审阅。

（七）计量保证工作中的几个具体问题

a）HRGC 的计量机构是计量检测中心,在总工程师（质量经理）领导下工作。

b）HRGC 规定操作者在开工前必须自己检查使用的仪器,并填写记录（表格）。

c）计量器具按月制订周检计划（计算机管理）,并在使用现场进行重点抽查（10%）,规定抽查要 100%合格。

d）计量人员每天按计划下去巡检,各分工厂设有兼职计量人员,配合计量人员做好巡检工作。

e）有检定系统图,量值溯源到国家标准。

f）测量设备按 A、B、C 分类管理,并用标识区分。

g）工装按量具控制管理。

h）专用设备实行了控制,其检定是由计量部门进行（单参数控制）。

i）计量人员受教育程度要求中专以上,其培训由计量部门根据需要掌握。

j）计量岗位责任明确,各类人员都要做到日记录、日考核、天天清（填写日清工作记录,以此作为考核每个人的工作量并联系到奖金分配）。

（八）质量保证体系考核

HRGC 质量保证体系是由国际认证机构（第三方）按 ISO 9001 的质量保证模式考核认证的。自通过国际认证以来对其质量体系的检查和考核是频繁而严格的。国际认证机构每年要检查一次,时间不差 3 个月。公司的质量审计部门,一年要综合检查二次

（1月、7月）。公司的质保部门按制定的检查计划，每个月要检查三次。检查时通知被检查单位时间，但不告诉检查内容，由检查部门掌握。

HRGC 的基本做法（经验）是反复抓、抓反复，保证质保体系有效地运行，巩固质量体系成果。

五、结论

从以上所述的情况可以看出：

（1）从我国已经建立并行之有效的几个典型计量保证模式来看，不管它们的主要依据是美国航空局条例 FAR21 部 G 分部、还是美军标 MIL-STD-45662，或是德国公司《制造过程质量保证大纲》，其基本要求均与 ISO 9000 系列标准的要求是一致的。几个单位的计量保证模式，基本上是 ISO 9000 系列标准的支撑标准 ISO 10012-1 的体现，在一定的时间内仍是我国质量体系中计量保证的主要模式。至于 ISO 10012-2 国际标准，由于受技术的、经济的多方面因素制约，只能在部分领域试行，但 ISO 10012-2（测量过程控制）国际标准的基本思路在计量工作中要尽量贯彻。

（2）从上述几个对象来看，尽管它们的产品不同，但它们建立产品质量体系中的计量保证模式及其要素是基本相同的。在执行各自的标准中，除了保持原标准的主要原则和要求外，都结合自己的实际情况进行了适当的剪裁或调整，突出了自己的特点，不是简单地照搬执行。

（3）在对质量体系的考核、检查工作中，要求是严格的，做到了规范化、程序化和制度化，一切按程序办事。在质量体系的考核、检查中，计量保证方面的内容又是重要的和必不可少的。计量是产品质量体系的重要组成部分，在 ISO 9000 系列标准和其他国外标准中得到了证明。

（4）从上述事例与 GJB 5109 武器装备全寿命计量保障与过程控制的核心思想的比较中，可以看出相同的理念与要求，因而两者存在许多不谋而合之处，可以认为，它们是 GJB 5109 核心精神在工业部门的具体体现。

第五节 航空计量师制度的实施

计量在型号工程中如何发挥保证作用，计量怎样与型号工程有机结合？实践证明：在型号工程中开展计量保证工作，是计量在型号工程中发挥作用的最好方式。它不仅保证了计量器具的量值准确可靠，而且保证了型号工程从立项论证开始，到产品交付使用全过程的量值准确可靠。

开展型号工程中的计量保证工作，离不开型号计量师系统。可以说，型号计量师系统是开展型号计量保证工作一种有效的载体，也是 GJB 5109 所述的武器装备全寿命计量保障的贯彻与体现。这里，尤其是体现在设计、研制和生产的过程中，也为后续的使用、维护、维修过程中的计量保障提供了技术基础。

一、概述

（一）型号计量师系统的概念

型号计量师，是指具备计量测试专业知识，熟悉计量法规，能承担武器装备型号总体、系统和分系统，或单项设备研制和试验计量保证工作的负责人。根据承担武器装备型号任务的不同，型号计量师被分为总计量师、副总计量师、主任计量师、副主任计量师、主管计量师。由各级型号计量师组成的武器装备型号计量保证工作的系统，称为型号计量工作系统或型号计量师系统。

（二）建立型号计量师系统的必要性

在型号工程中建立型号计量师系统，实行型号计量师制度，实际上就是把计量的资源作为型号研制的资源，把计量保证作为型号研制的技术支持和质量保证的组成部分，通过计量与型号研制结合，确保型号工程的研制质量。

武器装备的性能和质量，是军队战斗力的重要保障，必须从武器装备研制开始，就确保质量第一和性能优良。武器装备研制工作，是个庞大的系统工程。其系统复杂、技术难度大、相关性极强；承担研制任务单位多跨系统、跨行业、跨地区、跨部门；型号系统总体的最优技术性能必须以各分系统的最佳配合为保证。这些特点决定了武器装备的计量保证工作，也具有系统工程的特点，不可能由一个计量技术机构完成，需要有总体考虑，有系统协调，发挥计量群体效应。型号计量师系统就是在这种条件下应运而生，其作用是传统的计量工作模式和量传系统不能比拟的。

（三）建立型号计量师系统的法规依据

由于型号计量师系统的显著作用，国防科工委历来高度重视此项工作，并下发了专门文件。1992年10月28日发布了《武器装备型号计量师工作规定》，其中明确规定：为实现军工产品研制、试验、生产、使用全过程计量保证与监督，确保量值准确一致，武器装备研制、试验设型号计量师。2000年2月29日发布了《国防科技工业计量监督管理暂行规定》（以下简称《暂行规定》），其中规定：武器装备重点型号设置的型号计量师系统（或称型号计量工作系统），负责重点型号的计量保证工作。

上述的这些计量法规的规定，为国防科技工业建立型号计量师系统提供了法规依据。

二、型号计量师系统的建立

在型号工程中设立型号计量师系统，始于20世纪80年代中后期。首先是航空工业在某型号工程开始试点，此后国防科技工业其他行业根据型号工程的需求，也相继建立了型号计量师系统，开展型号计量保证工作。

（一）型号计量师系统的设置

型号计量师系统如何设置，一直是型号计量保证工作在探索的问题。按照《武器装备型号计量师工作规定》的要求："总计量师由型号副总设计师兼任，主任计量师、主管计量师由相应的设计师兼任。型号计量师与型号设计师系统同时设置、同时任命"，"型号计量师接受武器装备研制行政指挥系统总指挥、武器装备研制设计师系统总设计师的领导。型号计量师在计量业务上对主管部门负责，同时对任命单位负责"。

为了适应新形势的要求，以及由于型号工程研制和指挥系统的多样性，在《暂行规定》中，对于型号计量师系统的设置模式未做统一的规定。

在型号工程计量保证的实践中，型号计量师系统的设置往往因型号工程不同而不同。根据已设立型号计量师系统的型号工程实践经验，型号计量师系统的设置可以考虑以下几种类型。

1. 设计师系统计量分系统

型号计量师系统设置在总设计师系统内,型号或工程研制总体设总计量师,由副总设计师兼任;型号分系统和研制单位设主任计量师或主管计量师,一般由副主任设计师或副主管设计师兼任,形成型号计量师系统或型号计量工作系统。实践经验表明,为便于计量保证的实施,在该系统中计量技术机构人员,适宜任副职,且不脱离设计师系统自成体系。

2. 总工程师系统计量分系统

型号计量师系统设置在总工程师系统内,型号或工程研制总体设总计量师,由副总工程师兼任;型号分系统和研制单位可根据情况设主任计量师或主管计量师,由副主任工程师或副主管工程师兼任,形成型号计量师系统或型号计量工作系统。

3. 质量师系统计量分系统

型号计量师系统设置在总质量师系统内,型号或工程研制总体可设总计量师,由副总质量师兼任;型号分系统和研制单位可根据情况设主任计量师或主管计量师,可以由副主任质量师或主管质量师兼任,形成型号计量师系统或型号计量工作系统。

（二）型号计量师系统的职责

计量师系统的主要任务是根据型号工程的战术技术指标,提出相应的计量保证要求和计量测试技术要求,并且通过主管部门下达国防计量技术机构实施。具体来讲,型号计量师系统的职责可包括以下内容:

（1）参与型号工程研制的方案论证,负责提出需要研制的计量器具和专用测试设备项目,并落实所需要的保障条件;

（2）在引进军工技术项目时,负责提出需要同时引进的计量测试设备和技术资料;

（3）负责提出型号工程需要保留的非法定计量单位,经主管部门报国防科工委审批;

（4）参与编制型号工程试验大纲或试验计划,负责组织编制其中的计量保证部分;

（5）负责签署型号工程研制、试验所需的无法检定、无法比对、无法校准的计量器具和专用测试设备准予使用的意见(必要时,可组织专家进行评审和确认);

（6）根据型号工程研制、试验要求,决定重新检定或校准在使用有效期内的计量器具和专用测试设备;

（7）负责审查型号工程研制、试验的关键计量测试数据,并签署意见;

（8）负责组织型号工程研制、试验中的计量复查工作;

（9）负责组织编制需随型号(产品)交付使用部门的全套计量技术文件;

（10）参与处理型号工程研制、试验中因量值不统一发生的计量纠纷。

（三）型号计量师系统的工作程序

根据几个重点型号计量师系统的实践经验,型号计量师系统工作程序可包括以下几个环节。

1. 成立型号计量师系统

型号工程根据自身管理的特点,成立型号计量师系统。无论是挂靠在哪个系统(总设计师系统、总工程师系统、总质量师系统),总计量师一般由型号主机所的副总师兼任,由主机所、主机厂和计量机构各派出一名技术主管任副总计量师,主要产品的承制厂、所计量负责人担任主任计量师,其他承制厂、所计量负责人担任主管计量师。

2.设立型号计量师系统办公室

型号计量师系统办公室的成员主要由主机所、主机厂和计量专业所各派出 1~2 人组成,负责型号计量师系统的日常工作;必要时,主要(重点)产品的承制厂、所派出联络员参加办公室的工作。

3.编制计量保证大纲

型号计量师系统成立伊始的主要工作是根据型号工程的特点编制适合本工程的计量保证大纲。

4.发挥计量保证作用

计量保证大纲确定后,各级计量师就要抓计量保证大纲的落实工作,如型号工程使用的计量器具、专用测试设备溯源链的确定,计量保证项目的立项、方案论证,项目实施等。

5.召开年度工作会议

型号计量师系统,每年至少要召开一次型号计量师系统工作会议,通报型号工程进展情况和遇到的问题,检查和总结型号计量师系统上一年度的工作,布置和落实下一年度的型号计量师的工作计划。有时由于型号工程的特殊性,一年可能召开多次型号计量师系统专题会议。

6.检查各承制单位的计量工作

型号计量师系统可根据型号工程不同阶段的特点,组织若干个计量工作检查组,对供货产品质量有问题的单位进行计量检查,帮助这些单位解决因计量保证不力引起的产品质量问题。

第六节　武器装备全寿命计量测试标准体系的建立

一、面向产品全寿命的计量模式(面向国防武器装备的保障模式)

在我国,面向产品全寿命的计量模式,是由军队提出的一种国防武器装备的全寿命计量保障模式。其基本目标是在武器装备的日常使用维护中,以计量校准手段确保其技术指标处于良好的战备状态,达到随时能用,每用必胜的要求。其后,为了提高计量效率,降低计量成本,确保其全部指标的可计量性以及指标参数计量的完备性,基于各条件因素的因果关系和可行性问题,逐步扩展成为武器装备全寿命周期的计量模式。型号计量师系统是该计量模式的一种有效实践和切实保障。

计量面向产品时,多数情况下都不是针对制造,而是针对结果,即针对产品的性能指标和参数。这种状况产生了很多问题。

(1)当产品的性能不断提高,以至于濒临材料、工艺、环境等各个方面的极限特性时,导致很难达到其预计性能指标,需要从产品的概念阶段就开始进行计量性论证,是否能确保这些性能指标在现有计量技术条件下有效溯源,若无溯源技术手段,则所提的性能指标不具有可实现性。

（2）这些超高的性能指标往往是在超出常规条件下才能获取的，需要进行过程条件控制，而这些控制条件需要过程计量技术措施予以保证。微纳米加工、制造等领域的问题很多属于该类问题。

（3）一些以量值服务为目标的产品、装置、设施等，其性能参数需要众多技术设施保证，而这些技术设施在岁月流逝中会随着条件的变化而变化，要实时控制和调整这些条件并关注其指标性参数的稳定性，需要过程计量措施予以保证。武器装备在该方面的表现极为突出。另有一些大型国防军工设施、试验台等，由于在设计研制时缺乏计量考虑，没有计量校准接口，使得其众多指标性能不具有可计量性，若不拆解装置，则无法施加激励和有效获取响应，使得其量值特性的计量溯源问题、准确度问题等均无法保证。

因而，产生了面向产品全寿命的计量模式。其主体思想是计量贯穿产品的概念阶段、预研阶段、设计阶段、试验阶段、制造阶段、使用维护阶段、报废阶段全寿命过程。面向产品全寿命周期的计量模式，其框图如图5.8所示。

它是对融入产品制造过程的计量模式的进一步拓展，其优点是对产品全寿命计量过程和特性进行总体设计，明确了不同阶段的计量要素要求。有利于及早发现计量问题。以免影响和制约产品质量。缺点是对于每一种类的武器装备，其全寿命计量模式均需进行专题研究，然后进行系统设计、试验、验证，以最终给出计量校准流程和解决方案。所面临的问题依然是该过程复杂繁琐，需要计量部门和武器装备的研制部门联合解决。表5.5表述了面向产品全寿命的计量模式的一种过程。

图5.8 武器装备全寿命的9个阶段

表5.5 面向产品全寿命的计量模式

产品生命阶段	全寿命计量运行模式	解决的问题
概念阶段	可计量性原则； 考虑所提指标性能在技术上是否已经可以计量和验证； 若不能计量验证，将无法证明指标是否达到	技术指标是否可以计量，过高的指标无法计量确认
预研阶段	可计量性试验； 以计量技术指标方式进行性能试验和验证	技术指标是否可以达到
设计阶段	可计量性设计；主要考虑所需全部性能是否预留计量校准接口	使用维护过程中可以有效计量溯源
试验阶段	可计量性验证；试验样机的设计指标和功能是否方便计量校准的试验验证	使用维护过程中可以有效计量溯源

表 5.5（续）

产品生命阶段	全寿命计量运行模式	解决的问题
定型阶段	可计量性确认;确认样机的设计指标和功能是否方便计量校准,并满足预期技术要求	确保使用维护过程中可以有效计量溯源
制造阶段	可计量性制造和保障; 产品的设计指标和功能是否获得计量保障	产品性能指标保证
交付阶段	可计量性示范及确认;确认产品的设计指标和功能是否方便计量校准,并满足预期技术要求	产品性能指标计量验证及计量确认
使用维护阶段	可计量性实施; 周期性计量校准	使用维护过程中可以有效计量溯源
报废阶段	从计量角度判定是否达到报废标准要求	报废技术判据

在概念阶段,注重可计量性原则,考虑所提指标性能是否可以计量和验证,若提得过高,不能计量溯源验证,则将无法证明指标是否达到;

在预研阶段,注重可计量性试验,试验验证所提指标性能是否可以在技术上达到,并经计量确认;

在设计阶段,需要进行可计量性设计,考虑所需性能是否预留计量校准接口,实现高效全自动计量校准,以便可以进行周期性的计量校准活动以及在保障质量的前提下降低计量成本;

在试验阶段,注重可计量性验证,主要考虑样机计量实践,确认其综合指标是否可行和获得验证,计量自动化程度及工作效率是否能满足实用要求;

在制造阶段,注重可计量性制造和保障,主要考虑如何保障最终产品性能指标;并经过计量确认;

在使用维护阶段,注重可计量性实施,主要考虑有效方便进行周期性计量校准以及快速计量保障;

在报废阶段,主要从指标降低、维护成本等方面考虑是否需要报废,并经计量定量确认。

在产品的整个全寿命周期中,为了保证产品的性能参数量值准确一致,实现测量溯源性和检测过程受控,确保产品始终处于良好的技术状态,需要在每个阶段对产品进行计量论证和计量保障。同时,计量论证和计量保障也有利于实现产品的成本控制,从而提高产品的经济效益。

计量保障是为保证装备性能参数的量值准确一致,实现测量溯源性和检测过程受控,确保装备始终处于良好技术状态,具备随时准确执行预定任务的能力,而进行的一系列管理和技术活动。计量保障的质量和效率直接影响到测试设备和装备的质量和使用效率。

随着科学技术和我国现代化建设的发展,要求提高测量准确度和可靠性的部门和领域日益增多,计量保障需求的多元化趋势日益突出,计量保障现状已不能满足目前的保障需要,产品对全寿命周期的计量论证和计量保障显得越来越重要。产品的全寿命周期计量需求在武器工业中体现得尤为明显。GJB 5109—2004《装备计量保障通用要求——检测和校准》明确规定了装备在"论证、研制、采购、试验、生产、使用、维修等阶段"检测和校准的要求,以实现为保证装备的性能参数量值准确一致所进行的全寿命计量保障。武器工业计量工作贯穿于装备预研、科研、试验、订购、使用、维修和退役等全过程,为装备建设提供计量监督、保障和服务,为装备的可测性和测试方法的研究,装备所需的校准测试设备的配置提供技术支撑;为装备全系统、全寿命管理提供准确可靠的测试数据,确保装备各种性能参数测量的准确可靠和量值统一。产品的全寿命周期计量需求在各行各业中逐步得到体现,例如公路全寿命周期碳排放量的计量。

产品全寿命计量检测服务是对产品设备从研制到退役全过程提供全方位的连续性计量检测服务。产品设备在研制生产过程中,是依据产品设备的总体技术指标完成的,经过检验合格后的产品提供相应的技术文件一并交付用户作为产品设备开始使用。使用产品设备一开始就必须形成同步保障能力即执行保障。对产品设备全过程、全方位连续性的保障不但是必要的,而且是必须的。计量保障狭义上讲是保证测量量值单位的统一和准确,保证测量设备的准确可靠,而广义的效果则是体现在产品设备的使用效能,即全方位保障效能上。

目前,面向产品全寿命计量服务模式面临的主要问题是,在产品设备"概念—预研—设计—试验—制造—使用—报废"的全寿命周期闭环过程中,计量工作参与到各环节的能力不均衡,突出表现为"中后强,前端弱"的特点,"前端弱"主要体现在论证决策阶段计量论证支持力度不够。例如在制造业中,计量工作主要作用应该是体现在生产过程中,但在现实情况下,计量工作成为产品设备建设闭环中的一个"短板"。

面向产品全寿命的计量模式的主要特点,是在产品的各个阶段中,每一阶段都要考虑本阶段的计量问题,否则将导致后续计量校准无法有效开展。其实质是在解决专用测试设备和设施的计量校准常态化问题,并在过程中逐步将其通用化。其优点是所涉及的产品能够获得优良的性能和质量保障。其缺点是需要产品的顶层计量设计,过程比较复杂,对设计要求较高。面临的问题是大家还没有从战略高度重视面向产品全寿命的计量问题。

二、融入制造产业的计量模式(适合于工业计量的产业模式)

融入制造产业的计量模式是一种适合于工业计量的产业模式,它是简单的面向量值的计量模式的深化和细化,是为了克服前者的缺点而进一步发展起来的。在面对复杂工序和复杂工件的加工制造中,例如螺旋桨叶片、发动机叶片等,以及超大型构件或微机电部件等,需要对多组加工条件进行精密控制,以保其加工质量和成品率,只对产品进行计量的简单模式,对提高产品质量和降低废品率没有贡献,只能对加工缺陷的调修进行指导,很难提高加工制造效率,无法适应现代化生产和制造的需求。由此,诞生了融入制造产业的计量产业化模式。

融入制造产业的计量产业化模式主要解决的问题仍然是产品和服务的质量问题,它是由产业本身的特征决定的。尽管通常人们提到产品和服务质量时,总是以一组定量的量值从各个方面进行描述和比较,但是决定这些量值结果的控制因素,往往存在于制造产业的生产过程之中。不对这些中间过程进行量值控制,将无法产出高质量的产品与服务,这也是计量融入制造产业的原动力和初衷。

生物工程本身是一个非常典型的事例,无论是基因工程的排序与重组,还是生物制剂的生产、培育和环境因素控制,都超出了人类自身感官控制所能达到的极限,必须以条件、量值等进行过程控制才能完成。超大规模集成电路制造、微纳米的微机电系统制造、发动机叶片等复杂形貌的机械构件制造等均有类似的问题。因而,计量融入产业和制造业是不以人们意志为转移的当代产业的急需。

实际上,产业化计量具有 3 个方面的特征,1)以更能体现量值质量的校准替代检定;2)融入生产与制造过程,并最终实现产品与服务的全寿命计量控制与管理;3)按照产业规律运营计量本身,从成本效益方面体现计量的价值和意义。

计量融入生产与制造过程,并实现过程计量控制将改变生产工艺流程,从而更加有利于自动化的现代化生产制造的实现,对于降低成本和提高效率具有极为重要的意义。图 5.9 为典型的机械加工工序流程图。

图 5.9　典型的机械加工工序流程图

它是以"制造＋检验"方式完成每一道工序流程的,被制造的工件在完成每一道工序之后,需要进行检验,以判定是否合格,合格者进入下一道工序,否则报废。

从图 5.9 可见,工件加工的上一个工序和下一个工序之间,并不直接连贯,需要嵌入一个检验工序,当检验"合格"后才允许进入下一道工序,它是保障加工质量的基本环节,同时导致工件的加工过程不连贯,即提高了成本,又无法实现自动化加工。很难提高效率和适应大规模复杂工件的现代化生产和制造。

计量融入制造业后,通过掌握制造过程中各个物理量值参数与产品量值指标参数之间的因果对应关系,以量值溯源手段对制造过程中的条件量值进行精密控制和实时调整,以便令生产出的产品和工件直接符合要求,其间将以对每一道工序的加工设备的量值计量校准和控制代替检验工序,使得按此方式加工出的工件必然合格,从而取消检验环节,形成如图 5.10 所示的工件加工工序。

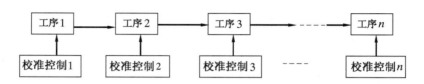

图 5.10　计量融入制造过程的典型机械加工工序流程图

从图 5.10 中可见,它将使得加工工序变得连贯,极易实现自动化加工,并且对于调整、合并、细分工序极为有利。将极大提高劳动生产率,极大提高加工控制精度。更加适应高效、复杂的现代化大规模生产和制造的需求。

与单纯的量值计量校准服务模式不同,融入生产制造过程的计量控制过程要复杂得多,首先,它不单纯是一个计量问题,还涉及制造工艺流程和条件控制模型问题,并且每一个产品或零件加工及要求的不同,均会导致其工艺条件要求的不同,并无先验知识,需要计量部门和生产制造部门联合开展研究予以解决,其后制定校准规范和工艺流程,寻找并确定合格判据,以确认条件参量的控制准确度和分辨力。最后,以计量手段对最终指标和参数进行计量校准,以保证产品的终极质量。由此可见,融入制造业的计量模式将调动起计量产业链中的几乎全部环节,遇到几乎所有问题。

融入制造产业的计量模式已不再是一种量值服务模式,它实质上是一种过程计量和过程控制模式,其优点是效率高、工艺流程简捷,适宜复杂产品和工艺的现代化大生产。例如,航空发动机的生产制造、直升机螺旋桨叶的生产制造,MEMS系统的生产制造,超大规模集成电路等的生产和制造以及生物制剂和化学制剂的生产和制造。其缺点是需要计量深度介入产品的制造过程,需要对产品制造过程中的控制条件量值及参数进行深入全面的研究,并重新制定合适的工艺流程。面临的问题是该工作的难度非常大,既缺乏研究成果,又与传统的制造业习惯做法相背离。首先,可望其在信息产业、信息电子、微纳米等新兴产业中得以实现,然后,再逐步过渡到传统制造业中。其次,可以在发动机等制造难度巨大且一直没能取得技术突破的领域内率先进行试点,将有望解决困扰我国发动机技术发展与进步的技术瓶颈问题。

实际上,工业计量的效果和价值主要体现在企业的生产过程中,而不仅仅是最后的指标参数评价与比较,因此工业计量也可以称为企业计量。经济贸易全球化和国际化要求国际贸易交往中计量必须具备等效性。计量在工业企业生产中起着基础性作用,一个企业的计量水平决定了其产品技术水平和质量控制能力。因此,计量检测水平高低已经成为衡量企业市场竞争能力的重要因素。

融入制造业的计量,其特征是以制造过程中的量值控制为标志,其优点是高效率和全自动加工制造,能完成其他方式所无法胜任的工作,面临的主要问题是缺乏相应的产业计量研究与设计,对制造业要求非常高,需要在产业链中加入计量产业链环节。

工业生产中,离不开定量和定性分析这两个方面。计量是研究量的规律性的科学,质量的变化是通过数量来表达和决定的生产活动的全过程,从原材料到成品,包括燃料和动力的消耗,都有各种参数的计量要求,计量工作就是从技术上保证生产活动的正常进行,并达到规定的质量要求,同时以最低的消耗取得最大的经济效益。计量技术的保障作用,首先是要保障量值的统一。计量要为生产活动提供科学的数据和信息,组织和管理好现代生产活动,一切都要靠数据说话。计量的最终产品是数据和信息。如果在一个企业里,计量不能提供生产活动各环节的各种正确的数据信息,那也就谈不上这个企业产品的质量、能源的节约,以及科学管理和经济核算。

第六章 大型军工专用系统中计量测试标准的贯彻

第一节 概　　述

大型军工专用系统是一个宽泛的概念,从本质上并无严格的定义,一般是指那些专门用于武器装备的研制、试验、生产、使用维护、维修等方面的被专门设计研制和构建的、具有专门用途的设备、设施和系统。其特点是,它们由于是为专门的目的而特别研制与构建的,因而不属于通用设备与系统,往往是独一无二的,或者仅有极少数类似系统,导致通常并无统一的标准与概念,属于非标准系统。对于如何设计、使用、维护、构建以及计量校准等,往往缺乏系统、全面、细致、深入的研究与考虑。因此,其维护、构建、以及计量校准往往比较困难,尤其缺乏可计量性理念时更是如此。其次,这类系统通常需要伴随大型基础设备和设施而共同工作,常常导致其体积庞大、功能与结构复杂,不易搬动、拆装,无法整体运送到计量部门进行量值溯源与校准,只能在现场进行原位或在线计量校准。第三,这类系统往往具有多种指标和参量,多种物理量、多量程、多参数,且要与现场被校准的武器装备交互工作,更加增大了其计量校准的难度,在客观上也要求对其进行现场计量校准。另外,恰恰是这种多物理量、多参量、多量程的大型军工专用系统的特征,导致没有合适的计量检定规程和计量校准规范可以直接适用于该类系统。其跨学科、跨专业的综合特征,也使得制定这类系统的计量校准规范变得极为困难。不仅如此,即使应用现有的计量检定规程和计量校准规范,也面临技术指标参数的要求取舍问题。导致该类系统计量校准的难度极大。第四,这类系统在设计、研制和建造时,往往缺乏可计量性的技术考虑,没有预留合适的计量接口,导致它们工作时产生的一些物理量值以及测量结果无法轻易引入和引出。因此,相应的物理量值无法进行计量校准。而从这些系统中拆下相应的仪器设备进行计量校准后,会导致系统重新安装和调试问题,不但破坏了系统工作状态的完整性,还会导致系统的损毁和工作异常。而拆装进行部件的计量校准本身将造成较长时间系统无法正常工作。不仅计量校准的意义和价值大打折扣,其时间成本和经济成本往往难以令人承受。

大型军工专用系统的构建,往往是针对武器装备或其零部件进行试验、维护、验证、生产和使用进行的。因而,它所提供的环境状态和所获得的数据量值,是该类系统的真正价值所在。通过这些量值,人们才能正确评估被测试和试验的武器装备的性能和技术状态。这些量值若不准确可靠,人们将无法判断与评估武器装备的性能与状态,这些大型军工专用系统存在的价值和意义就没有了。因而,大型军工专用系统所提供的量值是其真正的灵魂所在,这些量值的计量溯源,无疑是其最为紧迫的客观需求。而只有通过计量校准,才能唯一真正地保证其所提供的各种物理量值的准确可靠。

在武器装备全寿命周期的计量保障要求里,人们首先对其订购与验收提出了明确的计量校准要求,以计量校准作为对其性能和参数以及使用效果进行定量评估的唯一手段和最后手段,对不能有效计量校准的武器装备,不能予以订购,由此将推动和完善武器装备在各个阶段的计量要求。

第二节　航空大型军工专用系统

一、引言

飞行器可以被看作一个技术生命系统,通过提供对飞行的控制,对发动机、燃油、电气、环境与应急能源等的控制,使得一个具有气动力外形的结构能够成为一架有生息的飞行器,并具备完成各项使命的能力。

在航空系统中,大型专用系统通常指对飞行器总体或关键部件进行系统性试验、验证,以确定其极限参数、工作性能,并保证其性能指标的试验、维护、维修等系统和设施。在飞行器生命不同的阶段,有不同种类的大型专用系统。例如,在设计研制阶段有风洞、结构强度试验台、飞行品质模拟试验台、飞行控制系统试验台、发动机试车台、电网模拟试验台、燃油系统模拟试验台、液压系统模拟试验台、环控系统模拟试验台、航空电子综合模拟试验台、进气道调节系统模拟试验台、座舱照明模拟试验台等等。

大型专用系统的计量保障,主要是指这些大型试验系统和设施产生的各种物理量值的现场、原位、综合计量保障。涉及准确度、溯源性、参量的极限值等等。包括其使用的各种仪器设备自身的溯源性保障。

在航空产品的研发生产历程中,大量专用测试设备、试验台、试验装置发挥着重要的保障作用。特别是一些承担着产品设计验证、性能验证任务的大型试验设施以及为确切评价产品性能状态而开展的综合性试验验证活动,其工作状态及性能直接关系着产品质量的评价,对这些试验设施及试验活动的计量保障与评价,成为航空产品质量保证工作的重要一环,是一项重要的基础工作。

自 20 世纪 90 年代开始,西方国家的民机计量校准已从传统的实验室量值传递向航空产品研制流程全面融入、向推行可计量性设计的方向发展。尤其是对大型综合试验系统和专用检测设备的控制与管理,已把其作为过程控制的关键环节之一。以波音、空客等公司为代表,西方发达国家的民机企业都逐步建立了较为完善的量值保证体系。对民机产品全寿命过程控制中涉及的非标设备、重大试验设施和综合试验系统的量值开展监督认证管理详细规定了计量校准保障工作的模式和流程,形成了完整的计量保证网络系统。在适航方面形成了相当规范、成熟的体系。为了体现适航审定的法制性、准确性和公平性,在民机进行适航审定的各项试验中,对数据的准确度要求很高,对各种参数溯源考查非常严格,适航审定过程中的计量校准技术成为民机发展中重要的环节,各项具有明显适航试验特点的计量校准工作广泛开展,体现了航空计量作为适航工作的一个基础支撑作用。

中国航空计量校准保障体系主要借鉴了民机转包生产的西方经验,在 MD 系列飞机生产过程的计量保证工作基础上初步建立了飞机生产计量保障体系,通过民机转包和技术引进等形式,结合飞机研制特点,在民机生产中开展了一些基础性研究工作,而针对民机研制过程中的非标测试设备、综合性试验系统的计量校准技术体系和管理体系还不完善。

"科技要发展,计量须先行",航空计量面临的首要任务是航空产品的质量和性能。针对航空产品的设计、研制、维修、维护、使用等,开展计量校准研究,解决航空产品的计量校准问题,确保研制过程中产品参数测得到、测得准、测得可靠,完善产品量值溯源、传递体系,满足产品互换性、经济性、安全性和适航审定的需要。其中,针对各种大型试验设施、专用测试设备、校准装置、计量标准器具的研究、建立,并开展量值溯源与传递,具有非常大的技术挑战性,也是各航空发达国家不断完善和研究的重点。

二、大型试验系统及综合试验的计量保障是航空产品质量的重要基础

可以认为,飞机等航空器的总体性能和主要性能都是通过大型试验设施和综合试验系统进行测量、试验、调试和保障的。涉及飞行性能、安全性、经济性、可靠性、寿命等各个方面的性能指标,因而成为航空产品质量的技术基础。

这些大型试验设施和综合试验系统,系统庞大、参数众多、环境复杂、影响因素众多。因而其给出的测量数据和结果具有众多的不确定性。加之该类系统和设施搬迁困难,通常不属于通用计量校准设备,计量法规缺乏,且无法送到上级计量部门进行计量,只能在工业现场进行计量溯源,增大了技术挑战性。

试验技术的发展,使得被测参数量值不断突破仪器设备性能极限,向量程的高、低两端延伸,对所获得数据的可靠性和可信性要求不断提高,测量方法中与量值传递相关的因素日益得到重视,量值的准确度与量传手段的密切关系在试验结果评价过程中逐渐清晰。同时,测试过程出现了新趋势,被测参数由单一参数发展为综合参数,由静态特性发展到动态特性,由成品检验发展到生产过程的在线测控和现场校准。相应的量值传递方式需要进一步发展和适应。需要不断研究新的计量校准方式和方法,建立新的计量标准和校准手段,制定新型法规和标准。

三、大型试验设施与综合试验的内容与种类

在飞机设计、研制的各个阶段中,设计数据的获得、评价、使用、验证依赖于大量的试验活动,特别是飞机设计初期的设计原理试验,大量实验数据的分析,是保证设计工作方向正确、设计参数选用合理的重要基础工作,与其相关的大量试验技术、试验装备,不仅受到试验人员的关注,也得到了设计人员的高度重视。测试数据的获取途径、手段以及测试过程的质量保证手段,直接影响着设计活动的成败。

一般而言,在飞机设计中开展的大型试验测试活动,包括飞机的总体设计,主要是在气动力设计过程中进行的风洞试验,也包括在飞机系统设计中的原理性验证试验,如飞行控制系统、发动机系统、液压系统、燃油系统、机载航空电子系统、机载武器系统等的验证试验,这些试验活动,是修正设计计算经验公式的依据,也是确定合理参数目标的基本手段,在飞机设计活动中具有重要的意义。

例如风洞试验,在飞机的气动力设计中占有极其重要的地位,它是认识气动力流动机理,进行气动力分析、获得可供设计使用的气动力原始数据的重要手段。由于通过模型试验获得的数据更为直接和真实,因此其作用是数值模拟计算无法替代的。飞机设计部门应用的气动力原始数据绝大部分是取自风洞试验的结果。有关资料表明,在原北美航空公司为美空军研制超声速战略轰炸机原型机 XB-70 过程中,其累计风洞试验

小时数达 14 000 h,先后使用 14 座不同的风洞,在全部风洞试验中,45％是性能、稳定性、操纵性试验,35％是空气引射系统试验,20％是振动和颤振试验。国内外的飞机气动力研究及设计部门都十分重视风洞试验这一手段,在风洞试验设施、试验技术、测试设备等方面不断研究发展。

与风洞试验相类似的还有针对飞机系统设计活动开展的各类原理性设计验证试验以及产品性能验证试验,这些试验大多都依赖于大型试验设施进行,普遍具有试验系统复杂、测试参数多、准备周期和试验周期长、数据采集量与分析工作量大的特点。

一般说来,飞机产品的设计验证试验通常包括地面试验和飞行试验两大类,地面试验包括全机测力风洞试验、测压风洞试验、铰链力矩风洞试验、动导数风洞试验、流谱观察风洞试验、进气道风动试验、模型自由飞试验、仿真实验、应急撤离试验、静力试验、地面落震试验、疲劳试验、整体油箱试验、全机共振试验、系统模拟试验、光弹试验、损伤容限试验、前起落架摆阵试验、刚度试验等众多项目,这些试验项目一方面验证设计目标的可行性和设计效果,另一方面也为飞机的飞行验证试验奠定保障基础,为最终实现安全的飞行提供数据支持和技术保证。

民用飞机产品因应适航的要求,在突出安全性的前提下,对试验的方法、数据的可靠性验证等更加注重技术的成熟度要求,强调规范性和可重复性,在飞行试验中也更突出对安全性的审核与验证,其相关飞行试验包括的种类和科目相较地面试验则更多,主要包括:

(1) 空气动力学和飞行力学试飞;

(2) 推进和燃油系统试飞;

(3) 飞行管理和航空电子系统试飞;

(4) 机械、冷气、液压和电气系统试飞;

(5) 其他类型试飞。

相对于民用航空产品,军用航空产品则更倾向于技术与性能的先进性,对专有技术的使用与民机存在较大的不同,不仅表现在飞机系统的功能设置方面可能存在较大的差异,在试验验证过程中也有较大的差别。如一方面存在军用装备特有的具有军事用途的飞机系统,火控、制导、敌我识别、投放等系统,另一方面还需要因应作战使用的要求验证其全天候、全空域的应对复杂环境的飞行能力等。其地面试验与飞行试验的内容远远超出民用飞机验证试验的科目数量。

四、大型设施与综合试验计量保障涉及的技术领域

针对飞机设计、研制以及生产、使用维护等过程中应用的各种综合性试验设施、试验装备系统以及各种试验测试活动开展的计量校准工作,包括研究计量校准方法、研制计量标准器具、建立计量标准装置、开展专用测试设备校准以及实施试验现场计量保障等内容,涉及从飞机产品设计直至产品交付后维护保障的每一个技术保障环节,形式上可归为两类。

1. 计量校准方法研究与计量标准研制

与一般计量校准不同,飞机设计中的原理验证试验和系统性能试验的计量工作所面对的服务对象多为系统庞大、组合件多、技术复杂、质量可靠性要求非常高的试验系

统或大型试验设施。对计量校准的水平和能力要求更高。

计量校准技术研发的主要目标大致可以分为两类：

第一类是针对大型试验设备开展校准技术研究。主要是针对产品重大试验,研究大型试验的计量校准设备、测试系统的校准设备、校准方法和量值溯源,确保其量值准确。包括研究实验模型的溯源性,从实验模型入手,结合数学手段,进行实验数据的分析和拓展,对试验系统给出单参数校准要求和多参数综合溯源性评价的技术要求,从技术和管理两方面形成针对大型综合试验系统、设施的校准和评价通用规范,指导编制专用测试设备校准规范。其中,比较典型的如:发动机试车台及试验器、飞机整体强度试验系统、飞行品质模拟台、飞控试验台、环控试验台和其他大型试验测试设备等的测试校准技术研究。

第二类是开展非标、专测设备、专用装备的测试校准技术研究。主要针对机载电子设备、飞机装机配套设备等航空产品及相关非标准化设备、专测设备、专用装备开展的校准研究,建立针对非标设备、专测设备、专用装备的计量校准手段。包括研究通用校准规范,对传感器和二次仪表的现场校准或实验室校准等进行规范,对测试信号传输线路等因素可能引起的量值不确定影响开展分析研究,不断改进校准方法与校准程序。并按产品序列编制专测设备的清单和校准设备清单,制定专测设备的校准规范,建立适用的计量标准器具,保证专测设备的溯源性,以支持全面质量管理的落实。

2. 现场计量校准

现代航空技术的发展,飞机性能日益提升,产品性能日趋复杂,不断向高速、高空等飞行领域迈进的同时,伴随着更加安全、环保和更为经济、舒适的要求,各种新的原理试验和产品性能验证试验项目不断增多。在相关航空产品研制和航空科学理论研究中越来越多的试验研究工作,包括基础研究、实验探索、预先研制、工程发展等等,依赖于测试方法的不断更新发展,依赖于计量校准手段的支撑保障。特别是面对复杂试验现场,多参数的综合计量校准要求愈显突出。

飞机总体设计试验验证中的典型的现场计量校准保障任务包括：

a) 气动试验,主要是指风洞试验系统。

b) 结构强度试验,主要指飞机全静力及疲劳试验系统。

c) 振动环境模拟试验,所服务的对象较多且杂。可用于发动机、起落架等众多关键部件。

d) 气候环境模拟试验,主要指通过地面试验系统模拟各种温度、湿度、高度条件,甚至温度冲击、爆炸环境空间、真空及盐雾等。

e) 电磁环境模拟试验,主要有:全机电磁兼容性模拟试验、全机电子对抗性模拟试验、全机隐身特性模拟试验等。

鉴定航空产品总体性能水平与开展设计理论研究,无不依赖于大型试验设施和对测量所得的大量数据进行科学分析。在国外,对于长期积累形成的用于设计参照的试验数据是不公开的,各国都将这些数据视为宝贵的财富,企业视之为核心技术秘密,并成为企业核心竞争力的重要组成部分,作为商业秘密,一般也不可能进入公开的技术发布渠道或与同行共享。对于民族工业的发展来说,没有长期的试验数据积累,就根本谈不上自主创新，也就不可能形成的独立产品研发与服务保障技术体系，难以实现与发达国家技术先进企业的平等竞争。

五、发展趋势分析

由于大型试验设施是瞄准飞行器总体性能试验而建造的，人们力求测量完备彻底，激励完全覆盖被测对象，因此，通常造成大型试验设施系统庞大、复杂、物理量众多、参数众多，产生的物理量和物理过程逼近极限参量，少则几十数百，多则成千上万数据通道，并且具有多种量值同步配合、密切相关等特征，通常自动加载和自动卸载，按照设定的激励响应谱自动协调工作。因而为整个设施的计量校准提出了特别的挑战。要求计量校准系统具有多通道、同步、快速激励响应能力，可实现现场多参量全自动校准，自动化程度高且便携性良好，在某些需要的情况下能够与被校大型试验设施按要求互动，在任何技术条件下均可以执行计量校准。未来的发展趋势尤其如此。

因而，可接入多种传感器的拥有众多通道测量能力的高速数据采集系统倍受关注，将是解决该类设施中各种信号及物理过程校准的最佳方案。而可产生各种形式的信号波形的任意波发生器系统将为未来该类大型试验设施的自动化激励做出突出的贡献。

在民用飞机的发展中，随着飞行安全意识的不断提高，民用航空适航审定管理活动日渐深入完善，针对民用航空产品的初始适航监管和持续适航管理分别侧重于航空产品的研发制造过程和使用维护过程，突出对产品与服务质量的安全可靠性要求，注重技术手段的可靠性和数据的可溯源性，以避免人为因素可能导致的飞行安全不确定因素，对设计验证试验、产品性能试验、飞行试验等重大试验环节都逐步建立起严密、科学的审核监督机制。

在军用航空武器装备的发展中，随着科学技术和武器装备技术的发展，战争模式的变化伴随着作战保障模式的变革，对装备后勤保障的需求已经逐步由传统的故障维修保障转变为装备寿命期的健康监测与预先保障，各种机内测试技术、模块化的自动测试系统与作战装备同步生成、同步装备部队，提出了军用装备产品可测试、可计量的特性需求，其主导意识是发展出极限特性，打赢战争。

伴随着航空运输业和飞机维修保障技术的发展，无论是军用飞机还是民用飞机的维修保障，在经历了定期维修思想和实践阶段后，逐步按照视情维修的理念，依靠先进的检测手段，通过日常性的对飞机健康状态进行监测，按照维修指导小组的指导意见开展视情维修，以节约维修成本，提高运营效率或战场出动率。实现视情维修的基础在于大量、适用的现场检测技术能够支撑飞行过程中和飞行场站现场的机体健康检测要求，为此不断开发并为现场保障提供集成度更高、功能综合化程度更强的综合检测技术及现场校准手段，成为保障飞机具备安全飞行能力的重要的工作之一。

总体说来，人们对于这类大型试验设施和综合系统具有以下发展方面的需求。

1. 通用化需求

武器装备大型试验设施和综合测试系统通用化包括系统内的通用化和系统间的通用化。为了适应武器装备先进军事技术的运用及其特殊技术要求，研制武器装备专用测试设备是不可避免的，在武器装备综合测试技术发展初期，不仅我国，包括美国在内的许多军事技术发达国家，研制了大量的专用测试设备，由于各型号武器装备的专用测试设备和专用综合测试系统之间不能实现技术共享和互操作,使得这些专用测试设备和专用综合测试系统在从研制到应用、维护和计量保障的各个阶段,都需要投入大量的人力、物力和财力。在不同武器装备综合测试系统的研制过程中做了很多重复性工作,造成资源的严重浪费。操作人员在使用不同的武器装备综合测试系统时,都需要经过繁杂的技术培训,增加了对使用方操作人员的专业技术能力要求。由于其专用性设计,生产批量小,在系统维护过程中,如若原研制单位不再生产同一类型产品,其备件的获取极为困难,使得最终维护成本很高。同时,为满足其计量校准要求,需要研制专用校准设备、专用校准程序与之相对应,增加了计量校准的难度和成本。因此,在未来武器装备综合测试系统研制过程中,应尽量减少专用测试设备和专用综合测试系统的研制和应用,尽最大可能实现武器装备综合测试系统的通用性、互操作性和技术共享,不仅有利于缩短研发周期、降低研发成本、提高利用率、便于计量保障和后期维护,同时有利于武器装备综合测试技术的可持续健康发展。

2. 标准化需求

武器装备综合测试系统的研制急需建立一套技术标准进行规范和统一,包括系统内的标准化和系统间的标准化。目前,各单位研制的武器装备综合测试系统自成体系,从总体方案、技术体制、系统软硬件、测试接口、测试方法、校准规范等各个方面都缺少规范化和标准的统一性,不仅研制周期长、成本高,而且由于不同厂家研制、生产的软硬件产品互不兼容,使得系统的功能转换和升级变得极为困难。另外在维护过程中,还需要熟悉其研制过程的专业技术人员对其进行系统维护,需要研制专用校准设备、校准程序对其进行校准,使得系统维护、计量保障的成本和难度增加。

3. 模块化需求

武器装备综合测试系统模块化包括硬件模块化和软件模块化。武器装备综合测试系统都有一个性能良好的测控计算机,能够很好地完成信息融合、过程控制和数据处理,因此在很多情况下,武器装备综合测试系统所需要的硬件设备并不是独立的台式仪器,而是嵌入式硬件功能模块。嵌入式硬件功能模块能够很容易融入武器装备综合测试系统,完成信号的采集、测量和调理,并将测试信息通过仪器总线输送到测控计算机,然后在测控计算机内通过各软件功能模块实现各种信息的分析、处理以及输出。武器装备综合测试系统可以看作是多种软硬件功能模块的集成,通过各个功能模块的借用和重复使用能够有效降低体积和成本。同时,增强硬件功能模块的本机测试和保障能力,便于故障定位与排除。模块化的武器装备综合测试系统更便于维护、升级和功能转换。

4. 系列化需求

不同武器装备综合测试系统对各项技术指标和测试功能的要求不同,如频率范围和动态范围等等,一个功能模块很难全覆盖,只有通过功能模块系列化来实现。当已有功能模块不能满足系统要求时,我们无需从头再来,只需要集中精力研发需要扩展的那部分功能即可。功能模块系列化有利于技术积累和产品形成,能够对武器装备综合测试系统的测试能力提供重要保障,有效缩短武器装备综合测试系统的研制时间,节省研制成本。

5. 网络化需求

随着各项先进军事技术的综合运用,武器装备变得更为复杂与庞大,有时甚至易地分布,网络化的武器装备综合测试系统则可以实现分布式测试,使测试模块尽可能靠近被测对象,缩短测试路径的电缆连接,降低测试信号在传输过程的损耗和受影响的可能,提高测试准确性。同时,通过网络接口的简单连接与断开,可以实现武器装备综合测试系统的快速布设与撤收,有效提高工作效率。另外,网络化的武器装备综合测试系统可以实现远程测试,非常适用于一些需要人机隔离的测试项目。总之,网络化综合测试系统具有资源共享、集中管理、分布测量和处理、功能多样化和操作便捷等特点。

6. 开放化需求

武器装备综合测试系统开放化设计包括硬件开放化设计和软件开放化设计。开放化设计是指公开全部功能、性能及激励响应规则,通过标准化接口将软硬件功能模块方便地集成到已有武器装备综合测试系统中,实现武器装备综合测试系统的功能扩展、升级和重构。开放化设计是引入新技术、缩短开发周期、降低研发成本的有效途径。在传统武器装备综合测试系统中,由于局限于专用性设计,其开放性非常有限,造成系统功能扩展和升级十分困难,更不用说系统重构。

7. 自动化需求

武器装备综合测试系统组成复杂、参数众多、精度高、量程宽,在武器装备综合测试系统进行测试的过程中,应尽力降低人员参与,提高其自动化程度。这不仅有利于提高测试效率,还能够有效降低对操作人员的专业能力要求(需熟悉测试原理和测试方法),减小工作强度,降低操作人员引入的测量误差,提高测试的准确性和可靠性。

8. 智能化需求

武器装备综合测试系统组成复杂,集成了众多的功能模块,测控计算机对接入的功能模块应能够自动识别并进行智能化管理,以提高测试效率、保证测试质量,同时能够对故障进行自动识别与隔离。另外,武器装备综合测试系统测试项目众多,要求其对测试过程进行智能化控制,对测试数据和测试结果进行智能化管理,同时具有友好的人机交互界面,简单直接,易于操作人员掌握和应用。

9. 保密需求

武器装备综合测试系统的测试数据存储在测控计算机内,一般都属于秘密资料,部分关键数据甚至是机密级和绝密级的,对这些测试数据必须进行严格保护。目前,武器装备综合测试系统一般都是采用工控机作为测控计算机,其主机及显示器体积较大,与测试设备共同安装在大型机柜中,很难拆卸,不仅不便于测试数据保护,同时不利于降低武器装备综合测试系统的体积和重量,不利于提高系统集成度。采用便携式计算机则可以解决以上问题,运用武器装备综合测试系统进行测试时,便携式计算机通过标准接口与武器装备综合测试系统进行快速可靠连接,从而实现测试过程的控制、测试数据的处理和测试结果的输出,完成测试后,便携式计算机与武器装备综合测试系统断开连接,通过对便携式计算机的特殊保管实现对测试数据的保密管理。

10. 计量保障需求

武器装备综合测试系统通过计量保障实现其量值溯源、能力评定和参数标定,是完成准确测试、保证武器装备实际性能指标的重要手段,在保障武器系统综合战斗力方面起着重要作用。

武器装备综合测试系统计量保障的主要内容包括:研制校准设备和标准;制定校准程序;确定计量校准周期及技术培训的具体要求。为缩短实现计量校准所需的时间成本,减少资金投入,保证计量效果,需要对计量校准的软硬件进行规范化和标准化,对计量校准过程和周期进行合理规定。武器装备综合测试系统在设计时应充分考虑其可校准性,给出合理有效的校准方法,软件程序方面也要给出其校准接口,以便实现自动化校准。进行武器装备综合测试系统计量校准时,如果某些组成模块或设备不便于进行拆卸,或者是便于拆卸,但拆卸过程中可能改变其工作状态,影响其工作特性,或者是其在武器装备综合测试系统中经过转接输出,拆卸后其计量特性不能反映武器装备综合测试系统的计量特性时,需要对武器装备综合测试系统进行原位系统校准。对于其他相对独立的组成模块或设备则可以进行离位校准。

11. 可靠性及环境适应性需求

武器装备综合测试系统对可靠性及环境适应性有着更为严格的要求,同时要求其体积小、重量轻、抗干扰、机动性强,能够满足机动测试的需要,具备适应未来战场的环境适应能力。

六、未来武器装备综合测试系统构想

根据武器装备综合测试系统的特点及其发展需求,对未来武器装备综合测试系统做出简单构想。

武器装备综合测试系统基于虚拟仪器技术和 LXI 仪器总线技术建立综合测试软硬件平台,由便携式计算机控制,人机交互界面友好,便于操作。采用开放式软硬件结构,由一系列通用标准的软硬件模块组成,易于扩展、重构和系统集成。

面向信号进行综合自动测试,对测试过程及测试结果进行智能化控制与管理,其基于 LXI 仪器总线技术的网络化结构可实现远程分布式测试,其通用测试接口可满足不同对象的测试需求,武器装备综合测试系统及其组成模块或设备能够对故障进行自动识别和隔离,易于实现各项参数的计量校准,同时保证准确的计量特性。最终适应武器装备综合测试系统的通用化、标准化、模块化、系列化、网络化、开放化、自动化、智能化发展需求,同时保证武器装备综合测试系统具有体积小、重量轻、抗干扰、机动性强、可靠性高等特点。

第三节　可计量性问题

一、可计量性的定义

可计量性是一个被人们谈论得较多的名词,但并无统一一致的定义与概念。广义而言,可计量性是仪器、装置或系统能独立、方便地进行物理量值输入输出操作并有效溯源的一种技术特性。对于测量系统而言,物理上它要求能够进行激励量值信号的有效加载,并可以完整有效地输出其测量结果;对于信号源类的系统和装置而言,物理上要求它能够方便有效地实施操作控制,并且其输出量值和信号可以被方便有效地进行

测量。

　　实质上,可计量性是客观对象的一种自然属性,当该对象全部性能指标从量值上可以溯源,从物理上可以有效实现时,人们称其具备了可计量性。实际上是其完全具备了可控性及可观测性,其性能状态可以顺利地实现计量校准。反之,若其任何一项性能参数从量值上不能有效溯源,或虽然从参量上看可以进行溯源,但在物理上无法实现。或者是其激励的响应结果不易引出,而不具有可观测性,或者对其施加的物理量激励无法加载而不具备可控性等,均表明该对象不具备可计量性,无法对其进行完全的计量校准。

　　表面上,可计量性与溯源性的含义有些雷同,都是关于客观对象的物理量值能否进行计量校准的,但两者在实际上却有着本质的不同。溯源性有其明确严格的定义,是指物理量值是否能通过一个不间断的测量链,与国家(或国际)基准所复现的量值建立起联系的特性。在这里,关注点是"物理量值",且往往是单一的、具体的物理量值,可以是基本量或导出量。对于对象的物理结构,状态条件等,通常并不涉及。而可计量性则不然,它除了关注对象性能指标涉及物理量值是否具有溯源性外,更加强调对象的物理结构和状态的计量适合性,即针对对象的外部物理激励能完整有效地施加到对象的承载部件上(可控),对象对于外部激励的响应特性能够完整有效地传递出来(可观),即计量校准的物理可实现性。它对于对象的计量要求比溯源性更加全面和具体,既包含了全部物理量值的可溯源性,又强调了这种溯源性在不破坏对象结构功能完整性条件下的物理上的可实现性。由于这一特征,决定了可计量性是一种工程特征。即它是被设计出来的结构特征。完全遵循可计量性理念设计出来的仪器、设备、系统、设施,将具备可计量性特征,将能够顺利简便地进行计量校准。可通过周期性的计量校准对其性能参数提供可靠的量值保障。而没有遵循可计量性理念设计出的系统,可能导致一些性能参数不具有可计量性。因而无法简便有效地进行计量校准,导致其相应的物理量值无法有效溯源。除了会造成工程隐患外,也将使系统的意义和价值大打折扣,难以实现其全部的设计目标,可计量性的重要性由此可见一斑。

二、武器装备全寿命的可计量性需求

　　自从人们脱离了冷兵器时代进入火器时代以后,环境条件等因素对武器装备的影响逐渐增强,风、霜、雨、雪等外部环境条件导致武器装备失效的例子不胜枚举,如今,现代化的高精尖武器装备,除了拥有巨大的效能外,对环境因素也非常敏感,而战时的战场环境尤其恶劣,不以人的主观意志为转移,它们将比较容易造成武器装备的性能变化,从而影响其技战效能,其解决之道之一是进行周期性的计量校准,并在其性能下降时进行适时调整和维护,以保障其技战效能的正常发挥。为了有效实现这一目标,对于这些在武器装备的制造、维护和维修保养的大型军工专用系统,也必须进行全寿命周期的计量校准,否则,便无法保障其自身技术性能的可靠性和有效性,从而也将无法保证其所维护的武器装备的技术性能的准确可靠。

　　正因为如此,世界上很多国家,例如美国、俄罗斯、英国等发达国家均制定了自己的武器装备全寿命性能保障所需要的计量校准通用要求。

三、可计量性的难点

可计量性的复杂之处,在于其对于不同的系统,难度特征是不一致的,针对大型军工专用系统而言,其难度通常是极大的,突出表现为以下几个方面:

1)所涉及的物理量众多且复杂;通常会涉及到电压、电流、电阻、电容、频率、温度、湿度、压力、流量、位移、振动、力值、扭矩、应变、应力、角度、姿态等等多种物理量值和参数。

2)这些物理量值的通道众多;从几个通道至上万个通道不等,导致计量校准的工作量巨大。

3)所涉及的物理量值工作模式复杂;有单一信号源模式,单一测量系统模式,有与被测武器装备以及外围设备设施互动型的因果应答模式,有彼此之间并无因果关系,但有某些共同的激励源头的同因异果类相关模式,有要求与多个其他物理量协同工作特征的同步性、延迟性、顺序性特征的物理量值类型模式。

4)大型军工专用系统的功能众多、结构复杂,用于测量各种物理量值的传感器与测量系统,以及产生各种物理量值激励的作动系统所在的位置可能处于结构内部,不便于测量信息的直接引入,也不利于施加外界激励,其自身激励作动产生的物理量值的直接引出也将是非常困难的。

上述这四个方面的特征导致的直接后果是:

1)大型军工专用系统缺乏专门的计量校准规范,要想直接制定一部专用的计量校准规范难度较大,原因是所涉及的物理量值过多、专业面过宽。该问题的因应解决之道可望有两条,一是使用现行的相应物理量值的计量校准规范进行合理取舍,并以现场作业指导书模式固定下来形成自身独立完整的技术操作规范;二是制定以物理量值或参数为主的计量校准规范,不以仪器设备为主。这样,不同物理量值和参数的计量校准规范的取舍与合成,可以通过现场作业指导书模式固定下来形成自身独立完整的技术操作规范。

2)大型军工专用系统各种物理量值复杂的工作模式,导致其无法脱离工作现场而被整体送到计量部门进行计量校准,不易拆装、无法搬运是问题的一个方面,并没有一个单一的计量标准可以简单面对如此复杂众多的计量条件要求。因而造成其中的物理量值很难进行计量校准。该问题的因应解决之道体现在其工程设计方面,在大型军工专用系统的设计阶段进行完整的计量设计,一是根据物理量值和参数进行量值归类,同一物理量值和参数在专用系统内部形成内部计量校准的溯源链,用量值指标高的部分计量校准指标低的部分,既可提高工作效率,也能减少外部计量校准的工作量。对于每一类物理量值和参数,指标最高者,预留计量接口和计量结构,使用外部标准进行计量溯源。

3)对于成千上万通道的规模庞大的计量校准需求,只能通过专门的计量校准设计,研制专门的计量校准适配器,以多通道自动校准方式予以解决。

4)针对大型军工专用系统功能众多和结构复杂,若不进行可计量性设计,将不具备可计量性特征,导致缺乏内部计量溯源链,外部计量校准需求最大化,并且使得一些物理量值及响应无法直接有效引出,而一些外部计量校准激励也无法直接加载到其内部的承载点上,从而无法进行全系统完整的计量校准。若在这种情况下仍然强调必须进行计量校准,则通常只能采取对全系统进行拆卸分解后进行功能模块性能参数的计量校准,然后再进行整体组装。这样做的后果,一方面破坏了系统的完整性,获取的量值仍然不是系统性能,而仅是部件性能,并且一些涉及整体的交互响应的量值和参数仍然无法评估;另一方面,还将容易产生拆装造成的损坏,时间成本的浪费更是无法简单估算,因而是一种工程上的下策选择。这种大型军工专用系统的计量校准解决之道,将仍然是在设计研制阶段的可计量性设计。对于所有隐藏在系统内部的激励源和测量系统,从设计方案上预留出足够的计量接口和计量操作空间,使得它们的量值能被简洁有效地引出并接到计量标准设备上。它们的激励量值能被方便、迅速地加载上去,以便获得其激励响应,并能顺利完成计量校准。

四、可计量性模式分类

从上述讨论中,可计量性的工作模式并非单一不变的,而是有多种不同的类别。总的说来,主要有以下几种模式:

1) 单一信号源模式:这一模式的特点是系统中需要外部计量校准的量值模式主要是信号源或信号发生器类别,这时,仅需要设计和考虑如何实现这些信号源的控制和测量问题即可以使系统具备可计量性属性。

2) 单一测量系统模式:该模式的特点是系统中需要进行外部计量校准的量值模式主要是测量系统类别,无须考虑互动问题,仅需要设计和考虑如何实现给这些测量系统加载外部激励信号,即可以使系统具备可计量性。

3) 互动应答型因果模式:该模式需要考虑给系统提供一些外部互动的条件,只有当这些条件获得满足时,系统的量值状态或测量响应才处于正确方式,也才能正确进行计量校准。否则,无法使其处于正常的工作状态,从而不能完成计量校准。这种情况下的计量设计者首先要充分理解并考虑到这些互动条件的满足,并以此出发作为系统计量校准的先决条件,进行可计量性的总体设计。它们通常既包含有信号源类量值形式,也包含有测量系统类量值模式,是一种复合类复杂的互动式计量校准模式。

4) 相关类模式:这一类模式主要是指不同通道的物理量值之间虽然没有因果性,但由于受相同条件的作用,在时间顺序、量值规律、同步特征、延迟特性等方面具有恒定的相对关系,因而需要进行同步测量或同步激励,在进行可计量性设计时,要求从信号路径长短、延迟大小、相移变化等方面以及触发互动方面予以特别考虑其相关联的特征。否则,其相互间的关联性、时序性、同步性、正交性等特征将很难获得计量校准。

五、可计量性的目标

大型军工专用系统可计量性属性的终极目标是该类系统所有物理量值及其相互关系均能通过计量校准实现有效溯源和定量描述。它们不仅从量值上具备可溯源特征,而且从物理上可以简便实现。不存在无法加载和不能引出的问题。客观上,它要求具备可计量性的系统内部有完整的溯源链,以便准确度等级低的量值可以溯源到准确度等级高的量值上,并能实现物理量的快速自动化校准,以提高计量校准效率。同时,外部有完整的溯源接口,以便系统中准确度等级最高的量值能够确保通过外部计量标准进行量值溯源。这也是可计量性理念与原则是否得以贯彻的显著特征。

第四节　大型军工专用系统中计量测试标准的贯彻执行

对于大型军工专用系统的计量测试标准,首推 GJB 5109 装备计量保障通用要求——检测和校准,它是为确保在论证、研制、采购装备时能够对装备保障用检测设备及其校准设备提出相应要求,确保装备的性能测试准确可信,确保装备各系统、分系统、设备运行时量值准确一致并具有溯源性,从而有效实施装备计量保障,使装备始终处于良好技术状态,具备随时准确执行预定任务的能力而制定的标准。大型军工专用系统的计量测试标准的贯彻执行,基本上是围绕如何贯彻该标准而进行的全部活动。

该标准对于武器装备的订购方、承制供货方、装备的性能参数以及对装备进行校准检测的设备的计量校准,均提出了明确而具体的要求。该标准特别强调军方在论证、研制或采购装备时,适时提出装备需计量保障的参数和项目以及需配套的检测设备和校准设备,以确保装备能够及时得到满足使用要求的检测和校准,确保装备的检测和校准具有溯源性和量值一致性。

一、订购方总要求

订购方应在提出装备研制总要求和签订装备采购合同时,明确提出装备的计量保障要求。

应要求承制方在研制装备的同时,对组成装备的各系统、分系统和设备所需检测和校准的项目或参数及其技术指标做出明确规定。

应要求承制方在研制的装备中,对影响装备功能和性能的主要测量参数设置检测接口,满足装备测试性要求,并应具有明确的检测方法。

应要求承制方在装备研制阶段按照装备使用要求,编制《装备检测需求明细表》,并按测试不确定度比要求,编制《检测设备推荐表》《校准设备推荐表》或《校准系统推荐表》和《装备检测和校准需求汇总表》,并经订购方确认后,在交付装备的同时,与装备的随机文件一起提交。

应组织计量技术机构参与对《检测设备推荐表》《校准设备推荐表》或《校准系统推荐表》的评审。

应根据确认后的《检测设备推荐表》《校准设备推荐表》或《校准系统推荐表》,对需要承制方提供检测设备和校准设备的,采用合同方式向承制方提出详细要求。

应根据《装备检测和校准需求汇总表》,配备装备所需的检测设备和校准设备。

应建立装备计量保障技术信息数据库,为装备技术保障提供必要的信息。

二、装备检测和校准要求

凡影响装备功能、性能的项目或参数都应进行检测或校准,以确保装备具有准确执行预定任务的能力。

装备的检测应满足性能测量、状态监测和故障诊断等需求。

装备的检测或校准应符合测量溯源性要求。

承制方应根据装备研制总要求,论证和确定装备需要检测或校准的项目或参数。

当装备是由若干分系统及设备组成复杂系统时,应包括如下检测参数:

a) 为确保系统正常运行、不出现性能下降,并能最终保证满足系统任务要求而必须检测的所有系统参数;

b) 为确保分系统对接顺利、在集成到整个系统后具有可替换性并能正常运行而必须检测的分系统参数;

c) 当设备作为与系统或者分系统相连接的一部分使用时,为确保其具有可替换性并能正常运行而必须检测的设备参数。

对装备需校准的参数、机内测试设备及内嵌式校准设备,应编制校准方法。

承制方应对需要检测的系统、分系统和设备,包括装备中需要校准的参数、机内测试设备和内嵌式校准设备制定《装备检测需求明细表》。《装备检测需求明细表》应包括以下内容:

a) 表头部分

被测装备的名称,被测系统的名称,被测分系统的名称,被测设备的名称,生产单位,型号或规格,出厂编号。

b) 项目或参数

装备必须检测的项目或参数。通常是装备的主要技术指标,如输入、输出或其他具有测量单位的量(如电压、电流、频率、功率、压力等)。

c) 使用范围或量值

装备主要技术指标所规定的量值范围或量值。

d) 使用允许误差

装备使用所允许的最大误差范围。

注:"使用允许误差"是指满足使用要求的最大允许误差,而不是设计容差。

e) 环境要求

装备检测所要求的环境条件。

f) 备注

对直接影响装备作战效能、人身与设备安全的参数在备注栏中应明确标识。

g) 附件

必要时可另加附件,说明装备检测所需的有关文件、检测中的特殊要求及需要说明的问题。

h) 表尾部分

编制人、审核人和批准人的签字,编制日期,编制单位。

承制方应确保装备的检测能够实现,应使用标准测试端口或接口,选择合适的检测点,尽可能缩短检测时间和减少检测次数。检测点应在相关技术文件中予以明确,在装备上也应有相应的明显标识且容易识别,并能以对装备产生影响最小的方式检测。

承制方应确保装备检测符合安全性要求,减少检测人员的安全风险,降低检测期间引起检测设备故障的可能性。装备检测不应影响或者破坏装备的功能、性能和准确度。

承制方应对编制的《装备检测需求明细表》进行评审并保留评审记录。评审内容主要包括:检测项目和参数是否必要、齐全;系统、分系统和设备之间技术指标是否协调、合理;检测是否能够实现等。评审应有专家和订购方代表参加。

三、检测设备要求

凡有定量要求的检测设备应按照规定的周期进行校准,并在有效期内使用。所有检测设备应经过计量确认,证明其能够满足被测装备的使用要求。

检测设备的准确度应高于被测装备的准确度,其测试不确定度比应符合后续第五条的要求。

对专用检测设备应编制校准方法。

承制方应根据经评审通过的《装备检测需求明细表》,选择能满足装备检测要求的检测设备,并编制《检测设备推荐表》。

《检测设备推荐表》应包括以下内容:

a) 被测装备名称,被测系统,被测分系统及被测设备的名称、型号(应是装备命名的型号)和生产单位;

b) 检测设备名称、型号和生产单位;

c) 检测设备测量的参数、测量范围和最大允许误差;

d) 检测依据的技术文件编号和名称;

e) 备注,应注明是"通用"设备还是"专用"设备;

f) 必要时,可另加附件对有关问题进行说明;

g) 编制人、审核人和批准人的签字,编制日期,编制单位。

当由若干检测设备组成测试系统时,应当将整个测试系统的配置形成文件,并对该测试系统的测量不确定度进行分析和评定。

当被测参数是由若干测量值导出,或者有明显的影响量时,承制方应在《检测设备推荐表》的附件中,给出被测量的导出公式、主要的影响量以及测量不确定度的评定结果。

装备的检测设备应尽可能选择通用设备或平台,尽可能减少品种、数量和型号,其性能价格比应适当。研制或者生产的专用检测设备应有校准接口。

当检测设备为自动测试设备时,应具有自检功能;自动测试设备与被测单元的接口应确保其具有保障装备所需的全部测量能力和激励能力。

承制方应对《检测设备推荐表》进行评审。

四、校准设备要求

所有用于对装备检测设备进行校准的标准设备,都应溯源到军队计量技术机构或者军方认可的计量技术机构保存的测量标准,并应提供有效期内的校准证书或检定证书,证明符合测量溯源性要求。当无上述测量标准时,可溯源到有证标准物质、约定的方法或者各有关方同意的协议标准等。

自动测试设备的校准一般应由传递标准通过测试程序集的校准功能在自动测试设备主机上运行校准程序来实现。传递标准可以是外部标准器或者是自动测试设备的校准件,其溯源性证明是由具备资格的计量技术机构给出的校准证书。自动测试设备的"自校准"不能代替溯源性证明。

自动测试设备使用内嵌式校准设备时,应当确定这些校准设备的全部测量能力和激励能力,并应对其定期校准。

　　当需要由若干校准设备组成校准系统保障检测设备时,应当对整个校准系统的技术指标及其测量不确定度进行分析和评定。

　　承制方应根据经评审通过的《检测设备推荐表》编制用于保障检测设备的《校准设备推荐表》或《校准系统推荐表》。

　　《校准设备推荐表》的内容一般包括:

　　a) 被校检测设备的名称和型号;

　　b) 校准设备名称、型号、参数、测量范围、测量不确定度(最大允许误差、准确度等级);

　　c) 校准依据文件的编号和名称(包括检定规程或者校准规范等);

　　d) 备注;

　　e) 必要时,可另加附件对有关问题进行说明;

　　f) 编制人、审核人和批准人的签字,编制日期,编制单位。

　　当由若干校准设备组成校准系统时,《校准系统推荐表》的内容应包括:

　　a) 被校检测设备名称和型号;

　　b) 测量标准或者校准系统名称;

　　c) 校准设备名称和型号(包括标准器和主要配套设备的名称和型号);

　　d) 校准设备的校准参数、测量范围、测量不确定度(最大允许误差、准确度等级);

　　e) 校准依据文件的编号和名称;

　　f) 备注;

　　g) 必要时,可另加附件对有关问题进行说明;

　　h) 编制人、审核人和批准人的签字,编制日期,编制单位。

　　承制方应对《校准设备推荐表》或《校准系统推荐表》进行评审。

　　订购方应组织军队计量技术机构根据《校准设备推荐表》或《校准系统推荐表》,分析现有校准设备资源的情况,对需要研制或者订购的校准设备应提前安排。

　　军队计量技术机构应配备与装备检测设备相适应的校准设备,并按规定对装备的检测设备进行校准。

　　检测设备与校准设备的测试不确定度比应符合后续第五条的要求。

五、准确度要求

　　检测设备或校准设备应比被测装备或被校设备具有更高的准确度。

　　检测设备和校准设备的最大允许误差或测量结果的测量不确定度应当满足被测装备或检测设备预期的使用要求。

　　对被测装备或被校设备进行合格判定时,被测装备与其检测设备、检测设备与其校准设备的测试不确定度比一般不得低于4∶1。

　　如果测试不确定度比达不到4∶1,应当分析测量要求,经论证后提出一个合理的解决方案。

　　检测设备只用于提供输入激励时,测试不确定度比可低于4∶1的要求。在这种情况下,测试不确定度比的最小值为1∶1。

给出被测装备或检测设备的校准值或修正值时,应同时给出其测量不确定度,且测量不确定度应满足使用要求。

当被测装备的使用要求用"最小""最大""不大于""不小于""大于""小于"等表述,无法计算测试不确定度比时,应给出检测设备的最大允许误差或测量不确定度。

六、装备检测和校准需求汇总要求

承制方应根据所研制装备的检测和校准需求,汇总《装备检测需求明细表》《检测设备推荐表》和《校准设备推荐表》或《校准系统推荐表》的内容,编制《装备检测和校准需求汇总表》,为军队提供实施计量保障的依据,以确保对装备进行必要的检测和校准,保证测量溯源性。

《装备检测和校准需求汇总表》应包括以下相关的三部分内容:

第一部分:装备应给出被测装备及其系统、分系统和设备名称、被测项目或参数、使用范围或量值、使用允许误差;

第二部分:检测设备应给出所用检测设备的名称和型号、参数和测量范围、最大允许误差或准确度等级、检测依据的技术文件;

第三部分:校准设备应给出所用校准设备的名称和型号、参数、测量范围、测量不确定度(或者最大允许误差、准确度等级)、校准依据的技术文件。

《装备检测和校准需求汇总表》应是对装备系统、分系统、设备及其检测设备和校准设备的检测和校准需求的技术总结,检测设备和校准设备的参数和测量范围应覆盖被测装备相应参数和使用范围。各参数之间的测试不确定度比关系应符合上述第五条的要求。

七、大型军工专用系统中计量测试标准的贯彻实施

GJB 5109 是针对所有武器装备的通用计量校准要求,大型军工专用系统是特殊的军工装备,有其自身的特点,为了有效贯彻该项标准,体现其精神实质,总结起来需要满足如下要求:

1)标准化计量要求:主要针对使用和订购方,要求能够列出所购买或定制的装备系统的全部性能指标和技术参数,并对它们提出明确的计量校准要求;

2)标准化计量应用设计:主要针对承制方,要求能够完全按照使用方和订购方的标准化计量要求,遵循可计量性设计原则设计研制装备系统,标准化其溯源链。即系统内部具有完整的溯源链,尽量减少外部溯源需求;系统外部拥有完整的溯源接口,对任何计量校准点均具有物理上的可达性,能实现对所有量值的计量校准。并且拥有简洁高效的标准化计量校准流程,便于周期性计量校准的贯彻实施。

3)制造过程计量标准化设计:主要针对承制方,要求能够在制造和构建过程中,使用标准化计量测试手段,进行系统性能指标参数的计量保障,并对标准化计量应用设计进行验证试验。

4)标准化的计量校准验证与确认:主要针对承制方和订购方,要求在系统研制完成确认阶段和交付验收阶段均能通过标准化的计量校准流程,确认能够实现购买或定制的装备系统的全部性能指标和技术参数的计量校准,满足全部的计量校准要求。

从上述要求可见,可计量性设计与 GJB 5109 拥有特殊的关系,对于大型军工专用系统而言,可计量性是其贯彻 GJB 5109 的基础和前提,没有可计量性,复杂多样的大型

军工专用系统根本无法实施和贯彻 GJB 5109。而反过来 GJB 5109 又从标准和法规层面推动了可计量性技术的发展与进步。

第五节　美国 NASA 航空航天专用系统计量测试标准的贯彻实施

美国航空航天局（简称 NASA）计量保障工作开展的历史比较悠久，其产品计量保障模式值得学习和借鉴。

一、NASA 计量管理标准和要求

NASA 计量管理主要依据如下标准进行：

国际标准 ISO 10012《测量管理体系——对测量过程和测量设备的要求》

国际标准 ISO/IEC 17025《测试与校准实验室能力的通用要求》

美国国家标准 ANSI/NCSL Z540.1《校准要求》。

ANSI/NCSL Z540.1 分两个部分，第一部分为校准实验室能力的通用要求，主要参考 ISO/IEC 17025 要求，第二部分为测量管理要求，包含全部 ISO 10012 的要求。ISO/IEC 17025 是对校准实验室与测试实验室的要求。

ISO 10012 是 ISO 9000 系列标准的组成部分，是产品质量保证的支撑标准，测量管理体系对型号产品计量保证具有指导意义。

ISO 10012—2003 认为，企业计量只关注设备的计量管理是远远不够的，它提出了在测量设备管理的基础上，建立测量过程控制体系，加强对测量过程的控制和测量数据的管理，保证企业主业产品质量。其核心内容和要求如表 6.1 所示。

表 6.1　ISO 10012《测量管理体系——测量过程和测量设备的要求》

核心内容		要　求
测量设备计量确认	测量设备计量确认要求	设计和实施测量设备计量确认，确保测量设备的计量特性满足计量要求，确保测量设备的计量特性适宜设备使用方预期用途
	计量确认技术规范	有测量设备计量确认技术规范，包括《测量设备计量要求》《设备校准规范》《测量设备计量验证规范》和《测量设备计量确认处置规范》
	设备使用方得到计量确认信息	设备使用方应得到测量设备计量确认状态有关信息
	计量确认间隔	规定确定、改变、评审计量确认间隔；对不合格设备维修、调整、修改时都应评审计量确认间隔
	计量确认记录	计量确认记录应注明日期，妥善保存、便于获得。计量确认记录的内容应证明测量设备是否满足规定的计量要求，包括《设备校准证书》和/或《设备计量验证报告》的标识、计量确认结果、计量确认依据、测量设备计量要求、使用限制说明等
	《设备校准证书》和/或《设备计量验证报告》	确保证书/报告内容符合要求

表 6.1（续）

核心内容		要　　求
测量过程控制	测量管理	规定测量的策划、确认、实施、质量控制、影响量的识别等
	测量设计	应根据顾客要求、组织要求、法定要求导出测量参量、测量要求，编制《测量方法》，《测量方法》应经评审并经顾客同意。确保测量参量满足顾客要求，确保测量参量对应顾客产品的预期用途
	测量方法	测量前应设计测量方法，主要内容包括测量人员能力要求、测量用设备要求、测量环境要求、测量程序、测量软件、对测量结果的修正、其他影响量、测量结果报告方式及内容等
	测量实施	应按测量方法实施测量并实施监视，以确保测量质量
	测量记录	保存测量记录以证明测量符合要求，测量记录内容包括：影响测量结果的因素的完整表述、有关测量验证文件的标识、按规定实施监督的记录等
测量不确定度		应对所有设计的测量分析不确定度来源评定测量不确定度并做记录
测量溯源性		所有测量结果都能溯源到 SI 单位标准并按规定期限保存溯源记录，不存在 SI 单位标准或不存在已被承认的自然常数时，经顾客同意后可以使用其他公认的计量单位

测量管理体系的总体目标是确保测量设备和测量过程能够满足预期的计量要求，通过建立体系实现对测量设备和测量过程的管理，把可能产生的不正确的测量结果减少到最小程度，在实现产品质量目标和其他目标时起着重要的保证作用。该标准与其他先进的管理标准一脉相承，标准的核心是"计量确认"和"测量过程"。计量确认就是为确保测量设备符合预期使用要求进行的一组操作，核心是将测量设备的计量特性与使用要求相比较以判断是否符合要求的过程。体系将每一类测量活动看成一个过程，以顾客的测量要求作为输入，以测量设备、测量方法、测量人员、测量场所和使用的环境条件等因素作为资源，最终输出测量结果。体系通过识别和确认产品的检测需求并转化为计量保障要求、保证测量设备和测量过程符合计量保障要求，最终证明产品的性能参数的量值准确一致并具有溯源性，实现测量数据的准确可靠。

二、美国航空航天局（NASA）的计量保障

（一）NASA 的计量组织机构

NASA 是美国负责发展航空航天事业的政府机构，也是一个规模巨大的研制和运营各种航空航天器、研究与开发各种相关技术的实体。拥有约翰逊航天中心、肯尼迪航天中心、马歇尔航天飞行中心、兰利研究中心等 10 个航天研究中心。

NASA 的组织体系分为局长办公室、技术/行政管理部门和中心三级，技术管理部

分由 7 大战略部门组成。安全与任务保证局(OSMA,Office of Safety and Mission As-surance)是保证安全和任务完成质量的重要部门,其职责是对各项任务的安全、可靠性、质量工程和保证活动提供政策指导、运行检测和评估。相关战略、政策、过程、指南和标准都由此部门产生,并确保安全与任务保证要求(SMA)加入到 NASA 的纲要计划中。

NASA 的计量保障工作由 NASA 安全和任务保证局统一管理,各个下级中心及中心内部机构和人员承担相应范围的计量保障和管理工作,从其管理职能可以看出产品管理人员同时负责计量管理工作。NASA 安全和任务保证局内建立了 NASA 计量专家组(NASA Metrology and Calibration Working Group),主要负责:

1) 计量保障技术和管理文件的标准化工作;

2) 促进 NASA 内部、企业之间以及与 NIST 的计量合作和信息交流;

3) 推进计量保障工作,如计量保证方案(Measurement Assurance Program)。

计量专家组每年都召开计量与校准工作年会,交流计量校准技术发展情况、总结工作组工作、根据航天产品研制的计量技术需求提出年度开发计划等。

NASA 计量保证工作组织分散在各个中心和附属机构中,由校准实验室和计量研究机构(ISC)组成,ISC 负责研制测量标准器具、测量方法,同时也负责各类综合性的专用测试设备的维护。

(二) NASA 的计量保障内容

NASA 的运作是根据 NASA 发布的一系列文件来进行的。文件有两种类型,一类是 NASA 的政策指令—NASA NPD,这些指令规定了有关方面的政策和适用范围,必须遵照执行。另一类是 NASA 的规章和指南—NASA NPG,是对如何具体实施 NPD 提出指导性意见。

1997 年 6 月,NASA 发布了政策指令 NASA NPD 8700.1《NASA 计量与校准》,与 ISO/IEC 17025、ISO 10012 要求相一致。

与"计量与校准"有关的政策指令还有 NASA NPD 8730.1B,它适用于 NASA 总部、各个中心和设施机构以及其他的承约机构。NASA NPD 8730.1B 政策指令规定了对提供计量校准服务的实验室的要求、需要纳入计量校准管理的仪器设备和 NASA 安全与任务保证办公室领导及中心领导的职责等等。

NASA 的政策指令系统定义了计量保障的组织、职责和相关政策,同时也明确了计量保障的工作内容,主要包括:

1. 测量设备的计量管理

1) 跟踪研究计量前沿技术,研制建立计量标准装置;不断开发新的校准能力,满足型号新的校准检测需求;

2) 标准装置的维护、核查和溯源;

3) 调研或编制设备校准用标准化文件,如校准规范;

4) 确定仪器设备校准周期;

5) 按计划进行测量设备校准(包括仪器设备使用环境影响量测量,现场、在线设备校准等),确保仪器设备满足型号使用要求,使用要求、校准项目、校准点多由设备使用方确定,参与测量设备维修;

6）校准不确定度评定及验证；

7）进行校准自动化、信息化开发；

8）计量人员培训；

9）接受 ISO 17025 认可。

2. 产品计量保证

1）参与型号产品研制、设计、生产、检验、试验、验收、鉴定、定型、安全环保节能监控各环节工作，进行计量评审，掌握型号计量需求，参与型号设计的可测量性、可计量性设计；

2）参与型号用测试设备采购的选型；

3）参与或承担研制型号专用测试设备研制；

4）提供型号计量工程支持，参与或承担解决型号测试难题，参与型号产品新检测系统的组建；

5）通过检测型号科研生产设施设备，对型号安全环保节能等提供技术保证；

6）参与型号检测系统的安装维护、检测结果质量评估；

7）参与调研或编制型号测量过程控制用标准化文件；

8）对型号测量过程提供技术支持，参与型号检测结果质量评估，测量不确定度评定；

9）参与或承担型号检测自动化、信息化开发，提高检测技术水平；

10）承担测量设备、参量的现场、在线校准、检测；

11）承担型号设备管理（包括设备采购选型、设备供方资质管理、设备验收、设备在用校准状态管理、设备共享管理、设备租借服务、设备封存、报废管理等）。开发维护设备管理数据库；

12）指导仪器设备使用人即型号科研人员正确使用被校准仪器设备和正确利用校准结果；

13）与产品设计研制队伍共同解决计量测试问题，如计量测试技术能力不能满足要求，通过外协或进行测试技术研究解决；

14）跟踪计量新技术，参加计量行业活动；

15）接受 ISO 10012 认可。

（三）NASA 实施全过程的计量保障

航空航天器的构造十分复杂，在长期运行过程中经历的环境也多种多样，因此需要从设计、研制、生产的每个环节进行严格的质量控制。计量作为质量控制的重要手段之一，在 NASA 产品的设计生产试验交付及运行各环节都起着重要的作用。

1. 设计阶段

在设计阶段计量的作用有两个：一是航空航天产品在设计之初就考虑产品分系统和系统在研制过程中需要的检测要求和方法以及最终的检测手段；二是航天计量的特殊设计要求，如自由空间站的计量要求，其目的是保证空间站飞行系统和仪器设备在运行工作过程中保持所需要的准确度，运行过程持续时间可能长达十年以上。在这一阶段，相关计量人员需要参与到设计过程中去，并形成相关计量文件。

例如，自由号空间站项目要求保证空间站飞行系统和设备仪器在30年工作中保持所需要的准确度，从而引出"航天"计量方法的问题。在马歇尔航天飞行中心许多工程师一直在关注此计量问题，并在1991年自由空间站WP-01初始设计检查中查出其中缺乏对测量长期完整性的考虑。之后由马歇尔航天飞行中心和波音公司联合成立了计量委员会并制定计量计划。初步的计量计划由马歇尔航天飞行中心在前期研究成果上形成，并选择内部温度控制系统为测试场景。通过测试场景发现许多问题，包括缺乏完整的关键设计检查数据。为此马歇尔航天飞行中心在1993年NASA计量与校准工作组年会上提出：

1）加强飞行设计部门与计量部门的联系；

2）共同完成相关的NASA手册；

3）制定包括基于计量工作在内的设计标准；

4）对设计人员进行科学测量技术培训。

1998年原马丁公司（Martin Marietta）和原Vitro公司分别根据NASA合同，并在NASA赞助下，为自由空间站在轨计量与校准要求进行了研究，指出对一个长期运行的系统，其长期性能保证面临的特殊问题和在轨校准的需求建议以及可能的解决方法。随后NASA计量与校准工作组成立了航天计量委员会，在NASA计量校准与测量过程指南中，加入了有关长期任务要求部分。

2. 研制生产阶段

本阶段主要通过计量手段把产品质量问题控制在研制生产的过程当中，要求计量服务部门能够提供现场、在线计量服务保障的能力，不能依靠基于标准实验室向上溯源的计量保证模式。NASA将这个计量保证模式称为计量保证方案（MAP），MAP是在采用传递标准进行量值传递的基础上，采用核查标准和统计过程控制对测量过程进行控制的计量保证方式。该保证方式通过两个阶段来实现：传递阶段实现溯源；核查阶段实现对日常测量过程的连续质量控制。

3. 试验、交付阶段

在试验、交付阶段的作用与要求与研制生产阶段类似。验证工作是航空航天型号任务保证的一项重要工作，贯穿整个航空航天器研制全过程，其中系统性能验证离不开计量的保证作用。实际上，在航空航天器研制的合同中就可能包括了贯穿整个过程的计量计划，如在前面提到的自由号空间站项目的WP-01工作包的计量计划中，包含验证、验收、发射前、着陆后和在轨仪器和传感器的计量方法、原则、标准、程序和过程各个方面的内容。

4. 使用运行过程

航空航天器投入运行后计量也同样起着重要的作用。航天器可能需要长时间在轨运行，需要保证长期运行当中搭载仪器设备的工作稳定有效。这些仪器设备所采集处理的数据对任务目标完成起着关键的作用，因此NASA针对具体项目，还制定有专门的校准计划。如地球观测系统（EOS），是一个需要历时18年的全球对地遥测项目，用于对整个地球及其变化进行科学研究。在这一活动中要求准确的遥感观测数据，需要能够区分遥感观测数据是由于星载设备造成的还是地球环境变化影响。为此戈达德航天飞行中心的航天测地网络与传感器校准办公室制定了《地球观测系统（EOS）项目校准计划》，从地球观测系统校准要求、地球观测系统校准组织机构和地球观测系统校准实施三个方面做了详细的计划，以保证18年期间观测数据的准确有效，最终保证任务完成。

（四）NASA计量保障的经费支持

依据NASA计量与校准工作组1993年年会报告，NASA计量校准实验室的运行、管理、监督全部按照NASA的体系要求进行，经论证通过后，所有场地建设、设备更新、实验室能力扩展等方面的经费需求由NASA提供，服务对象也基本在NASA内部（NASA各中心、机构和相关项目合同单位）。NASA进行的各类计量保证方案（MAP）活动是由NASA计量与校准工作组授权指派其所属的某家航天中心为"轴心"实验室进行组织，其他各个相关中心参加的计量活动经费由NASA负责。对于建立新标准等计量测试技术研究或能力拓展项目，无论是中心内部机构还是外协单位（如NIST）承担的，均通过NASA计量与校准工作组年会提出、论证，通过论证的项目预算由NASA全额支持。NASA内部任何计量技术成果在整个NASA范围内共享，NASA各中心的计量服务本身是免费进行的，标准溯源仅收取运输费，校准服务只在加急和需要维修的情况下收取一定费用。因此NASA计量总体来说属于集中管理体制下的内部服务模式。

（五）NASA计量保障的模式总结

从上述过程可见，NASA计量与校准工作贯彻的是全寿命计量校准理念，基本上从管理制度、技术体制、设计源头开始落实计量校准设计和理念，计量校准活动贯彻到了型号设计、试验、交付、使用运行的全过程。鉴于航空航天型号涉及的系统基本上都是大型复杂的专用系统，没有可计量性设计原则与理念，若想执行全寿命周期的计量校准保障基本上是不可能的。

第七章 ATE/ATS的计量测试标准化

第一节 ATE/ATS 的发展历程

一、概述

广义的自动测试系统是对那些能自动完成激励、测量、数据处理并显示或输出测试结果的一类系统的统称。通常这类系统是在标准的测控系统总线或仪器总线（CAMAC、GPIB、VXI、PXI、LXI 等）的基础上组建而成的，并且具有高速度、高精度、多功能、多参数和宽测量范围等众多特点。工程上的自动测试系统（Automatic Test System，缩写为 ATS）往往针对一定的应用领域和被测对象，并且常以应用对象命名，如飞机自动测试系统，发动机自动测试系统，雷达自动测试系统，印制电路板自动测试系统等，也可以按照应用场合来划分，例如可分为生产过程用自动测试系统，场站维护用自动测试系统等。

通常，自动测试系统（ATS）由自动测试设备（Automatic Test Equipment，ATE），测试程序集（Test Program Set，TPS）和 TPS 软件开发工具所组成。

自动测试设备（ATE）是指用来完成测试任务的全部硬件和相应的操作系统软件。ATE 的心脏是计算机，该计算机用来控制复杂的测试仪器如数字多用表、波形分析仪、信号发生器及开关组件等。这些设备在测试软件的控制下工作，通常是提供被测对象中的电路或部件所要求的激励，然后在不同的引脚、端口或连接点上测量被测对象的响应，确定该被测对象是否具有规范中规定的功能或性能。

ATE 有着自己的操作系统，以实现内部事务的管理、跟踪维护要求及测试过程排序，并存储和检索相应的技术手册内容。

ATE 的典型特征是它在功能上的灵活性，例如用一台 ATE 可以测试多种不同类型的电子设备。从部件检测角度，ATE 可用来实现对两类黑盒子的测试，也就是用来测试：①现场可更换单元（Line Replaceable Units，LRUs）或武器可更换组件（Weapons Replaceable Assemblies，WRAs）；②车间可更换单元（Shop Replaceable Units，SRUs）。

测试程序集（TPS）是与被测对象及其测试要求密切相关的软件及硬件组成部分。测试程序集由三部分组成：①测试程序软件；②测试接口适配器；③测试被测对象所需的各种文件。

测试软件通常用标准测试语言如 ATLAS 写成。对有些 ATE，其测试软件是直接用通用计算机语言如 C、Ada、Basic 等编写的。被测对象（Unit Under Test，UUT）有着各种不同的连接要求和输入/输出端口，因此 UUT 连到 ATE 通常要求有相应的接口设备，称为接口适配器，它完成 UUT 到 ATE 的正确、可靠的连接，并且为 ATE 中的各个信号点到 UUT 中的相应 I/O 引脚指定信号路径。

开发测试软件要求一系列的工具，这些工具统称为测试程序集软件开发工具，有时亦被称为 TPS 软件开发环境,它可包括:①ATE 和 UUT 仿真器,②ATE 和 UUT 描述语言;③编程工具,如各种编译器等。不同的自动测试系统所能提供的测试程序集软件开发工具会有所不同。

二、构成

(一)自动测试系统(ATS)

自动测试系统主要应用在如下场合:

(1)高速、高效率的功能、性能测试。那些大批量生产并且测试项目多而且复杂的电子产品(如大规模集成电路,大批量生产的印制电路板或电路组件等),必须采用相应的自动测试系统。

(2)快速检测、诊断/维护,提高装备的机动性。飞机在飞行前和飞行后,导弹、鱼雷等武器在发射前,都需要快速检测与诊断,遇有故障则应迅速定位与排除。没有先进的自动测试系统支持根本不行。

(3)高档复杂设备的综合检测及过程监视。飞机设计过程中需要用一些自动测试系统来支持设计验证;在飞机生产/装配过程中,自动测试系统用来对并行作业的各个子系统的生产/装配过程进行测试和监视,实施协调和管理。军用高档设备研制过程中,环境试验(高、低温,湿度,振动,过载等)主要目的是分辨或替代那些不能承受恶劣环境条件的部件。由于处于环境试验中的被测对象复杂而贵重,测试项目多,而且要求在给定的很短时间内完成,也必须采用相应的自动测试设备才能完成。

在不同的技术领域里,测试内容、要求、条件和自动测试系统各不相同,但都是利用计算机代替人的测试活动。一般自动测试系统的构成包括控制器、激励源、测量仪表(或传感器)、开关系统、人机接口和被测单元——机器接口等部分。

① 控制器。一般是小型计算机、微型计算机或计算器(即专用母线控制器)。控制器应有测试程序软件,用来管理测试过程,控制数据流,接受测量结果,处理数据,检验读数误差,完成计算,并将结果送到显示器或打印机。

② 激励源。即信号源,它向被测单元提供输入信号。它可以是电源、函数发生器、数模转换器、频率合成器等。

③ 测量仪表。用来测定被测单元的输出信号。它可以是模数转换器、频率计数器、数字万用表或其他测量装置。

④ 开关系统。用来切换被测单元与自动测试系统中其他部件之间的信号传输路线。

⑤ 人机接口。用来建立控制器与操作人员之间的联系。它可以是控制器的一部分,也可以是控制台上的开关、键盘、指示灯、显示器等。操作人员可通过键盘或开关把数据传输给控制器,控制器再把数据、结果和操作要求输向阴极射线管、发光二极管或指示灯组等显示器。必要时还可将测试结果输给打印机,制成硬拷贝。

⑥ 被测单元机器接口。用来建立被测单元与控制器之间的联系。

(二)测试程序集(TPS)

测试程序集(TPS)是与被测对象(UUT)及其测试要求密切有关的硬件与软件的集合,TPS 由:①测试程序(Test Program,缩写为 TP);②接口适配器(Test Unit

Adapter,缩写为 TUA)及其专用电缆;③测试/诊断被测对象所需的文件及附加的设备共三部分组成,TPS 的高质量低成本开发和有效的使用和维护,至今仍是自动测试领域面临的重要研究课题,TPS 的开发和高质量的交付是一项艰巨的任务。

在自动测试系统的总成本中,TPS 是极其重要的成本因素,对于某些复杂的被测对象如飞机、导弹这一类系统,其各类 UUT 测试所需要的多种 TPS 的总成本甚至会超过 ATE 的成本。

测试程序(TP)是在 ATE 的计算机上运行,用于控制 ATE 的资源来测试指定的被测对象(UUT)的软件的总称,它包含对测试过程的控制及对所测得的响应信号的处理,完成对被测对象是"正常"还是"故障"的判断。在"故障"时,还应能隔离故障,找出故障源。

这两部分软件的开发必须以对 UUT 的详尽分析为基础,要求该 UUT 的生产商提供 UUT 的各种技术文件、资料和图纸,通常包括下述文件的一部分或全部:

UUT 的产品技术手册,UUT 的硬件和软件开发规范,UUT 的硬件及软件的设计说明,原理电路图和逻辑图,接口控制连接图,产品验收测试文件,生产商已开发的测试需求文件,现有的测试程序,UUT 的 BIT(Built-In Test,内部测试)文件,UUT 的重要时序图和波形图,与 UUT 有关的重要的公式和传递函数,UUT 的故障模式及相关的数据等。这就要求测试程序的开发者不仅要有软件开发能力和经验,还应有足够的与 UUT 有关的专业知识,以实现对 UUT 的深入分析和理解。

另一方面,UUT 的各种技术文件和资料又往往涉及该 UUT 生产商的专有权,这也增加了测试程序开发的难度。为了实现 TPS 的可移植性(transportable),即 TPS 可与不同的 ATE 配合工作,要求测试程序采用通用的测试语言(如 ATLAS 语言)编写,或在规定系列通用的软件环境、开发环境下完成开发。

接口适配器(TUA)用于连接 ATE 与 UUT,接口适配器的一侧可通过插卡器(Receiver)的 ICA(Interface Connector Assembly,接口连接器组件,在 ATE 上)与 ITA(Interface Test Adapter)的配对插接,完成接口适配器与 ATE 的连接。在接口适配器的另一侧配置一组连接器插座,再经由若干专用的测试电缆,连接到相应的 UUT。

为了实现 TPS 的可移植,接口适配器与 ATE 的接口必需遵循一定的标准或行业通用的接口连接规范,其中,ARINC 608A 规范是一个重要的规范,其中关于标准接口模块,标准接口功能说明,接口适配器模块定义,标准接口机械规范,ATE 电缆走线及接地连接指导,接口适配器的识别等方面的内容对接口适配器的开发极具参考价值。

TPS 的开发工作可划分为两个主要方面:一是建立 TPS 的开发环境,二是 TPS 的工程实现。前者包括制定开发策略,确定人员配置,拟定开发进度计划,选择必需的开发工具,建立各 TPS 中的共同的开发进程等。工程实现的内容包括针对各个 UUT 分析测试需求并编写需求文件,确定 UUT 的测试策略和诊断方法,完成 TPS 的硬件和软件的设计与集成,TPS 产品交付及用户培训等。

三、发展概况

(一)自动测试系统发展的几个阶段

自动测试设备(ATE)的研制工作始于 20 世纪 50 年代。现代测试内容日益复杂,测试工作量激增,而且要求完成测试的时间越来越短,人工测试很难满足这些要求,自动测试技术因而得到迅速发展。较完善的自动测试设备是 60 年代采用电子计算机以后才问世的。

到目前,自动测试系统已经历了从专用型向通用型发展的过程。在早期,仅侧重于自动测试设备(ATE)本体的研制。近来,则着眼于建立整个自动测试系统体系结构,同时注重 ATE 研制和 TPS 的开发及可移植以及人工智能在自动测试系统中的应用,正向分布式的集成诊断测试系统发展。

总的说来,自动测试系统的发展过程大体上可分为四个阶段:

1. 第一代自动测试系统——专用型

专用型系统是针对具体测试要求而研制的,主要用于测试工作量很大的重复测试,高可靠性的复杂测试,用来提高测试速度或者用于人员难以进入的恶劣环境。

第一代自动测试系统至今仍在应用。这类系统是从人工测试向自动测试迈出的重要的一步,是本质上的进步。它在测试功能、性能、测试速度和效率以及使用方便等方面明显优于人工测试。

第一代自动测试系统的缺点突出表现在接口及标准化方面,带来的突出问题是:

① 复杂的被测对象的所有功能、性能测试若全部采用专用型自动测试系统,则所需要的自动测试系统数目巨大,费用高昂,使保障设备的机动能力降低。

② 一旦被测对象退役,为其服务的一大批专用自动测试系统也随之报废。

这种系统比较复杂,研制工作量大,造价高,适应性差,在改变测试内容时要重新设计接口(包括仪器与仪器之间的接口和仪器与计算机之间的接口)。专用测试设备仅用来进行大量重复性试验、快速测试或复杂测试,或用于对测试可靠性要求极高、有碍测试人员健康以及测试人员难以接近的测试场所。

2. 第二代自动测试系统——台式仪器积木型

它是在标准的接口总线的基础上,以积木方式组建的系统。系统中的各个设备(计算机、可程控仪器、可程控开关等)均为台式设备,每台设备都配有符合接口标准的接口电路。组装系统时,用标准的接口总线电缆将系统所含的各台设备连在一起构成系统。

这种系统组建方便,组建者一般不需要自己设计接口电路。积木式特点使得这类系统更改、增减测试内容很灵活,而且设备资源的复用性好。系统中的通用仪器既可作为自动测试系统中的设备来用,亦可作为独立的仪器使用。应用一些基本的通用智能仪器可以在不同时期,针对不同的要求灵活地组建不同的自动测试系统。

组建这类自动测试系统普遍采用的接口总线为可程控仪器的通用接口总线 GPIB (General Purpose Interface Bus),在美国亦称此总线为 IEEE 488,HP-IB。在欧洲、日本常称之为 IEC 625。在我国国内,人们常称之为 GPIB 或 IEEE 488,并已公布了相应的国家标准。采用 GPIB 总线组建的自动测试系统特别适合于科学研究或武器装备研制过程中的各种试验、验证测试。

基于 GPIB 总线的自动测试系统的主要缺点表现为:

①总线的传输速率不够高(最大传输速率为 1M bytes/s),很难以此总线为基础组建高速、大数据吞吐量的自动测试系统。②仪器的机箱、电源、面板、开关大部分都是重

复配置的,它阻碍了系统的体积、重量的进一步降低,难以组建体积小、重量轻的自动测试系统。

其中,计算机主要承担系统的控制、计算和数据处理任务,基本上是模拟人工测试的过程,尚不能充分发挥计算机的功能。

3. 第三代自动测试系统——模块化仪器集成型

这类系统基于 VXI、PXI 等测试总线,主要由模块化的仪器/设备所组成。VXI 总线(VME bus eXtensions for Instrumentation)是 VME 计算机总线向仪器/测试领域的扩展,具有高达 40 M bytes/s 的数据传输速率。PXI 总线是 PCI 总线(其中的 Compact PCI 总线)向仪器/测量领域的扩展,其中数据传输速率为 132~264 M bytes/s。以这两种总线为基础,可组建高速、大数据吞吐量的自动测试系统。系统中,仪器、设备或嵌入计算机均以 VXI(或 PXI)总线的形式出现,众多模块化仪器/设备均插入带有 VXI(或 PXI)总线插座、插槽、电源的 VXI(或 PXI)总线机箱中,仪器的显示面板及操作,用统一的计算机显示屏以软面板的形式来实现,避免了系统中各仪器、设备在机箱、电源、面板、开关等方面的重复配置,大大降低了整个系统的体积、重量,并能在一定程度上节约成本。

第三代自动测试系统具有数据传输速率高、数据吞吐量大、体积小、重量轻,系统组建灵活,扩展容易,资源复用性好,标准化程度高等众多优点,是当前先进的自动测试系统特别是军用自动测试系统的主流组建方案。在组建这类系统中,VXI 总线规范是其硬件标准,VXI 即插即用规范(VXI Plug & Play)为其软件标准,以货架产品(COTS)形式提供的虚拟仪器开发环境(Lab Windows/CVI、Lab VIEW、VEE 等)为研制测试软件可采用的基本软件开发工具。目前,尚有一部分仪器不能以 VXI(或 PXI)总线模块的形式提供,因此,在以 VXI 总线系统为主的自动测试系统中,还可以用 GPIB 总线,灵活连接所需的 GPIB 总线台式仪器。

这种系统将计算机与测试设备融为一体,用计算机软件代替传统设备中某些硬件的功能,能用计算机产生激励,完成测试功能,生成测试程序,拥有更大的发展空间。

4. 第四代自动测试系统——网络化仪器集成型

第四代自动测试系统是具有网络化特征的自动测试系统,它是在第三代自动测试系统基础上结合了网络技术发展出来的,基于 LXI 总线标准构建的自动测试系统,不仅具有局域网络操作控制功能,更具备了以高速串行总线技术为基础的广域网信息吞吐能力,可以组建广域空间的分布式自动测试系统,实现远程测控和遥测遥控。

LXI 总线技术是继 GPIB、VXI 和 PXI 之后的新一代测试仪器总线技术,为以太网技术在测试自动化领域的应用扩展。LXI 总线技术基于以太网 LAN 的自动测试系统模块化构架平台标准,其模块化测试标准规范融合了 GPIB 仪器的高性能、VXI/PXI 卡式仪器的小体积以及 LAN 的高速吞吐率,并考虑了定时、触发、冷却、电磁兼容等仪器要求。LXI 合成仪器思想更有利于综合测试系统的集成。所谓合成仪器就是对于系统集成,仪器被拆分为若干主要的功能模块,通过功能模块之间的不同组合实现系统功能,仪器模块的借用和重复使用有效降低了综合测试系统的体积和成本。LXI 总线更为适合大型综合测试系统的应用。

在航空、航天等国防军工领域中组建大型综合测试系统时，以往是将 GPIB 总线和 VXI 总线综合运用，体积较大，成本较高。后来使用 PXI 总线为主构建系统后，体积降低显著。未来，鉴于 LXI 总线技术的一系列优点及未来武器装备综合测试技术的发展需要，相信 LXI 总线技术在未来武器装备综合测试系统中将会得到广泛运用。

（二）自动测试设备（ATE）

实际上，自动测试系统从第一代到第二代、第三代、第四代，从专用型到通用型的发展的历史，就是其相应的自动测试设备（ATE）从第一代向第二代、第三代、第四代发展的过程。在早期，TPS 的开发过程不是独立的研制过程，TPS 产品往往是由 ATE 制造商连同所生产的 ATE 产品一起提供，在这一时期，人们所指的"ATE 系统"与自动测试系统具有相同的含义。

采用自动测试设备最直接的目的是将产品的测试过程自动化，基本做法是将实现产品测试所需的资源集成到一个统一的系统之中，测试过程由系统中的控制器（计算机）通过执行测试软件来控制。

ATE 中，控制器与信号源、测量仪器及开关系统之间的连接采用非标准的接口总线时，则构成第一代专用型 ATE。若 ATE 中控制器、信号源、测量仪器等之间的连接是通过程控仪器的通用接口总线 GPIB 来实现，构成第二代 ATE 系统。控制器、测量仪器、程控电源和开关系统在电气上都是具有 GPIB 接口的台式智能仪器，它们在电气上是通过标准的 GPIB 电缆串接，而在机械上是各个独立的仪器在 ATE 机柜中累叠安放。

当 ATE 中的信号源、测量仪器、矩阵开关/多路转换器等设备为 VXI（或 PXI）总线模块，系统组建以 VXI（或 PXI）总线为基础时，则为第三代 ATE 系统。在这类系统中，其核心的测量仪器、信号源、开关组件等被集成到一个或几个 VXI（或 PXI）总线机箱中，其控制器可以是嵌入式的，这时它是一个模块化的计算机，直接插入 VXI（或 PXI）总线机箱中。它对仪器、设备的控制直接通过 VXI（或 PXI）总线进行，传输速度最高。控制器也可以是外置的通用计算机，这时控制器对 VXI 仪器等设备的控制需经过外总线 GPIB 或 MXI-2（多系统接口总线）等来实现。

其传输速率低于内嵌控制器，但具有更好的配置灵活性且升级方便。

当控制器为外置式通用工业控制计算机或台式计算机时，它通过多系统扩展接口总线 MXI-2（Multi-system eXtension Interface bus）来控制一个或多个 VXI 机箱所拥有的所有 VXI 模块，具体采用的硬件是：在外置式计算机中插入一块 PC-MXI 卡，每个 VXI 机箱的 0 槽（机箱最左端位置）插入具有 VXI-MXI 接口功能的 VXI 模块，然后通过标准的 MXI-2 总线电缆连接起来。控制器也可以采用嵌入式 PC 机，这时它以 VXI 总线模块的形式出现，需插入 VXI 机箱的 0 槽。

为了实现多 VXI 机箱配置，需在含嵌入式 PC 机的 VXI 机箱中插入一块 VXI-MXI 接口模块，以实现与其他 VXI 机箱的扩展连接。

采用嵌入式控制器的主要优点是获得最高的传输速率，因为它对 VXI 仪器的控制是直接通过 VXI 总线进行的，具有 40 Mbytes/s 的传输速率，其缺点是控制器的价格较高并且升级不甚方便。

对于传输速度要求不高的场合,可采用 GPIB 总线连接多 VXI 机箱,这种配置方案成本最低,具有经济方面的优点,但传输速率小于 1 Mbytes/s。采用 IEEE1394 串行 总线来控制的 VXI 总线机箱已经成为较为流行的一种。IEEE1394 总线有着高达 400 Mbytes/s 的位速率,用它组建的实际测试系统可达到约 15 Mbytes/s 的传输速率,远高于采用 GPIB 总线的方案的传输速率,是一种较为经济实用的 VXI 系统组建方案。

ATE 的与外界的接口部分需遵循一定的接口标准。为了使得多种类型的接口适配器都能方便地接到同一台 ATE,它们与 ATE 的电气、机械连接可采用 ICA(Interface Connector Assembly,接口连接器组件,在 ATE 上)和 ITA(Interface Test Adapter,接口测试适配器模块,在接口适配器上)配对,以"插卡"方式快速地接入或拆卸。

当 ATE 中的信号源、测量仪器、矩阵开关/多路转换器等设备为 LXI 总线模块,系统组建以 LXI 总线为基础时,则为第四代 ATE 系统。与第三代 ATE 系统相比,其本质区别在于使用了可以基于信息网络进行远程测控和信息传输的体系结构。在局域空间里,与第三代系统并无本质区别,但涉及远程和网络化信息传输部分,多使用高速串行总线模式进行信息交流与吞吐。属于仪器技术与网络信息化技术相结合的产物。

(三)军用自动测试系统的发展概况

军方的需求不仅促成了新的测试系统总线及新一代自动测试系统的诞生,并促使 ATS/ATE 的设计思想、开发策略发生重大变化。早期的军用自动测试系统是针对具体武器型号和系列的,不同系统间互不兼容,不具有互操作性。专用测试系统的维护保障费用高昂,美国仅 20 世纪 80 年代用于军用自动测试系统的开支就超过 510 亿美元。从 80 年代中期开始,美国军方就着手研制针对多种武器平台和系统,由可重用的公共测试资源组成的通用自动测试系统。

在美国,军种内部通用的系列化自动测试系统已经形成,主要有:海军的综合自动支持系统(CASS);陆军的集成测试设备系列(IFTE);空军的电子战综合测试系统(JSECST);海军陆战队的第三梯队测试系统(TETS)。其中以洛克希德·马丁公司为主承包商的海军 CASS 系统最为成功。

CASS 系统于 1986 年开始设计,1990 年投入生产,主要用于武器系统的中间级维护。CASS 系列基本型称为混合型,能够覆盖各种武器的一般测试项目,ATE 采用 DEC 工作站为主控计算机,由 5 个机柜组成,包括:控制子系统,通用低频仪器、数字测试单元,通信接口,功率电源,开关组件等。在混合型基础上,CASS 针对特殊用途扩展又形成射频、通信/导航/应答识别型、光电型等各类系统。

美军海军陆战队委托 MANTEC 公司研制的 TETS 测试系统是用于武器系统现场维护的便携式通用自动测试系统,具有良好的机动能力,能够对各种模拟、数字和射频电路进行诊断测试。该系统包括 4 个便携式加固机箱,2 个 VXI 总线仪器机箱,1 个可编程电源机箱及 1 个固定电源机箱,主控计算机为加固型军用便携机,运行 Windows/NT 操作系统。

在中国,自动测试系统技术亦有极大发展,正处于专用自动测试系统向通用自动测试系统的转变过程中。在通用 ATE 技术方面,按照模块化、系列化、标准化的要求,基于 VXI、PXI 和 GPIB 总线的在一定范围通用的各类自动测试系统陆续推出,通用 ATE

平台技术的研究也正在开展。进一步开展测试系统的仪器互换性、TPS 开发技术和基于测试信息共享的集成诊断技术的研究需求十分紧迫,市场空间巨大。

军用 ATE 研制中所采用的新策略,一是采用模块化、开放式通用结构,以综合通用的 ATE 代替单一功能的产品专用检测设备,实现资源共享;采用共同的测试策略,统一规划机载设备的设计、制造用和维修检测用测试设备(ATE)的研制,采用共同的硬件及软件平台,从设计过程开始,采用"增殖开发"的方式使后一阶段测试设备的研制能利用前一阶段的开发成果。另外就是开发先进的 LRU、SRU 故障诊断技术,采用非介入式(non-intrusive)方法,如采用热像、电磁、X 射线等检测手段;在诊断技术中应用人工智能(专家系统、综合诊断技术等)及多传感器融合技术。大大提高了 ATE 对 LRU 的诊断正确率并且降低了对操作人员的素质要求。

实际上,大多数国家在研制军用 ATS 时是以军兵种为单位进行的,以军种为单位的测试系统存在测试系统软/硬件结构缺乏通用性,装备可测试性问题突出,功能重叠,无法有效地与外部环境实现测试诊断信息的交互,更换升级困难、维护费用高等问题;严重制约了军用 ATS 装备保障效能的发挥。实际上,造成这些缺陷的根源只有一个,就是没有统一的测试系统标准。实际上,不同测试系统的工作原理基本相同,测试仪器和测量方法也可用于许多不同的环境。因此,ATS 的发展必须集中管理、统一协调。

未来自动测试系统必将以通用化、模块化集成型设计、结构开放、软硬件资源共享为发展方向,通过不同的实施方法来满足不同的需求。其特点是:测试系统具有开放性;具有互操作性,包括共用 TPS 和 ATE 等;充分利用已有的 ATE 环境,通过 TPS 的二次研发满足不同测试需求;采用并行处理和多线程技术;集成诊断系统和测试信息(如设计数据、平台的诊断数据以及历史维护数据等);改善 TPS 的开发环境。

对应于这一发展趋势,下一代 ATS 研制的关键技术应包括仪器可互换技术、TPS 可移植与互操作技术和测试接口的标准化:

1)仪器可互换技术

为降低开发成本,缩短研制周期,自动测试系统中应大量采用商业货架产品。一方面,商用产品更新换代快、产品成熟,为了延长测试系统的使用寿命,仪器更换往往是不可避免的。另一方面,随着通用测试系统应用范围的扩大,为适应被测对象测试需求的变化,也要求测试仪器能够方便地升级换代。由于仪器型号、种类和生产厂商的不同将给仪器更换带来一系列兼容性问题,仪器可互换技术就是要最大限度地屏蔽仪器间差异,为用户提供灵活的仪器互换机制。

2)TPS 可移植与互操作技术

TPS 可移植和互操作技术是实现测试软件可重用、扩大测试系统的应用范围、提高开发效率和降低测试开发成本的关键。实现测试软件可移植与互操作的两个基本条件是测试系统信号接口的标准化和测试程序与具体测试资源硬件的无关性。

测试软件从结构上可分为面向仪器、面向应用和面向信号三种形式,而面向信号的开发是测试软件互操作的前提。面向信号的开发使测试需求反映为针对被测对象端口的测量/激励信号要求,TPS 中不包含任何针对真实物理资源的控制操作。当测试资源模型也是围绕"信号"而建立时,则只要通过建立虚拟信号资源向真实信号资源的映射机制,就可以实现 TPS 在不同配置的测试系统上运行。

3）测试接口的标准化

测试系统接口的标准化和统一化是 ATS 通用化的重要基础之一,对各类自动测试系统定义严格的机械、电气标准的信号接口规范,并对如接卡器与测试夹具接口等用于测试系统组建的大型部件面板,包括激励/测量信号与被测对象之间的布局和联结方式等给出标准定义,实现信号接口装置电气和机械连接的标准化,是实现 ATS 通用化的前提条件。

未来 20 年,是我国机载电子装备信息化建设发展的重要阶段,给机载电子装备自动测试系统技术发展提供了挑战和机遇。应该抓住信息化、网络化的契机,借鉴国外经验,自主创新,跨越式发展,并建立典型的自动测试系统示范平台,把开放式/可剪裁自动测试系统作为未来机载电子装备维护保障系统的发展目标,组建我国的自动测试系统通用测试平台。只有从顶层设计开始,制定并执行自动测试系统的系统规范,才能最大限度地实现互联、互通和资源共享;实现软件的跨平台操作及被测单元的跨平台的测试;缩短装备的研制开发周期;提高武器装备在役保障能力;全面提升武器装备维护保障体系的效率与效益。

四、国外的一些通用自动测试系统

（一）早期的自动测试系统

CASS(综合自动支持系统)计划是美国海军于 20 世纪 80 年代初提出的,旨在降低自动测试系统的生命周期成本并确保 ATE 系统的标准化,用于美国海军武器系统的自动测试系列。美国空军提出了 MATE(Modular Automatic Test Equipment,模块化自动测试设备)计划,也是为了降低武器系统在维修阶段的成本。MATE 概念就是为各种 ATE 规定一个统一的结构,它为美国空军的各种 ATE 系统提供一个标准和规范集。美国陆军提出了 IFTE(Integrated Family of Test Equipment,集成测试设备系列)计划,IFTE 的目的是提供用于在现场测试各种现场可更换单元(LRU)的 ATE 设备并替代美国陆军已有的各种维修级别的测试设备。另一种通用 ATE 系统 CAM 系统来自汽车界,被称为 T-100 系统,其目的是在维修车间提供一种自动化测试各种汽车的手段。CTS(通用测试站)系统是 20 世纪 90 年代中期休斯公司受美国海军委托研制的用于测试制导武器的通用自动测试系统,CTS 能完成对 20 种制导武器(导弹、鱼雷)的自动测试。由控制子系统、低频子系统组成核心系统,通过附加雷达子系统、光电子系统、大功率电源子系统等选件来满足不同的测试需求。

TETS 系统是美国海军陆战队用于战场前沿武器维修的便携式通用测试系统,经过竞标由美国 MANTEC 公司承制,该系统 1999 年交付。包括四个便携式加固机箱,两个 VXI 总线检测/激励模块机箱,一个可编程模块电源机箱,一个固定式模块电源机箱。其 VXI 测试系统包括泰瑞达公司的数字测试子系统 M910。接口采用 VPC 90 连接。

ATEC6 系列为法国宇航公司 20 世纪 90 年代中期生产的通用自动测试系统,用于波音、空中客车等民用飞机和幻影-2000 军用飞机的测试、维修。基本系统包括 SUN 工作站,VXI 总线检测/激励模块,GPIB 总线可编程电源。接口标准为 ARINC 608A。

表 7.1 列出了 20 世纪 90 年代末国外几种主要的通用测试系统的概况。

表 7.1　国外的几种通用测试系统

系统名称	CASS	JSATS	CTS	IFTE	TETS	ATEC6
主承包商	Lockheed-Martin	DME Corp.	Hughes	Northrop Grumman	Man-Tec	EADS
用户	海军(美)	陆军、空军(美)	海军、空军(美)	陆军(美)	海军陆战队(美)	商业航空
测试对象	舰载航空电子系统、其他电子系统	预警飞机电子系统测试	制导武器导弹、鱼雷	陆军所有电子系统测试维修	战场前沿电子系统/板级测试	波音、空中客车飞机
测控计算机	DEC ALPHA	Intel Pentium-Pro	DEC Sable	DEC 工作站	Intel Pentium	Sun 工作站
系统结构	VXI+台式设备柜式	VXI+台式设备柜式	VXI+台式设备柜式	VXI+台式设备柜式	VXI 箱式便携结构	VXI＋台式设备柜式
使用年代	1994 年	1995 年	1996 年	1995 年	1998 年	1993 年

SMART(标准的模块式航空电子设备维修与测试)系统是民用航空协会建立的用于航空电子设备 ATE 的标准。该系统由航空无线电公司(ARINC)设计,而由 ARINC,TYX 和 Aerospatiale 三公司共同完成开发。SMART 是一种模块结构,它包含:①一组允许自由选用测试仪器的通用测试系统的标准集;②测试接口适配器(TUA);③测试控制计算机(Test Control Computer,缩写为 TCC)。

对商用飞机电子设备的维修,SMART 是一个很成功的软件,已用于维修 14 家航空公司的电子设备。飞机机型为 A320/330/340、MD-11 以及 B737/747/757/777。

欧洲的一些国家和以色列,也成功开发出一些通用 ATE 系统,其中有代表性的是英国国防部领导开发的低成本可扩展的自动测试设备 LCDATE(Low Cost Deployable Automatic Test Equipment),GEC-Marconi Avionics 公司为欧洲战斗机 2000、EH101 支援直升机和现代新型武器系统开发的具有通用核结构的自动测试系统 ECR90,德国 STN ATLAS 公司为 F-4 飞机的空-空导弹接口而开发的 PASIS 系统、以及以色列 RADA 公司推出的两种通用 ATE。

MOD(N)ATS 是英国国防部倡导于 20 世纪 90 年代中后期为各种导弹和鱼雷研制的通用自动测试系统,该系统的研制目的与美国海军的 CTS(通用测试站)系统相类似,主要是为了满足制导武器的现场测试需求,重点是检测 UUT 电源及其他一些对于安全性起决定作用的输入信号。该系统是以测试设备通用核(Test Equipment Common Core,缩写为 TECC)为基础,采用 VXI、VME 和 GPIB 总线来配置仪器设备,应用 VXI Plug&Play(即插即用)标准,以小尺寸的机柜(柜高不大于 1.5m)并接的方式组装系统,保证工厂生产与前线场站用的 ATS 是一样的。在保障武器系统测试的安全性方面,该系统有如下主要特点:①对现场武器测试而言,它是一个完全的隔离系统;②全部采用无源的接口适配器;③拥有通过光缆远程操作的能力;④并发进行的 UUT(被测试单元)供电状况监视能力;⑤整个系统的健康监测能力。

(二) 近期的通用自动测试系统

早期的通用自动测试系统虽然已采用了通用的软、硬件平台及核心测试结构的研制策略,但仍不能适应现代战争多兵种联合作战对多武器系统、多级维护的需要。其主要不足是:

① 这类通用 ATE 只支持单武器平台或某一武器系统类型;

② 这类 ATE 的采购或研制总是列入相应的武器平台或系统的计划之中;

③ 不具备 ATS 互操作功能。

为了进一步降低军用自动测试系统的总成本并通过实现自动测试系统的互操作功能来改进后勤维修灵活性,美国国防部自动测试系统研究、开发和集成组(ARI)规划出下一代自动测试系统的体系结构即 NxTest ATS,作为美国国防部系统的下一代自动测试系统的标准结构,该标准的 ATS 结构建立在开放系统概念的基础之上,具有开放式结构。该结构主要由"系统接口(System Interfaces)"和"信息框架(Information Framework)"两部分组成,分别受两个主要的工业标准:IEEE P1226(ABBET,广域测试环境)和 VXI Plug&Play(VPP,即插即用)的支持,在诊断信息系统方面遵循 IEEE P1232(AI-ESTATE,适用于所有测试环境的人工智能交换和服务)标准。在构成分布式综合诊断系统时,则遵循 TCP/IP 网络传输协议。

建立下一代自动测试系统体系结构的任务是要实现如下目标:

(1) 改善仪器的互换性;

(2) 使 ATE 能更自由地按照需求缩放;

(3) 可使新技术快速引入;

(4) 改善 TPS 的可移植性;

(5) 改善 TPS 的互操作性;

(6) 使用基于模型的编程技术;

(7) 构建现代化的测试编程环境;

(8) 定义 TPS 性能规范;

(9) 扩大和增多对商品成件/货架产品的使用;

(10) 汇集设计阶段的产品测试数据;

(11) 使用武器系统运行中的测试数据;

(12) 使用基于知识的各种 TPS;

(13) 定义与综合诊断框架的接口。

在实施这些计划的过程中,已陆续推出一些新的通用自动测试系统,其中有代表性的是 RTCASS 和 LM-STAR 两个系统。

1. RTCASS 系统

RTCASS(Reconfigurable Transportable CASS)是一种便携式可灵活配置的商品

ATE 系统,是美国海军与洛克希德·马丁公司在 CASS 基础之上,总结以前开发 ATE 系统方面的经验研制出来的。

RTCASS 能比现有的 ATE 系统更有效地利用资源,它应用模块化的商品硬件及面向对象的软件组件,是针对航空电子及武器系统的维修任务而开发的便携式的基于组件的 ATE 系统。它的主要特点如下:①便携、加固的封装箱,可选的机架安装能力;②可重构的测试系统配置;③仪器备件共享,数量少;④扩展和训练任务的代理操作功能;⑤对作战武器的维修支持能力。

RTCASS 在结构上采用灵活的商业产品构成的开放式结构,其硬件及软件均由货架产品组成,系统硬件分别装入若干特殊加固的封装箱,然后进行机械和电气互联形成系统。这种结构形式更适合前线战场应用及恶劣的工作环境。RTCASS 的软件结构采用组件技术、货架产品的软件以及美国国防部定义的开放式系统结构。货架产品的 ATLAS 编译器和运行时间系统(RTS)提供坚实的能力和很低的维护成本。

RTCASS 应用面向对象的概念,将货架产品软件,标准化的美国国防部 ATS 接口以及现代的软件工具融入一个 Windows NT 的环境之中。它的软件以应用 TYX 公司的 PAWS 软件为其主要特征,包含 PAWS 仿真器接口,测试操作者接口,仪器检测及误差跟踪系统,软件封装管理器,仪器对象库以及微软公司的 Visual C++ 或 Lab Windows/CVI。在开发非 ATLAS 软件模块或测试序列时,Lab Windows/CVI 是需要的。

2. LM-STAR 系统

LM-STAR 是洛克希德·马丁公司信息系统部开发的具有可重构、开放式结构的商品自动测试系统,该系统既可以工作于老的 ATLAS 语言环境,也可以工作于面向产品生产工厂的 Lab Windows/CVI 软件环境。该系统与 CASS 和 RTCASS 兼容,拥有一个核心系统。该系统能为工厂中的生产测试和现场中的维修测试提供一种低成本的手段,既可用于军用系统的测试,亦可以用于民用产品的测试。

LM-STAR 利用 TYX 公司的 PAWS 软件以及 NI 公司的 Lab Windows/CVI 及 Test Stand 开发工具,既允许该系统能运行已有的一些采用 ATLAS 语言的 TPS,也为用户提供了一个使用 C 语言的虚拟仪器开发环境。

LM-STAR 的设计目标是为工厂及场站自动测试系统以及日益增长的潜在军方用户提供良好的测试环境,其设计需求包括低成本和大于 95% 的可用性。

从近期军用自动测试系统的发展可看出,下一代军用通用自动测试系统有如下特点:

(1) 支持对多武器平台的测试,具有 ATS 互操作性;

(2) 更多地使用货架产品的硬件和软件,占所用资源的 90% 以上;

(3) 更广泛地应用工业标准,使新技术容易引入;

(4) 诊断系统(特别是基于知识的系统)融入测试系统,形成综合的信息系统;

(5) 系统的自身成本、人员及维护成本会大大下降。

第二节 ATE/ATS 的计量校准问题

一、引言

伴随各种高新武器装备的发展,其各种战技性能不断提高,使得武器装备计量保障的重要性日趋显现,上到主管部门、中间的计量机构,下到各具体使用单位,对测试系统的校准越来越重视,并想方设法解决其中存在的种种问题。总装备部于 2004 年发布的国家军用标准 GJB 5109—2004《装备计量保障通用要求 检测与校准》的贯彻实施,更加强化了计量校准在武器装备性能保障中的地位和作用。标准明确规定,武器装备的测试系统必须经过校准后才能投入使用。ATS 作为各种复杂武器装备监测、维护的重要工具,其技术性能将直接关系到武器装备的能力与安全,是武器装备安全运行、准确操作和发挥战技性能的重要技术保障。为确保其量值的准确可靠、溯源有据,针对 ATS 系统的计量校准,已经成为迫切需要。

西方先进工业国家,出于对校准的高度重视,加上严格规范的管理体系,其测试系统称为产品测试设备(PTE, Product Test Equipment),在设计时就往往遵循严格的通用校准接口规范,拥有独立的校准接口和对应的校准软件。而对产品测试设备 PTE 的校准系统均称为校准设备(CE, Calibration Equipment)。因而测试系统的计量校准,在法规上有章可循,在硬件上有独立的校准接口,在软件上有对应的校准软件。校准装置往往由通用仪器组成,体积小重量轻,易于系统集成,并且一个校准装置能同时校准一类或是多个 PTE,对同一个公司研制的产品则更是如此。

目前国内在役的 ATS,由于在设计时没有严格的通用校准接口规范方面的标准,加之各个研制单位对校准的重视程度和认知程度参差不齐,造成了诸如校准信号难以接入、校准过程不规范、校准内容不完备等种种问题,给 ATS 的校准带来了很大困难。

二、ATS 的校准问题

在讨论 ATS 的校准之前,首先考察一下其典型特征,通常,它有如下几个方面的普遍性特点:

1) 多数情况下 ATS 是以千差万别的各种任务目标为核心构建的自动化系统;

由于这样的特征,导致其在构建时,(1)功能众多;包括测量、控制、分析、处理、管理等部分;(2)物理量较多,依实际工程需求而变化多端;(3)技术结构和系统呈通用模块的积木式组成方式构建,组成往往比较随意,未涉及软硬件的标准化问题;(4)硬件结构复杂多变;含有信号源、测量仪器设备、分析仪器设备、开关矩阵、接口及适配器等;(5)通道众多;从一个通道到数千通道不等。

2) 技术目标明确具体;因而技术参数范围及准确度要求均远低于构建系统所使用的模块参数指标,甚至仅仅是模块中的一个离散点。

3) 缺乏严格的系统化指标;通常仅有构成系统的各个组成功能模块的参数指标,有一些虽然拥有系统化指标,但缺乏严格的测评和考验,未能明确失配问题、负载特性问题、开关及传输路径问题、互相干扰问题等对系统指标的贡献。

4) 缺乏可计量性设计理念;没有计量接口,不易实现高效的操作执行流程,甚至有

277

些无法进行系统性计量校准。限于物理空间等,激励加载不上或响应无法直接引出。

5) 由于涉及的物理量众多,较难找到与具体系统完全相适应的计量校准规范,也不易轻松确定计量校准周期。在同一 ATS 系统内的物理量值执行相同的计量校准周期或它们具有整数倍的关系时,比较容易操作和控制管理,而这些计量校准周期如何确定、调整与控制难度巨大。

6) 不同功能模块的技术生命周期不尽相同,导致整个系统的维护、更新等比较频繁且成本较大。

7) ATE/ATS 的计量校准具有研究性质和技术挑战性,每个系统的计量校准都是一个个案,由于技术目的目标的差异而缺乏本质上的通用性,尽管使用的是通用技术功能模块,以积木方式构建,但在实质上仍属于专用系统,属于专用系统的通用化与组合化。这导致该类系统缺乏标准化软件平台的互换性设计、硬件互换性设计以及标准化结构设计理念,因此一个系统的计量校准方案较难直接推广到其他系统中。

由此可见,ATS 的校准属专用的多参数综合测试系统校准,所谓多参数综合测试系统,指的是测试对象复杂、测试参数众多、测试设备庞杂,测试与控制紧密相关的测试系统。通常我们在对 ATS 进行校准时,是针对其自动测试设备 ATE 进行的。

三、ATS 的校准要求

ATE 虽然是由单台或可独立使用的模块化仪器组成,但对其的校准不同于一般的单台仪器计量:

1) 首先是系统级校准。即在校准过程中保持系统的完整性,一方面单台仪器的技术状态不能替代集成为系统后的技术状态;另一方面,系统内仪器在拆卸、运输、安装过程中,易损坏。

系统级校准属综合校准,与个体校准、单参数校准相对应,往往针对复杂测试系统而言,要解决的是系统整体校准问题,即把复杂测试系统作为整体的单个校准对象,解决其测量结果的可靠性、准确性、溯源性。校准要求仅针对测试系统本身,不是以组成系统的各测试的仪器的设计指标为准,而是根据测试系统的实际使用需求确定。

2) 其次是自动化校准。ATE 系统庞大,通常包括了各类信号发生、测量、调理、功率源、负载、开关切换系统等设备;参数众多,涵盖了包括电压、电阻、电流、频率、电平幅度、脉冲宽度、衰减、噪声等在内大部分电磁和无线电参数,角运动量参数,视频参数,甚至有的 ATE 还包括压力参数;频率范围宽,覆盖了直流至微波(40 GHz)范围。对这样一个综合系统采用手动方式校准,显然是不现实的,必须采用自动化校准技术。

自动校准与手动操作校准相对应,是由校准系统在事先编制好的程序控制下自动完成校准操作的过程。自动校准的目的有时是为了提高效率,有时是为了减少人工干预带来的影响,有时是被校准设备用户的要求,有时甚至是因为手工操作根本就不现实。ATE 由于其自身的复杂性,实现自动校准势在必行。

3) 第三是现场校准。现场校准与传统的实验室校准相对应,传统的实验室校准通常是设备使用单位把计量对象送至具有相应资质的计量技术机构进行,是无干扰计量,校准结束后由计量技术机构出具校准报告。现场校准有的是因为计量对象体积、重量或不方便拆卸等原因不宜移动,有的是考虑实际使用环境对计量对象的影响,现场校准是未来武器装备测试系统溯源的主要形式。

现场校准对计量技术机构的计量能力提出了更高的要求,要求具备多参数综合计量能力,同时现场校准对人员素质要求较高,不仅要具备基本的计量知识和经验,还要有软件、硬件研发能力。

此外,ATE的校准规范应在单台仪器校准的基础上,综合ATS的使用需求和一般校准规范的通用要求进行整合,形成专用校准规范。也就是说,一般计量校准规范通用要求的内容如适用范围、规范性引用文件、术语定义、对被校准对象的概述、计量特性、校准条件、校准项目、校准方法、校准结果、复校时间间隔,以及附录、参考文件或附加说明等规定和条款,专用校准规范都必须具备并且符合某种标准的表述及格式要求,但上述条款的具体内容却不像一般计量校准规范那样针对某类仪器的设计技术指标,而是性质虽然相同但技术指标却由实际使用需求来确定的系统测试性能。因此规范内容既是庞杂的(因为校准参数众多),又是简约的(满足实际测试的校准要求即可)。

四、计量难点

显而易见,无论从功能上,还是从性能指标的复杂程度上说,ATS都属于大型专用系统之列。因而,大型专用系统的许多技术特征与计量校准难点,在这里也表现得淋漓尽致。需要以大型专用系统的计量校准思路来考虑ATS的计量校准问题,包括计量校准目标需求问题,内部溯源链问题,以及可计量性问题。但是,ATS又有其自身的一些特征。总结其从诞生之日到现在,发展到第四代技术,其体积越来越小,性能渐趋提高,硬件部分日趋简洁、模块化和功能化,接口和软件部分则渐趋复杂多样,但其基本结构和所完成的技术功能并无本质变化。依然是由控制器、激励源、测量仪表(传感器)、开关矩阵、接口及测试程序集等部分组成。其中,第一代ATE/ATS是最彻底的专用系统,关于这类系统的计量校准,人们需要考虑的问题主要包括:1)计量特性的完整表述;它们可能包括物理量的种类、通道数、量程范围、响应特性或激励特性参数、信号源输出阻抗及负载能力、测量仪器输入阻抗及驱动电流,不同通道的时序关系、同步、延迟、串扰等参量。它是ATE/ATS计量特性的完整表述。2)在被ATE/ATS测试的对象完全确定后,被测对象计量特性的完整表述;它才是ATE/ATS所要计量溯源的技术参数源头。超出被测对象计量特性要求的ATE/ATS的功能与性能,无需纳入计量校准任务目标。3)专用系统由于是为专门的任务而特别研制和设计的,其性能指标的各种环境条件的适应性试验及验证远较通用仪器设备差,可计量性考虑也往往不足,加之所工作和使用的环境条件往往比较复杂和恶劣。因而,更加需要以周期性全面的计量校准手段保证其性能的准确可靠。

第二代及后来的ATE/ATS系统,通常缺乏总体技术指标,仅有各个模块的指标参量,这主要是引入了通用的接口、总线模式,使系统的结构功能化及模块化造成,其原因在于研制与构建系统的往往是系统集成工程师,或系统应用工程师,而非仪器设计工程师,因此,在系统结构设计、接地、抗干扰、电磁兼容性等方面以及总体性能试验、验证与考评方面,往往经验不足,导致集成后的总体性能要低于各个组成模块的性能。另外,由于是组合式模块化结构,使得系统的变动变得轻而易举,而人们又不太注重固化这类系统的软硬件结构以稳定系统的技术状态,也是造成这种现状的原因之一。

客观上,需要以周期性的计量校准手段来确保该类系统的总体性能,并给系统确定出合理的技术指标,以完整有效地描述其技术性能。

第三代 ATE/ATS 系统采用的总线标准可能不止一个,虽然对于前两代系统的兼容和衍化提升具有较强的能力,但使得系统更加复杂化,也使得它们彼此之间的软硬件互换性变得更差;此外,它们不仅具备了高速互联的信息流特征,同时拥有了统一的时钟和统一的触发功能,使得系统内不仅同类通道,而是所有通道之间均可以建立确定的时序关系,而不同种类通道间的时序关系定量评价仍然是计量校准中的一个问题。

第四代 ATE/ATS 系统新加进来的功能主要体现在远程网络化有关方面,强调了网络化技术与仪器技术的融合与相互促进的趋势,并为人们在更广泛的空间内组建自动测试系统提供了技术支撑。

随着 ATE/ATS 系统中软件功能的不断强化,在公共平台基础上,以不同软件模型而产生的不同的虚拟仪器以及不同虚拟仪器组成的组合式仪器(又称集成仪器)的计量校准已经提到议事日程上来,在 ATE/ATS 中,它给人们带来的技术挑战和观念震撼一点都不少。因为这事关一个一直引起争论的问题——软件是否需要计量? 软件如何计量? 抑或退回到初始状态,按仪器功能进行计量。

从上述问题中,人们依然存在的困惑是,对于 ATE/ATS 的计量校准,人们应该如何去做? 计量校准流程与 ATE/ATS 本身的工作流程关系如何? 是彼此独立并行运转? 还是一个流程作为一个子项目嵌入到另外一个流程,以形成一个一体的全自动计量校准过程? 如何以计量校准手段保障和引领它们的未来? 在人们考虑 ATE/ATS 的计量校准时,所有这些问题都应有明确无误的回答。

第三节　美国空军在 ATE/ATS 应用中的经验教训

一、引言

美国空军的 AN/GSM-315 自动化测试系统(ATS)的目标是用一个功能相同的系统,代替已技术过时且不能再保障的 AN/GSM-315 测试站(即大家熟知的 ATS-E35E)。这个新系统将包含目前可买到并经验证的商业货架测试仪器,以及经升级、空军能进行有效维护的测试程序集(TPS)。

ATS-E35E 为民兵洲际弹道导弹(ICBM)提供了地面电子子系统的维护和保障。控制 ATS-E35E 测试序列的 TPS 共有 249 个,这些 TPS 既有用 ATLAS416 及其扩展编程语言编写的,也有用 HP-BASIC 编程语言编制的。另外,这些 TPS 中的 58 个,包含有 HITS 和 LOGOS 编程环境下开发的数据文件。为了减少系统维护费用,研究后决定把这些 TPS 移植到一个单独的、一致的格式内,能够在新的测试系统硬件和系统软件下运行。此外,为了使新的测试系统硬件和移植后的 TPS 之间的相互兼容,测试接口适配器(ITA)将重新设计。设计这种新的测试系统的目的是,在民兵洲际弹道导弹(ICBM)武器系统寿命周期的后一段时间内(至 2020 年)对它进行保障。

为了解决和协调项目中每个方面的工作,成立了一个"综合产品组"(IPT)。IPT 的成员来自 ICBM 系统项目办公室(OO-ALC/LM)、空军软件工程分部(OO-ALC/MAS-

MA)和 ICBM 的主承包商(Northrop-Grumman 任务系统)。IPT 的目标是把项目的指导思想与需求整合到一个工作小组中,此工作小组能无缝地支援、指导并促进整个计划的执行。

该项目被划分为二个阶段:原型机阶段和生产/软件移植阶段。原型机阶段的目标是:①开发一种原型机来替代原来的自动化测试站;②开发 ITA(测试接口适配器)原型,用来评估软件开发环境;③通过移植和演示所选的 TPS,来评估各种不同的软件开发环境;④确定用于生产/软件移植阶段的移植过程。以下介绍在原型机阶段中获得的有价值的经验教训。

二、经验教训

以下这些方面提供了有价值的经验教训,这些经验教训可以用于今后的新项目中:

- 要有正确、完整的硬件需求;
- 要有正确、完整的软件需求;
- 要有正确、完整的文档需求;
- 要弄清功能上的不足;
- 在原型机阶段工作中,要认清软件开发环境上的问题(包括原代码编译器问题);
- 要给制造商提供足够的设计文件;
- 要清晰地定位所有参与单位的角色;
- 需要一个在原型机阶段来改进生产/软件移植的过程;
- 要把仪器技术过时问题作为设计准则的一部分。

(一)确定硬件需求

迄今为止,许多成功的项目都直接归功于清楚地确定了硬件需求。有了这些需求,测试站制造商就能够选择符合需求的仪器,而且能够容易地验证所选用的仪器确实符合需求。测试站制造商还能够按进度提前交付原型测试站,因为他们在一开始就有一组很好的硬件需求。下面给出脉冲直流激励源硬件需求的一个实例。

① 输出阻抗:50 Ω 和 1.0 kΩ

② 周期(内部触发)

范围:20 ns～999 ms,50 Ω 阻抗;25 ns～999 ms,1.0 kΩ 阻抗

精度:±(3%设定值+1.3 ns),周期<100 ns;+2%设定值,周期≥100 ns

分辨率:3 位数字

③ 宽度

范围:10.0 ns～999 ms,50 Ω 阻抗;12.5 ns～999ms,1.0 kΩ 阻抗

精度:±(1%设定值+1 ns)

分辨率:3 位数字

④ 延迟

范围:0.0 ns～999 ms

精度:±(1%设定值+3.7 ns)

分辨率:3 位数字

在以下两个例子中,不正确的或不清晰的需求影响了测试仪器的选择。

第一个例子是频谱分析仪的频率范围。需求中确定的频率范围宽度不够，不能满足系统的测试要求。频率范围是根据现场可更换单元(LRU)的测试需求确定的。假设工厂可更换单元(SRU)部件有相同的需求，在原型机阶段，SRU 实际上比 LRU 有更宽的带宽要求，因此按照 LRU 确定的带宽就不能满足 SRU 的要求。故而需求必须由被测单元(UUT)的总体来决定，而不是由某个主要部件来决定。

第二个例子涉及直流电源的电压范围和纹波指标。UUT(被测单元)的测试需求包括直流电源相对于地的正向电压和负向电压，书面的直流电源需求反映了这一点(例如说，-100 VDC~+100 VDC)。测试站制造商会认为，这个需求中会有电源极性的切换功能。选择这种电源会使系统引入纹波电压，超出允许范围的纹波电压将导致已知是正常的单元在测试时被认为是有故障的。调查了原有测试系统后发现，在 ITA 中适当的电源端口地接地，就可得到所需的直流电压极性。本例中，需求不明确导致了选择不同的电源。

在这方面学到的经验教训是：首先，清楚地确定一组需求将大大增加按时或超前交付高质量产品的可能性。其次，在制定硬件需求的时候，要考虑所有的 UUT 测试需求。第三，不清晰的硬件需求会引入歧途。如果需求不清晰，那就要澄清它，从而保证设计方案的正确性。

（二）确定软件需求

由于自身的特点，软件需求难以确定和量化，尤其是在用户接口方面。就本项目来说，用户的喜好各不相同，功能需求也规定得不清晰。工作中错误地假定商用货架产品(COTS)软件能够满足功能需求和用户的喜好。随着原型机阶段工作的进展，经评估大家逐渐明白 COTS 软件不能 100% 地解决问题。在总结原型机工作时，决定要开发一种用户接口，满足最终用户功能需求。如果在原型机阶段开始时就提出了这个需求，就可以立即解决 COTS 软件的不足问题并开始这方面的设计工作。

另一项假设是原有的 TPS 的源代码是正确的并且符合 ATLAS 416 标准。然而在原型机阶段，发现一些 ATLAS 语句结构并不符合 416 标准。这一假设导致了在原型机阶段所评估的软件开发环境编译器出现了矛盾和问题。为了使所有功能符合 ATLAS 416 标准，这些矛盾和问题必须人工修改。

在这方面有两个经验教训。首先，通过确定软件需求，判别什么功能是 COTS 软件产品有的，什么功能是需要开发的。其次，由于部分软件不符合现有标准，因此软件编译器只能正确地翻译大约 80% 的现有源代码，剩余的源代码将需要用人工修改。计划进度应包括人工修改的时间。

（三）确定文档需求

文档需求不搞清楚，将会造成大量的文档方面的额外工作。文档需求规定得不清楚，这可追溯到原来系统的开发过程。原有系统有一些基本的文档。这些基本的文档给原有系统的维护带来很多困难。由于没有清晰的文档需求，在原型机阶段制定了一些文件来评估项目的附加值。从这一个方面学到的经验教训是，假如有了适当的文档，就能够把精力用于评估产生文档的工具上，而不是去确定应该制定些什么文档。

（四）弄清功能上不足

不管技术怎样进步，如果不能构建开放式体系结构的测试设备，那么要求某个测试系统提供所需的全部测试功能是不可能的。原型机阶段的一个主要收获是搞清楚了硬件在哪些方面不能提供 UUT 所需的测试功能。

为本项目选择的函数发生器，其功能不足是一个例子。原有系统的函数发生器其电压幅值为 40 V(p-p)，负载电阻为 500 Ω。经工业调查表明，这种函数发生器不再有这样的输出范围，新的工业标准是开路负载 20 V(p-p)输出。对硬件的需求放宽了，所以可以选择商用函数发生器，但是，测试需求仍然没有变。在原型机阶段这一点就明确了，因此就立即开始设计补偿放大器，使其成为 ITA 的一部分。由于这个问题解决得比较早，总体设计没有受到影响，所有与这个问题有关的 TPS 仍可使用。

（五）确定软件开发环境问题

在原型机阶段，需要明确一些软件开发环境(SDE)问题，包括需要更改软件开发环境(SDE)、需要更改系统软件和需要更改编程思路等问题。

这方面的一个例子是，在评价编译器时发现了一些矛盾和不足。被评价的编译器中有一个地方有问题，即操作员响应的问题。由于原来的代码中存在一些微妙的差异，编译器在该处有许多错误，以致需要人工修正。在原型机阶段判明和改正这些编译器错误，避免了在生产阶段期间耗费大量的工作量。

第二个例子是仪器驱动。一些情况下，厂家提供的即插即用驱动器不支持仪器的全部功能。在原型机阶段，判别和改正这些问题，使得在生产阶段可以顺利地进行集成。

第三个例子是原有系统的编码思路。在原有系统的 TPS 中，针脚名一般对应于接口适配器(ICA)。这就需要去寻找这些信号在 UUT 上的位置，从而带来了附加的工作量。从原型机阶段总结出的思路是，把所有针脚名与 UUT 对应，这样就减少了寻找信号位置的时间。

（六）给 ITA 制造商提供充分的 ITA 设计文件

由于本项目的计划进度很紧，决定把原有系统的 ITA 设计交由制造商来进行，并设计出新的 ITA，同时把 ITA 设计反映到新系统上。从表面上看，这个方法似乎能大大减少 ITA 的制造时间。事后证明，这种方式没有像预期的那样有效。因为原来假定原有的 ITA 文档是完整和正确的，所以没有复查它，但当开始制造时，发现一些重要的数据找不到。另外还发现，原有系统和新系统之间设计的对应关系有错误。这二个问题给 ITA 带来了很多错误，而且直到集成时才被发现。在原型机阶段工作中，这些错误引发了重要问题。这些问题解决起来很复杂，因为 TPS 开发商不熟悉 ITA 设计，而且必须投入额外的时间来研究这些问题。

从原型机阶段得到的经验表明，让 TPS 开发商以原有的 ITA 设计为基础设计新的 ITA，这是一种很好的做法。TPS 开发商在 TPS 开发/移植的前期，掌握这方面有关的详尽知识，他们就可取得 ITA 的设计权。这样开发商也会熟悉设计，而且在集成期间能很快地跟踪发现问题。借助 ITA 制造商参与制定和审查设计文件，确保项目从设计到制造有一个清晰的过程。

（七）确定角色及职责

为了正确地评价软件开发环境的选择，以及利用各个子承包商的专业技术，工作小组既包括了政府工作人员又包括了子承包商,给了他们同样的 TPS 资料和完成 IPS 移植期限。具体的想法是每个子承包商的项目经理也是每个工作小组的项目经理,而政府工作人员主要是做签约方面工作的项目经理。这一个意图在项目开始阶段没有很清晰地沟通,有好几次在项目的方向上出现了混乱。

同时,要清楚地定义 IPT 的角色。理想的情况是,主承包商应负责实现项目的全部程序和配置的管理需求;项目办公室应负责在规定的预算和进度内,完成项目的各项工作;而技术部门应负责满足所有技术上的需求。IPT 需要一起工作来征求用户的反馈意见,并把反馈意见适当地反映到项目中。在项目开始阶段,这些角色没有清楚地定义。

从这里得到的有价值的经验教训是,在任何项目中清楚地确定角色及其职责是非常重要的。在一个由不同组织构成的团队共同执行一个任务时,这变得更加重要。角色的职责明确了,每个组织成员就能够更明确地把工作重点放在他应负责的那些项目上。

(八) 利用原型机阶段来改善生产阶段的工作

原型机阶段的工作有助于改善生产阶段的工作,主要体现在以下两点好处。第一个好处是搞清楚了研发期间要审查的地方和内容。第二个好处是,得到了有价值的实际研发费用,这对估计生产阶段费用和进度是极其宝贵的。

在原型机阶段,期望进行评审,但是没有清楚地规定在进程中何时进行评审。另外,有时候,就在进行评审前,更改了评审的内容和范围。有一次,由于评审内容不是预先所确定的,需要进行更改和重新安排计划,因而停止了那次评审。由于没有清楚地确定希望得到什么,所以不可能正确地进行评审。进入生产阶段,制定了详细的研发过程并确定了评审(内部评审和与客户一起评审)计划,并继续改进生产阶段的工作。

在原型机阶段遇到的一个主要问题是计划进度,也就是说缺少一个固定不变的进度表。进度表有三个主要考核点:测试站交付,完成原型机 TPS 的移植和 SDE 的评估。由于进度表具有严肃性,其他的评审过程和进程时间点必须不停地调整并重新安排,以满足进度中考核点的要求。这使得工作小组处于一种"忙碌状态",在没有充裕时间或资源准备的情况下极力想满足评审的内容要求。

由于本项目没有现成的历史数据,制定出一种符合实际的进度表是件不现实的任务。从原型机阶段得到数据已经被用来制定一个更加符合实际的进度表,其中也包括了上述的评审计划。对进度表进行一些修订是必须要做的,使之更加符合总的进度要求,由于这些修正是基于历史数据进行的,因此完成计划的可能性是很大的。

(九) 与口头需求相对应的书面需求

沟通需求一直在影响着项目的完成质量。在定期的技术交流会议上讨论问题时,觉得该项目这样做很好;然而,将那些讨论的问题转变成书面需求时却往往实现不了。一种正式的用于沟通和更改需求的程序是很重要的,它能使所有团队成员的注意力集中在那些影响项目的技术和进度的一些主要问题上。

(十) 把仪器技术过时问题作为设计准则的一部分

本项目的一个目标是把仪器过时问题作为设计准则的一部分。尽管使工作小组在原型机阶段已经考虑到这个问题，但是我们很快发现，原型机测试站设计中配套的一种仪器因技术过时已经停产了。

做好两件事能帮助缓解这一个问题。首先，和仪器厂商发展良好关系。本项目很幸运，与仪器厂商的关系很好，当出现仪器过时问题时，生产仪器的厂商愿意提供借用的仪器，以便考虑如何代用。

其次，选择仪器时要考虑这种仪器是系列化的。本项目有两次要将原型测试站的仪器用新的仪器来代替。由于过时的仪器是一个仪器系列中的仪器，因此可用同一系列的其他仪器来代替，这样既增加了仪器的功能，又减少了更新的工作量。

为了减少仪器过时问题的影响，项目需要制定合理、现实的经费预算。在测试站设计结束时，该项目的经费预算应该反映出，在今后生产测试站时需购置所有顶替过时产品的费用支出。理想情况是，在开始开发任何软件之前，就应该冻结测试站的设计。冻结测试站设计越早，就越有利于降低"工程更改建议"（ECP）费用，以及可能因更改硬件配置而带来的软件重复开发的费用。

三、结论

对于要进行大量软件移植的项目，原型机阶段是很宝贵的。通过这一阶段的工作，能及早发现并且改正项目中的问题，把对费用和进度的影响减至最少。将这一阶段获得的有价值的经验教训用于到生产制造/软件移植阶段，将有助于保证项目的成功完成。

美国的 ATE/ATS 发展历程表明，由于 ATE/ATS 的技术发展非常迅速，导致其技术寿命周期较短（约 5 年），远远短于它所服务的武器装备的寿命周期（约 20 年），使得在武器装备的寿命周期内，它所依赖的 ATE/ATS 的技术落后和技术过时，处于保障维持费用极为高昂或毫无可靠保障的状况出现，而后续出现的同类仪器仪表与早期的产品在总线标准、接口、软件平台、硬件规格和标准均发生变化时，互换性较低，技术更新和产品升级换代的工作极为繁重且代价高昂。这其中最主要的原因有：1）技术进步导致新的软硬件平台和标准产生，如 VXI、PCI、PXI、USB、LXI 等总线标准产生和进入ATE/ATS，Windows95、Windows98、Windows2000、XT、NT、Windows7、Windows8 等软件环境也一直在变化，HP VEE、Matlab、Visual C、Visual Basic 等软件平台也一直处于发展变化中，这些条件的排列组合使得 ATE/ATS 的技术特征越加复杂多变，没有展现出同类系统的简单互换性等标准化特征；2）ATE/ATS 从来都被当作组合式专用系统来对待，因而不同的系统在构建时，多为就事论事，技术随意性较大，较少考虑通用性和标准化问题，后期技术升级与更新等问题也较少理会，导致了目前这种局面。3）使用和构建 ATE/ATS 的各个部门互不隶属，各自为政，缺乏一个统一的意愿和主导者要求他们各自协调形成统一的标准化的技术局面。4）生产和研制 ATE/ATS 模块的生产厂商从商业竞争的利益角度出发，设置了一些各自的违反标准化原则的"障碍"或"特征"。正是这些原因，导致了不同的 ATE/ATS 在互换性方面总存在这样或那样的问题。

第四节　ATE/ATS 计量测试标准化的贯彻实施

ATE/ATS 计量测试标准化的贯彻执行，主要是需要贯彻执行两方面的理念，一是系统全寿命周期的计量校准理念,二是针对系统构建中的问题以及揭示出的计量校准问题,在全寿命周期的每一阶段均进行计量性设计、实施和贯彻。

一、设计阶段

该阶段所要进行的工作主要有:1)系统的定量描述;即,系统包含哪些物理量值,量程范围,准确度要求,物理量的性质区分(信号源类,还是测量仪器仪表类),通道数目,不同通道物理量之间的时序逻辑关系以及组合逻辑关系,同步特性要求,驱动能力要求等。避免以模块技术参数代替系统技术指标,造成过度计量校准以浪费计量校准资源。同时,以实验为基础,确定失配、负载效应、干扰、开关矩阵以及传输路径对于系统指标的贡献和影响;2)进行可计量性设计;包括针对同种量值确立"系统内部最高计量标准",建立系统内部计量溯源链,将同种量值均有效溯源到系统内部最高计量标准上,以便能随时执行内部量值的自动化校准操作,节省外部溯源成本,提高工作效率。同时,还可以使用校准方和被校准方的量值一致性进行计量验证和互相监督与核查,以确保系统量值的良好稳定的技术状态;3)确认计量校准需求;主要针对系统最高计量标准的外部溯源量值及其关联特性,提出明确具体的计量溯源需求,包括物理量值、性质(源或表)、量程范围、准确度要求、驱动能力、通道数目、时序逻辑、组合逻辑、同步特性等,以便制定量值溯源系统图,编制计量大纲和计量校准规范等计量校准文件,给出计量校准设备推荐表,进行计量校准设备选型与构建,以及进行其自身的自动化计量校准系统的计量溯源;4)执行标准化软硬件设计。其标准化软件设计包括:软件功能和性能描述标准化,使用统一一致的数据信息结构,采用统一一致的信息指令结构和信息指令定义;使用统一一致的开放式公共软件平台;采用统一一致的总线标准和信息传输标准;尽量减少所用总线标准的种类;避免使用仅在某一厂商或少数厂商中使用的特殊功能及定义,以便实现软件平台及其附属硬件系统平台的维护性和互换性。

在系统中嵌入自动化校准软件系统,以进行内部校准工作,并实现对外部溯源的量值所选择的计量标准设备进行控制和管理,以实现全自动计量校准流程。

其标准化硬件设计包括:硬件功能及性能描述标准化,使用统一一致的通用总线功能模块构建系统,若不能用同一种总线模块实现全部功能和性能时,也要尽量减少所用总线标准的种类,采用统一一致的信号传送及信息传输接插件标准,减少接插件标准和种类;避免使用仅在某一厂商或少数厂商中使用的特殊功能及定义,以增强系统硬件模块的互换性。

二、研制阶段

该阶段是系统软硬件功能和性能的实现过程,它也是其设计思想的实现过程。主要内容包括:1)选定主体总线标准,例如 VXI、PXI、LXI 等;2)根据硬件功能及性能描述选定硬件功能模块;为保证互换性、维护性及维修性,最佳的选定方式是每种功能模块都有至少 3 家厂商生产的可以不需软件变更即可完全互换替代,具有良好匹配性、适应性以及抗干扰特性等;3)根据软件功能与性能描述,确定所用的公共开放性软件环境和软件语言等。若涉及批量列装同类 ATS/ATE 系统时,较佳的实现方式是能将相同的硬件系统在 3 种以上截然不同的软件平台或语言环境下实现其全部功能和性能,并能在硬件不变化的情况下,实现软件的完全互换,以确保该系统不仅具有良好的硬件互换性,也具备完全的软件互换性,以确保后续的软硬件升级及维护性,以及在一种软件环境下出现问题时,确保在另外一种软件环境下完成相同的工作;4)完成软件功能、硬件功能、接口规约、电子文档的数据结构,计量校准操作与流程等的标准化工作,以保证软件、硬件、电子文档等均具有互换性以及良好的维护性。并编制相应的计量校准方法及计量校准规范。

三、试验阶段

该阶段的工作内容主要是系统性能和功能的物理验证过程。主要包括:1)系统的软硬件功能是否顺利实现;2)系统的软硬件性能以及指标参数达到了多少,是否具有完全的可控性、可观性、溯源性,是否达到了预期的技术指标要求;3)相同功能与性能的不同厂商生产的功能模块的互换性试验;4)相同硬件结构,不同软件环境平台、不同软件运行条件下的软件互换性、替换性完整试验;5)同样的软件数据文件在不同软件环境及条件下的兼容性试验;6)系统内部溯源链下的自校准试验;7)系统外部校准与溯源的自动化校准试验验证;8)系统技术指标和参数定量确定与考评试验验证;9)系统稳定性、抗干扰性、电磁兼容性、环境适应性试验验证;10)相同的硬件模块,不同的物理结构,性能指标的优化试验;经过不同方式的排列组合及性能优化比较后,给出最佳结构方案作为系统的推荐方案。

四、定型生产阶段

本阶段的工作内容主要是在上述设计、试验的迭代过程中获得的最佳方案基础上进行技术固化和技术定型,并执行重复生产和系统构建。包括:1)选取优选方案进行技术定型,给出软硬件模块及其互换性基本要求;2)制定适应所选系统构建方案的计量校准方法或计量校准规范,以适应全系统计量校准需要;3)确定并给出全系统的技术指标和技术参数;对系统所涉及的所有量值进行完整的技术描述;4)给出外部计量校准需求表以及给出计量校准所需设备的技术要求;5)结合计量校准方法,给出系统构建合格的验收测试方案以及合格所需的技术判据,作为生产完成后的技术质量控制以及技术检验依据。同时,也作为商业购销的一种技术检验依据。

五、使用维护阶段

本阶段的主要工作是:1)定期进行自动化计量校准,以确保系统的技术状态处于要求范围之内;2)在出现超出技术要求的硬件模块后,适时进行物理更换和计量校准,以使系统恢复正常;3)在未进行可计量性设计的系统内,按照系统本身的技术指标要求(而非单纯组成模块的技术参数)进行计量校准,以确保其处于正常的技术状态中;4)针对未能进行可计量性设计的系统,若同时缺乏系统性指标和参数,无法进行系统计量校准的情况,通常的做法是对构成系统各个硬件模块的技术参数和指标分别进行计量校准;这种做法尽管属于技术补救措施之一,但存在天然的技术缺陷,一是脱离系统环境状态的模块校准所获得的技术参数仅是模块自身的性能参数,不是它与系统共同作用后的系统性指标和参数,技术内涵不全,存在隐患和缺陷;二是 ATS 系统往往不是使用每一个硬件模块的全量程范围和全部技术能力,并且准确度要求也较模块自身要低些。

若完全按照硬件模块的性能参数执行计量校准,往往造成过度计量和计量资源的浪费;5)给出系统报废和淘汰的辅助技术判据。由于 ATE/ATS 系统通常属于武器装备的技术保障和技术支撑系统,因而它的寿命周期结束时的判据通常可能有以下几个:1)它所保障的武器装备因技术升级换代而淘汰导致系统报废;2)系统构成的硬件模块由于技术升级换代导致已经不再生产和提供技术支持,市场上无法再找到可替换的硬件模块,造成系统报废;3)系统的接插件物理磨损、硬件技术性能指标下降,导致已经不再符合技术要求造成的报废;4)由于技术进步,有更好的替代系统出现造成的原系统报废。其中 3)和 4)均需要以技术参数和性能比较方式提供报废的技术判据,这里,系统地周期性计量校准是提供该判据的基本方式和主要手段。

综上所述,可见 ATE/ATS 系统能有效地正常工作和管理的最根本技术途径是在其生命周期的各个阶段有效贯彻计量标准化要求,有了严格的计量标准化技术基础,其他全部工作皆可高效有序、顺理成章,节约了大量时间成本和经济成本。而若无计量标准化理念和设计,很多工作无法在实际工作中开展。例如,计量成本高昂,且无法全面系统进行计量校准,在进行硬件置换维护后的性能指标评价等方面的工作更加困难。

第八章 | 未来计量测试的标准化发展趋势

第一节 概 述

前已说明，计量起源于社会分工，起源于商业贸易活动中的商品交换，其后续发展依然有赖于社会分工和社会协作的工业生产活动以及人们不断探索未知的科学实践活动。在相当长的时间里，人们的计量测试活动仅涉及结果的计量与表述，而对于产生结果的过程以及其他因素，极少使用计量手段予以对待。随着人们对于客观事物要求的不断深化，不断精确化，计量测试在人们生产活动中的比重逐渐加深，由早期的只侧重结果的计量与表述，逐渐发展到过程计量与量值环境条件控制。无论从时间尺度上，还是从空间维度上，均在向人们的生产与生活的各个方面全方位渗透。计量标准化无疑在其中扮演极为重要的角色。

第二节 计量完整性及标准化趋势

一、量值的计量完整性

计量自从诞生之日起，便定义并关注的是物理量值，因而，几乎所有的计量活动都是围绕着量值进行的。有关量值的定义、条件、状态等以及量值的保持、呈现、复现，比较、比对的原理、方法、过程、处理方式等，构成了物理量值的完整性描述。

自然界的万事万物皆处于永恒不变的运动变化之中，因而保持量值不变一说，仅仅是相对的和有条件的。而这些保持量值不变的状态及条件的全部，构成了维持物理量值的计量完整性的全部特征。重要的状态或条件信息不明确或不固定所呈现的量值，也将是不稳定和不确切的，存在计量完整性方面的问题及隐患，或者说，缺乏计量完整性内涵。当然，人们对量值准确度的不同要求，也将使得描述其计量完整性的状态及其条件发生很大的变化，而这些变化及差异，恰是物理量值的计量完整性的具体表现形式。绝大多数情况下，人们将它们归结为影响物理量值准确度的环境条件。例如温度、湿度、大气压强、电磁干扰、环境机械振动与冲击、粉尘、盐雾、风速、风向及放射性剂量水平等。与计量测试结果一并确定并明确给出的环境条件信息，是物理量值完整定义及描述的计量标准化工作的一部分内容。

二、物理对象的计量完整性

科技发展到今天，人们已经不再局限于仅仅关注某一客观物理对象抽象出的某一个物理量值，而是回归本原，转为对于客观对象的完全关注。多数情况下，它们不能仅仅用某一个单一量值来完整描述，若想进行对象的完整描述，需要多个物理量值。而在某些关联性比较强的场合，还要求这些物理量值具有明确统一的时序关系。

理论上，能够对客观对象进行完整描述的最低数目的相互独立的物理量值构成对象的技术指标体系。具备计量完整性的量值溯源，要求对于技术指标体系中的全部物理量值均进行计量校准，不允许以少代多，以偏概全。没有执行全部技术指标的量值溯源的物理对象，不具备计量完整性描述条件。

由于人们对于自然界的认识是一个不断深化的过程，在很多意外情况出现时，往往不能明确无误地判别因果关系，因而导致很难判定构成物理对象的技术指标和参数在意外出现时，哪一个更加主要，此时，计量完整性显得尤其重要，它有助于人们更加清晰明确地分析出哪些物理量值和状态会导致异常状况出现。从而在实际工作中有效避免该意外的发生。

缺乏计量完整性的量值体系，将不能确保准确给出异常状态出现的因果性。由此，也可以看出，不仅仅是孤立量值的计量，计量完整性本身实际上展现出更大的意义和价值。

实际的工程实践中，仪器、设备或系统，多数都无法用某一单项量值指标或参数进行完整描述。因而需要对影响其功能和性能的全部计量特性指标与量值进行计量溯源，以求达到计量完整性要求，而不仅仅对其中少数量值进行溯源就可以满足实际应用的计量要求。多数情况下，这种计量校准模式被称为系统综合计量与校准。由此可见，计量完整性是未来计量测试的一个必然发展趋势。由此也引出了全寿命、全过程、全空间的计量标准化发展趋势。

三、全寿命计量测试标准化趋势

全寿命计量最早仅用于计量标准器具，由于要给人们提供标准量值，因而导致在其全寿命过程中，均需要通过周期性计量检定方式对其计量特性予以确保。其中，最主要的计量活动仍然是发生在其使用及维护过程中，被称为周期检定或周期计量校准。而最早单独以全寿命计量观念提出要求的是军队中武器装备的全寿命计量校准。

由于武器装备的主要目的之一是对敌方目标进行攻击和摧毁，需要通过瞄准、制导、调整攻击状态参数等方式实现准确攻击和精确打击。客观上需要其中涉及的量值一直保持准确可靠，因此，需要依赖计量测试手段。而这些计量测试手段能否高效顺利地执行，对武器装备全寿命中各个阶段的计量标准化工作提出了一系列明确具体的要求。主要包括：

1）设计阶段：需要对全部技术指标进行量值描述；对武器装备进行可计量性设计。

2）研制阶段：突出的特征即是按照全部量值可控且可观的可计量性设计理念进行研发和制造，以确保所有计量特性参数在后续使用维护过程中的可计量性。

3）试验验证阶段：主要是以计量测试手段对其全部性能指标进行试验验证，并对在形成成品后的日常使用过程中的可计量性进行技术验证。

4）定型生产阶段：严格按照可计量性方案进行生产和制造，并进行产品的指标和性能检验，同时确定完整的计量校准方法，确定计量特性指标，给出计量校准设备推荐表，为后续的计量校准奠定技术基础。

5）使用维护阶段：基本要求是严格执行周期性计量校准，以确保其量值的准确可靠及有效溯源，并在产品需要报废时，给出计量特性方面的判定依据。

另外，近年来发展并兴盛起来的"飞机结构健康监测"、"武器装备结构健康监测"就属于该方面的典型事例，它将飞机以及武器装备的日常使用维护纳入计量监测体系，不仅仅是在出现故障之时,也不仅在大修维护之时,在日常使用过程中,即对这些装备进行健康状况监测,属于全寿命计量测试方面的发展趋势之一。目前,空中客车公司、波音公司等大型飞机制造商,已经开始在其新型号民用飞机合成材料构件上预先埋置了光纤光栅传感器等,为其后续使用维护过程中的结构健康状况的实时监测奠定了基础。

四、全过程/全天候计量测试标准化趋势

伴随着人们对产品质量要求的不断提高以及这些要求不断突破自然环境的各种条件限制,产生了过程量值控制以及相应的过程计量要求。典型的例证有两个方面,一个是生物工程或生物化学工程中的一些生产和科研实例,人们需要在其全过程中对于温度、湿度、压力、光照等各种不同的环境条件,按照某种预期规律进行全过程控制,以保证生物工程产品的最终质量和生产效率。另外一个方面的例证是对于一些复杂工艺条件的精密复杂工件的精密制造和加工,需要全过程精确控制制造过程中的众多物理量,才能保证其工作效率、成品率和加工制造的可行性。在这一类生产实践中,过程计量和过程量值控制贯穿于其加工过程的始终,且通常不允许中途中断所进行的生产过程,这导致了典型的全天候、全过程的计量校准需求。即这种生产模式的全过程中,任何一个阶段点都有可能提出计量需求,需要以计量校准手段解决其量值准确度等有关问题。第三个例证是医学领域的心电功能监测,由于某些类型心脏病的典型特征是间歇式不定期发作,在不发作时很难从其心电图上寻找出明确无误的诊断信息,因此需要疑似病人配戴心电监护仪进行全天候全过程不间断的心电监测,然后将一段较长时间内的心电波形提取出来进行特征分析,寻找心脏的疾病信息。这一过程本身,就可以看作是人类自身的结构健康监测,也是属于全天候全过程计量测试的典型示例之一。以何种技术方式和计量校准模式应对未来这一类计量校准问题,并将其进行标准化,无疑是一个巨大的技术挑战。

五、全量值/全空间计量测试标准化趋势

一直以来,计量器具以及仪器设备均在突出其主要技术指标和参数,很多时候,其主要技术指标和参数仅有一项。由于计量特性基本上是一些实物复现的物理量值,多数情况下是随着环境条件的变化而变化的,这将给其量值造成误差和不确定性。以往的做法是对其计量环境条件进行限定,以便大家在同一条件下复现量值,使它们具有含义的一致性和量值的可比性。随着人们对计量量值的准确度要求的不断提高,环境条件对其影响越来越难以忽视,并且在人们对于计量器具的特性有多方面要求时,也导致需要计量的物理量值种类的多样性和复杂化,而它们各自对环境条件的敏感程度也愈加复杂化。实质上,这些相互作用和相互影响与关联的物理量值组成了不同的各具特色的向量空间,客观上,只有对其各种环境条件量值及变化过程进行控制、追踪和建立模型,才能完全描述所关心的物理量值体系的真实情况。这实质上体现了一种全量值、全空间的计量校准需求。"飞机结构健康监测"、"武器装备结构健康监测"也属于该方面的典型事例,即全空间的过程控制、过程辨识、过程计量。如何构建这种全量值、全空间的过程量值向量的系统模型,将是未来计量标准化的一个发展研究方向。

第三节 现场计量校准及标准化趋势

一、引言

最早期的计量测试活动显然出现在各种贸易现场,而后,随着人们对于计量准确度

要求的逐渐提高,并意识到环境条件对量值定义及复现的影响,实验室计量校准活动逐步成了其很大一部分日常活动。工业与科技发展到今天,导致一些大型系统和装备无法简单搬移到计量校准实验室中,需要进行现场计量校准,因而导致现场计量校准成为工业计量、军事计量、生物化学计量和生物医学计量等许多场合的典型计量校准方式,这也是计量校准未来发展的一个典型趋势。

工业现场的特点是使用的测量系统种类繁多且复杂,各种原理、方案、参数几乎都有,如何确切分类都是一个困难的问题。按用途分,通常可归为以下几个主要方面:

① 用于过程控制的过程测量类系统;

② 用于质量控制与管理的在线检测类系统;

③ 用于产品性能试验的综合实验系统(各类试验台)。

当然,它们的名称可能是多种多样的,但是其存在的理由及工作的目的,均是以数据方式来控制、保障及提高产品质量,评价产品性能,保障经济效益和社会效益,以降低成本,提高生产效率,进而提高其市场竞争力。质量、性能、效益是所有测量系统存在的初衷和目的,而这些都是通过测量数据来实现的。因此,测量数据的可靠性及溯源性是所有测量存在的基础。恰是在其溯源性方面,许多工业现场应用的测量系统存在着严峻的问题,这些问题的彻底解决,自然将是现场校准技术的课题。

数字化测量系统作为工业现场用测量系统的一个主流,目前应用最多且最广泛,面临着同样的问题。这类系统中,一般是将被测物理量首先转换成电信号后,再进行模数转换,形成量化特征的测量数据,然后通过计算机系统传输、处理和应用。由于这类系统在多参数、智能化和自动化方面存在着明显优势,因而获得了越来越广泛的应用,在工业现场用测量系统中所占比重也越来越高,所以,其现场校准技术及其发展无疑引起了更为广泛的关注。

二、现场测量系统及其校准的特点

和通常实验室用测量设备相比,现场测量系统一般具有以下几个特点:

① 使用环境比较恶劣;通常其使用环境的温度及湿度变化较大,各种振动、冲击等机械干扰较强,电磁环境较为恶劣,各种电火花、放电、开停等造成的电磁干扰可以很大,一些场合的粉尘甚至烟雾污染较严重,这些因素均可能导致系统指标的较大变动,其环境与实验室所规定的有极大不同;

② 系统庞大复杂,通道极多,可能有几百甚至数千个,传感器布点分散,全系统或装在较大的机柜机箱内,或安装在各型试验台、工作台上,或安装在流水作业的生产线上,与工况融为一体,移动、拆装极为困难,在试验台上的各种传感器,则每次拆装都有可能造成损坏和故障,而生产线上的系统的拆装将严重影响生产效益,通常是不允许的。由此,迫切需要进行现场校准,尤其是在线校准的实现。

③ 现场测量系统最受关心的是整个系统的总体指标,而不仅仅是系统各环节的特性指标。

④ 测量参量较多;通常有温度、压力、流量、位移、转速、力、应变、超声波、气体、涡流、X 射线、γ 射线等,量程变化较大,因而校准评价异常困难。

⑤ 不同的系统因工作不同,所侧重的要求不同,差异很大。除了每一个系统都对静

态测量准确度有基本要求外,对于动态、瞬态、抗干扰以及噪声等指标特性的要求不完全相同,不宜统一划定。

仅仅上述几个特点,已经使人觉得测量系统的现场校准是一项不做不行,做又有些无从下手的异常艰难的工作。

三、测量系统现场校准的现状

目前,现场测量系统的校准现状不容乐观,总体说来,大多数现场测量系统未能进行周期性计量校准,只有少数系统开展了这方面工作。一般,大型企业和企业集团的状况要比中小企业好些,军工企业比民用企业的状况好些。并且,就开展工作的少数系统来说,所使用的方式和方法是多种多样的,一些生产线上的测量系统多使用"标准样件"进行现场或在线校准,然后通过将"标准样件"送到计量部门检定达到溯源目的;一些大型实验系统和试验台上的测量系统,则通常是将其传感器拆下进行现场或实验室校准,而传感器后面的所谓二次仪表,多数是在现场加载一些特定信号进行校准,少数则送到实验室进行;也有少数现场测量系统具有"自校准功能",可以在线自校准。

上述这些现场校准,就其涉及的指标来说,多数属于静态特性,即静态测量准确度,而现场测量系统中,对于测量影响较大的温度漂移、时间漂移以及抗干扰指标涉及较少,另外,尤其是对一些动态测量系统,其动态特性的评价校准至关重要,却没能进行评价校准。目前多数的具有"自校准"功能的测量系统,主要是校准部分静态测量性能指标,和对其组成的部分模块进行自诊断,以判定其是否有故障,并未能解决现场校准的溯源问题。所幸的是,人们的质量意识已开始觉醒,已有越来越多的人们注意到了这些非常不容易溯源的现场测量系统的校准问题。

四、现场校准的需求状况

现场测量系统的校准需求是多方面的,总的说来,主要包含以下几个方面:

① 溯源需求。这是由于所有测量系统的数据均涉及产品质量、性能以及生产效益和竞争力而产生的根本需求。

② 在线及现场校准需求。这是由于现场测量系统大多数就是实际的生产、试验及控制系统中的一部分,甚为庞大、复杂,且任务繁忙,不宜搬移拆卸而产生的客观要求。

③ 多种物理量激励源要求。现场测量系统所面临的和测量的物理量既多且杂,如可能包含有温度、压力、流量、位移、转速、力、应变、超声波、气体、涡流、X 射线、γ 射线等,这在客观上要求现场校准能够提供这些物理量的标准值,以供实际运用。

④ 繁多而庞杂的特性要求。现场测量系统的校准要求并不局限于静态特性,在某些情况下,可能包含动态、抗干扰以及瞬态特性的评价需求,这对人们提出了更为严格的要求。一般来说,如果用户只需要测量记录静态或缓慢变化的准静态信号,则其需要将注意力主要集中在静态特性指标上面;如果用户需要测量记录瞬变或稳态过程的交变信号,则其不仅需要将注意力集中在静态特性指标上面,而且需要考虑其动态指标是否能满足自身的需要。若用户环境是电气环境比较恶劣的工业现场,则其还必须注意抗干扰特性指标。如抗共模信号的范围、共模抑制比大小等,以判定其是否适用于应用场合,能否满足需要。

⑤ 自动化校准要求。由于现场测量系统一般较庞大,通道较多,所测物理量也多,量程挡更多,因而校准工作量极大,为将计量人员从大量繁重重复性劳动中解放出来,并提高校准效率和可靠性,需要进行自动化校准。

⑥ 总体评价要求。这一需求是指现场评价指标最终应以测量系统的总体指标方式给出,而不是以分项各环节指标给出,以免在指标合成及理解、运用上造成新的困难和误解。

五、现场校准的难点

测量系统的现场校准存在着以下几个难点:

① 原位校准;正是因为现场测量系统多数是工业现场的生产线或试验台的一部分,或体积庞大、不宜移动,或安装布线复杂、与工况密切相连,不宜拆卸,所以不宜也不可能送到校准实验室校准,需要现场原位校准。而原位校准中激励信号如何加载可能是个异常困难的事。

② 多种激励源;现场甚至在线原位校准时,由于现场测量系统可能测量多种物理量(如温度、压力、流量、转速、位移、应变、应力等),其现场激励信号源要求多且严格,而对于那些非电量信号,其动态激励源更是极难实现。

③ 自动化校准;现场测量系统多数都极为庞大,含有多个通道(甚至上千),每一通道又可能含有多个量程,所以校准工作量异常巨大,必须进行自动化校准。多个通道、多种物理量,尤其是非电量测量通道的全自动化校准非常难以实现。

④ 可测性及可计量性设计;绝大多数现场测量系统以及各种试验台、生产线,均未进行可测性及可计量性设计,即传感器以及测量仪器仪表在安装位置上的可测量校准性是未予以考虑的;因而即使有了各种物理量现场激励源,由于众多传感器布置安装的位置、空间等限制,若不将其从安装处拆下,可能根本无法将信号加载上去,并且由于某些大型测量系统可能有数千只传感器,拆装校准工作量大得惊人,影响生产和实验是不可避免的,且效果还不一定好,更无法实现全自动化校准了。因而,现场测量系统的可测性及可计量性设计是另一个较困难的问题。

⑤ 计量法规缺乏;现场测量系统中的许多均属于专用测量设备,在我国,多数计量法规都是涉及通用测量设备的,适于专用设备的较少,并且,现场测量系统型号繁多,每一个型号涉及的物理量又可能很多,较难找到完全合适的法规,即使对于部分通用型系统,也多是针对实验室校准而制订,很少考虑现场应用的特殊性,因而并不能完全适用,其间取舍又造成许多不确定因素。即使是加紧制定各专用测量系统的计量法规,由于该类系统的品类繁多、组合多样,产品更新换代快,法规也无法完全跟上其发展,这是计量法规建设上的困难之处。

⑥ 多量纲现象;也正是因为许多测量系统是用来测量非电量物理量的,但是工业现场的众多干扰中,最严重的恰是各种电干扰,这种激励与响应分别为不同量纲的物理量的指标如何描述与规范其定义,也是一个问题;以往大部分测量系统的激励与响应均为同一量纲的物理量,若其不同时,尚无统一结论。

⑦ 质量意识;现场测量系统校准的最困难之处是有相当一部分设计者和用户,忘却了这些系统是为什么而建及其存在的理由,认为不必对其量值进行溯源,没有必要校准

现场测量系统的各项指标性能,这往往是阻碍现场测量系统校准技术发展与进步的重要原因,也是当今伪劣商品泛滥的原因之一。

六、标准化对策及建议

综上所述可见,由于现场测量系统品类型号繁多,且可能非常复杂,因而以往的那种以测量仪器为主制定法规的方式和方法远不能适应实际需要,也远跟不上仪器设备的更新换代和变化速度,尤其是对组合式仪器,更无法适应。可以在计量法规制定中,开展以物理量为核心的法规制定工作;因为不管测量设备如何变化多端和如何复杂,其测量的物理量参数总是有限的,不可能无限增多,对于任何一个复杂的具体测量系统,可以使用多个单参量计量法规"组合"成一个专门的执行文件,这样既避免了法规的无限增加,和跟不上实际需要,也使得同类测量系统的性能指标更具有可比性。

人们应该非常明确的一点是,现场测量系统的校准实际上是和这些测量系统融为一体的生产、试验系统的校准,而不仅仅是孤立的测量系统的校准;不是为校准而校准,而是为了保证其工作性能才校准。因此,现场校准问题的全面解决,不能只停留在如何对各实际测量系统的如何校准上,要根本解决问题还应执行和贯彻"可测性及可计量性设计思想和原则",正如飞机等大型系统的可维护性以及标准零件的可互换性设计原则一样,即一个大型复杂的现场测量系统从设计研制时开始,就应考虑其现场原位的自动化校准问题,这样将使得现场校准问题从一开始就纳入计量技术体系,并使其高效自动化校准成为可能。实际上可以说,未考虑自动化原位校准的大型复杂测量系统是不完善的产品设计方案,这一问题目前才刚刚引起注意,从当前正在建造的大型实验系统上看,还远没有得到足够重视。

应当特别指出的是,测量系统的指标是多种物理量性能指标的总体,而非单一物理量指标就能将测量系统概括全面。举例说来,由于现在多数测量系统都使用电子测量手段,因此,即使是对于非电量测量系统,如压力测量,也需要考虑和评价电干扰信号对结果的影响,而不能仅仅考虑压力信号。

目前存在众多的未遵循可测性及可计量性原则设计的现场测量系统,这些系统的校准,可采用标准化的分段法进行校准:

① 在安装之前,对所有传感器进行校准(包括静态、动态指标等);对传感器后面的数字化测量系统进行静态、动态和抗干扰指标的全面校准;

② 实际工作中,对全系统(包括传感器)的静态特性进行原位校准,对传感器后的数字化测量系统进行静态、动态和抗干扰指标的全面在线校准;

③ 对于不能进行现场校准的传感器和测量系统,在必要时考虑拆下来送实验室校准。这一方案虽然不能解决所有问题,但是可以对测量系统开展原位校准,并可望获得其全部静态特性和部分动态特性、抗干扰特性等,是一种可以有效实施的标准化计量校准方案,又能最大限度地获得现场测量系统的主要性能,并保障其溯源性。

七、结论

测量系统的校准,并不是这项工作开展的最终目的和手段,人们不应将其看成是一个负担,不能是为了校准而校准。校准以及计量的唯一目的是测量系统所提供的数据的准确性及可靠性,进而保障的是产品的质量、性能以及效益。并不是每一个人都对此有着比较清醒的认识。关于测量系统的现场校准问题,笔者曾走访了许多工厂和科研单位,其中一家大型设备的设计研究所的状况很具有代表性,这家研究所为了研制和测试其所设计的大型设备,耗资过亿,建造了十余座用于不同试验的大型试验台,显而易见的是,人们为了评价其设计研制的大型设备的性能和质量才建造了这许多大大小小的试验台的,在这里,永远居于第一位的应是试验台所出具的数据,它的全面、准确、可靠和高效是人们最初也是最终的目标;是试验台为了数据而存在,校准是为了数据,不是倒过来,为了试验台才去计量它;不能给出有保障的数据的试验台是没有存在的必要的。但是,建造和使用这些试验台的人们,绝大多数缺乏这方面的思想和意识,他们往往对于试验台本身奉若神明,而对其数据的校准则不屑一顾,认为"没必要、不需要、纯系多余、自找麻烦"。因而,这一系列试验台,用于仿制国外或其他公司的大型设备,可以说是基本满足了一些要求,也具备了一些手段,用来研制大型设备、进行开创性试验项目,设计世界第一流设备,并将其全面准确地评价出来,差距尚非常巨大。当然,不断改善和完善这些试验台,阻力也是非常巨大的。

实际上,计量校准的顺利开展,既有赖于科学技术进步,又在不断地推动着科学技术的进步。从根本上说,是人们的质量意识以及管理水平在不断地影响着计量校准工作的发展与进步。实践证明,越是效益好的和品牌优良的公司,越是重视质量和计量校准工作,其市场竞争力也越强、信誉也越好,效益也越好;越不重视产品质量的公司,也越忽视计量校准工作,其信誉及市场竞争力也越差,效益也越差。

在计量萎缩,伪劣产品充斥之处,生产厂家管理者的质量意识、管理水平不论如何鼓吹,都是显而易见的。实际上,很少有人意识到,科学技术发展到今天,许多应用技术已经成熟,大多数产品质量差的根本原因是管理生产该产品的人的质量差造成的。

第四节　远程计量及网络化计量测试标准化趋势

一、远程校准的差异

在已有的校准方式中,现场校准与在线校准的特点是标准量值一定要被送到被校仪器设备的工作现场,因而校准环境条件完全是被校仪器设备的工作环境或与其相近似,而不是标准实验室的校准环境。其量值多数通过用于保持量值的标准器具传递,计量标准量值的准确度在现场恶劣环境条件下往往要下降。

实验室校准的特点是被校准仪器设备一定要被送到标准实验室中,在计量标准的环境中进行校准。它可能导致校准是脱离原工作环境与现场的,环境条件并不相同,其导致的变化通常又没有定量估计,因而在一些观点中,其效果和实际意义是常常被质疑的,也是计量无用论的"有利论据"之一。

实际上,现场校准与实验室校准两者的差异主要体现在三方面:

1) 校准环境条件的差异导致校准结果内涵上的差异;实验室校准中获得的校准结果往往由于环境因素而偏好,过于悬殊的环境差异可能使得在实验室条件下的结论在工业现场工作中毫无意义或仅有象征性的参考意义。

2）现场校准中，计量标准量值的准确度往往因环境条件的恶化而下降。

3）很多大型设备与系统不能或很难实现非在线状态下的实验室校准。

实验室校准的主要特征与内涵是面向量值，强调量值定义与环境条件的统一与可比性。现场校准的主要特征与内涵是面向应用，强调现场真实环境下的量值溯源性含义以及不同环境条件下量值的一致性和可比性，因而是更加困难和复杂的要求。

随着生产生活以及军事计量等的特别要求，远程计量校准被提到议事日程，并成为有可能引领未来的一种计量校准方式。它的发展，有望消除实验室校准和现场校准之间的差异，一举解决两者之间存在的不一致的问题。

关于远程校准，目前远未达成共识和一致，人们仅仅是根据它所需要的一些具体技术问题进行了一些探索性研究，并取得了一些进展，但是它无疑是有别于单纯实验室校准和现场校准的另外一种校准模式。例如，人们试图使用互联网技术平台实现远程校准的一些功能，研究了借助于互联网实现的仪器设备的远程控制，用于校准数据采集系统和电参量，研制了适用于这种工作模式的多功能传递标准，一些公司已经研制了很多具有互联网接口与驱动资源的可以轻易实现远程控制和操作的仪器设备。也有人试图借助于互联网辅助实现测量保证方案或校准实验室认可。

目前发表的文献，除了部分时间频率参量以外，涉及远程校准问题者多用互联网远程控制模式，均以实物传递标准实现量值的溯源与传递。用传递标准短期指标优于长期指标的技术特性达到降低溯源不确定度的目的，以主校准实验室控制实施的模式实现校准的规范性与一致性。

实际上，这种方式的校准，仅是一种远程控制模式，并不能称其为真正意义上的远程校准。人们希望的远程校准方式是不需要实物传递标准搬运即可实现量值溯源与传递的计量技术方式。即量值在传递而实物无往返。它既能同时具有现场校准的优点，又能克服实物计量标准直接进入校准现场可能出现的准确度下降问题。

二、远程校准的技术途径

可以实现这种方式的远程校准技术途径主要有 3 条：

1）由目前已经可以不需要实物搬运进行量值溯源的技术为手段，实现一些量值及其导出量的远程计量校准；如目前人们已经能通过 GPS 卫星系统共视法实现时间与频率量的远程校准与溯源。这些量值以及由它们直接和间接导出的量值的远程校准已经完全能够实现，例如时间间隔、采样速率、时间延迟、FM 信号的调制参数等等。另外，其他物理量值，只要能够通过一定的技术环节或技术装置，将其与频率量值直接建立起确定的量值关联，也可以通过频率量值的远程传递而达到校准溯源的目的，例如核磁共振产生标准磁场就可以使用远程频率计量校准达到溯源磁场的目的，从而有效计量校准磁场探头；又例如使用频率量值控制出现的约瑟夫森电压，也可以使用远程频率量值校准实现电压量值的计量溯源。有关这方面的技术进展将大有可为。

2）由确定的数学物理模型参数以及比例系数一类参数定义的量值，可以实现远程校准；例如正弦波相位差、失真度、谐波参数、AM 信号的调幅度、仪器设备的线性度、信噪比等等。

3）直接由量子化效应产生的自然基准实现的量值，和由它们直接或间接导出的量值,没有溯源问题,可以实现远程校准;例如激光波长、霍尔效应产生的电阻值、约瑟夫森电压等等。

远程校准是未来计量技术发展的前沿方向之一,它实际上是一种技术体制,而不仅仅是距离远近的差异。其中涉及很多方面的技术问题,由于立场、观点、侧重点不一致,也会导致对于远程校准认识和理解上的不同。

三、远程校准的实质

远程校准的基本问题与核心问题是标准量值的远程传递问题,而不是标准自身或被校仪器设备的远程传送问题。不论是实物计量标准还是被校仪器系统的远程物理运送都是不希望出现的。运输成本、时间成本以及由于中断工作带来的生产实验成本是巨大的。国防计量和军事计量中涉及的战争成本与代价更加高昂。因而,这是远程校准必须要面对和解决的问题。

远程校准与其他校准的本质差异也主要体现在是量值而非仪器设备的传递运送,只要出现了实物传送,无论是标准仪器、传递标准还是被校仪器设备,都不能被视为真正意义上的远程校准。

借助于互联网等网络技术实现的多媒体远程测控技术,将使得远程校准步入一个新的层次,使得计量人员可以在不到校准现场的情况下将身旁的或其他(第三地)实验室的标准量值远程传递到被校现场执行校准,并对校准结果进行分析、处理和判断,产生真正意义上的网络化校准。这不仅节省了校准时间和成本,使随时校准成为可能,同时避免了实物计量标准进入现场而出现的准确度下降问题,而且将有助于实现一流计量专家可以随时"直接介入"校准现场执行校准,极大地拓展了高等级的优秀校准实验室的能力覆盖空间。对于距离遥远的深山、海岛、军舰等处工作中的计量校准,意义尤其重大。

对于电参数而言,以有线或无线方式实现的远程量值高精度传递技术应该是人们所特别关注的。例如,借助于无处不在的广播电视、电信电话、电力电网、卫星通信平台,若能实现量值的远程精确传递,将对于远程校准具有特殊的意义和价值,也将是远程校准的研究方向和目标之一。

远程计量校准的标准化问题有如下几点:

1) 如何实现每一种特定的量值的远程计量校准,需要寻找出标准化解决方案;

2) 远程计量校准的操作步骤与过程可以实现标准化;

3) 远程校准的新问题可能拥有标准化解决方案。

第五节 虚拟仪器/组合仪器/复合仪器的计量标准化趋势

一、引言

关于虚拟仪器,有许多种提法和分类,如卡式仪器、总线式仪器、计算机化仪器等等,多数均强调其软件面板,强调其虚拟界面及控制环境,强调其数学模型和软件方法,一句典型且具有代表性的口号则称:"软件就是仪器"。众多观点,不一而足。但是,如果要对虚拟仪器的现状及其发展做一番讨论时,则首先应从测量及其本质内涵谈起。

测量,有多种定义被提及,而多数强调其试验、量值可比及单位统一。从本质上讲,测量应该是客观世界信息或特征的一种展示。而信号是信息的一种载体。因此,所有与测量有关的仪器设备,总体上可分为两种,一种是提供被展示信息的设备——称为信号源;另一种是获取信息并进行变换、分析、处理和展示的仪器——称为测量仪器设备。

虚拟仪器,是一些借助于通用的模拟量及数字量输入输出平台,通过计算机软件,按已知的数学模型和时序实现的,具有信号测量、控制、变换、分析、显示、输出等全部或部分功能的智能化输入输出系统。

典型的虚拟仪器模式可以理解为,除了信号的输入和输出以外,仪器的其他操作、测量、控制、变换、分析、显示等功能均由软件来实现的一种计算机管理的数字化仪器。

二、虚拟仪器的现状

如前所述,虚拟仪器是计算机管理的数字化仪器系统,因此,依据某种通用或专用总线标准或规约,或以某种接口形式,与计算机进行通信和管理,并与计算机系统共同工作运行的仪器系统,目前多数属于虚拟仪器系统,它的典型特征是不可脱离计算机而独立工作。

在信号源类虚拟仪器系统中,种类不是很多,主要有 D/A 卡系统和任意波发生器,另外还有函数发生器、合成信号源等。

在测量仪器类虚拟仪器系统中,则有许多种类,其中最主要的是 A/D 卡系统和数据采集系统,另外还有数字存储示波器、瞬态记录仪、数字化仪、数字多用表、频率计数器、信号分析仪、相位计、失真仪、噪声分析仪、阻尼计等多种。

原则上,非虚拟仪器里的仪器,都可以用虚拟仪器方式实现,但在大功率领域以及射频微波领域里的仪器设备,虚拟仪器实现比较困难,模块也较少,低频领域以及小功率领域里,虚拟仪器已经具有了良好的发展态势。目前,主流的虚拟仪器主要是 VXI、PXI、各种计算机总线(如 PCI、ISA、RS232、USB)等总线标准的各种插卡和仪器模块,间或有少数其他总线形式的仪器模块,工作方式多是插入各种总线式仪器机箱内或直接插入计算机主机箱内,少数情况下是独立模块以接口形式接入计算机。它们多数属于中低频范围,主要是工程应用类仪器设备,射频微波类以及高准确度类仪器设备较少。

由于一部分虚拟仪器模块及系统(如数据采集系统)早在虚拟仪器概念提出之前就已经存在,所以虚拟仪器概念的建立、提出和发展,一直是围绕着现有仪器设备的功能和性能逐步强调和加大软件在仪器中的地位和作用,并以软件技术代替硬件技术为核心进行,逐渐将非虚拟仪器虚拟化。

关于虚拟仪器的发展趋势,也一直以软件就是仪器和虚拟面板为特征来进行。实际上,还远不止如此,本节将结合典型应用,试图讨论它在另外几个方面的发展倾向。

三、关于软件技术

软件就是仪器,应该确切地说成:软件就是仪器的一部分,而且是越来越重要的一部分,但软件不等于仪器。虚拟仪器之所以称为仪器,就在于它是面对信号的,而不是面对数据的。它具有输入输出,不可能只由软件组成。它通常由通用硬件平台、软件平台、计算机以及数学模型几方面组成。其本身体现的就是仪器的软件化。这同时也是符合测量的本质要求且大有可为的。

就虚拟仪器的软件来说，它应包含基本测量原理、测量方法、数学模型及边界条件、软件算法及时序等几部分。但是，测量原理不等于仪器；测量方法不等于仪器；数学模型不等于仪器；软件算法也不等于仪器。它们都只是虚拟仪器的一部分，要加上适当的边界条件，并与相应的硬件基本平台相结合，具有信号的输入输出功能后才最终构成仪器。就如同说，傅立叶变换原理不等于仪器，它的快速算法 FFT 不等于仪器，加上适当边界条件与硬件相结合，构成的频谱分析仪才是仪器。因为仪器是针对信号的，而不是针对数据的。在这一点上，也仅仅是在这一点上，虚拟仪器同 MATLAB 等软件程序包有着本质上的不同。

由于软件在虚拟仪器中的特殊地位，在可以预见的将来，它有以下几个方向的发展趋势：虚拟仪器软件的模块化、标准化、专业化、系列化和网络化。

测量原理、测量方法、数学模型和软件算法都不等于仪器，因而虚拟仪器的软件有着按仪器通用要求模块化的发展趋势。将其基本硬件平台的参数作为边界条件，使用相应的数学模型，以软件技术构建并封装成具有一个个典型仪器特点的软件模块是可能的，在强大的市场需求下也是可行的和必要的，如数字电压表模块、频谱分析仪模块、数字示波器模块、正弦函数发生器模块等。

它们需要像硬件模块那样，由专门的仪器开发人员研制，并形成行业标准，使其基本功能、通用性能及指标标准化，并逐步将那些具有典型推广价值和意义的数学模型仪器化和标准化，使人们可以像购置硬件模块那样购置软件模块。IVI（Interchangeable Virtual Instrument）基金会制定的 VPP（VXI Plug & Play）规范，应该属于这方面的工作和技术进展。

同样一种仪器功能，通常可以使用多种不同的数学模型和软件算法来实现，一般说来，它们的运算量的大小体现了结果精度的高低，且精度与实时性之间存在着矛盾，在不同应用场合的侧重点又各不相同，如过程控制、工程测量及动态测试通常更强调实时性和速率，而计量校准则更关注其准确度以及各仪器参数的极限值，适合前者的软件模型不一定适合后者，反之亦然。这在客观上就要求虚拟仪器的软件专业化和按照客观实际需求而分类化，以便更好地适应实际需求，这应是一个具有非常良好前景的发展方向。

软件模块的系列化是虚拟仪器的另一个重要发展方向。在实际应用过程中，有两个比较有影响的系列化分支将会具有广阔的前景，一个是由软件模块的专业化引起的系列化。例如相位计虚拟仪器模块，可以使用过零检测求取时间差法，可以使用相关分析法，可以使用正交分解法，也可以使用曲线拟合法等多种方法来实现；它们之中，可以有实时性最好的模块，有准确度最高的模块，有适应性最广的模块等不同特征；可以有适合闭环控制用、计量校准用、一般工程测量用等多种不同应用场合和要求。可以按照不同的要求特点排序分类形成系列，供应用者选择。从根本上说，同系列中功能相同而方法不同的软件模块理所当然地应视为不同的仪器模块。

软件模块的标准化，在客观上将对构成虚拟仪器的硬件平台提出标准化的通用要求,同一种硬件平台,可以由于软件模块的不同而产生另一个系列化分类。将可以在同一个标准化硬件平台上运行的软件模块,按功能特点排序,形成另一种有意义的系列化模块软件,它将有助于节省硬件资源,促进一机多用,形成强大的"集成仪器"功能。例如,可以在通用数据采集平台上使用软件模块,构造出"数字电压表""数字存储示波器""相位计""失真度仪""频谱分析仪""频率计数器"等多种虚拟仪器,形成具有强大测量分析功能的"集成仪器系统"。而同样可以在 D/A 转换卡硬件平台上使用软件模块,构造出"正弦信号发生器""方波""三角波""调幅""调频""调相""直流"等多种信号源类虚拟仪器,它们也将形成以硬件同一性为特征的"集成信号源"系统供使用者选择。

当今世界是一个网络化的世界,网络延展了人们的社会空间、技术空间和生命空间,打破了以往许多关于距离、尺寸的概念和禁忌,虚拟仪器也将顺应这一需求而发展。网络化的虚拟仪器有可能与目前的仪器模式截然不同,它可能只是跨越时间和空间的一个技术存在而已,使人们无法确切表述其尺寸、重量、放置场所等经典的仪器信息。目前已经有的需求和应用,诸如远程教育,已经在提出并筹划的如远程网络化计量校准和溯源,都属于这个方向上的进展。

四、关于测量不确定度

测量结果的不确定度给出问题,一直是测量行业的一个基本问题,在非虚拟仪器条件下,它的给出极为困难,而虚拟仪器有着智能化和软件模型化特点,在已知硬件极限参数和执行参量这些基本的边界条件下,其软件模型参数的不确定度可望已知,并有希望在测量结果给出的同时给出其不确定度,这也应该是虚拟仪器的一个发展方向。至少在计量校准行业和社会公用计量标准中,它有着广泛的需求空间。

五、硬件平台的标准化和通用化

目前的虚拟仪器硬件平台,已经有了标准化和通用化趋势,如 VXI 联盟、PXI 规范、PCI 规范、IVI 基金会等自发性标准化组织和措施,另一些要求,如标准化触发方式,不同通道的共用时基,同步、延迟、以及执行参数是否连续可调或断续可调等,涉及信号及其质量和相互关系等方面,尚未形成标准化和通用化,可能将影响虚拟仪器软件的标准化和通用化,也将影响其在不同平台上的互换性和移植性。故与软件模块的标准化发展趋势一样,虚拟仪器硬件标准化也是其发展的一个重要方向。该方面的需求态势已非常明显。

六、计量测试溯源难题的解决

计量测试仪器设备中,总有一些指标最高者,其校准溯源极为困难。由于虚拟仪器的软件仪器化、模块化、专业化、系列化以后,有可能通过使用计量专用软件仪器模块解决它们的校准溯源问题,这也应该是虚拟仪器的一个非常广阔的发展空间。这种做法的根本意义在于硬件条件相同的情况下,可以通过变化虚拟仪器的软件模块,将其测量准确度极大提高。从而真正体现出软件在仪器中的强大作用和价值。

例如 Agilent 公司的 8902B 系列测量接收机,其调幅、调频、调相信号测量误差限分别为 1‰、1‰ 和 2‰,是测量行业里指标最高的调制信号解调仪器,校准溯源极为困难,但使用虚拟仪器方式,以波形测量方法进行数字化解调,完全可以获得更高的测量准确度,并有望最终解决其校准溯源问题,将调制参数溯源到具有更高准确度的幅度和时间参量上。

虚拟仪器中,由于使用软件完成其核心功能,因而在拓展测量仪器量程范围以及提高测量准确度方面也有着广阔前景和发展空间。它的基本限制仅仅是其通用平台的参数极限。例如,目前计量行业中,正弦信号总失真度的测量多数在 200 kHz 以下进行,超出这个范围的仪器设备很难找到,只能使用频谱分析仪进行,过程繁琐且误差较大。而使用虚拟仪器,则可以很容易在相当宽的频率范围内进行失真度的测量。

七、新概念仪器的提出及实现

目前的虚拟仪器,基本上是沿袭和使用着非虚拟仪器的概念和定义,完成着相同的功能,具有同类的性能,只不过是将一部分仪器功能软件化而已。

未来虚拟仪器的发展,有可能突破原来非虚拟仪器的概念,诞生新型仪器设备,它符合测量是对客观世界的一种展示这种实质理念,由于软件模型的强大能力,在技术上也是可行的。同时,最根本的原因在于,客观上始终存在这方面的需求。

例如,人们已经有可能研制出“统计特性分析仪”,以便测量分析任何一个信号的统计特性;可研制出专门的“周期波形分析测量仪”,以对周期信号的幅度、周期、波谱、失真、拟合函数、信号带宽、抖动等进行综合测量分析;也可以研制出针对专门小波基的“小波波谱分析仪”,以便对任何感兴趣的简单或复杂信号进行小波变换分析,并输出其波谱。这种让复杂的原理和过程简单化和平民化,使那些只了解和掌握基本概念和过程的工程技术人员可以很容易地进行复杂繁琐的信号波形数据处理和运算,而不必了解和掌握其详细真实的数学过程的做法,应该是虚拟仪器另一个非常重要的发展方向。

八、关于测量分析仪器

测量有两个基本问题:① 信号的获取;它包含对信号的采集、记录存储和使用。一般有参数获取、波形获取、特征值获取等。② 信号的表述。它包含对信号的分析、分解基础上的重构技术。可以有序列表述、参数表述、函数表述等。

关于虚拟仪器式的测量分析仪器,很多功能都类似于 MATLAB 中的函数或数学处理功能,不同的是,它有仪器特征和边界条件,且针对的是信号,而非数据。

对于静态测量仪器,仪器特征和边界条件体现在量程和分辨力上。

对于动态测量仪器,仪器特征和边界条件主要是波形量程、波形分辨力;包括幅度范围及分辨力,时间范围和分辨力,还有动态过程响应能力。

测量分析仪器的发展方向将依信号模式的不同而不同。

对于具有明确形状或函数关系的确定信号,基于各种正交变换和分解原理的测量分析仪器将具有广阔的发展空间。同时,各种数字滤波技术和最优化技术将使这一方向的软件技术更加强大和丰富多彩。

例如,以三角函数模型为基础的正交函数基,是一个完备正交基,利用该正交基进行的信号变换与分解,被称为傅里叶变换与分解,其快速算法为 FFT,形成的仪器称为频谱分析仪。之所以它不叫频谱测量仪,是由于它并不去精确测量信号的周期而进行谐波分解,其频谱通常只具有相对意义和价值。

以正弦模型参数随时间变化为特征的调制度分析仪，以谐波、杂波、噪声与基波比例关系为特征的失真度分析仪，以不同通道正弦模型时序关系为特征的相位计以及相位噪声分析仪或测量系统等，均建立在正弦函数这一正交变换模型基础上。在分解、变换后，人们完全可以用该正交基对所测量的信号波形进行函数表述，而不仅仅是序列或参数表述，从而最终形成完整测量结论提供使用。

对于其他完备正交基，可以形成对测量信号相应的正交变换与分解，以及研制出相应的波谱分析仪，也能用于以函数形式表述测量信号波形，这些方面，虚拟仪器拥有相当广的发展空间。常见的这类正交函数基有：Walsh 函数族，切比雪夫（Chebishev）函数族，Hadmacher 函数族，Radmacher 函数族和广义 Radmacher 函数族，Har 函数族，Gabor 函数族等。基于上述某一正交基的小波变换与分解也被证明是一种正交变换，它们都可以形成独具特色的波谱分析仪器。

其中，对 Walsh 变换已经有了与 FFT 相类似的快速算法，称为快速 Walsh 变换（FWT）；也有了快速 Hadmacher 变换（FHT）。对于相应的虚拟仪器研制无疑是一件好事。

对于随机信号以及信号的随机特征，预计人们可以研制一系列用于统计特性分析的虚拟仪器。例如，"幅度特征参数的直方图分析仪""高阶累量分析仪""时频分析仪""短时傅里叶变换分析仪""随机信号谱分析仪（最大熵谱分析，最小交叉熵谱分析等）"等，随着现代信号处理理论与实践的深入发展，相应技术的仪器化应用进程，将是虚拟仪器又一个重要的发展方向。

九、关于信号源类的虚拟仪器

虚拟仪器信号源的主要目标，是以尽量简洁的方式，按人们可以想象出来的数学关系式产生信号波形以及产生无法用简单数学关系式表述的曲线波形。

前者要求虚拟仪器信号源提供强大的软硬件资源，以能够按函数关系式及足够密集的时间间隔、足够快的响应时间和足够小的失真产生所要求的信号波形。另外，配合分析仪器类的需求的一些标准化、功能化的通用模块的发展和研制，也是其发展方向之一。如，Walsh 函数族，Chebishev 函数族，Hadmacher 函数族，Radmacher 函数族和广义 Radmacher 函数族，Har 函数族，Gabor 函数族、高斯白噪声、矩形分布白噪声、三角分布噪声、梯形分布噪声等。它们的标准化和模块化，将使得工程技术人员可以非常容易地产生和使用这些函数波形，并对它们有更深入细致的了解。

后者，则要求虚拟仪器模块具有丰富的作图及图形编辑、处理、变换功能。这个方向上，虚拟仪器已经作得非常出色了。

十、虚拟仪器的种类

与非虚拟仪器相同，虚拟仪器也可分为模拟量类仪器和数字量类仪器，也具有测量类仪器和信号源类仪器。以模拟量类测量仪器为例，其中低频测量仪器类里最典型的虚拟仪器平台是借助于通用数据采集平台，在采样和 A/D 转换技术基础上，用已知的数学模型，借助于软件来实现的各种信号参量的测量功能，如幅度、频率、失真度、相位差、频率谱等功能。

而模拟量信号源类虚拟仪器中,最能体现虚拟仪器理念的是借助于通用 D/A 转换平台的任意波发生器,从原理上说,它可以产生直流、正弦交流、三角波、方波、调频波、调幅波、调相波等传统的通用波形信号,也可以产生如高斯噪声、随机序列、指数函数、对数函数、Walsh 函数、切比雪夫函数等一系列可以用数学函数表示的曲线波形和无法用数学函数表述的曲线波形。

十一、虚拟仪器的特点

关于虚拟仪器的特点,并不是凭空想象出来的,它是与非虚拟仪器相比较而存在的。

首先,从仪器的外特性上看,虚拟仪器与非虚拟仪器并无本质不同,但是在仪器原理的实现上,虚拟仪器与非虚拟仪器却有所不同。

非虚拟仪器侧重的是使用材料技术、工艺技术以及元器件技术等硬件制造技术来实现仪器功能和性能,因而其技术进步体现的是新材料、新工艺、新技术和新硬件结构原理等的进步,多数涉及制造技术、电子技术、材料技术等基础工业体系。

虚拟仪器侧重的是使用通用的软、硬件平台,以软件手段,按固定的数学模型与硬件技术组合起来,最终实现仪器功能和性能,较多地体现的是数学理论、信息理论及信息技术的应用,因而其技术进步除了上述基本硬件平台的工艺技术进步外,计算机技术和软件技术的进步,数学研究方法的进步,数学过程及原理的改变,均能导致虚拟仪器性能指标的极大提高;因而虚拟仪器也是更接近于网络化、信息化社会的产物,更适应信息社会这种智能化、信息化、网络化的需求。比如遥控遥测这种在非虚拟仪器上很难实现的功能和性能,在虚拟仪器上实现,简直是轻而易举。

其次,从工作方式上看,非虚拟仪器的传统台式仪器,多数基本上为信号的某个单一参数或单一物理特征的测量与复现,如同平面照片对立体景物的存储与复现一样,忽略了绝大多数不感兴趣的特征;如频率计用于测量周期信号的频率,电压表用于测量信号的幅度,失真度仪用于测量正弦波信号的失真度,频谱分析仪用于分析信号的频谱序列。而直流信号源提供标准直流信号,正弦交流信号源提供标准正弦波信号,调频信号源提供标准调频信号等等。

对于虚拟仪器来说,其基本测量仪器平台侧重于对输入信号全部信息、所有物理特征的序列测量和存储,如同全息照片一样,尽可能地保存了信号的全部特征;因此,同一台虚拟仪器可以对其测量序列运用不同的模型化数学过程和手段进行处理,得到信号不同的物理特征及参量,如幅度、频率、相位、失真度、频率谱等。由于一个软件平台可以分时执行多个数学处理过程,因而导致一台虚拟测量仪器可以实现多台非虚拟仪器才能实现和具有的全部功能和性能,如电压表、频率计、频谱分析仪、功率计、相位计等。

虚拟仪器信号源基本平台,侧重于用软件和数学模型来复现信号的全部信息和要求,以最为典型的虚拟仪器信号源基本平台——任意波发生器为例,它以计算机和 D/A 变换器为核心平台,其输出信号的全部信息和所有物理特征,均存在于由软件实现并产生波形的数学函数中;而同样,一台虚拟仪器信号源的软件平台上可以分时执行多种不同的函数模型和时序,因此,这样的一台虚拟仪器信号源,可以实现非虚拟仪器式多台信号源才能实现的功能和性能,如直流信号源、正弦交流信号源、调频信号、调幅信号、调相信号、随机噪声信号等,也能实现非虚拟仪器很难实现的信号模式,如 Walsh 函数信号、切比雪夫函数信号等。

十二、虚拟仪器计量校准中的问题

关于虚拟仪器,它所完成的功能与性能,有一些与传统的非虚拟仪器没有什么重大区别,另外一些场合,往往可以实现许多非虚拟仪器很难实现的强大功能与性能,甚至出现了一种虚拟仪器平台可以实现多种非虚拟仪器才能完全实现的全部功能和性能的情况,这样一来,就使得虚拟仪器的计量校准问题变得现实与复杂起来,对该类仪器,人们如何进行校准? 校准哪些功能? 无疑是虚拟仪器生产厂家和用户所特别关注的。

从虚拟仪器的特点,人们不难发现,虚拟仪器的硬件平台及软件平台是其存在的物理基础,它的优劣,是虚拟仪器性能的基本技术基础,如同建筑物的地基一样,但远非虚拟仪器的全部;数学模型及软件是虚拟仪器不可分割的一部分,而且是更为重要的一部分;这里,软件的编制及完善发展,实际上体现了虚拟仪器技术的进步与发展,成熟的具有明确边界条件的数学模型,应视为虚拟仪器的标准模块和通用模块。 由此引出虚拟仪器的标准化的计量解决方案:

(1) 虚拟仪器的基本硬件平台,理应以量值溯源方式纳入计量测试体系;

(2) 虚拟仪器所用数学模型的稳定性、不确定度和使用边界条件,应该由数学家以数学方式给出明确结果,除少数情况外,不便于进行直接量值溯源和传递;

(3) 虚拟仪器的计量性能指标,应该是其基本硬件和软件平台的性能指标与所用数学模型指标合成的结果。

虚拟仪器基本硬件平台的计量校准,可以归结为其基本性能的计量校准,如静态特性、动态响应特性、瞬态响应特性、随机噪声、抗干扰特性等,可以通过在几种规定状态下的性能参数来评价和校准,如直流响应特性、阶跃响应特性、正弦波响应特性等。

虚拟仪器基本软件平台的评价,可以归结为运算速度和运算误差两个基本问题。其中运算速度是最主要的,而运算误差或不确定度可以归结到数学模型中去研究。

虚拟仪器所用数学模型的稳定性和不确定度,从根本上说应是一个数学问题,应由数学工作者去完成,其方法可以有原理和公式的推导、证明,以及软件仿真、经验公式总结归纳等多种形式。

单独对硬件平台进行计量溯源,仅仅是做了一部分工作,并不能评价出虚拟仪器功能和性能的全部;对每一种特定的功能,如频率测量、幅度测量、失真测量等,都按照非虚拟仪器式的常规仪器进行计量溯源,这种将每个功能都校准一遍的工作量将是异常惊人的,亦是一种重复和浪费。另有一些功能,如虚拟仪器产生的 Walsh 函数信号、切比雪夫函数信号、浪涌信号等如何溯源和校准? 都不是轻而易举就能解决的问题,也是常规计量里尚未解决的问题。

十三、结论

目前,虚拟仪器的计量评价还没有被当成一个特别问题提取出来,习惯性的做法依然是和传统的非虚拟仪器一样,但已经引起了人们的困惑。 即使是非虚拟仪器,如在数字示波器中,目前可以具有多达几十种分析处理的测量功能,如求波形的极值、最大值、最小值、顶值、底值、中值、平均值、均方根值、峰峰值、幅度值、包络、周期、频率、上升时间、下降时间、正脉冲宽度、负脉冲宽度、占空比、延时、面积、群延时、FFT、小波变换、加、减、乘、除、积分、微分、李萨育图形、通道延迟、功率频谱、互谱、倒谱、自相关、互相关、功率密度、信号带宽、矢量、相位、有功功率、无功功率、功率因数、信噪比、失真度、抖动等;包含了时域测量、频域测量、变换域测量、统计特性分析测量、平滑及数字滤波等众多功能。另外,还可具有复杂多样的触发功能,如沿触发、电平触发、事前触发、事后触发、逻辑图触发、延迟触发、漏失触发、掉电触发、毛刺触发以及外触发等多种触发形式。可以说,一台有上述功能的数字示波器,具有多台单参数测量仪器的功能和性能,这些在基本硬件和软件平台上,以软件来实现的功能,其性能的计量评价问题与虚拟仪器计量评价面临的问题是一样的,如果依然遵循非虚拟仪器计量评价的方法和手段,每一功能和性能,均直接以最终表现形式来直接进行量值溯源,由于软件功能的多样性,将导致计量评价工作的极大增加,不仅仅如此,某些功能因其数学关系的复杂性,根本难以实现简单溯源。

实际上,我们所讨论的虚拟仪器及其计量评价中的特殊问题,侧重的是软件及数学模型作为仪器一部分所体现的性能的评价,以及它与硬件平台的性能最终合成虚拟仪器总体性能的溯源问题。由于非虚拟仪器也在向计算机化、智能化方向发展,因而虚拟仪器与非虚拟仪器所面临的问题有些是相通的,二者并不能完全割裂开来,只不过在表现形式上,虚拟仪器对软件模型的影响更加显而易见,更加迫切需要解决而已。

前面比较详细地讨论了虚拟仪器的现状和几个可能的发展方向,列出了它的许多优点。但是,需要特别指明的是,并不是所有场合的应用都适合使用虚拟仪器,通常,它们比较适合那些复杂的、多参量、大工作量、综合性、自动化测量应用,一些简易的、零散的、手动测量,它们并不是最适合的。在考虑一些专用仪器设备及场合的测量应用时,在非虚拟仪器遇到困境之处或无法完成任务之时,优先考虑一下虚拟仪器的应用,往往会收到意想不到的效果,尤其是任何仪器设备均有寿命周期,在它们报废之时往往造成环境污染或环境灾难,虚拟仪器至少在环保方面要比非虚拟仪器出色得多。而在宇宙空间,具有一机多能的虚拟仪器式"集成仪器系统"应该具有更大的优越性。

第六节　计量测试产业化发展趋势

计量测试与校准,本是一项涉及商贸和社会分工的活动,仅仅涉及到结果的衡量与比较,体现的是社会公平和正义。随着人们对量值要求的提高和扩展,产生了产品全寿命计量校准需求、过程计量、过程控制、全量值、全空间的计量校准需求,计量逐步向生产生活的各个方面扩张,属于计量校准的社会化发展趋势。另一方面,则是人们的生产生活逐渐采用测试方式和计量测试理念进行,并不是通常意义上的计量活动,应该属于计量生活化进程。这一进程的不断发展与进步,也是计量测试思想的生活化和社会化进程与发展趋势。

全寿命计量校准需求,以及全向量、全空间的计量发展态势,实质上催生了计量的产业化发展趋势。它将计量测试由单纯的体现国家主权、公平、公益等法制性、科学性方面,延展到满足人们生产生活的计量测试服务上来。这方面的需求,实际上需要计量校准能力在全世界范围内处于随时随地、一直待命的服务状态,而计量校准活动是一项技术要求较高且复杂的活动,对于人员、标准等均有较高的要求,任何情况下,都不容易做到平均分布到世界上的每一个角落。由此,有望解决这一问题的量子化计量校准技术,远程计量技术,网络化计量技术等被人们寄予厚望。其模式之一是产业化的网络商城,即一种基于互联网技术的虚拟计量中心模型。

针对计量产业化问题,有许多计量测试部门进行过研究与考虑,并纷纷按照自己对计量产业化的理解进行了相应的计量产业化行动。

实际上,针对不同的计量校准需求,其服务模式也各不相同,很难寻找出一种能满足各种需求的普遍适用的计量产业化模式。在现有技术条件下,总结归纳起来,可以获得以下几个结论:

1) 针对计量校准能力的信息化服务,网络计量商城是一种比较经济适用并切实可行的模式;互联网是一个无所不在的网络空间,借助于有线和无线网以及移动通信网络,几乎能全天候抵达任何一个角落,比任何其他方式更容易提供统一、迅速、全面、实时的信息服务;适合用于构建覆盖全国、甚至全球的计量校准信息服务平台,向全体用户提供技术、能力、价格、位置等各方面的综合信息,并针对计量产业链涉及的全部要素提供全方位的信息服务。包括:(1)计量问题汇集、整理与发布;(2)计量科学研究与前沿进展信息;(3)计量法律法规、政策制度信息;(4)计量器具研发、生产、制造、销售信息;(5)计量校准实验室网络布局及计量校准能力与价格信息;(6)计量校准问题进展与解决信息;(7)计量校准评估、认可、认证等信息。

2) 针对目前我国条块分割的计量校准实验室布局,已经基本覆盖了全国的各个行政区,整合联营部分专业能力较强的核心实验室,构建物理覆盖全国范围的计量校准服务能力网络是计量产业化运营方式的一种有效模式;通过重点布局核心实验室,联合加盟实验室,构建具有经济性的能力网络,是降低计量校准成本的计量产业化有效措施。

3) 针对由于成本、设施、人员、业务量等因素,无法物理布局地区的计量校准服务,借助于我国目前已经形成整体规模的高速物流网络,构建统一协调的高速物流网络平台,进行标准、仪器、设备的物理传递;包括使用高速公路网、高速铁路网、航空物流网络、特快专递网络等,最终实现覆盖全国的计量服务网络。

图 8.1 是符合这些理念的一种计量产业化模型,它的立意是将涉及计量产业化的产业链诸要素整合起来,形成一个统一有效,灵活生长,并自主运行的,适合实施计量产业化的平台模型。

它是由实验室网络、高速信息网络平台和高速物流网络平台组成的适合用于进行计量产业化运行的虚拟计量中心模型。它同时兼顾计量信息服务中心、计量校准服务中心、计量技术服务中心、计量技术研究中心、计量培训推广中心、计量问题汇集中心、基于网络的计量校准商城等诸种身份于一身。将计量校准融入生产和制造过程,融入产品全寿命周期,提供全天候、全方位、全国范围的计量校准覆盖服务。

其中,作为主实验室的核心实验室,负责网络虚拟计量中心的构建、维护运行以及使用适合于产业化运营的计量产业链经营,其职能与责任主要包括以下几个方面:

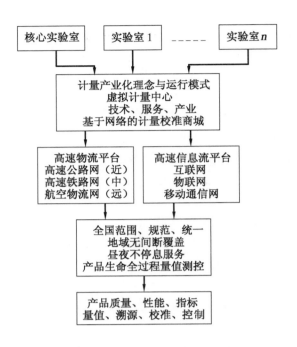

图 8.1　计量产业化虚拟计量中心物理模型

1）负责运营该信息化平台：负责从人们的生产、生活、研究、产业需求的一切方面进行计量问题的汇集、分类、整理、发布以及信息技术服务有关事务。将该高速信息流平台用于各种计量校准相关信息的发布、汇集、交流、传播。

2）投资组织核心实验室开展针对产业计量的计量校准研究，生成适合于产业计量、适应计量产业化的核心竞争力。

3）负责计量产业化所需的专用校准规范的制定和修订，以规范产业计量行为，并降低成本、提高效率，推广计量校准技术、培训计量校准从业人员，维护计量产业链的健康有序发展。组织技术交流、技术研讨、促进形成各校准实验室的联合以及融合。

4）负责组织研制、生产产业计量所需的专用计量器具和系统，以随时解决产业计量中不断涌现的各类问题。

5）负责监督各个校准实验室的运营及发展状况，包括技术状况、经济状况、设备能力状况、人才状况、发展态势，并给出发展对策方面的建议。同时，以量化方式给出各个校准实验室计量产业化情况的评估结果，包括自身虚拟计量中心的运营情况的定量评估结果，给出自身发展态势，总结发展过程中的经验教训。

核心实验室在计量产业化中的地位比较突出，它除了开展计量校准服务外，还要主导承担计量产业化中的计量校准研究，形成核心技术与核心竞争力，并将研究成果以校准规范、专用计量器具方式投入到计量产业化运营中，以技术进展支撑计量产业链的可持续发展。对计量产业化网络中的其他节点实验室，提供技术支撑、人才培训、技术转移、业务指导，并负责进行技术范围的拓展以及业务扩张，开展各种模式的产业计量校准活动。

节点实验室主要作为核心实验室的外部延伸与技术触角,以物理节点方式将校准业务进行空间延展,其主要业务范畴是产业化的计量校准工作。开展以量值服务为主导模式和以介入生产过程的计量为辅助模式的产业计量工作,在适当情况下,开展一些简单的全寿命计量校准工作。

　　高速物流平台用于计量标准和仪器设备的物理传递。

　　用于计量产业化运行的基于互联网的虚拟计量中心网络平台,可以用来实现产品质量、性能、指标量值、溯源、校准、控制,具有全国范围、规范、统一、地域无间断覆盖、昼夜不停息服务特征;可以融入产品生命过程量值测控,介入制造业、武器装备全寿命计量保障等特殊要求的事务中。是未来计量产业化主导方向技术。

　　同时网络化虚拟计量中心平台,也是一个计量服务的网络商城,那些对计量校准一窍不通或很不了解的人们可以从中选择和购买适于自身的计量校准服务。对于较低端以量值计量校准服务为特征的计量产业化模式尤其如此。

第七节　计量测试思想的标准化发展趋势

——MAP 测量保障方案的回归

一、引言

　　20 世纪 70 年代初,美国标准局(NBS)在量值传递方面开展了一项新兴活动,称作计量保证方案(Measurement Assurance Programs 简称 MAP),这项活动最初是在质量测量领域开展起来的。十多年后,NBS 开展这项活动的物理量已发展到十项,这十项物理量是:质量、直流电压、电阻、电容、激光功率和能量、电能(瓦时计)、温度、微波功率、透光度和量块。后来,陆续开展了 X 射线测量、γ 射线剂量、漫反射、逆源反射和低温测温学等项目。

　　MAP 开展项目涉及物理量测量领域的广泛性,表明它与传统的量值传递方式比较具有独特的优点。它最大的优点是不仅仅检定了标准器,而是检定或考核了包括标准器在内的整个实验室的测试能力,包括实验室的仪器、操作人员、环境条件、测试方法等是否符合要求,并将实验室的测量过程与 NBS 相同测量过程进行比较,使测量结果直接溯源到 NBS 的标准。MAP 的另一特点是它通过统计方法对实验室的测量过程在相当长的时间内进行连续性的质量控制,从而保证了测量过程的长期可靠性。

　　这里,将主要介绍有关 MAP 的概念、定义、具体做法、MAP 的优越性、NBS 开展的MAP 项目及其后续发展。

二、MAP 产生的背景

　　1. 科学技术的发展对量值传递方式提出新的要求

　　电子学和无线电技术的发展和激光超导等新技术的应用,向计量部门提出了新的挑战。除了被测的物理量由常规量向高、低两端延伸外,还表现在:测量的准确度不断提高;被测参数由单一参数发展到综合多参数;参数特性由静态发展到动态;由成品检验发展到生产工艺过程在线检测控制;复杂的自动化设备和快速采样技术的电子装置要求自动化校准和现场校准。因此,过去传统的将标准器送计量机构检定的方式已不能完全满足需要。

2. 测量的社会性影响日益增强

随着科学技术的高度发展,工业部门和科研机构不仅对测量准确度提出更高的要求,而且测量结果的社会影响也日益加强了。例如美国环境保护局为了确保地区的环境安全,进行环境中有毒物质污染情况的调查研究,要求各个环保监测站的测量必须建立在准确一致的基础上,各环保监测站要向联邦和地方的环保职能机构报告测试结果。美国在职业安全、医学临床分析方面也很重视测量的可靠性。这些部门都制定了相应的规章制度。例如,要求采用 NBS 的标准物质和标准测试方法等,并组织所属实验室开展测量保证活动。在工业方面,美国的一些厂家的实验室过去往往根据顾客要求制定测试标准,现因产品竞争加强,已经认识到溯源 NBS 标准,保证测量准确性的重要性。

根据以上所述,在科学技术高度发展、测量的社会性加强的新形势下,计量部门如果只依赖传统的逐级检定的传递方式已不能满足要求,因而 NBS 开展了 MAP 这种新的传递方式,这就是 MAP 产生的时代背景。

三、MAP 的概念和意义

NBS 原测量服务办公室主任 B.C.Belanger 曾规定 MAP 的定义为:“一项 MAP 是指一项测量过程的质量保证方案。它通过统计学的方法定量地确定测量过程的不确定度(包括随机误差和相对国家标准或其他指定标准的系统误差的影响),验证不确定度。使其小到足以满足测量的要求。”

NBS 开展 MAP 服务主要是对参加 MAP 活动实验室的测量过程进行质量保证,实质上它是用统计方法对测量质量进行控制,属于一种针对量值溯源保障控制的计量标准化过程。早年美国在化学工业过程、临床分析实验室和生物实验室的测量过程中曾经采用过类似的方法。二次世界大战后,工业和宇航技术的发展对测量提出新要求。1945 年~1965 年间,NBS 的一些成员致力于测量过程的重要统计参数评价的研究,包括对精密度、系统误差和准确度的处理方法,在实验设计、实验室间测试、函数关系的描述和实验数据评价的统计学方法得到很大进展,MAP 于是在以上基础上得到了发展。

四、MAP 的具体做法

一项典型的 MAP 的具体做法是一个稳定的人工制品(或一组人工制品),它们被称作“传递标准”,在经过 NBS 检定后由空运送到一个参加 MAP 的实验室(以下简称实验室),该实验室将“传递标准”作为未知样品,按正常操作程序进行测定。经过测定后,“传递标准”又送回到 NBS 进行再次测定,然后对 NBS 的数据和实验室测得的数据进行统计分析,给出 MAP 测定报告,此报告陈述实验室测量过程与 NBS 标准偏差和不确定度。这一过程包括以下三个步骤:

1. NBS 向参加 MAP 的实验室提供一个或一组稳定的“传递标准”;

- 经过 NBS 检定;
- 送到参加 MAP 实验室;
- 由实验室作为“未知样品”测试或校准;

• 返回到 NBS 再次测定。

2. 为了使参加 MAP 实验室的测量过程处于连续的统计控制之中,在经过"传递标准"测定后的时间间隔内,必须采用一个实验室内部用的"核查标准"(Check Standards),经常反复测定以核查随机误差是否在规定的合格值内,保证了测量过程处于连续的控制状态。

3. NBS 提供数据统计分析,向实验室提交一份 MAP 测试报告,并进行有关技术咨询。

五、MAP 与传统的量传方法的差别

为了更好地理解 MAP 概念,现将 MAP 与传统的逐级检定的量值传递方式、循环比对和溯源性等的关系说明如下:

1. MAP 与传统的量值传递方式的区别

传统的量值传递方法是将标准送到计量部门进行检定,但这种量值传递方式只是检定了标准。无法了解用户实验室测量过程。而 MAP 则不同,因为 NBS 的"传递标准"在用户实验室测定后,又返回到 NBS 进行测定,通过对 NBS 的测定数据和实验室测定数据的统计分析,就能够对实验室的测量过程做出评定,MAP 的特点是对整个物理量的测量过程进行了全面考核,即包括对实验室环境、方法、仪器和操作者进行了综合考核。

MAP 与传统的量值传递方式相比的另一优点是:MAP 可以反馈信息,能了解实验室的测量情况,使标准的量值能真正传递到现场。按照传统的量值传递方式,如果实验室能正确使用经过检定的标准,应能获得正确的测试结果。但如果实验室的测定环境不符合规定,技术人员操作不熟练或所用的测试方法或仪器不正确,则虽然标准经过检定,也不可能得出正确的测定结果。

MAP 与传统的量值传递方式比较的第三个优点是:MAP 能满足自动化装置现场校准的要求。MAP 采用的"传递标准"可在现场作为一个被测单元,全面考核电子设备、包括软件和接口硬件等的性能,这是 MAP 符合信息社会发展要求的重大优点。

2. MAP 与循环比对的区别

为考核实验室测量过程,NBS 曾采用过循环对比(Round Robin)方法。这种方法的特点是将一个标准作为未知样品发到参加此项活动的多个实验室,各个实验室按先后次序,以规定的操作方法测定此未知样品。在测试一个循环后,收集各实验室的测定结果,进行比较分析和误差处理,用这种方法可以发现实验室间的测量不一致性和系统误差,经过误差修正,可以改进实验室测定的不确定度。MAP 比循环比对更为优越,因为在经"传递标准"校准后较长的时间间隔内,实验室要采用一个"核查标准",定期反复校准,在连续的基础上保证测量过程处于控制状态。这一特点是循环比对所不具备的。

3. MAP 与溯源到国家标准之间的关系

传递的按等级检定标准,这是直接溯源到国家标准的方法。在没有实行 MAP 前,一般认为一个机构是否具有溯源性是指其标准经 NBS 检定而溯源到 NBS。MAP 服务开始后,有些部门的管理人员还不习惯认识到 MAP 测试报告是比检定证书更为有效地达到溯源性的证明文件,实质上一个实验室参加到 MAP 活动中,由于其测量过程通过

"传递标准",与 NBS 的测量过程进行了比较,用统计方法使测量取得了相对 NBS 标准的最好的不确定度,并以"核查标准"使测量过程处于控制状态,保证了测量的准确可靠。因此,参加 MAP 充分地表明了实验室具有溯源到国家标准的能力。如果是一个校准实验室,参加 MAP 后获得成功,则可向其他部门提供量值传递服务。

4. MAP 与实验室认可间的关系

NBS 目前尚未批准可进行全部检定项目的校准实验室,但在国家自愿实验室认可机构(NVLAP)赞助下,有些实验室批准为校准实验室,承担部分检定项目。要认可一个实验室承担检定项目,必须严格考核实验室是否具备这一项目的测试能力,如果该实验室参加 MAP 获得成功,则可以认为是完成了认可工作的一部分,但并不等于该实验室已被 NBS 认可为校准实验室。

六、NBS 已经开展的八项 MAP 情况介绍

1. 量块

量块 MAP 的服务对象是量块检定过程的测量不确定度要建立在连续的基础上,并需要文件证明的那些实验室。NBS 向参加 MAP 的实验室提供两套由 88 块钢量块组成一组的标准作为"传递标准",它们的测量范围从 0.100in～4.0in(1in＝2.54cm)。NBS 的专题论文 163 号介绍了量块 MAP 所采用的三种方法,实验室可根据对准确度和操作的严格程度选用其中一种方法,但 NBS 最支持采用第二种方法。现简要介绍三种方法如下:

(1)第一种方法最适合于干涉仪测量的情况。由 NBS 提供一套"传递标准"量块,其尺寸与实验室自备的 10 块一套的"核查标准"量块相近。通过"核查标准"量块与尺寸大致相同的工作量块比较测定结果,使测量过程得到控制。

(2)第二种方法适用于电子机械比较仪或干涉仪。这种方法由 NBS 提供两套"传递标准"量块。一套测试量块与两套"传递标准"比较测定 6 次,建立过程控制参数。然后对 NBS 的"传递标准"量块测定两次,分析结果是否在规定误差以内,使过程处于控制状态。

(3)第三种方法适用于电子机械比较仪。NBS 提供两套"传递标准"量块,这种方法比第二种方法的操作更为复杂,它是由两套测试量块与两套"传递标准"量块进行比较,通过对相同标称尺寸的标准量块测定结果是否在规定误差内来进行过程控制,也通过每一组相互比较计算过程变量来达到控制。

以上三种方法都包含以下步骤:建立过程控制参数;常规监测以保证过程控制;修改过程参数;保持测量过程与国家标准的联系。上述每一步骤都要作实验记录。

NBS 提供量块校准的计算机软件,这种软件是适用上面介绍的第二种方法,由近 4 000 条 FORTRAN 代码和近 26 K 字的存储器组成,NBS TN 1168 介绍了这一软件。

2. 温度(铂电阻温度计)

温度 MAP 服务一般是在铂电阻温度计($-183\ ℃～+630\ ℃$)范围,如果只愿作此温度范围内的某一点温度,NBS 也可作安排。

NBS 提供的"传递标准"是由三个商业型玻璃插入型铂电阻温度计组成,它们简称 SPRT。SPRT 是无光光洁度型,避免玻璃套管的光管效应。它们很娇气易损,一定要

避免机械冲击或热接触。这三个 SPRT 用来鉴定实验室校准过程的重现性和准确度。实验室应有三相点电池和经过检定的电桥。他们不知道这些"传递标准"的电阻对温度的关系值,它们是作为"未知"样品发给实验室,实验室在 2～3 周内对它们进行多次测定。NBS 接到实器室的测定数据到发出测定报告一般需 3～4 周。具体操作步骤如下:

在装运前,每一个 SPRT 都经 NBS 检定。NBS 用直流补偿电桥或其他高精度四端钮测量仪检定 SPRT。对测量值进行修正以补偿实际测量条件与指定条件不同引起的偏差。这些包括对固定点液体高度的液体静力学校准,固定点液体上部大气压力校准等,NBS 是通过实验确定这些因素的影响。参加 MAP 的实验室打开 SPRT 包装后(应检查是否损坏)用三相点电池测定水的三相点,测量结果用电话通知 NBS,如果数据与装箱前的 NBS 数据一致,则实验室可进行以下的测量。NBS 和参加实验室都按国际实用温标(IPTS-68)规定的固定温度点和 NBS 专题论文 126 规定的操作方法测定获得实验数据。实验室用 NBS 发给的实验记录单记录数据,计算温度计常数,并制备电阻对温度的数据表。

SPRT 返回到 NBS 后,再次被检定并与 NBS 原来数据比较,分析实验室的数据,最后提供一份 MAP 测定报告。

NBS 鼓励参加者不采取任何特殊的额外措施,只按实验室正常校准状态来进行这些测量,以此来实际估价实验室的测量不准确度。NBS 对 SPRT 的检定具有 0.1 mK～0.2 mK 的精度。总的不确定度的误差来源有:测量仪器校准中的变化 SPRT 本身的变化;固定点参考物质纯度的不确定性。为确定这些误差,NBS 对 MAP 的温度"传递标准"规定不确定度为 1 mK。一个参加 MAP 的标准实验室具有良好的设备,应可以达到很接近此不确定度。一般参加实验室的不确定度为 1 mK 至百分之几 K。

对实验室参加温度 MAP 的周期没有严格规定。经验表明在经 NBS"传递标准"检定后,用一个内部"核查标准"和控制卡监控测量过程,一般三年内,测量正确性的置信度没有明显改变。

3. 激光功率和能量

在美国,激光功率和能量单位采用三种类型的恒温热量计测定,用它将吸收的激光辐射与等效电能量进行比较。这些热量计是 NBS 激光测量装置的一部分,用来检定激光功率能量计,其不确定度为 1％～5％。激光功率和能量的 MAP 采用一个或多个性能良好的功率计或热量计作为传递标准评定参加者的测量过程。另外,参加者用一个或多个实验室内的参考功率计或热量计作为"核查标准",进行常规测量,以确定随机误差,对测量过程的稳定性提供保证。1984 年 NBS 已经开展的激光功率 MAP 服务如表 8.1 所示:

用于 NBS 的 MAP 服务的三种激光校准系统都采用两个热量计——分束器结构。每个热量计的重要参数包括电能校准系数、激光波的发射和吸收能量,它们相对于电能进行了评价。采用分束器结构的测量能量的热量计可以独立校准激光稳定性,校准 CW(连续波)功率是单个或多个脉冲能量。另外,如果准确计时和采用一种稳定激光,也可校准激光功率计。NBS 所用的这些热量计的激光源是二氧化碳、氩、氪、氦-氖和铷剂 YAG CW 激光以及具有 0.1 J 能量和脉冲宽度为 30 ns 的 YAG 激光。

表 8.1　1984 年 NBS 开展的激光功率 MAP

激光波长	功率或能量
514.5 nm	10 mW～600 mW
632.8 nm	1 mW
632.8 nm	1 μW、30 μW 或 100 μW
647.1 nm	10 mW～200 mW
1 060 nm	10 mW～1 W
1 060 nm	Q 开关,100 mJ～10 J
1 060 nm	5 W～50 W

　　激光功率系导出量,比接近 SI 基本单位的物理量的测量有更多的误差来源,例如激光束的大小,光束的线性、窗的透射比和波束的分散率(对每个被测的激光波,这些系数必须进行测定),电测量误差和测量装置参数随时间的变化等。对这些误差来源必须控制并进行校正。

　　如果参加 MAP 的实验室采用类似于 NBS 的热量计,则可以向 NBS 获取处理恒温环境数据的计算机程序,NBS 也提供有关激光功率与能量 MAP 的计算机软件。

　　4. 电能(瓦时计)

　　电能 MAP 服务的目的是传递 NBS 的电能单位至校准瓦时计的实验室并提供确定其测量不确定度的方法。参加此项 MAP 的有瓦时计制造厂、公用电力事业公司、国家电力管理部门等。NBS 开展的电能 MAP 只限于 60 Hz、120 V 或 240 V 的瓦时计,NBS 的传递标准是一个性能良好的市售瓦时计。为了防止运输中损坏,它采用一种牢固、防震的玻璃纤维包装箱运输。考虑到参加 MAP 的实验室的测量仪器不同,NBS 提供三种类型的"传递标准"供选用。"传递标准"在传递到参加实验室前后均经 NBS 检定。参加实验室在一周时间内对"传递标准"要进行 8 次测定,最后在 NBS 测量并提出测定报告,总共约需 1～2 周。

　　瓦时计测定可能的误差来源有:

　　温度:甚至同一类型的仪器,其温度系数也不相同,另外,温度系数随功率系数变化。全部测量应在 25 ℃±2 ℃温度下进行。

　　电压:用一台稳定性好,具有不确定度小于千分之几的伏特计来测量电压,被测电压应是一正弦波,没有可察觉的谐波。

　　磁场:存在寄生磁场可引入系统误差,为此,仪器测试时应远离变压器、结构钢梁或其他磁性物质并与任何能产生磁场的电子设备分开。

　　电路中的电阻:应尽量避免可察觉的电阻引入到电路中。

　　开关的瞬变:仪器的电流应缓慢地增加或降低(即用一个可调变压器)以避免铁芯饱和。

　　功率因数误差:尽可能准确地测量相角,使功率因数不确定度减小。

　　测量时间:测量时间应至少 100 s,以达到必要的分辨力和减小由于测量的起动和停止产生的测量时间的不确定度。

好的准确度结果取决于实验参加者测量过程的精确度和小心地消除系统误差,在整个周期内,必须用一个内部"核查标准"来监控测量过程的精确度。NBS"传递标准"的随机误差(三倍标准偏差)约为 0.01%,总的不确定度约为 0.02%。参加 MAP 的大多数具有良好设备的标准实验室的测量一般能达到 0.05% 或更好的不确定度。

瓦时计 MAP 数据分析采用一个 BASIC 程序,称作"ENMAPR",它由近 400 条原程序构成,该程序可用来分析 NBS 和参加者的数据。

5. 电阻

该项 MAP 对电阻测量范围 1 Ω～10^9 Ω 提供计量服务。对每一种额定值的电阻,NBS 提供至少由三个标准电阻组成的"传递标准"。10^4 Ω 以下采用四个端钮的电阻器;高于 10^4 Ω 范围则用两个端钮的电阻器。

NBS 的经验表明,"传递标准"的电阻与时间的关系,开始是一个指数曲线,在制造几年以后,衰减成具有小而恒定斜率的直线,1 Ω～10^5 Ω 范围,斜率小于 1 ppm/年(1ppm=10^{-6})。这一特性已经被明确地确定,NBS 可以用每二个"传递标准"的历史数据得出任何时候的数值。当传递后,"传递标准"返回到 NBS,至少要获得 8 个新的数据点,与以前的数据合并计算曲线,由此来确定该标准在参加者实验室那段时期内的电阻值。一个高质量的标准实验室,如果参加 MAP,对其测量过程进行控制,则应达到的不确定度为:1 Ω 测量范围小于 0.1 ppm,高电阻范围则为 20 ppm～30 ppm。

10^6 Ω 和小于 10^6 Ω 电阻"传递标准"的总的不确定度的主要成分是随机误差,由温度、压力、湿度和测量仪器的分辨力等所引起。10^6 Ω 以上的电阻"传递标准",NBS 的不确定度中有较大的系统误差,它是从搅拌的 25 ℃的油中过渡到实验室环境温度 23 ℃情况下测定的。这些系统误差包括电阻的温度系数误差、实际温度测量产生的误差和由于不够理想的绝缘体引起电阻的泄漏和漂移。

一般电阻"传递标准"在参加者实验中停留 4～6 周,由 NBS 再次检定"传递标准"并给出测定报告,大约需要 5～6 周。NBS 对参加者实验室提供一般指导和数据报告形式,如同其他大多数 MAP 一样,NBS 并不推荐规定的相互比较的次数,因为参加者实验室对准确度的要求各不相同,目前已经有较多电阻相互比较的方法,通过相互协商,规定一些可以适合于各个参加者实验室的仪器、操作方法和要求的比较技术。

6. 直流电压(标准电池)

直流电压 MAP 是保证 1V 量程的直流电压测量的准确度。NBS 有 12 个"传递标准",每个"传递标准"是由 4 个标准电池包装在一个恒温控制的适于空运的小盒内构成。这些"传递标准"具有 0.2 V～0.3 V 的重现性,甚至在经过运输后,也可达到这样的性能。

在电压 MAP 服务中,NBS 向参加者实验室介绍测量方法和怎样做控制卡。1984 年10 月 1 日开始,NBS 要求所有参加 MAP 的实验室都做控制卡。参加者实验室必须有质量很好的内部的标准电池和一个经检定的 0.1 微伏级的电位差计。因此,对新的参加者 NBS 要详细了解其设备(例如采用滑线电阻线的电位差计,由于平衡操作时产生热电动势,不能用于电压 MAP)。

在电压 MAP 中测量不确定度主要受随机误差的限制。随机误差的主要项目有：(a)由于温度滞后影响产生的每天之间电池温度校准电动势的波动；(b)NBS 测量仪器的有限的分辨能力；(c)由于室温变化引起测量电路内热电动势随时间的不稳定；(d)包装盒的温度系数；(e)监测电池温度的仪器的分辨力差或不稳定；(f)在包装盒内温度梯度不同，由于大气"泵入"冷空气到包装盒内、大气压变化或震动对控制包装盒的温度的电路的影响；(g)动力线路对控制器的辐射干扰；(h)静电或电磁对测量系统的干扰；(i)检测器的漂移；(j)由于小电流通过电池引起的温度失常。

电压 MAP 实验方案描述了相互比较的电池的"左—右"平均值或补偿误差。传递中一个未校准的系统误差是分压比或电位差计标尺所产生的误差。如果电位差计的分压器是由 1 Ω 电阻连续组成的一个 1 000 Ω 电阻，实际电阻比不会是准确值 1 000∶1。如果电位差计已检定过，则电阻实际比已确定，例如可以是 1.000 03 或 0.999 998，可在测量中校正。

如果参加者电池的温度与传递标准的温度不同，则标尺误差成为重要的误差来源。例如，如两电池温度相差 2 ℃，则会相差 80 μV。因为电位差计中的实际分压器比可以偏离标称值达 1%。

一般 MAP 参加者实验室有一台精密的经过检定的电位差计，其相对"传递标准"的不确定度可达到 0.5 ppm 或更好。为实现电压 MAP 的最好的不确定度，标尺误差应不大于 0.1 μV。NBS 可以向参加者实验室提供校准标尺误差的方法。

因每个参加者实验室对测量不确定度要求不同，对电压 MAP 传递周期，NBS 不作规定。一般"传递标准"在参加者实验室中停留约 4 周，返回到 NBS 后，进行数据分析和发出测定报告约 4～5 周。

7. 电容

电容 MAP 是保证参加者电容测量范围为 1 000 pF，1 000 Hz 测量过程的准确度。

电容 MAP"传递标准"由 4 个氦气电介质标准电容器组成，每个为 1 000 pF。它们由 NBS 检定过，具有最高的可能达到的精确度。这些电容"传递标准"受机械冲击时会产生小的漂移值，也有小的温度滞后性，因此，它们运输时保存在一个能维持 30 ℃ 恒温的电池盒内，当在参加者实验室中或 NBS 时，此电池盒内以交流电供电维持恒温。电容"传递标准"的不确定度一般为 0.7 ppm。不确定度由温度引起的随机误差和电桥的误差(包括系统误差和随机误差)组成。如果参加者实验室有一个良好的质量保证程序，消除地线回路、寄生电容等引起的误差，则传递的不确定度可小于 1 ppm。参加者实验室用高质量的电容电桥和推荐的测试操作规程来检定电容器，还可提高 1 ppm 的准确度。

"传递标准"在参加者实验室中至少要进行 8 次测量，大约需停留 2～3 周。NBS 无论在"传递标准"发送前或返回来后，也都需进行 8 次测量，测量后到发出测定报告，大约需 2～3 周。在 NBS，"传递标准"与特殊结构的标准电容器进行比较，而这个特殊结构的标准电容器是与计算电容比较，计算电容是实现法拉第的基础。

电容 MAP 的实验设计和数据分析基本上与电压 MAP 相同。标准电容像标准电池和标准电阻一样有可预期的性能，它也没有长周期的上、下漂移，但它们有时有不可预计的漂移,可达十分之几的 ppm。这些漂移可通过控制温度和避免机械冲击来减少。由于这些不规则的误差,因此在参加者实验室中测定的"传递标准"电容值是采用算术平均值。

8. 质量

质量 MAP 更适合于在一级标准实验室中进行。质量 MAP 和其他 MAP 不同,它不是由 NBS 将传递标准送到参加者实验室,而是参加者实验室将一组质量标准送到 NBS 进行检定。这些标准被称为是"起始标准"。除了"起始标准"参加者实验室还必须提供一组称作是"灵敏度"砝码的微小质量的砝码。根据实验室质量测量范围,选择合适的"起始砝码"和"灵敏度砝码",NBS 在这方面向参加者提供技术咨询。另外,为进行 MAP,参加者还必须有一组重量已知的砝码作为"测试组"和一组用作"核查标准"的砝码,这组砝码是由 1 g 至 1 kg 砝码组成。和其他 NBS 的 MAP 服务一样,连续监测参加者实验室的测量过程,可采取两种方式进行:由 NBS 成员进行参加者实验室的全部数据分析和记录,对参加者质量测量的不确定度提供定期报告;或 NBS 对参加者提供方法和计算机程序,参加者保持全部记录并计算不确定度。一般质量测量保证方案的进行可分以下四个阶段:

(1) 由 NBS 给参加者实验室指派一位协调人,他不仅要熟悉该实验室的设备、标准砝码,而且要了解其操作方法和要求。参加者实验室从 NBS 得到有关测试方法、规程、处理实验结果的指导书等资料。参加者的衡量设备必须经过检定,如果采用新操作方法,则操作人员要进行培训。"起始标准"和"灵敏度砝码"送 NBS 检定。因"起始标准"对参加实验室来说是作为标准公斤组使用,NBS 对它的检定误差在今后参加者实验室校准过程中作系统误差处理。"起始标准"的数值是在几个月时间内由 NBS 测定多次得出。如果"起始标准"过去曾在 NBS 评定过,那些数据重新被评定,如果合格,它将与最近测定的数据一起,作为"起始标准"的指定值。

NBS 协调人对校准测试砝码推荐一个称重方案(描述测试砝码和已知砝码相比较的仪器)。协调人也提供实验数据记录单。在第一阶段,NBS 协调人的目的是保证参加者实验室有精密衡量的条件,如果参加者实验室已建立质量测量能力和控制程序,那么第一阶段就可以省略多了。

(2) 第二阶段,"起始标准"和"灵敏度砝码"送回到参加者实验室。在整个时期内,由参加者实验室进行测量,以达到控制测量过程的目的。按照操作规程参加者实验室用"起始标准"和上面提到的衡量方案,进行三次或更多次的校准测定。

数据记录单送 NBS 协调人检查、评论和处理,在第二次实验开始前,对第一次实验进行分析,这样做便于发现问题或根据需要进行更多的测量。在三次或更多次校准成功后,NBS 协调人分析这些数据,以确定核查标准的值。

(3) 第三阶段由 NBS 提供测试的全面报告。这份报告对每一阶段的实验和决定做出评论。包括对"核查标准"的控制卡;比较 NBS 和参加者实验室对"起始标准"的测定值。如果认为合格,则参加者实验室已作好延伸 MAP 操作到正常工作的准备。

(4) 第四阶段,经过以上三个阶段建立起测量的可比性后,参加者实验室可以进行独立操作。只要测量过程没有失去统计控制,则不再相对 NBS 校准。大多数实验室几年以后,对"起始标准"要再校准,以保证不产生长周期漂移。这种周期性校准可以增强测量是正确的信心。

在第四阶段,参加者实验室按照前面确定的过程参数评价每一组测量。控制卡必须使操作者能知道最新的情况,并定期地重新估价过程参数。如果数据表明测量过程已超出控制,则参加者必须重复测定,直至最后建立控制。

质量 MAP 数据的处理是采用一个计算机程序,此程序考虑了质量校准的空气浮力校正。NBS T.N.1127 介绍了该计算机程序的具体内容。

七、地区性或集团的 MAP 活动

当 NBS 对分散的 MAP 参加者服务时,需要很多 NBS 成员进行这项工作。后续 MAP 参加者会逐步增加,解决的办法不是增加 NBS 的工作人员,而是采取更有效的方法。NBS 和美国校准实验室会议(NCSL)的计量保证委员会(NMRC)都鼓励开展地区性或集团性的 MAP 活动。

在一个地区性或集团 MAP 中,有许多实验室参加,如果其中一个实验室在人员和设备上明显地占优势,一般可委派其作为牵头实验室,其直接与 NBS 联系。牵头实验室负责编排各参加者循环测试 NBS"传递标准"的日程表,收集实验室的数据,有时也分析数据。NBS 的"传递标准"在良好包装的情况下,空运至中心实验室,牵头实验室按 NBS 推荐的操作规程,对"传递标准"进行测量后,依次由其他实验室测量,测量完后,"传递标准"送回到 NBS 重新进行测量。各实验室测定数据和相对"传递标准"比较的数据,一般由 NBS 进行分析,以确定每个参加实验室测量过程的不确定度。NBS 研制一些计算机程序提供给集团 MAP。无论是 NBS 还是由参加者分析数据,都能保证得到相同的准确度。

地区性或集团 MAP 的优点是:由于各个参加者共享 NBS 的"传递标准",因此,其付出的费用就可以减少,同时,也减少了 NBS 的工作负担。另外,参加地区性集团 MAP 活动的各实验室之间通过技术上的交流,可较快地解决测量问题,每个参加集团 MAP 的实验室都可以从 NBS 得到一份实验报告,仍然可直接溯源到 NBS 标准。

在开展地区性 MAP 活动中,美国加利福尼亚地区直流电压 MAP 取得了成功。参加此项 MAP 的实验室达到相当好的小于百万分之一的不确定度。其他地区也在相继推广这种做法。

由美国标准实验室会议(NCSL)和 NBS 共同促进的地区性 MAP 项目有:

(1)电压:洛杉矶、旧金山、西雅图-波特兰,纽约-新泽西已开展,德克萨斯与上沃中西部计划开展;

(2)电阻:加利福尼亚南部已开展;

(3)量块:加利福尼亚南部已开展;

(4)微波功率:西海岸已开展。

由州计量部门促进的地区性 MAP 有:

(1)质量:美国的东北和东南诸州已开展,西部和西南部计划开展。

(2)容量(玻璃容器):东北和东南诸州已开展。

(3)长度(钢卷尺):东北各州已开展。

由其他组织促进开展的地区性 MAP,中西部和东部已计划开展微波功率项目。

八、MAP 的发展趋势

一项现代化技术水平的 MAP 项目的研制,需要花费几百万元,此项目研制成功后,参加 MAP 的用户付款只是回收运转费用。因此,NBS 对任何一项新的 MAP 研制,都必须有充分的理由证明其正当和必要性。除了由国会提供一些资金外。NBS 有些 MAP 项目是由美国其他职能机构提供资金,例如研制激光功率和能量 MAP 是从国防部取得经费。获得的成果为相关部门共享。

MAP 开始以后的十年,NBS 开展的 MAP 项目有所增加,但并不能代替 NBS 的检定服务。目前 NBS 提供近 400 种检定服务项目,对一些测量的物理量将同时存在检定和 MAP 两种形式的服务。当然,这有赖于与检定比较 MAP 有它独特的优点。MAP 在美国的发展趋势如下:

(1)将大力推行地区性 MAP 活动;

(2)在不影响准确度的情况下,采取用户自己处理数据的方式。

(3)数据的收集和处理更计算机化。参加者将实验数据通过实时通信线路传送到 NBS 的一台计算机,以加速 NBS 发出 MAP 测定报告。

(4)NBS 将以手册或技术小册子宣传推广 MAP 技术。

九、关于量块的 MAP 实例

前面已经介绍量块 MAP 有三种可供选择的方案,第一种方案是 NBS 提供一套“传递标准”量块,通过一套“核查标准”量块与工作量块比较,使测量过程得到控制;第二种方案是一套工作量块与二套“传递标准”量块进行两次比较;第三种方案是用偏差消除法,相对两套标准量块来检定两套试验量块。这三种方案的选择主要根据用户对准确度的要求,它们所花费的时间和精力一个比一个多,一个比一个能得到更好的过程控制。开始可采用第一种方案,如果数据不够理想,必要时可升格进行第二、第三方案。下面将第一方案的计算和控制过程作一介绍。分为以下几个步骤:

1. 设立过程参数

为了确定“核查标准”的允许误差及其随机误差,一套“核查标准”中的所有量块,在几天时间间隔内,按一般测量过程重复测定 6 次。由实验记录原始数据计算出“核查标准”允许误差平均值和标准偏差的平均值,它们就是控制测量过程的起始合格值。表 8.2 给出两套“核查标准”起始合格值的实验记录。例中所有数据都是假设的,其目的是为了解释 MAP 方法。

单个量块测量的标准偏差由下式给出:

$$s = \sqrt{\frac{1}{n-1} \sum_{i=1}^{n} r_i^2}$$

式中,r_i 为每次测量值与 n 次测量平均值之差,n 为测量次数,$n-1$ 为与 s 有关的自由度。人们希望一组内所有“核查标准”有相同的变异性,因此,这一组的每一个“核查标准”的标准偏差可以合并成这一组的总标准偏差。如果 $s_1, \cdots, s_k$ 是一组中 k 个“核查标准”的标准偏差,且其自由度为 $\nu_1, \nu_2, \cdots, \nu_k$ 时,则:

$$s = \sqrt{\frac{\nu_1 s_1^2 + \cdots + \nu_k s_k^2}{\nu_1 + \cdots + \nu_k}}$$

注意：每个量块的允许误差是指在 20 ℃时与标称尺寸的偏差（测量长度减去标称长度）。

表 8.2 所用的"核查标准"组

组	标称尺寸/in	每组核查标准数/k
1	0.05	1
2	0.1	1
3	0.125	1
4	0.140	1
5	0.25;0.50	2
6	0.75;1.0;2.0;4.0	4

2. 保持过程参数

过程参数建立起来以后，保持过程参数的办法是每次校准进行后，要对核查量块误差平均值对照其允许误差平均值（L_c）进行检查。

样品测试记录单指出如何进行过程控制以及确定过程是否处于受控状态的统计学方法。

3. 过程参数的修正

基于"核查标准"的过程参数建立起来以后，在测量这些量块时，采用 t 检验或 F 检验对结果进行检查，如果过程参数中的任何一个参数偏离了起始值，则必须根据最新的实验数据计算出新的过程参数。以后的测量就以新的过程参数进行过程控制。这样，就保证了测量过程处于连续的控制之下。过程参数的修订次数要视工作量的大小而定，一般在测定 5～10 个数据后先作一次修正，以后就可以半年或一年作一次修正。

4. 与国家标准的比较

NBS 提供两套"传递标准"和这些标准的近期测定值及其不确定度。参加 MAP 的实验室将每一套标准作为校准过程中的"测试量块"来测量，然后检查测试结果与 NBS 的符合程度；这些校准应在 1～2 天内完成。校准测试结果与 NBS 标准的比较的情况中，如果偏差较大，则实验室参考标准的数据及其不确定度应如规定的"实验报告"格式作些修正。

5. 不确定度

假定测量过程是受控制状态，则用这种测量过程检定过的量块的不确定度，由下式给出：

$$U = E + 3s_G$$

式中，E 为给定的标准量块的不确定度；s_G 为一套标准量块的组标准偏差。如果标准量块在 NBS 已检定过，则检定证书给出不确定度。为了方便，可用一组中最大的不确定度作为整个组的不确定度值。

6. 失控状态的改正方法

如果根据 F-检验发现测量过程失控,则重复错误测量以确定其条件是否继续存在,如果还继续存在,就请检查:

(1) 仪器工作是否正常;

(2) 量块上是否有污物或灰尘;

(3) 温度问题。超过 0.5 in 量块的平衡时间是否太短,量块平衡板面与比较仪之间是否有温差,热源(包括操作者)是否太靠近比较仪;

(4) 测量时对量块操作缺乏技巧。

如果由于 t-检验发现测量过程失控,则需检查:

(1) 检查量块上是否有污物或毛刺;

(2) 查看量块的历史记录,看是否是稳定的漂移,如属于长度变化,则需重新计算其允许误差,并在可能情况下,相对 NBS 标准重新检定;

(3) 如果有较多的量块尺寸失控,则要检查比较仪的校准情况及其性能是否良好;

(4) 大于 0.5 in 的量块,要检查量块之间的温度差。

十、对我国实行 MAP 的建议

从以上介绍 MAP 的概念、具体做法和它的优点等,可以使我们得出这样的结论:MAP 是一种很有发展前途的特别的量值传递方法,它还在不断发展,需要不断总结经验,使各种物理量的 MAP 服务在实施程序和设计方面更趋于完善。

尽管 MAP 已经提出很多年了,但是在我国一直未能真正推行,由于它在计量保障方面的特殊作用,可以用标准化的操作方式来解决一些复杂的计量问题,并且,其衡量的不仅仅是物理量值,同时也包含获得该量值的人员的水平和能力,因而,应该是将来计量校准非常特别的一个发展方向。

为此,我们必须不断了解美国发展 MAP 新老项目的具体实施方法,加深对这种量传方法的理解,为改革我国计量部门的量传工作提供有价值的参考,并为工程应用提供强有力的计量保障。

MAP 实施过程中,用统计方法处理实验数据是重要环节。NBS 在 1945～1965 年期间,对测量过程重要统计参数,包括精密度、系统误差和准确度处理方法,在实验设计,实验室间测试,函数关系的描述和实验数据的统计分析方面进行了大量研究,取得了很大进展。相比之下,我国计量研究部门在这方面比较薄弱。应持续开展计量工作中统计学方法应用的研究,以利于我国今后 MAP 的实施。

参 考 文 献

[1]　黄福芸,刘瑞清,王世瑄,席德熊.计量知识手册[M].北京:中国林业出版社,1986.

[2]　北京长城计量测试技术研究所.航空计量技术[M].北京:航空工业出版社,2013.

[3]　国防科工委科技与质量司.计量技术基础[M].北京:原子能出版社,2002.

[4]　中国计量测试学会.二级计量师基础知识及专业实务[M].北京:中国计量出版社,2009.

[5]　施昌彦.现代计量学概论[M].北京:中国计量出版社,2003.

[6]　王江.现代计量测试技术[M].北京:中国计量出版社,1990.

[7]　李行善,于劲松.ATS(自动测试系统)及 ATE 技术[J].电子产品世界,2002,3(A):30-32.

[8]　刘金甫,王红.国外航空电子 ATS 体系结构研究[J].测控技术,2002,21(1):5-8.

[9]　于劲松,李行善.美国军用自动测试系统的发展趋势[J].测控技术,2001,20(12):1-3.

[10]　王卫国.美国海军电子装备维修测试系统的应用与发展[J].现代防御技术,2000,28(5):60～64.

[11]　李永明.国外标准化通用航空电子自动测试设备现状和发展[J].计算机测量与控制,2004,12(1):1～5.

[12]　ROSSWA.The Impact of Next Generation Test Technology on Aviation Maintenance [C].DoD Automatic Test Systems Executive Agent Office Naval Air Systems Command PMA260D.

[13]　Allan C.Stover,ATE:automatic test equipment,New York,1984.

[14]　李宝安,李行善.自动测试系统(ATS)软件的发展及关键技术,测控技术,2003 年 1 月第 22 卷.

[15]　S.W.Larson,The Common Test Station (CTS)For Guided Weapons Testing,AUTOTESTCON'96,1996.

[16]　John Paul,the Evolution and Application of VXI bus Common Core Based ATS Design,AUTOTESTCON'98,1998.

[17]　Jim Mulato,CASS Evolution to a COTS-Based Open-System Architecture,AUTOTESTCON'99,1999.

[18]　C.B.Mitchell and G.Geathers,RTCASS,A Portable,Configurable Commercial ATE System,AUTOTESTCON'99,1999.

[19]　A.Mena and R.Sutton,LM-STAR.COM Supportability for the New Millennium,AUTOTESTCON'2000,2000.

［20］　T.Jurcak，Test Programming in an ABBET Signal-Oriented Environment，AUTOTESTCON'96,1996.

［21］　徐波,李行善.数据库访问技术在虚拟仪器开发平台 Labwindows/CVI 上的应用研究,电子测量与仪器学报,2002 年第 16 卷第 3 期.

［22］　IEEE Std 1226-1998,A Broad-based Environment for Test（ABBET），Overview and Architecture,1998.

［23］　ARINC Specification 608A,Design Guidance for Avionics Test Equipment，Part1 System Description, 1993.

［24］　IEEE Std 1232-1995,Artificial Intelligence and Export System Tie to Automatic Test Equipment（EI-ESTATE）：Overview and Architecture,1995.

［25］　李行善,万九卿.虚拟仪器及其对军用 ATE 发展的影响,航空工程与维修,2001.1，No.199.

［26］　W.R.Link,J.E.Murphy,et al,Integrated Maintenance Information System Diagnostic Demonstration,AD-A228283,1990.

［27］　W.R.Simpson and J.W.Sheppard,An Intelligent approach to automatic test equipment,Proc.Int.Test Conf.1991.

［28］　http://wiki.mbalib.com/

［29］　http://www.csms.org.cn/zhishi/zhishi_03.html

［30］　刘锁文.美国国防部自动化测试设备的更新换代及其管理.计测管理,2008.

［31］　李立功.现代电子测试技术.北京:国防工业出版社,2008.

［32］　JJF 1001　通用计量术语及定义.

［33］　JJF 1059.1　测量不确定度评定与表示.

［34］　JJF 1059.2　用蒙特卡洛法评定测量不确定度.

［35］　GJB 5109—2004,《装备计量保障通用要求——检测和校准》.

［36］　ISO 8402:1986　Quality—Vocabulary.

［37］　ISO 9000:1987　Quality Management and quality assurance standards—Guidelines for selection and use.

［38］　ISO 9001:1987　Quality systems—Model for quality assurance in design/development,production installation and servicing.

［39］　ISO 9002:1987　Quality Systems—Model for quality assurance in production and installation.

［40］　ISO 9003:1987　Quality systems—Model for quality assurance in final inspection and test.

［41］　ISO 9004:1987　Quality management and quality system elements guidelines.

［42］　ISO 10011-1:1990　Quality Systems audit guidelines—part 1:audit.

［43］　ISO 10011-2:1991　Quality Systems audit guidelines—part 2：auditor qualification.

［44］　ISO 10011-3：1991　Quality Systems audit guidelines—part 3：management of audit.

［45］　ISO 10012　Quality assurance requirements for measurement.

［46］　ISO 10012-1：1992　Metrological confirmation system for measuring equipment.

［47］　ISO 10012-2：1992　Control of Measurement process.

［48］　ISO/IEC 17025：2005　Accreditation Criteria for the Competence of Testing and Calibration Laboratories.

［49］　唐大全.机载设备综合 ATE 通用软件平台［J］.宇航计测技术,2002,21(1)：50～54.

［50］　王文周,于治会.小型弹体转动惯量的测定［J］.宇航计测技术,2002,22(2)：40～50.

［51］　任献彬,姜永华.多普勒导航雷达自动检测的设计与实现［J］.宇航计测技术,2002,22(3):49～53.

［52］　江雯,刘均松.加速度计动态测试及地面仿真设备［J］.宇航计测技术,2002,22(4):1～5.

［53］　郭春梅,马艳敏.IMU/GPS 组合导航中坐标变换问题的研究［C］.中国宇航学会计量与测试专业委员会 2006 年学术交流会论文集,22～26.

［54］　张磊.导弹试验场区电磁环境测量分析技术研究［C］.中国宇航学会计量与测试专业委员会 2006 年学术交流会论文集,27～30.

［55］　刘艇,李尚生,李林峰.基于 ATE 技术的末制导雷达"天线对零"实现方案［C］.中国宇航学会计量与测试专业委员会 2006 年学术交流会论文集,31～33.

［56］　李尚生,刘艇,李林峰.一种新的捷变频雷达热跟精度测试仪的实现方法［C］.中国宇航学会计量与测试专业委员会 2006 年学术交流会论文集,34～37.

［57］　沈涛,吴红森.国军标导弹壳体屏蔽效能测量方法综述［C］.中国宇航学会计量与测试专业委员会 2008 计量与测试学术交流会论文集,8～11.

［58］　张积运,胡明考,王新兴,等.核工业放射性勘查计量技术发展综述［C］.中国宇航学会计量与测试专业委员会 2008 计量与测试学术交流会论文集,19～24.

［59］　李秀华,冯克明.导弹多功能引信测试设备时延校准方法研究［C］.中国宇航学会计量与测试专业委员会 2008 计量与测试学术交流会论文集,237～241.

［60］　张玉莲,宋双杰.试飞测试校准技术及其发展趋势［J］.计测技术,2008,28(4):1～3.

［61］　张欲晓,樊尚春.中国民用飞机燃油测量系统发展趋势［J］.计测技术,2008,28(4):9～12.

［62］　蔡静,杨永军,赵俭,等.航空发动机热端表面温度场测量［J］.计测技术,2009,29(1):1～3.

［63］　匡锐丹.飞机导航系统校准技术探讨［J］.计测技术,2009,29(1):4～6.

［64］　吴惠明.焦献瑞,发动机试车台推力测量系统中心加载现场校准技术［J］.计测技术,2009,29(1):28～30.

［65］ 张丽,吴兴锁.航空发动机涡轮盘榫槽拉刀检测方法［J］.计测技术,2009,29（4）:31～32.

［66］ 金炜.关于航空发动机测功机校准相关问题的探讨［J］.计测技术,2009,29（4）:39～42.

［67］ 陆佳艳,熊昌友,何小妹,等.航空发动机叶片型面测量方法评述［J］.计测技术,2009,29（3）:1～4.

［68］ 张思美.飞机轮轴向力值测量系统的现场校准方法与研究［J］.计测技术,2012,32（1）:33～36.

［69］ 周涛.飞机滑行中差动刹车性能的仿真测试［J］.计测技术,2011,31（6）:7～10.

［70］ 王玉,刘涛,单纯利,等.航空发动机叶片评价方法［J］.计测技术,2011,31（6）:33～36.

［71］ 王正,宋建华,邱智.基于虚拟仪器的航空电气控制盒测试系统设计与实现［J］.计测技术,2011,31（2）:17～20.

［72］ 吴兴江.基于激光的便携式飞机装配接缝质量检测仪及应用［J］.计测技术,2011,31（5）:22～26.

［73］ 纪明霞,陈世夏.机载 ATS 闭环计量保障模式探讨［J］.计测技术,2011,31（4）:49～51.

［74］ 严共鸣,张军,陶胜.飞机载荷机构特性曲线的自动检测［J］.计测技术,2011,31（2）:32～34.

［75］ 张璋,张泽光,王宣,等.航空大型样件质心测量方法［J］.计测技术,2011,31（3）:56～57.

［76］ 王小飞,邱亚洲,周玉平,等.基于曲线拟合的飞机方向舵偏角测量误差补偿［J］.计测技术,2011,31（3）:1～3.

［77］ 高超,韩冰.基于单片机的 ARINC429 校准用信号源设计研究［J］.计测技术,2011,31（2）:21～24.

［78］ 王呈.发动机叶片榫头角度现场检测方法［J］.计测技术,2011,31（4）:29～31.

［79］ 赵德林,王社伟,陶军,等.基于 PC104 总线的 ARINC429 航空接口卡设计［J］.计测技术,2011,31（1）:14～17.

［80］ 张斌飞,李新良,陈璐,等.某型教练机副翼拉杆应力水平测试分析［J］.计测技术,2011,31（1）:32～35.

［81］ 胡中华,赵敏,姚敏.无人机三维航路规划技术研究及发展趋势［J］.计测技术,2009,29（6）:6～9.

［82］ 罗谨,赵兰平,杨志刚.飞机机翼结冰计算方法与风洞试验研究概况［J］.计测技术,2011,31（1）:50～54.

［83］ 林恬,娄丽芬.航空发电机传动轴扭转振动测试实验研究［J］.计测技术,2010,30（5）:40～43.

［84］ 孙学磊,赵忠,夏家和.基于滤波残差的组合导航系统故障检测研究［J］.计测

技术,2009,29(2):5~8.

[85] 党雅娟,鲁浩,庞秀枝.空空导弹捷联惯导系统空中标定技术研究[J].计测技术,2010,30(4):23~27.

[86] 刘琪,孟庆虎,张从霞.并行测试技术及在空空导弹检测中的应用浅析[J].计测技术,2010,30(1):8~11.

[87] 周山,李训亮.复合神经网络在飞参缺损数据估计中的应用[J].计测技术,2010,30(1):11~13.

[88] 宋娜,胡春燕.飞机飞行试验用振动/应变测量系统设计[J].计测技术,2010,30(1):35~38.

[89] 刘泽华,高亚奎.基于光纤传感技术的油液污染度软测量研究[J].计测技术,2009,29(6):10~14.

[90] 唐金元,王翠珍.基于旋转变压器数字转换器模块的角度信号测量仪[J].计测技术,2009,29(3):17~20.

[91] 王呈,刘涛,穆轩,等.航空发动机叶片气膜孔测量技术研究[J].计测技术,2012,32(5):27~30.

[92] 吴惠明.涡喷涡扇发动机试车台推力测量校准现状及展望[J].计测技术,2012,32(4):1~4.

[93] 范静,王光发,荆卓寅,等.涡扇发动机试车台推力测量与校准技术概述[J].计测技术,2012,32(5):1~4.

[94] 梁志国,孙璟宇.航空电子计量校准述评,航空计测技术,2003年4月,23(2):4~5.

[95] 梁志国,张志民.21世纪航空计量测试的指导思想和建设目标,工业计量,2002年1月,20(1):47~49.

[96] 梁志国,靳书元,孙璟宇.航空电子计量校准的发展,航空科学技术,2001年10月,72(5):37~38.

[97] 梁志国,曹英杰,孙璟宇,吴扬.飞机地面测试试验系统综合校准述评,航空计测技术,2001年10月,21(5):7~9.

[98] 梁志国,翟晋.21世纪航空计量的可持续性发展战略,航空科学技术,1998年8月,第4期:7~9.

[99] 黄文虎,方勃,刘芳.航天动力学发展与展望[C].2007年第9届全国振动理论及应用学术会议论文集,杭州,2007年10月17~19日,1-5~1-13.

[100] 邱吉宝,张正平,王建民.航天器结构虚拟动态试验技术新进展[C].2007年第9届全国振动理论及应用学术会议论文集,杭州,2007年,1-57~1-70.

[101] 孙桦,李翔鹏.GPS用于导弹轨道测量的研究[J].宇航计测技术,2001,21(2):47~50.

[102] 唐枚,李济生.近地航天器测控设备分配策略[J].宇航计测技术,2001,21(2):51~54.

[103] 舒悌翔.自动测试技术的发展探讨[J].宇航计测技术,2001,21(3):46~52.

[104] 何立萍.浅谈 GPS 的发展与对抗措施[J].宇航计测技术,2001,21(3):53～59.

[105] 陈辰,赵伟,白丽娜,等.从国外典型星载铷原子频标看其技术发展[J].宇航计测技术,2001,21(3):60～64.

[106] 郭权国,蒋全兴.拱形法中收发天线杂散耦合对测试结果的影响[J].宇航计测技术,2005,25(1):33～37.

[107] 王南光.卫星导航接收机及车载终端检测技术[C].中国宇航学会计量与测试专业委员会 2006 年学术交流会论文集,38～42.

[108] 张大有.导弹和运载火箭试验中动态压力传感器的选择和应用[C].中国宇航学会计量与测试专业委员会 2006 年学术交流会论文集,70～75.

[109] 齐园,王锐.小型化雷达自动测试设备的研制[C].中国宇航学会计量与测试专业委员会 2006 年学术交流会论文集,176～200.

[110] 钟志华.一种基于自定义 cPCI 总线的雷达自动化通用测试设备[C].中国宇航学会计量与测试专业委员会 2006 年学术交流会论文集,181～183.

[111] 姜萍,柯熙政.GPS 相位平滑伪距技术在广义差分定位中的应用[C].中国宇航学会计量与测试专业委员会 2006 年学术交流会论文集,220～223.

[112] 马新宇,刘喜泉.固体火箭发动机喷管摆角校准方法研究[C].中国宇航学会计量与测试专业委员会 2008 年学术交流会论文集,30～35.

[113] 张升康,王宏博,杨军.一种 GPS 短延时多经干扰抑制方法[C].中国宇航学会计量与测试专业委员会 2008 年学术交流会论文集,58～63.

[114] 张鑫,韩小余,应洪伟.GPS 共视技术中不确定度分析[C].中国宇航学会计量与测试专业委员会 2008 年学术交流会论文集,64～67.

[115] 王宏博,张升康,杨军.卫星双向时间传递误差分析与解决方案[C].中国宇航学会计量与测试专业委员会 2008 年学术交流会论文集,204～210.

[116] 张书锋,路润喜.航天器主动电位控制[C].中国宇航学会计量与测试专业委员会 2008 年学术交流会论文集,233～236.

[117] 舒悌翔.某雷达通用自动测试设备的研制[C].中国宇航学会计量与测试专业委员会 2008 年学术交流会论文集,446～451.

[118] 李旭东,冯爱国,王学新,等.外场用红外目标模拟器辐射特性测量研究[C].2009 年国防计量测试学术年会论文集,600～603.

[119] 马伊民,李莘.在紧缩场进行卫星有效载荷测试[C].2009 年国防计量测试学术年会论文集,618～621.

[120] 高智,雷冬梅.基于实时频谱分析仪的雷达目标模拟器相参性测试方法研究[C].2009 年国防计量测试学术年会论文集,628～631.

[121] 钟志华.雷达导引头通用测试平台基本型硬件方案及其实现[C].2009 年国防计量测试学术年会论文集,632～636.

[122] 任伟,吕石.合成仪器与 LXI 在装备测试中的应用研究[C].2009 年国防计量测试学术年会论文集,678～680.

[123] 田云峰.武器装备综合测试技术发展综述[C].2009 年国防计量测试学术年

会论文集,703～707.

[124] 毕文辉,严楠,何春全,等.航天火工品爆炸冲击多参量的测试[J].计测技术,2009,29(3):14～17.

[125] 李春艳,武延鹏,卢欣.基于恒星敏感器的仪器星等修正方法[J].计测技术,2009,29(6):17～20.

[126] 张洪源,赵立峰.基于卫星共视的罗兰 C 导航系统原子频标时间同步[J].计测技术,2010,30(5):9～11.

[127] 王宇华,段发阶,叶声华,等.涡轮机叶片振动的非接触测量[J].宇航计测技术,2002,22(2):20～24.

[128] 吴有生,司马灿,刘建湖.船舶结构耦合动力学问题[C].2007 年第 9 届全国振动理论及应用学术会议论文集,杭州,2007 年,1-25～1-31.

[129] 陈红娟.同振式矢量水听器振动台校准方法研究[C].中国宇航学会计量与测试专业委员会 2008 年学术交流会论文集,68～70.

[130] 胡明考,张积运,王新兴,等.大型人工核素平面元校准装置的研建及应用简介[C].中国宇航学会计量与测试专业委员会 2008 年学术交流会论文集,71～75.

[131] 严康平,林静,商维绿.高速客轮主机轴系交变扭矩与扭振分离之扭振测试技术[C].中国宇航学会计量与测试专业委员会 2008 年学术交流会论文集,341～345.

[132] 严康平,林静,吉鸿磊.船舶主机轴系交变扭矩与扭振分离之交变扭矩测试技术[C].中国宇航学会计量与测试专业委员会 2008 年学术交流会论文集,346～352.

[133] 迟文波,宋剑波,寇琼月.舰载短波天线远程自动测试系统的设计[C].2009 年国防计量测试学术年会论文集,674～677.

[134] 黄永军.水听器复数灵敏度的激光法校准[J].计测技术,2008,28(3):26～28.

[135] 高音,赵广会,孙康.GPS 航向测量方法分析[J].计测技术,2009,29(3):33～36.

[136] 张国立,王卫华,黄大治.舰船机舱内测温系统准确性试验与分析[J].计测技术,2011,31(5):19～22.

[137] 刘春艳,王卫华,陈慧宇.舰艇计量保障初探[J].计测技术,2010,30(5):59～60.

[138] 曾令儒.二十一世纪的纳米技术[J].宇航计测技术,2000,20(1):59～61.

[139] 张善文,甄蜀春,赵兴录,等.基于目标一维距离像的雷达目标识别方法[J].宇航计测技术,2001,21(5):48～51.

[140] 田波,甄蜀春,张永顺.现代微波测量的发展动态[J].宇航计测技术,2002,22(1):61～64.

[141] 黄健.计量标准装置不确定度的分析与评定[J].宇航计测技术,2002,22(3):59～62.

[142] 郭衍莹.21 世纪的电子测量仪器[J].宇航计测技术,2002,22(3):63～65.

[143] 任献彬,牛双城,许爱强.通用 ATS 软件设计平台研究[J].宇航计测技术,

2002,22(5):59~63.

　　[144]　鞠建波,任献彬,张公学.电子设备综合自动检测系统的设计[J].宇航计测技术,2003,23(1):1~5.

　　[145]　黄飞.虚拟仪器技术在试验机CAT系统中的应用[J].宇航计测技术,2005,25(2):55~57.

　　[146]　梁志国,孟晓风.关于虚拟仪器概念的讨论[J].仪器仪表学报(增刊),2007,28(8):1~7.

　　[147]　张鹏,崔文利.基于粗糙集与BP网络的民航飞机故障诊断研究[J].仪器仪表学报(增刊),2007,28(8):101~104.

　　[148]　李锁印,王亚军.纳米技术与纳米计量技术[C].中国宇航学会计量与测试专业委员会2008年学术交流会论文集,1~4.

　　[149]　陈铭,张鹏.现代测控技术的发展趋势[C].中国宇航学会计量与测试专业委员会2008年学术交流会论文集,5~7.

　　[150]　韩洁,陈怀艳,杨铁忠.仪器故障诊断专家系统的设计[C].中国宇航学会计量与测试专业委员会2008年学术交流会论文集,252~255.

　　[151]　李继东,黄小钉.电学计量技术发展综述[C].2009年国防计量测试学术年会论文集,1~4.

　　[152]　王文革.热学计量发展动态综述[C].2009年国防计量测试学术年会论文集,7~10.

　　[153]　容超凡.电离辐射计量的发展概况[C].2009年国防计量测试学术年会论文集,11~15.

　　[154]　李得天,成永军,冯焱,等.极高真空技术的发展[C].2009年国防计量测试学术年会论文集,19~26.

　　[155]　杨照金,王芳,李琪.光学计量技术的发展与展望[C].2009年国防计量测试学术年会论文集,27~32.

　　[156]　陆殿林,张皋,张亚俊,等.火炸药计量技术回顾与展望[C].2009年国防计量测试学术年会论文集,33~35.

　　[157]　程华富,杨昌茂,蔡传真.磁参量计量现状及发展概述[C].2009年国防计量测试学术年会论文集,36~41.

　　[158]　赵继军.防化计量发展趋势和方向[C].2009年国防计量测试学术年会论文集,41~42.

　　[159]　马喆,赵环,杨春涛,等.太赫兹计量发展展望[C].2009年国防计量测试学术年会论文集,57~68.

　　[160]　赵环,杨仁福,高连山.飞秒激光脉冲测量技术[C].2009年国防计量测试学术年会论文集,284~290.

　　[161]　朱振宇,兰一兵,王霁,等.国防计量应用的纳米测量系统[C].2009年国防计量测试学术年会论文集,323~327.

[162]　梁志国,严家骅,张大治,等.飞秒激光及光钟[C].2009 年国防计量测试学术年会论文集,328~335.

[163]　王岳宇.纳米计量的溯源传递[C].2009 年国防计量测试学术年会论文集,350~354.

[164]　张琴,冯雷.信号发生器在装备计量保障中的应用与发展[C].2009 年国防计量测试学术年会论文集,665~670.

[165]　纪明霞,陈世夏,潘云芝.从计量角度思考机载 ATS 使用的若干问题[J].计测技术,2009,29(6):59~60.

[166]　杨永军.温度量值溯源体系现状和发展[J].计测技术,2009,29(4):62~66.

[167]　程勤.ATE 综合校准系统的软件设计及实现[J].计测技术,2011,31(2):45~48.

[168]　柴艳丽,王剑昆,程勤.基于 COM 组件的 VXI 总线 ATS 现场校准系统软件设计[J].计测技术,2010,30(5):49~52.

[169]　彭军,何群,孙丰甲.动态角运动校准技术综述[J].计测技术,2008,28(5):1~4.

[170]　梁志国,孟晓风,孙璟宇.虚拟仪器思想述评,仪器仪表学报 ,2008 年 8 月,29(8,增刊Ⅱ):603~606.

[171]　梁志国.国防军工电学计量的现状及发展,中国计量,2004 年 4 月,(4):28~29.

[172]　梁志国,孙璟宇.虚拟仪器计量评价中的几个问题,航空科学技术,2000 年 6 月,64(3):36~37.

[173]　梁志国,孙璟宇.虚拟仪器的现状及发展趋势,中国计量,2003 年 3 月,(3):44~45.

[174]　胡同祥,常冬梅.计量过程质量控制方法研究[J].宇航计测技术,2001,21(1):61~64.

[175]　余学锋,崔志华.校准实验室质量体系综合评判方法[J].宇航计测技术,2001,21(3):36~40.

[176]　王振魁.浅谈国防军工计量科学的发展趋势[J].宇航计测技术,2001,21(4):1~8.

[177]　李继东,王南光.计量测试与航天科技[J].宇航计测技术,2001,21(5):52~57.

[178]　才滢,黄全胜.计量实验室环境条件保障装置的设计[J].宇航计测技术,2002,22(5):47~50.

[179]　王义遒.建设我国独立自主时间频率系统的思考[J].宇航计测技术,2004,24(1):1~10.

[180]　李志强,朱霞辉,陈怀艳,等.航天测控工程计量保障需求和管理对策研究[J].宇航计测技术,2004,24(1):55~59.

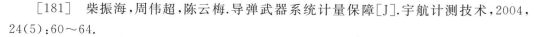

[181] 柴振海,周伟超,陈云梅.导弹武器系统计量保障[J].宇航计测技术,2004,24(5):60～64.

[182] 余学锋,文海,姜超.测试设备统计过程控制方法及其实现[J].宇航计测技术,2004,24(3):56～60.

[183] 佟岩.MIS 在计量行业中的应用前景[C].中国宇航学会计量与测试专业委员会 2006 年学术交流会论文集,252～255.

[184] 刘岩.测量标准核查方法的编写[C].中国宇航学会计量与测试专业委员会 2006 年学术交流会论文集,256～258.

[185] 刘燕虹.关于大型企业计量工作的思考[C].中国宇航学会计量与测试专业委员会 2006 年学术交流会论文集,259～261.

[186] 刘仁俭.国防计量保障的特点及技术要求研究[C].中国宇航学会计量与测试专业委员会 2008 年学术交流会论文集,256～258.

[187] 刘燕红,陈强.关于计量标准化的几点思考[C].中国宇航学会计量与测试专业委员会 2008 年学术交流会论文集,503～507.

[188] 王伟,葛军,杨春涛,等.确保武器装备质量控制高效可靠的计量管理体系的构建[C].中国宇航学会计量与测试专业委员会 2008 年学术交流会论文集,508～510.

[189] 王宝香.结合型号研制和批生产谈建立测量管理要求(体系)的必要性[C].中国宇航学会计量与测试专业委员会 2008 年学术交流会论文集,513～515.

[190] 怯新现.确保产品的质量必须加强五统一工作[C].中国宇航学会计量与测试专业委员会 2008 年学术交流会论文集,516～517.

[191] 刘燕虹,茅彤彦,卢春平.我国国防工业与美国 NASA 计量保证比较[C].2009 年国防计量测试学术年会论文集,590～594.

[192] 朱建华.从认可整改谈如何加强实验室质量管理[C].2009 年国防计量测试学术年会论文集,5～6.

[193] 王秀元,杨红,杨鸿儒.实验室管理体系研究[C].2009 年国防计量测试学术年会论文集,16～18.

[194] 王海平.计量保障在装备管理中的作用及未来发展思考[C].2009 年国防计量测试学术年会论文集,43～45.

[195] 孙海燕,宿亮,胡艳,等.基于产品数据管理平台的计量科研项目信息化管理系统研究[C].2009 年国防计量测试学术年会论文集,46～48.

[196] 孟繁焘,黄晨辉.网络化两级分布式计量管理信息系统的研究[C].2009 年国防计量测试学术年会论文集,49～52.

[197] 王凯让,许斌,唐杨.军民融合的装备计量保障初步研究[C].2009 年国防计量测试学术年会论文集,53～56.

[198] 高颖.装备计量保障能力评估模型研究[C].2009 年国防计量测试学术年会论文集,648～654.

[199] 王宏,刘丽.论军事计量对武器装备 RMS 效能的影响[C].2009 年国防计量

测试学术年会论文集,671~673.

[200] 邢馨婷,宋涛,龙祖洪,等.计量保障在型号工程中的作用[J].计测技术,2008,28(5):60~62.

[201] 唐涛涛,陈炼.计量管理在企业发展中的功能[J].计测技术,2008,28(5):63~64.

[202] 宗亚娟,王海岭.加强基础管理强化监督检查提高国防军工计量保障能力[J].计测技术,2008,28(3):44~47.

[203] 闫道广,李东.专用测试设备的校准与管理[J].计测技术,2009,29(1):45~48.

[204] 吴永红,李伟,刘海荣.一种基于参数的计量管理方法探讨[J].计测技术,2009,29(3):42~43.

[205] 郑锦秀.做好型号计量保障工作的探讨[J].计测技术,2009,29(3):44~45.

[206] 梁志国.军事计量的挑战与对策[J].计测技术,2009,29(6):1~6.

[207] 徐益忠,庞丽娟.军工型号计量保证工作中存在的问题和有关建议[J].计测技术,2010,30(1):48~51.

[208] 李文斌.新形势下国防军工计量标准器具管理工作初探[J].计测技术,2010,30(6):45~47.

[209] 张啸南.谈如何开展型号计量保证工作[J].计测技术,2010,30(6):48~50.

[210] 郑媛月,郑保,王静波,等.飞机研制的计量保障探讨[J].计测技术,2010,30(3):49~50.

[211] 段双菊.浅谈军工产品生产阶段的计量保证[J].计测技术,2010,30(2):54~55.

[212] 才滢,李莉.做好装备全寿命计量保障工作的探讨[J].计测技术,2011,31(3):49~51.

[213] 董锁利,唐武忠,高万忠.航空装备计量保障关键技术分析[J].计测技术,2011,31(5):45~48.

[214] 陈峰,闫道广.建立军民融合式计量保障体系的几点思考[J].计测技术,2011,31(4):52~54.

[215] 董锁利,丁颖,张建兰,等.机载设备计量性分析与设计讨论[J].计测技术,2011,31(3):46~48.

[216] 屈鹏,谢镇波.某型航空发动机振动故障树的建立[J].计测技术,2011,31(2):35~38.

[217] 王光发,荆卓寅,赵东凤.新一代发动机测试计量保障体系初探[J].计测技术,2011,31(2):56~59.

[218] 朱崇全.产业计量学的提出及其研究[J].计测技术,2012,32(1):6~9.

[219] 梁志国,张大鹏,武腾飞.21世纪航空工业对计量测试技术的需求分析[J].计测技术,2012,32(3):1~7.

［220］　张学涛,周世峰,田阳,等.浅谈民用飞机适航性与计量测试之间的关系［J］.计测技术,2012,32(2):51～54.

［221］　毛宏宇,胡卓林,冯保民,等.军事计量技术现状及发展趋势［J］.计测技术,2010,30(3):9～12.

［222］　藤鑫紫,凌波.装备质量管理过程中计量保障工作探讨［J］.计测技术,2012,32(5):50～52.